L'OR

EN

SIBÉRIE ORIENTALE

PAR

ÉDOUARD DAVID LÉVAT

Ancien élève de l'École Polytechnique.
Ingénieur civil des Mines.

TOME II

PROVINCE AMOURIENNE

DEUXIÈME ÉDITION

PARIS
ÉDOUARD ROUVEYRE, ÉDITEUR
76, RUE DE SEINE, 76

L'OR

SIBÉRIE ORIENTALE

★ ★

RECUEIL DES OUVRAGES SUR LA SIBÉRIE
PUBLIÉ PAR TH. V. SABACHNIKOFF

L'OR

EN

SIBÉRIE ORIENTALE

PAR

ÉDOUARD DAVID LEVAT

Ancien élève de l'École Polytechnique.
Ingénieur civil des Mines.

TOME II

PROVINCE AMOURIENNE

DEUXIÈME ÉDITION

PARIS

ÉDOUARD ROUVEYRE, ÉDITEUR

76, RUE DE SEINE, 76

A LA MÉMOIRE DE MON PÈRE

VASSILI NIKITCH SABACHNIKOFF

CE VOLUME EST RESPECTUEUSEMENT DÉDIÉ

Th. V. S.

PROVINCE AMOURIENNE

INTRODUCTION

———

Considérations générales. — Le bassin de la Zéya, affluent du fleuve Amour, auquel M. Théodore Sabachnikoff et moi nous avons consacré notre deuxième voyage d'études et d'explorations minières en Sibérie Orientale, présente un intérêt capital, non seulement au point de vue de la richesse des placers aurifères qu'il contient, mais aussi parce que ces derniers sont exploités par des méthodes qui sont considérées dans le pays, comme marquant un progrès notable sur les procédés anciens. C'est en effet dans ce bassin que se trouvent les placers appartenant à des Compagnies riches et puissantes, ayant derrière elles plus de vingt années de prospérité, disposant de moyens d'actions infiniment supérieurs à ceux que peuvent mettre en œuvre la plupart des autres exploitants : on devait donc s'attendre à trouver l'industrie aurifère de cette contrée, ainsi que les procédés qu'elle emploie, dans un état de perfectionnement beaucoup plus avancé que celui que j'ai constaté en Transbaïkalie, dont la description et l'étude détaillée ont été l'objet du premier volume de cet ouvrage.

Cet espoir a été déçu, en grande partie. Les progrès sont lents ou presque nuls. Dans certains cas même, comme on en verra plusieurs exemples au cours de ce volume, on en est revenu aux anciens procédés de transport et de lavage des sables aurifères, après en avoir connu et employé de meilleurs. Partout, même dans les Sociétés les plus riches, le capital fait défaut, les travaux préparatoires les plus essentiels, notamment les sondages sur les placers, ne sont pas exécutés en temps utile. La production totale de la Province, malgré quelques découvertes heureuses, n'augmente pas; on sent un malaise général dont tout le monde se rend vaguement compte dans le pays, même les personnes qui par leurs occupations ou par leur portée d'esprit sont les moins aptes à saisir les raisons essentielles, générales, qui ont peu à peu amené ce fâcheux état de choses.

J'ai déjà fait pressentir, dans le volume sur la Transbaïkalie, les causes de ce phénomène. Les explications accessoires mises en avant par les défenseurs du système actuel, telles que la raréfaction de la main-d'œuvre, causée par la construction du chemin de fer Trans-sibérien, le relèvement du taux des salaires qui en résulte, les difficultés que présente le transport des vivres et des hommes, la rareté des placers riches, l'impossibilité de se procurer un bon personnel dirigeant, ne résistent pas à un examen un peu approfondi. La raison d'être des conditions dans lesquelles se trouve en ce moment l'industrie aurifère de la Sibérie Orientale, ne doit pas être cherchée dans les circonstances accessoires que je viens d'énumérer.

En étudiant les choses de près, j'ai acquis la conviction, basée d'ailleurs sur des faits positifs et probants que j'ai cherchés à grouper dans le présent volume, de manière à les rendre clairement intelligibles à toute personne, même non versée dans l'Art des Mines, que l'état précaire actuel, l'avenir de plus en plus incertain d'un grand nombre d'affaires aurifères en Sibérie Orientale, pour ne pas dire de la majorité d'entre elles, tient uniquement à leur mode d'organisation et aux conséquences qui en découlent. Toutes les autres difficultés, dont je ne me dissimule d'ailleurs pas l'importance ou la gravité, ayant été à même de les juger sur place et d'en faire l'épreuve personnelle, tenant au climat, aux distances, aux questions de main-d'œuvre, au sol profondément gelé — et cette dernière est considérable — toutes ces difficultés, dis-je, peuvent être tournées, atténuées et en définitive vaincues. Pour plusieurs d'entre elles, le temps travaille efficacement à leur disparition, en facilitant de plus en plus l'accès de ces régions éloignées grâce à la création de moyens de transport nouveaux et rapides; pour d'autres, les progrès réalisés dans l'art du mineur et de l'ingénieur, permettent d'envisager avec confiance des solutions et des méthodes qui auraient pu, antérieurement, être considérées comme hasardeuses et prématurées : mais l'obstacle qui s'oppose au jeu naturel de ces améliorations et de ces innovations, c'est la forme même des Sociétés minières existantes. Leur opposition caractéristique à toute immobilisation de longue durée, due au principe même sur lequel elles reposent, fait éclater aux yeux les plus prévenus leur inaptitude absolue à introduire des perfectionnements dans l'industrie aurifère.

C'est cette notion capitale que j'ai cherché à mettre en relief dans ce volume et qui constitue son principal intérêt. Les conclusions auxquelles j'ai été amené par l'examen des lieux et des faits, ont d'autant plus de poids qu'elles sont entièrement partagées par un des principaux intéressés dans les Compagnies minières qui ont été plus spécialement l'objet de mon examen, M. Théodore Sabachnikoff, qui m'a constamment accompagné au cours de ma visite sur les placers de la Zéya. Les conclusions du présent ouvrage nous ont été pour ainsi dire imposées à l'un et à l'autre par l'évidence des faits. M. Sabachnikoff mérite d'autant plus d'en prendre sa part, que c'est somme toute à son initiative

personnelle que sont dûs les travaux que nous avons entrepris
ensemble sur les gisements aurifères de la Transbaïkalie et de la
Sibérie Orientale depuis 1895, travaux dont les résultats sont
présentés dans mes deux volumes. Leur but, dont nous ne nous
sommes jamais écartés depuis le début, a été tout d'abord d'exposer la situation de l'industrie aurifère dans ces contrées lointaines, à montrer les raisons de son état arriéré, à mettre ensuite
en regard l'immensité du champ ouvert à l'activité minière dans
ces régions et enfin à montrer la voie à suivre pour inaugurer
des méthodes nouvelles à la place des procédés lents et coûteux
qui ont fait leur temps.

Or, c'est par l'organisation même des affaires aurifères que la
réforme doit être entreprise pour aboutir à un résultat positif.
En fait d'exploitation minière, plus encore que dans toute autre
industrie, à cause de la prépondérance de la main-d'œuvre, une
organisation permettant un contrôle facile et constant et une
méthode rationnelle et économique de travail, constituent les
bases essentielles, sans lesquelles tous les autres éléments de
prospérité sont vains. On finit toujours par trouver les hommes
et par former le personnel capable d'exécuter un programme bien
déterminé, même dans des pays nouveaux et d'accès difficile; ses
efforts et sa bonne volonté sont au contraire annihilés si l'organisation et la méthode de travail sont défectueuses.

Aussi, avant d'entrer dans l'étude détaillée des placers des
Compagnies de la Zéya que j'ai été chargé de visiter, me paraît-il
indispensable de jeter un coup d'œil général sur l'état actuel
de l'industrie aurifère dans l'ensemble du bassin de l'Amour.
Les critiques que pourra suggérer cet exposé, auront ainsi plus
de valeur, en ne s'adressant pas uniquement à une ou plusieurs
exploitations déterminées, qui peuvent constituer des cas exceptionnels, ou se trouver dans des conditions spéciales qui seraient de

nature à influencer le jugement à porter sur elles. Ces critiques d'ensemble auront de la sorte une portée plus générale et plus significative.

La nécessité de donner une orientation et une base nouvelle aux affaires aurifères en Sibérie orientale est tellement évidente, que l'Administration supérieure de ce vaste pays en a senti elle-même le besoin. Son Excellence le Général Doukhavskoy, Gouverneur Général de la Sibérie Orientale, qui s'occupe avec la plus grande sollicitude des moyens de développer l'utilisation des richesses naturelles contenues dans les immenses régions placées sous son haut commandement, depuis le lac Baïkal jusqu'aux rives du Pacifique, depuis la Corée jusqu'au détroit de Behring, m'a fait l'honneur de me demander un Rapport sur cette question des Mines d'Or, industrie qui constitue la plus riche et la plus capitale exploitation de cette partie de la Sibérie. La fin de l'introduction de ce volume est un résumé de ce travail.

L'industrie aurifère dans les provinces Amouriennes a suivi de près la conquête de ces contrées. Dès 1867, le groupe fameux des placers de la Djilinda était concédé à la Compagnie du Haut-Amour. Cette prise de possession ne faisait d'ailleurs que prolonger vers l'Est les exploitations aurifères antérieures existant dans la vallée de l'Iénisséi, dans le gouvernement d'Irkoutsk et dans la Transbaïkalie. En implantant l'industrie aurifère dans ces régions nouvelles, les premiers pionniers apportèrent naturellement les procédés d'exploitation et de lavage en usage dans les autres placers de la Sibérie Centrale.

En 1875, les premières exploitations aurifères du bassin de la Zéya commencèrent à venir grossir le chiffre de la production annuelle d'or du système de l'Amour et c'est de ce district qu'est sortie jusqu'à présent la majeure partie de l'or donné par cette région de la Sibérie Orientale.

1.

Depuis trois à quatre ans enfin, le mouvement de progression a atteint le bassin de l'Amgoune jusqu'aux rivages de l'Océan Pacifique. Des missions envoyées par le Gouvernement devancent ce mouvement d'expansion et préparent dès à présent la voie aux exploitations futures, sur les bords de la mer d'Okotsk et jusque dans le Kamschatka.

On peut donc dire que l'industrie aurifère est non seulement définitivement installée dans ces régions de l'Empire, mais encore qu'elle a d'ores et déjà fait ses preuves, démontré sa vitalité et sa puissance par les résultats favorables qu'elle a donnés constamment. Elle constitue le premier et le plus grand élément de richesse du pays, et c'est sur elle que doit être basée la prospérité future de la région tout entière.

Statistique des mines d'or de la Sibérie Orientale. — Pour donner une idée de l'importance actuelle de l'industrie aurifère dans les provinces Amouriennes, on peut dire, sans entrer dans des statistiques détaillées, que les deux grands centres de la Sibérie Orientale, le bassin de la Léna et le bassin de l'Amour, se partagent également le chiffre de la production d'or annuelle.

En 1890 par exemple, année qui représente assez bien les moyennes actuelles, la production totale des régions situées à l'Est du méridien d'Irkoutsk, a été de 1229 pouds d'or ('), équivalente à une valeur totale de 22 millions de roubles. Sur ce total, le district de la Léna entre

pour une proportion de.	47 %
les Provinces Amouriennes, pour.	53 »
Ensemble	100 %

(1) Le poud d'or (16ᵏᵍ,380) vaut 18.000 roubles-crédit, soit en chiffres ronds, fr. 50.000.

Chiffres qui se décomposent à leur tour de la manière suivante :

Transbaïkalie	10,7 $\%$
Provinces Amouriennes.	40 »
Province Maritime	2,3 »
Total	53 $\%$

Si l'on examine l'ensemble de la production aurifère de la Sibérie, on constate qu'après une période primitive de rapide accroissemeut, tenant à la découverte d'un grand nombre de placers superficiels faciles à exploiter, donnant de l'or gros, que les appareils les plus primitifs suffisaient à séparer, est venue une première période de marasme de 1852 à 1867. Ensuite a succédé une époque de relèvement de la production coïncidant avec la mise en valeur des placers de l'Amour.

Tendance à la stagnation. — Actuellement la tendance est plutôt à la diminution ou tout au moins à la stabilité du chiffre de rendement annuel de l'or dans l'Empire Russe et il est facile, en examinant les choses de plus près, de voir que cette diminution serait encore plus marquée si la Sibérie Orientale n'était pas en mesure de soutenir avec éclat son rôle de facteur prépondérant. L'Oural, berceau de l'industrie aurifère, traverse actuellement une crise qui n'est pas près de finir. L'ère des placers, même des placers pauvres, négligés dans les temps de primitive abondance, est bien près d'être close dans cette région. L'exploitation des filons qui a donné pendant longtemps de beaux bénéfices en la bornant aux parties superficielles n'exigeant que des installations primitives pour l'extraction et le lavage de minerais décomposés, tendres, d'un traitement facile, touche aussi à sa fin. Il va falloir maintenant, pour continuer, immobiliser des capitaux pour atteindre la zone des minerais non décomposés, chargés de pyrites, exigeant des épuisements d'eau sérieux, nécessitant l'emploi de procédés modernes pour la concentration des pyrites et l'extraction de l'or qu'elles contiennent. On peut dire que sur une échelle plus ou moins grande, les exploitations de l'Oural sont toutes arrivées à ce point critique de leur histoire et que toutes elles font appel, pour sortir d'embarras, aux capitaux et aux spécialistes étrangers. Heureuses sont les affaires de ce genre qui, possédant un fort stock de « tailings » provenant de l'exploitation et du lavage par procédés grossiers, vont pouvoir trouver dans le traitement de ces résidus par des moyens modernes, les ressources et le crédit nécessaires pour opérer la transformation indispensable de leur outillage.

Quoi qu'il en soit, cette région de l'Empire entre dans une phase nouvelle dont elle sortira sans doute victorieuse, mais pendant la durée de laquelle l'ensemble de la production du district subira un temps d'arrêt très marqué.

Si, continuant vers l'Est, on examine l'état de la région aurifère centrale sibérienne et notamment celle de l'important district de l'Iénisséi au nord et au sud de Krasnoïarsk, on constate, quoique sur une moindre échelle que dans l'Oural, les symptômes caractéristiques d'une fin de période. Le peuplement et la mise en culture du pays, permettant la vie à bon marché, ont pour résultat de rendre possible l'exploitation avec profit des placers pauvres délaissés dans la période primitive, où les gisements à haute teneur, donnant de l'or gros, étaient seuls recherchés. On va entrer dans la période de mise en valeur des parties décomposées des filons les plus riches et les mieux placés.

Même situation en Transbaïkalie.

La Province de l'Amour est, avec le district de la Léna, la seule qui en soit encore à la période de la découverte et de la mise en valeur des placers à or gros. Cette recherche est infiniment plus facile dans le bassin de l'Amour que dans celui de la Léna, à cause des communications plus aisées et d'un climat relativement moins rigoureux ; il suffit d'ailleurs de jeter'les yeux sur la carte d'ensemble des gisements aurifères de la Sibérie Orientale (Pl. XIV du Volume I) pour se rendre immédiatement compte de l'immensité des espaces encore libres pour le développement des recherches et de l'exploitation des placers riches, à or gros. Les expéditions envoyées par le Gouvernement Impérial dans les bassins littoraux de l'Oud, sur les côtes de la mer d'Okhotsk et sur celles du Kamstchaka, viennent de revenir avec des résultats positifs, très encourageants, concluant à l'existence de placers payants dans ces régions.

Mais pour ce qui concerne les exploitations déjà existantes depuis plus de vingt ans, dans le bassin de la Zéya, il est facile de constater que la tendance est plutôt à la diminution ou tout au moins à la stabilité du chiffre annuel de rendement en or. On se trouve dans une période intermédiaire. Les placers riches sont loin d'être épuisés ; on en trouve constamment de nouveaux, mais les placers pauvres, qui sont innombrables, ne peuvent pas entrer encore en ligne de compte à cause de l'insuffisance des méthodes. Les exploitants actuels, en quête du gros lot sous forme de placers éminemment riches, donnant de gros bénéfices quelque primitifs que soient les procédés d'exploitation, négligent les profits plus sûrs, mais exigeant des capitaux importants et des moyens perfectionnés, que peut donner l'exploitation des placers dits à faible teneur.

Nécessité d'une transformation des méthodes. — On sent que l'époque d'une transformation plus profonde est venue. Ce changement offre ce caractère particulier qu'il devra affecter non-seulement les procédés d'exploitation, mais encore les formes

d'association employées jusqu'à présent pour l'exploitation de l'or
en Sibérie Orientale. Ce ne sont pas, en effet, je le répète encore,
les placers qui font défaut, car si les plus riches et les plus
rémunérateurs dans les conditions actuelles du travail, sont
ardemment recherchés et parfois même payés trop cher, ainsi
qu'on en a vu des exemples retentissants, d'autres, plus pauvres,
délaissés jusqu'à présent, vont entrer en ligne de compte.

Déjà, dans les régions où la main-d'œuvre se trouve sur place
comme dans l'Yénisséï et la Transbaïkalie, on peut exploiter avec
profit des placers qui ne donneraient que des pertes dans le bassin
de la Zéya, du moins avec les procédés actuels; mais les résultats changeront du tout au tout si on leur applique des moyens
mécaniques bien étudiés et bien appropriés aux conditions spéciales créées par le climat. C'est cette transformation, qui va causer
de profonds changements dans l'état de choses actuel, que je me
propose d'exposer dans ce volume.

De la forme des Sociétés aurifères sibériennes. — Quant à la
forme même des associations qui se créent pour l'exploitation de
l'or dans le bassin de l'Amour et en général dans toute la Sibérie
Orientale, elle mérite quelques explications, car de cette forme
même, du principe sur lequel reposent ces associations, découlent des conséquences qu'il importe de mettre en relief. J'ai déjà
traité ce sujet dans l'Introduction du volume sur la Transbaïkalie, mais je me vois obligé d'y revenir de nouveau, et avec plus
d'insistance, d'abord pour ne pas renvoyer le lecteur à mon précédent ouvrage; ensuite parce que l'emploi de cette forme d'association a eu pour résultat, dans le bassin de la Zéya, d'amener
un gaspillage des gisements plus prononcé qu'en Transbaïkalie,
sur lequel il importe de donner des explications caractéristiques.

Il est tout d'abord nécessaire pour se rendre compte du fonctionnement de ces Sociétés aurifères sibériennes, qui présentent une organisation toute particulière, de voir comment elles se sont formées à l'origine et comment elles se créent encore chaque jour à l'heure actuelle, car le procédé n'a pas changé.

L'inventeur d'un placer ou de plusieurs placers formant un groupe exploitable, constitue, dès qu'il est en possession du titre administratif de propriété, une Société dite « par Compagnons » qui, par son essence, se rapproche de la Société en commandite, en ce sens qu'elle réunit tous les pouvoirs dans une seule main, celle du « Compagnon administrateur », mais qui en diffère par plusieurs traits essentiels : d'abord, il n'y a pas de capital social déterminé, mais seulement un capital de roulement, qui n'est lui-même pas fixé. L'acte de Société établit seulement la part de chacun des intéressés dans les frais et dans les bénéfices, part qui n'est pas toujours égale à leur part dans les dépenses. Il y a souvent des avantages spéciaux réservés en faveur de l'inventeur ou du « Compagnon administrateur » indépendamment des autres charges sociales, payement des impôts miniers, etc.   .

La Société n'a pas de durée déterminée. On opère par campagnes successives annuelles nommées « Opérations ». Le climat ne permettant pas en général de travailler plus de 110 à 120 jours par an, au début de chaque campagne, le programme des travaux ainsi que les prévisions de recette en or, est établi par le « Compagnon administrateur » et soumis à l'examen des intéressés. On dresse alors un budget préventif des dépenses et des recettes probables, nommé « Smiéta », et chaque compagnon verse au prorata de sa participation et aux époques fixées, le montant de la quote-part qui lui incombe. En fait, le rôle des compagnons ordinaires est purement passif. Les choses sont organisées de façon à rendre le contrôle par les intéressés très difficile sinon impossible. Leur concours se borne à celui du bailleur de fonds.

Les dépenses consistent pour la majeure partie, en achats de vivres pour les hommes et pour les chevaux, et surtout en frais de transport de ces vivres depuis les lieux de production ou d'achat jusque sur les placers où ils doivent être consommés. L'absence de routes carrossables oblige à faire ces transports en hiver, sur la neige ou sur les rivières gelées, par les moyens les plus variés, par chameaux, par rennes et même par chiens attelés à des traîneaux légers, dans la Province Maritime. Les distances à franchir sont souvent très considérables; aussi les campagnes se préparent-elles longtemps à l'avance. Les grains et farines destinés à l'alimentation doivent être séchés avec des soins spéciaux pour pouvoir être conservés, sans se gâter, dix-huit mois à deux ans en magasin.

Ensuite vient la question du recrutement de la main-d'œuvre, car les gisements aurifères, surtout dans la Province Amourienne, se trouvent dans des contrées désertes et inhospitalières, couvertes d'épaisses forêts de mélèzes et de sapins (*taïga*) où vivent clairsemées les races indigènes adonnées à la pêche et à la chasse des animaux à fourrure. On ne peut donc compter sur aucune ressource locale en fait de population ouvrière, et il faut amener sur les placers tous les hommes nécessaires à leur exploitation.

On arrive ainsi, au début de l' « Opération » au commencement de Mai, à avoir fait des avances en vivres, en transports et en main-d'œuvre, se chiffrant parfois par plusieurs centaines de mille roubles.

Il s'agit, pendant la courte période des travaux, de rentrer coûte que coûte et le plus rapidement possible, dans ces avances, après quoi commence ce qu'on considère comme le bénéfice de l' « Opération ». On travaille donc fiévreusement, sans trêve ni relâche, jusqu'au moment où les premières gelées se faisant sentir, à la fin du mois d'Août, on est prévenu qu'il est temps de faire rentrer au plus vite, vers des régions plus tempérées, le personnel ouvrier et les chevaux. Il ne reste en hiver sur les placers qu'une partie des cadres du personnel, avec les ouvriers nécessaires pour les travaux d'hivernage. C'est aux environs du 11/23 septembre que le signal de la retraite est donné. Il serait dangereux, même dans les années tièdes, de prolonger la campagne : les grands froids arrivent d'une manière foudroyante; les rivières, voies naturelles de rapatriement se couvrent parfois dans une seule nuit de « *chouga* », épais glaçons qui s'agglomèrent avec une rapidité incroyable sous l'influence du froid intense; on risque en un mot de se trouver coupé de toute communication si l'on est pris, avec ses hommes, par la glace dans la sombre « *taïga* » sibérienne.

On connaît jour par jour la production d'or des chantiers, qui est contrôlée par l'Administration (art. 782 et suivants de la Loi des Mines de 1893), le monopole de l'achat de l'or étant réservé au Gouvernement. On peut donc, dès le lendemain de l'arrêt des travaux, établir le bilan définitif de l' « Opération » et répartir les bénéfices entre les intéressés.

Conséquences du système. — De l'adoption générale en Sibérie Orientale de cette forme d'association, résultent une série de conséquences déplorables, qu'il est facile de mettre en lumière. Elle est la cause principale de l'état arriéré et précaire de l'industrie aurifère dans ces contrées.

Tout d'abord, la nécessité primordiale, impérieuse, absolue, exigée par les « Compagnons », de rentrer chaque année dans les frais avancés, est un très grand obstacle à tout progrès, à tout perfectionnement dans les procédés d'extraction et de lavage des sables aurifères. Toute amélioration comporte des essais, des tâtonnements, du capital immobilisé, du temps perdu surtout, qui dans l'espèce peut se traduire par une diminution du cube lavé, désastreuse pour l' « Opération ». On l'évite en s'en tenant aux anciens procédés qui sont sûrs, éprouvés, qui ont toujours donné des bénéfices et dont on peut confier l'exécution à des agents modestes et mal payés, d'instruction bornée, guidés simplement par la pratique et dont les capacités ne dépassent pas le cercle restreint des connaissances élémentaires. Voilà les raisons pour lesquelles les intéressés dans les affaires aurifères sibériennes, sauf de très rares exceptions, préféreront s'en tenir aux procédés anciens, tant que les circonstances ne leur auront pas absolument forcé la main.

Le principe même de l'indépendance des « Opérations » successives, exclut l'idée de toute immobilisation pouvant exiger un certain nombre d'exercices pour être remboursée ou amortie. Rares en effet sont les placers possédant un matériel autre que des « tarataïkas » (sorte de charrette spéciale en bois, à caisse demi-cylindrique, attelée d'un cheval, pour le transport des alluvions et du stérile) et des lavoirs en bois. L'exploitant sibérien recherche avant tout les placers à haute teneur, à or gros, même lorsqu'ils sont situés dans des régions inabordables, pourvu qu'ils donnent des bénéfices avec les procédés courants, même avec des prix de vivres, de transport, de frais généraux, élevés ; il est réfractaire aux idées d'amélioration des méthodes et partant, des prix de revient, permettant d'envisager l'exploitation de placers plus pauvres donnant des bénéfices plus modérés mais plus sûrs, au moyen de perfectionements appropriés, se traduisant pour lui en immobilisations, même temporaires, de capitaux.

Gaspillage des placers. — Ce qui est plus grave encore, si on envisage l'intérêt général du pays, c'est que ce système des sociétés par « Compagnons » et l'état d'esprit qu'il engendre, conduit fatalement au gaspillage des gisements aurifères et à la *perte définitive de la moitié de l'or* effectivement contenu dans les placers.

Quelques mots suffiront pour le faire comprendre.

Les alluvions aurifères sibériennes connues jusqu'à ce jour, sont constituées par d'anciens lits de rivières, d'époque quaternaire, recouverts par des alluvions plus récentes et enfin par de la tourbe. Ces placers n'ont subi aucun mouvement sensible depuis leur formation. Ils tapissent donc le fond des vallées actuelles, dont ils épousent la forme et la direction générale et les terrains stériles qui les recouvrent ne dépassent pas en moyenne, dans la très grande majorité des cas, le bassin de la Léna excepté, une épaisseur de 1 1/2 sagène (environ 3 m. 20). Dans ce dernier district, les alluvions aurifères ont des teneurs notablement plus élevées que dans l'Amour, mais elles sont recouvertes par des épaisseurs incomparablement plus fortes de stérile, qui compliquent beaucoup l'exploitation en obligeant à procéder par travaux souterrains ou par énormes chantiers à ciel ouvert, exposés aux inondations.

Lit mineur. — *Lit majeur.* — Les unes et les autres de ces alluvions n'ont pas une richesse uniforme. On distingue le *lit mineur* de l'ancienne alluvion, caractérisé par de très hautes teneurs, atteignant fréquemment 3 à 4 zolotniks aux 100 pouds ($15^{gr},60$ à $20^{gr},80$ par mètre cube d'alluvion en place), pour m'en tenir à des chiffres relativement modérés, car les placers fameux Djilinda, Djolon et autres ont donné des teneurs moyennes, réalisées au cours de plusieurs « Opérations », notablement supérieures aux chiffres ci-dessus.

Sur les deux côtés de ce lit mineur, l'alluvion aurifère se

prolonge, avec des teneurs et avec une puissance décroissantes, jusqu'à sa limite sur les flancs de la vallée, constituant le *lit majeur* de l'alluvion.

Le lit mineur est, naturellement, beaucoup plus étroit que le lit majeur, et en général aussi, beaucoup plus riche; mais, si on fait le cubage de l'or contenu dans l'un et dans l'autre, on reconnaît que dans la très grande majorité des cas, *les poids d'or* contenus dans ces deux lits majeur et mineur, sont à peu de chose près *équivalents*, en général avec prédominance du poids dans le lit majeur.

Or, d'une part, la nécessité de produire rapidement un poids d'or considérable pour couvrir au plus tôt les avances faites à l'« Opération » en cours, et obtenir ainsi un plus grand bénéfice;

D'autre part, le prix de revient élevé pour l'abatage, le transport et le lavage de chaque sagène cube d'alluvion et de stérile, conséquence des méthodes employées et des fausses manœuvres qu'elles entraînent;

Amènent forcément les exploitants sibériens à enlever seulement le lit mineur qui peut seul leur donner les bénéfices auxquels ils sont habitués et à négliger le lit majeur.

Pour éviter un trop long transport des stériles et des résidus lavés, ils les entassent sur certaines portions du lit majeur, à proximité des chantiers et des lavoirs. Ces parties ainsi enterrées sont dès lors rendues définitivement inexploitables.

Mais même lorsque ce dépôt des déblais sur le lit majeur n'est pas effectué — et il est prohibé par la Loi Minière de 1893, — la possibilité d'exploiter ultérieurement avec bénéfice, l'or laissé dans le lit majeur, n'en reste pas moins fort incertaine. Il tombe en effet sous le sens que l'installation nécessitée pour cette exploitation, qui était déjà payée et toute prête à fonctionner lors de l'enlèvement du lit mineur, devra être reconstruite une seconde fois, avec les mêmes frais, pour traiter une alluvion moins riche, moins puissante et qui ne sera pas en mesure de payer l'amortissement de cette seconde construction.

Travaux Staratiélis. — En fait, voici comment les choses se passent : une fois le placer « écrémé » par l'enlèvement du lit mineur, on le livre à des entrepreneurs (padriatchikis) ou plutôt à des orpailleurs volontaires (staratiélis), qui ont le droit de l'exploiter à leur guise, choisissant sur les bords du lit mineur les lambeaux les plus riches, à la seule condition de livrer au propriétaire du placer, à un prix convenu qui varie entre 2 R. 50 et 3 R. par zolotnik (environ 1 fr. 56 à 1 fr. 87 le gramme), tout l'or par eux recueilli.

Les travaux par entrepreneurs ou par staratiélis sont conduits, point n'est besoin de le dire, sans aucune méthode. Ces locataires éventrent de toutes parts les berges du lit majeur, grattent ce qu'ils peuvent en sous-cave, provoquent ainsi l'éboulement des bords et, lorsque l'alluvion aurifère est ainsi complètement ensevelie sous les éboulis, ils vont sur un autre placer recommencer leur besogne destructrice.

Ces staratiélis sont, comme on le comprend par la description que je viens de faire, de leur méthode de travail, extrêmement difficiles à surveiller et c'est par eux que le vol de l'or sur les placers, cette plaie si difficile à guérir, s'exerce de la manière la plus efficace. Ce sont des recéleurs tout trouvés, non seulement pour l'or provenant de leurs propres lavages, mais aussi, ce qui est beaucoup plus grave, pour l'or trouvé sur les placers par les ouvriers en régie, employés à l'extraction du lit mineur.

En résumé, un placer livré aux staratiélis est un placer à peu près perdu au point de vue de la possibilité de sa reprise éventuelle dans l'avenir, même avec des moyens perfectionnés. De ce gaspillage du lit mineur, le propriétaire ne reçoit rien ou presque rien, car les staratiélis n'accusent que des rendements dérisoires, volent la majeure partie de l'or qu'ils récoltent, et ce, au vu et au su de tout le monde, sans qu'une surveillance effective puisse être exercée sur eux. Leur action dissolvante s'étend sur les placers voisins en cours d'exploitation dont ils sont les recéleurs attitrés. Il y a là une cause de désordre et de gaspillage contre laquelle on ne saurait s'élever avec trop d'énergie.

Les coupes que je donne (Pl. I, fig. 1 à 5) montrent un placer sibérien à ses diverses étapes d'exploitation. Ces trois figures résument les observations qui précèdent. Elles ne sont pas théoriques; elles représentent exactement un placer dont j'ai levé le plan, mais elles s'appliquent à la presque totalité des placers actuellement en exploitation dans le bassin de l'Amour.

Tels sont les inconvénients pratiques et techniques, tels sont les résultats désastreux au point de vue de l'intérêt général du pays, auxquels conduit le système des Sociétés par « Compagnons » avec leurs « Opérations » annuelles indépendantes les unes des autres.

Du danger de cette méthode de travail. — Mais il y a plus : cette organisation admissible encore dans les temps primitifs, constitue au fur et à mesure que l'industrie aurifère se développe davantage en Sibérie Orientale, une gêne et un danger pour les intéressés eux-mêmes, qui, pour la plupart, ne s'en doutent pas et ne s'en aperçoivent que trop tard.

Comme je l'ai expliqué plus haut en effet, les « Compagnons » sont appelés à exécuter à des dates fixes, des versements parfois très considérables, toujours entourés d'un certain aléa. Ces intéressés se trouvent parfois engagés dans d'autres affaires, ou bien ils se trouvent dans des positions de fortune très diffé-

ÉTAPES D'UN PLACER EN SIBÉRIE ORIENTALE

Fig. 1. Placer intact

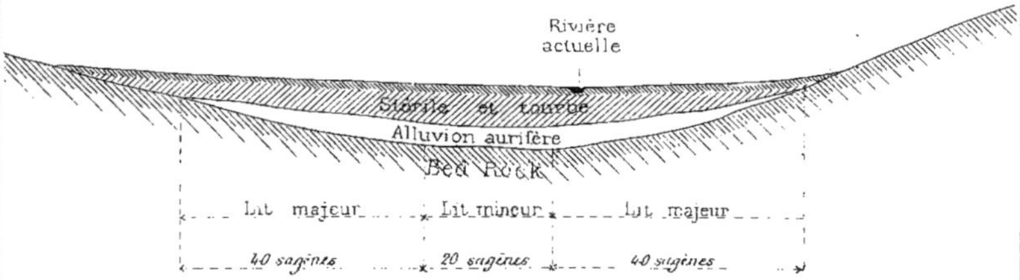

Fig. 2. Placer après enlèvement du lit moyen

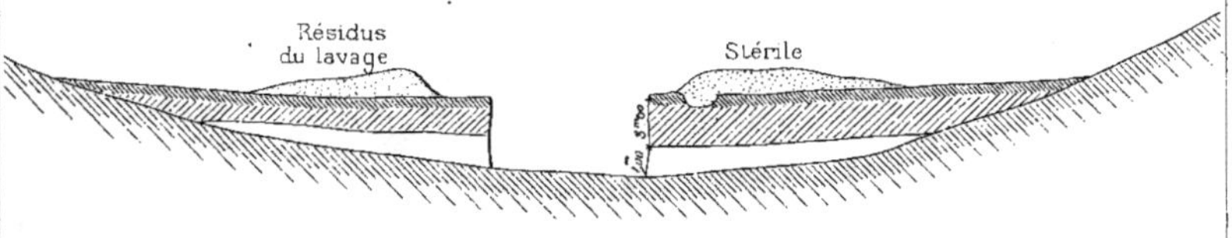

Fig. 3. Placer après travaux Staratiélis

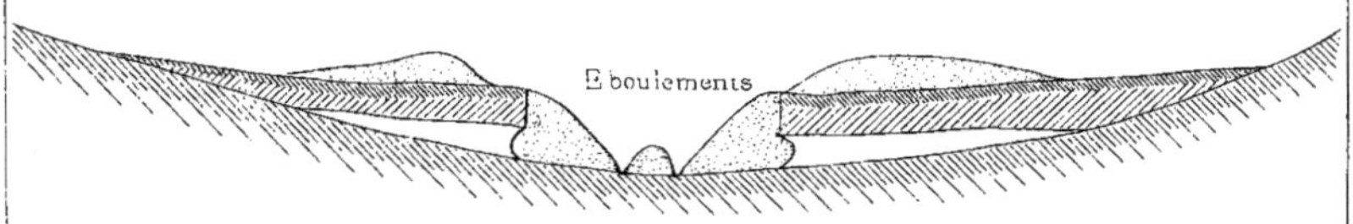

ÉDOUARD ROUVEYRE, ÉDITEUR A PARIS

Imp. L. Courtier, 43, rue de Dunkerque, Paris.

rentes les unes des autres, ce qui a pour résultat infaillible, aux époques des appels de fonds, de sacrifier les petits au profit des gros co-partageants.

Il en est d'autant plus ainsi que la plupart des statuts des Sociétés par « Compagnons » prennent des précautions minutieuses pour éviter l'intrusion des tiers dans leur sein. J'ai constaté par exemple que presque tous les contrats de ce genre que j'ai été à même d'examiner — et ils sont assez nombreux pour m'autoriser à en tirer une conclusion générale — consacrent un droit de préemption en faveur des autres « Compagnons » si l'un d'entre eux manifeste le désir de sortir de l'association en vendant sa part. Cette clause écarte naturellement tout acheteur sérieux qui s'expose à être mis en surenchère, sans aucun avantage pour lui. Certaines Sociétés vont même plus loin. J'en connais où les parts sont soumises à un droit de préemption s'exerçant à deux degrés successifs : d'abord en faveur du « Compagnon administrateur », puis, en cas de refus, en faveur des autres « Compagnons ». C'est seulement en cas de refus dûment constaté de ces deux séries d'acheteurs, que le vendeur finit par avoir le droit de vendre à un tiers. Mais même dans ce cas, le nouveau venu, l'intrus, pour le désigner sous son véritable nom, n'a pas les mêmes droits que les « Compagnons » primitifs. Il paie sa part des dépenses, au prorata du nombre d'actions qu'il a acquises à deniers comptants, et il n'a voix délibérative que s'il a cinq parts au moins, les autres votant avec autant de voix que de parts possédées, sans aucun minimum.

Toutes ces restrictions sont un vieux reste des anciens temps où l'industrie aurifère, apanage d'un très petit nombre de personnes, jalouses de leur suprématie, restait obstinément fermée et rebelle à toute immixtion étrangère. Même encore maintenant, le simple titre de « Compagnon » dans une affaire aurifère, est un grand élément de crédit et de considération dans le pays. Seuls les « Compagnons » peuvent nominalement posséder les certificats ou « Assignations » que le laboratoire délivre aux exploitants après la fusion, la mise en lingots et l'essayage de l'or livré par eux. Il s'est fait pendant longtemps et jusque dans ces dernières années encore, un commerce assez actif de ces « Assignations » qui sont payables en or par la Banque Impériale à Saint-Pétersbourg. On les employait à acquitter les droits de douane qui, comme on le sait, doivent en Russie être effectivement versés en or.

On a ainsi, peu à peu, assimilé l'industrie aurifère à une exploitation presque secrète. On y a greffé des légendes, sans fondement d'ailleurs, sur la manière dont les ouvriers, sortes d'esclaves mal payés, abrutis par les liqueurs fortes, pataugeant dans la boue glacée, faisaient suer à la terre les profits colossaux des « Compagnons ». D'autre part, le service des recherches des placers nouveaux, qui exige de la part du personnel qui y est employé, une discrétion et un dévouement complets à la main qui les paie, a toujours été considéré par les anciens « Compagnons » comme devant être entouré de mystère et de silence, de peur qu'une indiscrétion ne vienne au dernier moment, compromettre le résultat d'une série d'années de travail en mettant les tiers sur la piste des bons endroits.

Nous verrons, dans la partie de cet ouvrage consacrée à la question des recherches, que c'est justement sous ce régime d'expéditions secrètes que les indiscrétions et les abus résultant du manque de contrôle se produisent le plus facilement. Le secret de la réussite des recherches est facile à trouver. Il consiste tout d'abord dans la possession de Résidences bien approvisionnées, et ensuite dans une bonne organisation des travaux, avec un chef responsable et avec une surveillance effective de la part de la

Direction locale : en un mot, dans un travail pénible parfois il est vrai, mais indispensable à exiger du personnel local.

Des statuts des Sociétés par « Compagnons ». — C'est sous l'empire de préoccupations du même genre que les Statuts de certaines Compagnies contiennent des clauses qui se retournent maintenant contre leurs auteurs et leur rendent impossible l'exercice de leur droit légitime et indispensable de contrôle : par exemple lorsque le « Compagnon administrateur », qui est généralement le fondateur de l'affaire, a pris la précaution de diviser les parts entre les autres « Compagnons » d'une manière différente, suivant qu'il s'agit de tel ou tel placer compris dans l'actif social. En agissant avec un peu d'habileté, il est ainsi assuré de n'avoir jamais de majorité gênante devant lui.

Absence de contrôle. — Le contrôle des intéressés sur la gestion des affaires sociales n'est garanti par aucune clause sérieuse. Il se borne au vote du budget annuel, et encore cette formalité n'est-elle pas toujours observée rigoureusement. Quant à aller sur place, pour se rendre compte « de visu » de la marche des « Opérations », c'est aussi une impossibilité presque absolue dans l'immense majorité des cas. Je connais une Société dans laquelle ce dernier moyen de contrôle est rendu impraticable d'une façon tout à fait originale et ingénieuse. L'article qui consacre le droit du « Compagnon » méfiant, dit qu'il sera reçu sur les placers avec les honneurs dus à son rang, qu'il aura droit au feu et à la chandelle, mais qu'il ne sera nourri aux frais de la Compagnie que pendant un laps de temps qui ne pourra, en aucun cas, dépasser une semaine ! Cette perspective de famine au sein de la « taïga » ébranle les résolutions les plus fermes.

2.

Difficulté de négociation des parts. — On comprend, sans qu'il soit besoin d'insister davantage, qu'il est très difficile aux intéressés de trouver le moindre crédit, dans des conditions acceptables, sur des parts ou actions de Sociétés soumises à un pareil régime. Il leur est impossible en effet, de réaliser ou même d'évaluer leurs parts car les plans de sondage des placers, qui sont cependant des documents qui ne compromettent rien, ne sont jamais communiqués aux tiers et constituent les archives secrètes de l'affaire. D'autre part, il faut absolument que chaque compagnon verse à date fixée, sa quote-part de frais, et s'il n'y fait pas face, il finit par se trouver forclos, exclu, d'une affaire dont il aura couru tous les mauvais risques, qu'il aura contribué à créer, qui peut être excellente, mais qu'il n'est pas de taille à supporter.

On voit à quelles difficultés, à quels dangers, les associés dans des entreprises ainsi organisées, peuvent se trouver exposés. En fait, seules les Sociétés où tous les associés se trouvant dans une position opulente, peuvent sans trop d'inconvénients supporter cette immobilisation forcée d'une partie de leur fortune et disposant d'autre part d'un budget annuel leur permettant de faire face aux appels de fonds, seules, dis-je, les Sociétés par « Compagnons » réunissant cet ensemble de conditions absolument exceptionnelles, arrivent à fonctionner régulièrement. Ce n'est d'ailleurs qu'une régularité éphémère, car dès que les parts actuellement concentrées entre un petit nombre de mains, se seront répandues, par le jeu naturel de l'héritage, entre de nouveaux participants inégalement fortunés, le vice originaire se fera sentir pour eux comme pour les autres. En dehors de ces affaires bien pourvues de capitaux, elles sont peu nombreuses, 4 ou 5 tout au plus dans le bassin de l'Amour, toutes les autres sont sans cesse à court d'argent et n'en trouvent qu'à des taux ruineux ou sous des conditions draconiennes. Le seul moyen en effet, pour une Banque ou un capitaliste, d'avancer de l'argent à des affaires pareilles, est de leur faire signer une délégation en bonne et due forme sur l'or à produire pendant l'opération suivante, ce qui fait que les assignations étant libellées au nom du prêteur, la campagne une fois achevée, il ne reste aux exploitants rien ou presque rien comme profit. Les commissions et intérêts ont tout absorbé, de sorte qu'il faut de nouveau, pour l' « Opération » nouvelle, solliciter des crédits qui deviennent d'autant plus récalcitrants que le placer s'épuise dans l'intervalle.

Je passe sous silence les difficultés d'ordre contentieux qu'engendre forcément un système pareil, qui ouvre une large porte à la spoliation. La liste des procès actuellement affichés dans la salle du Tribunal civil de Khabarovsk est une page plus éloquente que tout ce qu'on pourrait écrire sur ce sujet.

Du personnel technique. — Un des points les plus faibles de l'organisation des affaires aurifères Sibériennes, c'est le recrutement du personnel technique. En fait, la presque totalité des Sociétés sont conduites par des hommes qui se sont formés peu à peu, par une pratique constante des travaux et dont l'instruction générale, sauf quelques brillantes exceptions, est assez limitée. Ces agents sont donc, par leurs antécédents et par leur origine même, peu aptes à introduire des améliorations dont ils ignorent la portée. Les essais dans cette voie se sont bornés à l'introduction des quelques appareils mécaniques pour l'abatage des terrains. Ils ont été généralement suivis d'un échec complet, ainsi qu'il était facile de le prédire d'avance. D'autres essais qu'on se propose d'exécuter auront le même sort si on ne change pas de méthode. Les Sibériens ont l'esprit ainsi fait, qu'il n'estiment et qu'ils n'approuvent que ce qu'on peut faire et créer sur place, avec les moyens locaux, dont ils sont très fiers. On ira bien jusqu'à acheter un appareil perfectionné, ayant fait ses preuves dans d'autres pays, on le transportera à grands frais sur les lieux, mais on oubliera de faire venir en même temps le personnel qui sait manier l'outil, qu'on essaie sans succès de faire fonctionner sans apprentissage préalable et dont on se dégoûte en peu de temps ; ou bien on montera des appareils de fortune, faits de pièces et de morceaux et on condamnera un système après des essais conduits de cette façon.

Des améliorations à introduire. — Il faut voir les choses de plus haut. En fait, il n'y a aucune assimilation possible entre les méthodes américaines ou australiennes, hydrauliques ou autres pour l'abatage et le lavage des sables aurifères et celles qu'on peut employer avec un succès certain, dans les exploitations sibériennes. Le seul fait de l'existence pour ces dernières d'un climat rigoureux qui congèle le sol bien au delà de la profondeur à laquelle se trouvent déposées les alluvions aurifères, oblige à modifier profondément les appareils. On a donc fait fausse route complète chaque fois qu'on a voulu transplanter de toutes pièces en Sibérie, comme on l'a tenté plusieurs fois, des méthodes ayant fait leurs preuves autre part. On est arrivé ainsi à des échecs retentissants, dont les partisans du *statu quo*, intéressés, pour une foule de raisons faciles à comprendre, au maintien de l'état actuel de choses, n'ont pas manqué de tirer parti pour continuer leurs errements antérieurs. De là aussi cette sorte de défaveur préconçue, mélangée d'ironie narquoise, qui s'attache en Sibérie à tout essai, voire même à tout projet de réforme ou de transformation des procédés actuels.

Chaque fois au contraire qu'on a pris la peine d'adapter les appareils modernes aux conditions locales, le succès a couronné ces tentatives. C'est ainsi que dans le bassin de la Zéya qui est incontestablement à la tête du mouvement de progrès, l'emploi des sluices américains adaptés aux conditions locales, a rapidement supplanté l'antique « *tchachka* » sibérienne, sorte de cuve de débourbage à fond percé de trous, sur lequel un agitateur mécanique promène l'alluvion arrosée par des tuyaux, qui constitue jusqu'à présent, aux yeux des vieux mineurs, l'appareil le plus parfait qui puisse être imaginé.

Je dois signaler enfin une dernière et très grande cause de faiblesse des exploitations aurifères de la Sibérie Orientale : c'est l'absentéisme presque complet des propriétaires et même des « Compagnons administrateurs », laissant aux agents locaux une liberté, une absence de contrôle, dont il n'a été que trop souvent abusé.

La construction du chemin de fer Trans-sibérien va faire disparaître ces entraves, causées en majeure partie par la distance et les difficultés du voyage.

A ces moyens nouveaux d'actions, correspondent de toute nécessité des moyens techniques nouveaux aussi et plus perfectionnés. Ces derniers doivent être mis en œuvre par des capitaux venus du dehors, moins exigeants que les capitaux locaux qui sont totalement insuffisants. Ces capitaux réunis sous forme de Sociétés régulièrement constituées, seront répartis entre un plus grand nombre d'intéressés et donneront à ces derniers, à la fois plus de garanties que la forme actuelle par « parts » ou « Compagnons » et plus de puissance par le seul fait de leur groupement en associations durables et régulières.

C'est dans cette voie que les progrès restant à accomplir pourront acquérir leur complet développement.

Quels devront être le but et l'objet principal de ces Sociétés?

Quel intérêt y a-t-il, au point de vue général du développement du pays et des revenus de l'Empire, à ce que de pareilles Sociétés s'établissent?

Quels avantages peut présenter l'introduction de capitaux étrangers dans la constitution des Sociétés aurifères en Sibérie Orientale?

Tels sont les trois points qui me restent à traiter comme conclusion de cette Introduction.

I

ORGANISATION DES SOCIÉTÉS AURIFÈRES

Baser une grande affaire d'exploitation de placers aurifères en Sibérie Orientale sur la recherche et le lavage uniquement de placers très riches, pouvant payer largement et leurs frais de recherches et le coût de leur exploitation à coups d'argent, était possible il y a vingt ans, dans un pays inconnu, vierge, sauvage, où toutes les espérances et aussi toutes les déceptions étaient possibles. On entrait dans un pays neuf, sans savoir quel avenir on y trouverait, sans savoir même si on s'y installerait définitivement. Dans ces conditions. il était naturel, raisonnable et avantageux, d'exploiter à la hâte, sans se préoccuper de l'avenir, uniquement le lit mineur des alluvions les plus riches, quitte si ces endroits favorisés après leur épuisement, n'étaient pas remplacés par d'autres gîtes riches, découverts dans l'intervalle, à battre en retraite après fortune faite.

Tout autres sont maintenant les conditions dans lesquelles se présente l'exploitation des placers. Autre aussi doit être la manière dont il faut envisager les affaires aurifères de cette région. Le pays est désormais ouvert d'une façon définitive. Les moyens de communication sur l'Amour et sur la Zéya, sans parler du chemin de fer Trans-sibérien, se multiplient de jour en jour davantage. Une police locale est organisée et fonctionne régulièrement. L'hivernage dans les Résidences Minières n'offre plus aucun danger de famine ou d'isolement.

D'autre part, la richesse du pays en fait de placers « payants » est un fait positif, évident, démontré par le succès des exploitations existantes, malgré la faiblesse et l'imperfection des moyens qu'elles emploient. C'est donc une contrée dans laquelle les capitaux ne sont pas aventurés comme par le passé, dans des régions inconnues et aléatoires, d'un accès et d'un contrôle difficiles.

A ces conditions, ne répondent plus ni la forme ni le principe des Sociétés par « Compagnons » avec opérations indépendantes.

L'exactitude de mes observations est confirmée pleinement par la situation actuelle de la plupart des Sociétés existant sous cette forme. Pour ne parler que des plus importantes et des plus riches d'entre elles, qui ont eu pendant plus de quinze à vingt ans une période de prospérité inouïe, qui disposent d'un grand nombre de placers intacts, dans lesquels la présence de l'or en quantité payante est un fait certain, on constate chaque année, non seulement une diminution des bénéfices et du poids d'or récolté à chaque campagne, mais même cette récolte minima annuelle, destinée à couvrir au moins le montant du budget de prévision (smiéta), devient de plus en plus incertaine et aléatoire. Pour assurer cette balance et ne pas se trouver en perte en fin d'exercice, la Direction locale est obligée d'en arriver aux pires expédients qui compromettent de plus en plus l'avenir.

D'une part, en effet, pour réduire le plus possible le montant de la « smiéta », on abandonne aux staratiélis et aux entrepreneurs les placers écrémés, décapités par l'enlèvement du lit mineur, qui sont dès lors irrémédiablement perdus, tandis que les alluvions laissées dans le lit majeur exploitées par des moyens économiques, pourraient donner encore de beaux bénéfices; c'est un gaspillage complet, sans profit pour personne, sauf pour les voleurs d'or. Je démontrerai dans le cours de ce volume, par de nombreux exemples pris sur le vif, indéniables, à quel pillage sont livrés les placers affermés. La Compagnie propriétaire ne reçoit qu'une part infime de l'or dont elle livre l'exploitation aux staratiélis, part dont il faut déduire encore les impôts et les frais de surveillance qui incombent au placer.

D'autre part, et c'est ici que le vice du système apparaît avec le plus d'évidence, la nécessité de diminuer les frais pour réaliser un bénéfice, entraîne la suppression par les « Compagnons » de tous les frais qui n'ont pas pour résultat immédiat la production de l'or. En première ligne figurent les dépenses du *sondage préparatoire* (Razviédkis), qu'exigent plusieurs années à l'avance les placers qu'on se propose d'exploiter.

C'est une dépense considérable qui, pour certaines Compagnies, atteint un chiffre de près de 1 million de Roubles et ce, non pour mettre en valeur la totalité de leur domaine, mais simplement pour rattraper le temps perdu et rétablir les choses dans leur état normal, qui consiste non seulement à posséder une avance de placers, la chose est relativement facile et peu coûteuse, mais à posséder une avance de placers *découpés par sondages*, permettant de faire leur cubage exact et de les exploiter sans courir de risques graves.

Or c'est là, au premier chef, une dépense qui ne peut pas et ne doit pas être supportée par l'exploitation des placers en cours de travail, comme le système par « Opération » y conduit fatalement. Cette dépense doit constituer une *avance* faite au placer en cours de traçage, avance dont son compte doit être débité et qui ne doit rentrer en caisse que lorsque le placer entre lui-même en exploitation. La contre-partie de cette dépense se trouve naturellement dans la valeur qu'acquiert le placer par le fait même que les sondages ont mis l'or en évidence.

Ne doivent être passés par profits et pertes de l' « Opération » en cours, que les frais de sondage qui n'auraient rien produit, ce qui est un cas assez rare jusqu'à présent, le choix des placers étant abondant. Ces échecs dans les sondages n'entraînent d'ailleurs pas de gros totaux, car on peut toujours arrêter les frais à temps, après avoir exécuté un nombre suffisant de lignes transversales de puits de recherches (chourfs), pour être certain que la vallée est décidément « non payante ».

C'est, en résumé, une avance de capitaux que nécessitent les placers, avance à laquelle répugnent les Sociétés par « Compagnons », très facile et très naturelle au contraire pour des Sociétés par actions, disposant d'un capital suffisant pour que leur fonds de roulement leur permette d'y comprendre les dépenses de traçage des placers, deux à trois années à l'avance.

On trouvera dans le courant de l'ouvrage, à l'article « Dragage », les moyens qui permettront de diminuer considérablement les frais de traçage par l'emploi de procédés mécaniques d'abatage des alluvions, qui rendent moins nécessaires le sondage détaillé du placer et la reconnaissance exacte du lit mineur. Je laisse de côté ici, les questions techniques, pour rester dans les considérations d'ordre général, relatives à l'organisation et à la direction à imprimer aux affaires aurifères de Sibérie.

En opérant ainsi, sur un nombre suffisamment grand de placers, pour que les lacunes et les déceptions qui se produiront soient balancées par les découvertes heureuses, en agissant en un mot, sur une échelle assez vaste pour que les cas singuliers, tant bons que mauvais, soient noyés dans la masse, on doit arriver au résultat, si désirable à tous les points de vue, d'une régularité complète dans la production annuelle d'or, qui aurait pour conséquence la régularité des dividendes et partant, la possibilité de capitaliser les actions en s'appuyant sur une base certaine. On arrivera de la sorte à *mobiliser le capital* que représentent les placers, capital dont l'estimation même approchée est actuellement entourée des plus grands aléas.

Il est évident que cette nouvelle manière d'envisager les choses entraîne, comme conséquence immédiate, l'utilisation des placers dits « pauvres » à teneurs comprises entre 30 et 50 dolis aux 100 pouds d'alluvion (1^{gr},60 à 2^{gr},70 par mètre cube en place). Les teneurs « moyennes » vont de 60 à 80 dolis (3^{gr},25 à 4^{gr},32 par mètre cube en place), enfin la qualification d'alluvion « riche » s'applique aux teneurs supérieures à 1 zolotnik aux 100 pouds (5^{gr},20 par mètre cube en place) (Voir à la fin du Volume I les tables de transformation de ces teneurs en unités décimales). Telles sont les dénominations usuelles actuellement en usage en Sibérie Orientale.

C'est ici que l'emploi des procédés que j'ai détaillés plus loin, entre en ligne de compte. Leur application permettra non seulement d'exploiter d'un seul coup le lit majeur et le lit mineur des placers, mais aussi, et c'est là, à mes yeux, leur grand avantage, d'augmenter considérablement le cube d'alluvions traitées, avec un personnel beaucoup moindre. C'est là le seul moyen de diminuer les énormes frais généraux qui grèvent les affaires aurifères sibériennes, frais qui, il ne faut pas se le dissimuler, sont difficiles à réduire intrinsèquement. La nature même de l'industrie aurifère dans ces contrées à climat extrême, oblige à prévoir de fortes dépenses de ce chef. La nécessité des Résidences, centres de ravitaillement dans ces contrées dépourvues de ressources ; l'obligation d'avoir une cavalerie considérable pour assurer les transports ; l'existence indispensable aussi d'une flotte de bateaux à vapeur et de chalands, inoccupée pendant plus de la moitié de l'année, exigeant un entretien coûteux et improductif pendant toute la morte-saison, sont autant d'éléments qui constituent un ensemble de circonstances défavorables qui se traduisent par des frais accessoires très élevés. Si l'on y ajoute les dépenses d'un personnel d'employés, qu'il faut payer et qu'il faut nourrir, éparpillé sur des vastes surfaces, oisif aussi pendant l'hiver, et dont il faut néanmoins conserver les cadres sous peine de désorganisation complète pendant la saison des travaux, enfin les recherches de nouveaux placers, par rennes ou par chiens, au sein de forêts inhabitées, on aura une idée approchée des dépenses auxquelles il faut faire face.

Toutes ces difficultés, tous ces frais accessoires ne peuvent être combattus, atténués efficacement que par un seul moyen : augmentation, et augmentation considérable du poids d'or produit, et par conséquent augmentation plus grande encore du cube d'alluvions traitées, puisqu'on envisage le traitement d'alluvions plus pauvres que celles qu'on travaille actuellement.

Il faut constamment, pour juger sainement ces affaires aurifères sibériennes, avoir deux chiffres présents à la mémoire.

Le montant du salaire journalier des ouvriers, frais de nourriture compris, ne dépasse pas $1^R,75$ à 2 Roubles au maximum.

Le prix moyen de la journée effective de travail, ce qu'on appelle la « padionchina » en Russe, quotient des frais totaux du placer, tous frais généralement quelconques compris, par le nombre de journées effectives faites sur le placer, ressort à un prix variant de 4 Roubles à $4^R,50$, soit une majoration de plus de 100 pour 100 sur le montant des salaires.

Or, ce salaire payé aux ouvriers conformément aux termes d'un contrat-type qui a reçu la sanction administrative, ne peut pas être diminué sensiblement et, en fait, il n'est pas exagéré.

La qualité de la main-d'œuvre est cependant très médiocre, brutale et inintelligente, on est obligé, comme je l'explique en détail plus loin, de composer avec elle et de lui faire de grandes concessions, mais c'est là une condition pour ainsi dire physique ou physiologique du pays, qu'il faut accepter telle qu'elle se présente, en en tirant le meilleur parti possible.

Il en est autrement pour la seconde partie des prix de revient global. Les dépenses pour la cavalerie notamment — près de 1 Rouble — peuvent être presque complètement supprimées par des procédés d'abatage et de transport mécaniques.

Les autres frais généraux peuvent sans doute être diminués graduellement, en opérant avec tact et discernement, mais d'autre part, si l'on veut avoir un personnel intellectuellement supérieur, il faudra le payer à sa valeur et ne pas le laisser exposé à la tentation d'arrondir ses appointements par des moyens détournés, qui démoralisent l'Administration et qui finissent par coûter cher aux Compagnies. Bref je ne pressens pas là des diminutions de dépenses, de nature à changer la face des choses. C'est le petit côté de la question.

Le grand progrès à réaliser, celui qui est de nature à influer efficacement sur les bénéfices annuels, c'est le *doublement de la production de l'or*, nécessitant le lavage *du triple au moins du cube actuel* si l'on envisage, comme il convient d'ailleurs de le faire, l'utilisation des alluvions contenant seulement 40 dolis aux 100 pouds ($2^{gr},16$ par mètre cube en place) et par conséquent aussi l'évacuation du triple du cube de stériles superficiels. En ne supposant même aucune économie, aucun progrès dans les procédés d'extraction et de traitement, il y a, du chef de cette transformation, *une économie nette de la moitié des frais généraux et accessoires à réaliser*.

Tel est le but à atteindre.

Loin de songer à diminuer leurs affaires, et à se cantonner dans l'exploitation du lit majeur des alluvions riches, les Compagnies aurifères sibériennes, aussi bien celles existantes que celles à créer, doivent, dans l'intérêt même de leur avenir, sérieusement compromis en ce moment, faire un effort considérable en argent et en énergie, pour augmenter leurs travaux, procéder sans retard à l'installation des appareils nécessaires pour exploiter mécaniquement leurs placers, tant riches que pauvres, ne plus se cantonner sur le lit mineur des alluvions, mais enlever d'un seul coup la totalité des sables payants.

Il y a, de ces divers chefs, à prévoir des immobilisations importantes de capitaux, qui, en majeure partie, ne pourront commencer à rentrer qu'après quelques années.

Tel est le tableau exact et sincère et l'expression de ma conviction basée sur des faits que j'espère avoir suffisamment détaillés dans ce volume pour les rendre non seulement indéniables, ils le sont par leur exactitude même, mais encore évidents pour tout esprit non prévenu.

II

AVANTAGE, D'ORDRE GÉNÉRAL, DES SOCIÉTÉS AURIFÈRES.

Examinons maintenant quels avantages l'Administration, représentant les intérêts généraux de l'État, peut avoir à favoriser la transformation que je viens d'esquisser et la création de Sociétés, qui en seront l'instrument.

Je n'insisterai pas sur les avantages généraux que présente le développement de l'industrie aurifère au point de vue du peuplement rapide du pays, de l'augmentation de la richesse publique qui en est la conséquence immédiate, de l'essor qu'elle donne à toutes les branches de l'industrie et aux transports, ce serait démontrer l'évidence.

Mais l'exploitation de l'or en Sibérie Orientale, Province qui fait partie intégrante de l'Empire, présente des caractères particuliers qu'il importe de mettre en relief.

L'Empire participe de deux manières distinctes dans les exploitations aurifères existantes sur son territoire :

A) Directement, en prélevant un impôt foncier sur les concessions de placers, proportionnelle à leur surface ou à leur longueur.

Directement aussi, en recevant une redevance en nature prélevée sur le poids brut de l'or recueilli par les exploitants. Cette redevance varie avec les lieux de production. Elle est de 5 pour 100 dans les Provinces Amouriennes.

Il est évident que ces impôts et redevances sont intéressés à l'augmentation de la production d'or et à la prise de nouveaux placers par un nombre croissant d'exploitants.

B) Indirectement; en étant, aux termes de la loi, acheteur de la totalité de l'or produit sur le territoire de l'Empire. Ce serait sortir du cadre de cet ouvrage que de traiter ici la question de la circulation monétaire métallique définitivement établie en Russie depuis le 1er janvier 1897 et l'importance qui s'attache pour l'Empire à posséder à toute époque, une forte encaisse de lingots d'or achetés dans le pays même. Qu'il me suffise de rappeler ici que dans l'audience que S. E. M. de Witte m'a accordée lors de mon dernier passage à Saint-Pétersbourg, au début de mon deuxième voyage en Sibérie Orientale, notre entretien a constamment roulé sur l'urgence de l'augmentation de la production d'or de la Sibérie en général et de la Sibérie Orientale en particulier. C'est en effet dans cette dernière région, relativement si nouvelle et si peu connue encore au point de vue minier, que les plus grandes espérances sont permises. L'envoi d'expéditions officielles sur les bords de la mer d'Okhotsk et jusque dans le Kamtschaka, dont j'ai déjà parlé, indique clairement la sollicitude avec laquelle on suit, en haut lieu, les progrès de l'industrie aurifère Sibérienne et l'intérêt national qui s'y attache.

La création de nouvelles affaires aurifères, surtout si elles sont organisées de façon à présenter à la fois toutes les garanties qu'on est en droit de leur demander pour une administration régulière, et en même temps constituées à un capital suffisant pour qu'elles puissent opérer sur une large échelle, introduire des méthodes perfectionnées et éviter le gaspillage actuel des placers, cette création, dis-je, ne peut être que favorablement accueillie par les esprits éminents qui assument la tâche de diriger les affaires publiques à Saint-Pétersbourg et en Sibérie.

Des exploitations clandestines. — Il n'est pas possible de passer sous silence l'intérêt que présente pour l'État, la création de sociétés aurifères disposant de moyens efficaces, pour la défense des placers contre les déprédations des orpailleurs clan - destins (khichnikis), dont le nombre augmente dans des proportions inquiétantes de jour en jour et qui constituent un danger réel pour l'avenir. On en a eu cette année même (1896) un exemple instructif, qui a eu pour théâtre un affluent de la rivière Guiloï, dans le système de la Zéya, au fameux placer « Million ». Une foule d'aventuriers qui roulent dans le pays, s'est concentrée sur ce placer au premier bruit de sa richesse exceptionnelle. Plus de 4000 personnes s'y sont installées en peu de temps et ont ouvertement pillé ce placer, pourtant régulièrement concédé à une tierce personne qui n'y entretenait pas de gardien. On a dû envoyer des troupes pour faire évacuer les lieux et il a fallu recourir à la force pour faire respecter la loi. Les cosaques de

garde campent encore sur les lieux et y passeront l'hiver. D'après
les estimations les plus dignes de foi, plus de 100 pouds d'or,
d'une valeur totale de 5 millions de francs ont été ainsi clandestinement enlevés de cet endroit.

Ce qui s'est passé sur ce riche placer, se reproduira sans aucun
doute autre part, si ce n'est déjà fait. La question de la garde et
de la défense des placers non exploités, reste pendante et il ne
faut pas se dissimuler qu'elle est difficile à résoudre, non seulement au point de vue pratique à cause de l'immensité des
espaces à surveiller et à protéger et du personnel restreint dont
on peut disposer à cet effet, mais, ce qui est plus grave, même
au point de vue légal. La loi de 1895, texte en main, est impuis-
sante pour arrêter le mal qui a pris une forme et atteint un
développement que n'avait pas pu prévoir le législateur.

La question préoccupe à juste titre l'Administration de la
Province et elle va se poser d'une manière de plus en plus aiguë
d'ici à très peu de temps. Les voleurs d'or voient chaque jour
grossir leurs rangs par de nouvelles recrues provenant des
ouvriers même embauchés pour les travaux miniers, qui connaissent le travail des placers et que séduit le mirage des gros
gains à réaliser dans une vie d'aventures. Ces exploitants clandestins, parmi lesquels beaucoup sont munis d'un permis régulier de recherches, qu'on peut difficilement leur refuser, ont
créé un véritable village sur la rivière Zéya, en face de la Résidence de la Verkné-Amoursky Compagnie et rayonnent de là
sur tout le pays. Ils organisent journellement et ouvertement
des expéditions dites de « recherches », sur le haut fleuve, ils ont
des chevaux et des barques et ils se ravitaillent par bateaux à
vapeur à Blagoviestchensk.

Il est inutile d'ajouter que tout l'or recueilli par ces exploitations clandestines, échappe au contrôle de l'État et ne paie pas la

redevance en nature. Il passe en Mandchourie par l'intermédiaire des innombrables pseudo-marchands chinois, échelonnés
jusque dans les moindres bourgades sur toute la frontière,
depuis Irkoutsk jusqu'à Vladivostok, qu'on ne voit jamais se livrer
à aucun acte commercial sérieux et dont la prospérité indique la
nature des occupations lucratives dont ils ont la spécialité. Ils ne
sont d'ailleurs pas seuls ; certains Européens leur servent volontiers d'intermédiaires et même de banquiers.

Il y a là non seulement une perte considérable pour le Trésor
— les personnes qui connaissent bien les dessous de ce commerce illicite en estiment l'importance au quart ou au cinquième
de la production d'or annuelle de la région — mais encore une
cause de désordre et de démoralisation qui demande un remède
énergique.

Or, quelles que soient les mesures de police et de préservation
adoptées, elles trouveront un appui sérieux, efficace, dans les
Sociétés minières disposant de puissants moyens, telles que je
les ai esquissées plus haut. Elles seront intéressées à un tel
point au maintien de l'ordre dans les régions où s'exercera leur
influence, que leur concours non seulement ne fait aucun doute,
mais qu'il pourra même être légalement requis. La police s'exercera d'une façon d'autant plus efficace, que le pays sera sillonné
de routes carrossables, de bateaux à vapeur, de réseaux télégra-
phiques et téléphoniques, toutes dépenses que seules des Sociétés
disposant de grands capitaux et opérant sur une large échelle,
sont capables de supporter. L'État profite ainsi pour la défense des
placers non concédés, d'installations qui ne lui ont rien coûté.
Quant aux placers déjà concédés, seuls ceux qui appartiendront
à des Sociétés sérieuses, constituées en vue du travail des placers
et non uniquement de la spéculation, ayant elles-mêmes une
organisation pour la surveillance et la garde de leurs placers,

seront efficacement protégées. Les placers concédés dans un but
de spéculation, laissés inactifs pendant des années par leurs
détenteurs, qui se contentent de payer l'impôt foncier annuel
très modéré, exigé par la Loi pour assurer la validité du titre,
resteront la proie des orpailleurs clandestins. L'exemple du
placer « Million » que j'ai cité plus haut en est une démonstration d'autant plus frappante que le fait s'est produit cette année
même, mais il se présentera de nouveau, à brève échéance.

III

ROLE DES CAPITAUX ÉTRANGERS DANS LA CONSTITUTION DES AFFAIRES AURIFÈRES SIBÉRIENNES.

Je touche ici, en terminant cet exposé, un point d'autant plus
délicat que ma qualité de Français m'oblige plus que tout autre
à tenir compte du respectable sentiment de susceptibilité natio-
nale qui se mêle volontiers à la question d'exploitation au moyen
de capitaux étrangers, d'une richesse naturelle comme les mines
et surtout comme les mines d'or dont les produits directement
transformés en monnaie, frappent davantage l'imagination.

Il faut, tout d'abord, envisager la question dégagée de son côté
sentimental; examiner si l'apport des capitaux étrangers en
Sibérie Orientale ne présente aucun danger au point de vue de
la sécurité et de l'intérêt national; ensuite s'il est nécessaire et
si les capitaux venant de Russie ne pourraient pas suffire à cette
tâche; enfin quel sera l'emploi de ces capitaux et s'il est utile,
pour l'intérêt général du pays, que ces sommes y soient intro-
duites et immobilisées.

Quant au côté sentimental, puisque je l'ai désigné sous ce
nom, il peut facilement lui être donné satisfaction et une satisfaction réelle et complète, de nature à lui donner tous les apaise-

ments désirables, soit par la forme et la nationalité même des Sociétés à créer, soit par les conditions à leur imposer, relatives à l'administration et à la direction locale de ces affaires. C'est une question de fait, sur laquelle on peut d'autant plus facilement trouver un terrain d'entente que l'Administration et les exploitants seront animés d'un désir réel et réciproque de s'y rencontrer.

4

L'historique du régime administratif auquel ont été successivement soumis en Sibérie, les établissements industriels et notamment les mines, est une étude pleine d'intérêt, mais dont je dois me borner ici à indiquer les grandes lignes et l'esprit général, sans entrer dans les détails.

Une pensée politique en a été le facteur principal : ne pas laisser s'établir sur ces immenses étendues de terres, d'autre influence, d'autre intérêt que celui de la nation qui en avait fait la conquête; mais par contre, lorsque la sécurité une fois assurée, il devenait possible d'établir des industries nouvelles, larges concessions, facilités spéciales accordées aux premiers exploitants. Les grands apanages concédés aux hauts fourneaux dans la région de l'Oural, sont un exemple classique de cette méthode, dans les temps anciens de l'industrie sibérienne. Pour l'or, le Cabinet de Sa Majesté inaugurait dès les premiers temps de l'annexion de la Transbaïkalie, l'exploitation de ce métal, ainsi que de l'argent et des métaux connexes et les règlements qui régissent encore à l'heure actuelle les centres miniers de l'Altaï et de Nertchinskyi Zavod ressortissant au Cabinet de Sa Majesté, insistent d'une façon particulière sur le caractère d'enseignement pratique, de centre local de démonstration industrielle, qui doit caractériser ces établissements.

La diminution graduelle du taux des redevances prélevées par l'État, a constitué déjà un premier encouragement pour l'industrie aurifère. Disons en passant, à ce propos, que l'exploitation des placers pauvres et de l'or en filons, notamment en Transbaïkalie, rend nécessaire un nouvel abaissement du tarif. On ne peut songer en effet à grever aussi lourdement que par le passé des industries nouvelles dans le pays, comme celle du broyage des minerais ou exigeant des immobilisations considérables de capitaux, comme l'exploitation mécanique des placers pauvres. Enfin l'accession permise aux étrangers au même titre qu'aux nationaux des placers aurifères de la Sibérie Centrale et de la Province Amourienne élargirent peu à peu le terrain d'action mis à la disposition des initiatives privées, de telle sorte qu'il ne restait plus, en 1893, qu'une fraction restreinte du Gouvernement de la Sibérie Orientale, la Province Maritime, qui se trouvait encore placée sous un régime exceptionnel tenant à sa situation littorale de province frontière et aux nombreuses îles qui dépendent de son territoire. La recherche et l'exploitation des mines, tant de l'or que des métaux non précieux y était interdite aux étrangers. Cette exception s'applique aussi à la Pologne.

Ce dernier rapprochement indique clairement la pensée directrice de cette réglementation; ce n'était nullement une mesure hostile à l'arrivée des capitaux étrangers, admis librement, sur un pied d'égalité parfaite avec les nationaux, sur les autres points du territoire Sibérien. Elle avait pour but d'éviter, dans les premiers temps de l'occupation, sous prétexte de travaux miniers, l'installation d'étrangers et surtout des étrangers immédiatement limitrophes, Chinois, Japonais ou Américains, sur le littoral et sur les îles, du Pacifique, pouvant à un moment donné créer un danger ou tout au moins des complications fâcheuses pour l'influence Russe encore naissante dans ces contrées éloignées et privées à cette époque des communications rapides les plus essentielles avec la mère patrie.

L'assimilation est dès à présent si complète, qu'on à peine à se figurer que des préoccupations de l'ordre que je viens d'indiquer puissent encore être sérieusement envisagées. Les progrès de l'influence Russe sur les côtes Orientales du Pacifique et dans le Nord du Continent Asiatique sont tels que toute crainte d'usurpation furtive d'une parcelle de son territoire sous prétexte de mines devient absolument chimérique. La preuve en est, qu'un Ukase récent a définitivement autorisé l'exploitation et la possession des mines métalliques et de charbon par les étrangers, dans la Province Maritime. La question de savoir si cet Ukase s'applique aussi aux mines d'or est actuellement posée ; et si j'en crois les dispositions favorables que j'ai rencontrées à Saint-Pétersbourg et en Sibérie, elle sera résolue dans le sens conforme aux précédents que je viens d'énumérer rapidement.

2

Pourquoi est-il nécessaire de recourir aux capitaux étrangers pour développer l'industrie aurifère Sibérienne?

Pourquoi est-il indispensable de s'assurer de leurs concours pour une industrie qui n'est pas nouvelle, qui est connue et pratiquée depuis longtemps dans le pays?

Pourquoi les capitaux de la mère patrie ne suffisent-ils pas à cette tâche?

La réponse à ces diverses questions est facile à trouver. Elle est implicitement contenue dans l'exposé auquel j'ai consacré la première partie de cette Introduction, dans lequel j'ai cherché à mettre en lumière les causes qui ont amené l'état de choses actuel, de manière à rendre faciles les conclusions qui me restent à en tirer.

L'industrie aurifère est arrivée, en Sibérie Orientale, à une période d'évolution qui exigera la mise en œuvre et l'immobilisation de capitaux considérables.

Seules des Sociétés constituées sous des formes régulières, basées sur le droit commun, assurant également les droits et obligations de tous les intéressés sans exception, peuvent arriver à réunir ces capitaux. Les Sociétés par « Compagnons » quelle que soit leur richesse y sont inaptes par leur principe même qui suppose l'association d'un petit nombre de personnes, également riches, disposant toutes de capitaux disponibles importants. Il est évident que de pareilles conditions ne peuvent se trouver réunies qu'exceptionnellement. Ce n'est pas avec un levier pareil qu'on peut mettre en mouvement l'industrie d'un grand pays.

D'un autre côté, toutes les personnes qui ont une certaine connaissance de la distribution des capitaux en Russie et de l'état d'esprit de la majorité des capitalistes de ce grand pays, savent à quelle inertie, à quelle timidité et finalement à quel obstacle insurmontable viennent se heurter les appels faits aux capitalistes, en vue de la création d'affaires industrielles en général et d'affaires de mines en particulier. L'espoir d'une spéculation rapide a pu galvaniser un moment le marché de ces valeurs pendant l'automne de 1895 sur la place de St-Pétersbourg. mais ce mouvement n'a presque pas dépassé le cercle assez étroit des gens de Bourse et n'a pas été suivi par les couches profondes de l'épargne. La Russie ne dispose encore que dans une faible mesure, du surcroît de capitaux flottants, disponibles, qui dans d'autres pays où l'épargne publique est plus développée et fonctionne sans cesse, cherche dans des affaires industrielles plus ou moins lointaines, un emploi plus rémunérateur que les fonds d'État ou les valeurs garanties, dont le taux de capitalisation diminue constamment.

La caractéristique des capitaux disponibles en Russie, c'est leur timidité, leur aversion naturelle à s'employer sur le terrain encore nouveau pour eux des affaires industrielles, *a fortiori* si ces affaires doivent être créées dans des pays lointains comme la Sibérie Orientale. Ils manquent aussi de ce ressort, de cette énergie en face des difficultés de la route, qui aussi bien pour les capitaux que pour les hommes, ne s'acquiert que par une longue pratique des affaires. Loin de se prévaloir, de s'enhardir de leurs succès passés pour remettre, comme on le dit vulgairement, une partie de leur argent à la bataille, les intéressés dans les affaires sibériennes, ne peuvent pas se décider, contrairement à leur intérêt immédiat et évident, à confier temporairement, au pays qui les a si libéralement enrichis, une faible partie de ces bénéfices, pour assurer à la fois l'avenir de leurs propres affaires et celui de la contrée qui a si généreusement récompensé les efforts de leurs prédécesseurs.

La philosophie de cette disposition d'esprit m'a été admirablement résumée dans une phrase typique échappée à une des personnalités les plus actives et les plus marquantes de l'industrie aurifère sibérienne, avec laquelle je traitais la question des améliorations à apporter dans les exploitations qu'elle dirige : « En « fait de nouveautés, me dit-elle, je m'en abstiendrai par prin- « cipe tant que leur efficacité ne m'aura pas été démontrée par « leur emploi sur d'autres exploitations que les miennes en « Sibérie. Je laisse les autres essuyer les plâtres. »

Il n'y a donc pas à se faire d'illusions. Aucun concours sérieux ne viendra de ce côté-là pour sortir de la situation actuelle, et comment compter sur d'autres appuis financiers venant de la Russie, si ceux-là même qui connaissent le mieux les placers de la Sibérie, qui ont réalisé des fortunes considérables, sont les premiers à refuser ce concours, malgré l'intérêt évident qu'ils auraient à le faire?

Il faut, de toute nécessité, qu'une force nouvelle, venue du dehors, vienne rompre ce cercle vicieux, dans lequel se trouve enfermée, comme dans un dilemme, la question des mines d'or. Il est absolument indispensable, pour tirer un meilleur parti de ces gisements, pour faire cesser le gaspillage dont ils sont le théâtre, pour exploiter avec des profits certains les innombrables placers dits pauvres, délaissés à cause de leur teneur qu'on trouve insuffisante, il faut immobiliser un capital important et introduire des méthodes nouvelles de travail. Or ceux-là même qui sont déjà sur les lieux, qui se sont enrichis dans les affaires existantes, qui seraient les premiers à bénéficier d'un nouvel état de choses, se refusent à participer à son avènement.

Il y a là une transformation tout à fait analogue à celle qui a marqué dans ces derniers temps, pour des raisons semblables, les progrès de l'industrie métallurgique dans l'Oural et dans la vallée du Volga, ainsi que ceux de l'extraction de la houille dans le bassin du Donetz. L'arrivée de capitaux étrangers considérables, accompagnés par un personnel technique approprié, venus les uns et les autres, pour la plupart des cas, de France et de Belgique, a été le signal d'un accroissement étonnant de la production, d'une augmentation du taux des salaires, d'améliorations générales des méthodes de travail, d'un abaissement correspondant dans les prix de revient, dans deux industries cependant anciennes et réellement nationales, puisque celle du fer a été créée justement dans l'Oural, par le puissant génie de Pierre le Grand. Satisfaite des bénéfices que lui donnaient ses anciens procédés, l'industrie métallurgique Russe sommeillait jusqu'à ces derniers temps, au grand détriment de la masse du pays, obligée de recourir aux importations étrangères alors que son sol est en mesure de lui fournir la totalité de l'acier et du fer qui lui est indispensable. La transformation des procédés et des méthodes, l'accroissement de production, n'a pu s'obtenir qu'en infusant un sang nouveau à cette industrie attardée dans ses anciens errements. Il en sera exactement de même pour l'industrie aurifère sibérienne.

Le moment présent est tout à fait propice pour cette dernière transformation. La fin du siècle actuel restera marquée par une tendance irrésistible des capitaux à se porter vers les affaires aurifères. La découverte du Transvaal, qui marque une étape importante dans ce mouvement, tant par les conséquences économiques et financières qui résultent de cette surproduction d'or, que par l'énorme marché de titres offerts à l'épargne, constitue déjà un précédent à méditer dans l'ordre d'idées qui nous occupe. Laissant de côté les fluctuations inévitables du passé et celles non moins certaines de l'avenir, résultant de la mobilisation d'une masse de valeurs minières, de qualités d'ailleurs très inégales, je ne veux m'attacher ici qu'à un fait, c'est que dans leur ensemble, de pareils mouvements sont éminemment avantageux pour le pays producteur de l'or. Grâce à la présence du précieux métal on voit se créer comme par enchantement et en quelques années, des voies et moyens de communications, une population stable s'installer sur place, l'aisance et le bien-être général succéder à un désert. Tel est le sort des pays favorisés par l'existence de gisements « payants » : à ce point de vue, la Sibérie Orientale a d'ores et déjà prouvé qu'elle figure en tête de liste, avec ses vastes surfaces qui n'attendent que les prospecteurs pour livrer leurs secrets, avec ses innombrables placers pauvres, qui récompenseront largement ceux qui les premiers leur appliqueront des procédés économiques de traitement. Tel est, malgré son climat, malgré les difficultés que la nature oppose à l'exploitation de ses placers, l'avenir de la Sibérie Orientale, en tant que pays à placers. Grands étaient les obstacles en Californie, pour exploiter dans des régions dépourvues d'eau, des graviers à teneurs infimes. Les classiques « flumes », aqueducs en bois, merveilles de grâce et de hardiesse, orgueil des ingénieurs américains, franchissant de larges vallées, accrochés, en dentelle aux flancs abrupts des *cañons*, ont amené sur place toute l'eau nécessaire et permis de réaliser avec grands bénéfices, ces richesses encore inutilisées.

S'agissait-il, dans cette même contrée classique de l'or, de déterminer la direction, l'emplacement, le cours exact des « *rims* » ou anciens lits aurifères des rivières de l'époque miocène, caché sous d'épais manteaux de laves et de basalte et qu'aucun indice visible ne révélait au jour, ce difficile problème a été si bien résolu qu'on a maintenant des cartes orographiques souterraines de cet âge géologique, aussi parfaites que nos levés superficiels actuels.

On a vu se produire en quelques années, au Transvaal, des résultats aussi merveilleux. On y poursuit l'or, grâce aux nouveaux procédés de cyanuration, jusque dans ses combinaisons chimiques les plus rebelles aux agents ordinaires de dissolution. On arrive de la sorte à traiter des minerais qui jusqu'ici étaient considérés comme absolument réfractaires et sans valeur. En même temps la limite de la teneur payante s'abaisse chaque année jusqu'à des taux infimes, grâce à la puissance des moyens de broyage accumulés dans les moulins à or, qui accomplissent jour et nuit leur puissant travail de digestion des minerais que leur livre le mineur.

Dans cette lutte pour la conquête du métal précieux, sous tous les climats, dans des conditions locales essentiellement différentes, l'homme est toujours sorti victorieux de son duel avec les forces naturelles adverses. La Sibérie ne fera pas exception à la règle : comme dans les autres pays aurifères, l'énergie humaine mue par le grand ressort de l'intérêt, y triomphera des obstacles naturels opposés à son génie.

5

Je n'insisterai pas, en terminant, sur les avantages de l'afflux des capitaux en Sibérie Orientale, pour le pays lui-même. Quelle que soit leur origine, l'arrivée d' « argent frais » dans un pays neuf, possédant des éléments naturels de prospérité, est un immense bienfait, surtout si ces capitaux se contentent de profits et d'intérêts modérés, comme c'est le cas pour la plupart de ceux qui viennent d'Europe. Je tiens seulement à faire remarquer que la majorité des capitaux investis dans les mines, sont, à l'inverse de ceux employés dans le commerce, fatalement destinés à rester dans le pays, où ils sont employés sans faire retour à leurs possesseurs autrement que sous forme d'intérêts ou de dividendes, prix légitime du service rendu.

L'industrie minière diffère, en effet, par un point essentiel, des autres industries, en ce sens que le prix de revient des matières qu'elle produit, métaux précieux, métaux courants, charbon, etc., est composé pour la majeure partie (en moyenne 75 à 80 pour 100) de dépenses de main-d'œuvre et de production proprement dites, qui sont faites sur place même et qui restent dans le pays. Tandis que le filateur, le fabricant de drap, le commerçant et autres, sont obligés d'acheter leur matière première au dehors et de la comprendre dans le prix de revient pour une part prépondérante, le mineur, au contraire, ne fait entrer le prix de sa matière première — le minerai — que sous forme d'amortissement du prix de sa mine, s'il l'a achetée, ou du prix de l'installation nécessitée pour son exploitation, s'il l'a lui-même organisée. Sa matière première *n'a pas de valeur intrinsèque*, elle n'en prend une que par le travail et le capital qu'il consacre à son extraction et à son traitement.

Pour la Sibérie Orientale, ces capitaux seront tout d'abord transformés pour la majeure partie en moyens de communication et de transport, qui profitent à tout le monde. On en a d'ailleurs une preuve convaincante par l'état comparé des deux bassins aurifères de la Zéya et de l'Amgoune avec le reste du pays. Grâce aux placers qu'ils contiennent, ces deux districts, munis de routes, de bateaux à vapeur, de Résidences, de vie commerciale, forment deux oasis civilisatrices dans une contrée qui, sans ses gîtes aurifères, resterait à l'état de « taïga », inhabitable.

Par suite de l'afflux de capitaux suffisants, l'industrie naissante du pays se trouve délivrée de l'usure et des exigences cruelles des capitaux locaux qui, assurés de l'absence de concurrence, tiennent à leur merci le pays entier et empêchent non seulement le développement des affaires existantes, mais s'opposent à la création d'entreprises nouvelles qui manquent du premier levier nécessaire pour mettre en œuvre les richesses naturelles de la contrée, quelque nombreuses et quelque avantageuses qu'elles soient.

Divisions de l'ouvrage. — Afin de faciliter l'étude spéciale que j'ai faite des Compagnies minières de la Zéya, j'ai réparti les matières, pour plus de clarté, en quatre Chapitres principaux. Les deux premiers sont consacrés à l'exposition de la situation actuelle des placers et à leur statistique ; les deux derniers à l'examen de l'organisation technique et économique à adopter, pour assurer le développement et l'avenir de ces exploitations.

On trouvera tout d'abord dans le premier Chapitre des indications générales sur l'orographie, le climat et la situation des placers, l'itinéraire à suivre pour s'y rendre et la description des Résidences minières, accompagnées des plans locaux.

Ensuite, dans un historique rapide, on verra comment se sont formées ces Compagnies aurifères, étude pleine d'intérêt, qui explique clairement l'origine et la raison d'être des formes spéciales d'association sous l'empire desquelles vivent ces Sociétés.

Pour terminer cette première partie, destinée comme on le voit à l'exposition du sujet, je donnerai les tableaux complets des placers appartenant en 1896 aux Compagnies en question et enfin la statistique de leur production globale pendant les six derniers exercices.

L'étude détaillée des placers, à laquelle le Chapitre deuxième est entièrement consacré, ne suit pas, dans son exposition, le cadre qui paraît naturel au premier abord, des Compagnies successives qui ont été l'objet de mon examen. Les placers de ces diverses Sociétés sont entremêlés sur le cours des diverses rivières aurifères de la contrée, sans aucun ordre apparent : et en fait, leur affectation à telle ou telle Société a été décidée pour des raisons tout à fait étrangères aux considérations géologiques, techniques ou même économiques. J'aurais donc été exposé, en suivant l'ordre par Sociétés, à tomber dans des redites fastidieuses, en décrivant à plusieurs reprises, une seule et même formation alluvionnaire. J'ai adopté le principe de l'étude par bassin ou « Système » de rivières, pour employer le terme expressif et bien approprié, usité par les Sibériens pour désigner l'ensemble des placers appartenant à un même bassin orographique. Cette méthode offre des avantages évidents : les placers se présentent dans leur ordre naturel d'importance ; on passe des placers thalwegs, qui sont les plus riches et les plus importants

comme étendue, aux placers affluents, qui sont parfois très riches
aussi, mais toujours plus restreints comme dimensions, et enfin
aux placers à flanc de coteau ou sur les crêtes, dont l'importance
actuelle est beaucoup moins grande au point de vue des alluvions
« payantes » qu'on peut y rencontrer.

On peut donner sur les placers ainsi groupés, des indications
stratigraphiques et géologiques qui sont de nature à faciliter
l'appréciation de leur valeur comparée et de faire pressentir
quels sont les points ou tout au moins quelles sont les directions
les plus probables où peuvent se trouver des zones aurifères, ce
qui présente un grand intérêt au point de vue des recherches
futures. Il m'a été même possible, en rapprochant les faits généraux ainsi mis en évidence, de me livrer à un premier essai sur
l'origine de la formation aurifère de la Sibérie Orientale, étude
qui présente aussi des conséquences pratiques intéressantes au
point de vue des recherches à exécuter pour découvrir de nouveaux placers. Il aurait été beaucoup plus difficile et surtout
beaucoup plus fatigant pour le lecteur, de faire ressortir ces faits
généraux et ces vues d'ensemble d'une série de monographies
isolées des placers, quelque détaillées et exactes qu'elles fussent.
Enfin cette disposition facilite beaucoup la recherche dans le
corps de l'ouvrage, d'un placer déterminé. Il suffit de connaître
la rivière dont il dépend, pour le trouver immédiatement à sa
place véritable.

Tous les placers appartenant aux six Compagnies que j'ai spécialement étudiées et qui ont été ou qui sont l'objet d'une exploitation, sont accompagnés : 1° d'un plan levé par moi sur les lieux
mêmes ; 2° d'une Monographie complète ; 3° du tableau de leur
production totale et de leur teneur moyenne, et enfin, 4° pour un
grand nombre d'entre eux, de leur cubage acquis ou probable en
or contenu.

J'ai indiqué aussi, pour les placers encore intacts qui présentent le plus d'importance, les dépenses à prévoir pour les mettre en valeur et le cubage probable d'or que ces travaux de traçage sont appelés à mettre en évidence.

Le Chapitre III est consacré à l'examen des mesures à adopter pour introduire graduellement et autant que possible sans à-coups fâcheux les améliorations et les transformations que réclame l'état actuel des choses. J'indique dans quel délai raisonnable de temps cette évolution peut se réaliser et quelles sont les dépenses d'immobilisations à prévoir de ce chef. L'emploi des appareils mécaniques et, en première ligne, l'usage des dragues appropriées que je préconise pour l'exploitation des rivières et placers aurifères y trouve naturellement sa place. La simple comparaison des résultats économiques que donnent ces appareils mis en regard des prix de revient actuels suffit pour faire saisir l'importance capitale pour le développement de l'industrie aurifère du pays, de ces moyens mécaniques. Enfin j'indique la réforme à apporter dans l'organisation du service des recherches des placers nouveaux, pour obtenir un meilleur résultat des dépenses, toujours un peu risquées, que ces explorations en « taiga » occasionnent.

Le dernier Chapitre est réservé à l'examen des résultats économiques donnés par les Compagnies aurifères de la Zéya dans ces dernières années. Cette étude m'amènera naturellement à examiner les moyens d'abaisser les prix de revient, en détaillant les éléments de ces derniers : main-d'œuvre, transports par terre et par eau, cavalerie, Résidences minières, etc. On trouvera aux Annexes un résumé du Contrat de main-d'œuvre, approuvé par l'Administration, qui règle les rapports entre patrons et ouvriers sur les placers. Ce document est intéressant non seulement au point de vue du taux des salaires qu'il détermine, mais aussi par les conditions locales de la vie ouvrière sibérienne qu'il reflète.

J'aurai ainsi établi les éléments suffisants pour permettre de conclure, en mettant en évidence les avantages économiques que procurera la transformation des deux éléments inséparables et essentiels de ces Compagnies aurifères, à savoir en première ligne l'organisation même de ces Sociétés et, d'autre part, l'adoption des méthodes de travail permettant l'emploi de moyens mécaniques pour l'abatage et le lavage des sables aurifères.

CHAPITRE I

SITUATION, HISTORIQUE ET STATISTIQUE DES PLACERS
DES COMPAGNIES DE LA ZÉYA

Avant de commencer l'examen des placers de la Zéya, il est
nécessaire de donner quelques indications générales sur l'orographie de la Province Amourienne, sur son climat, sur son
régime hydrologique, données qui ont une grande importance
au point de vue de l'exploitation des placers.

Orographie générale. — Les deux rivières Chilka et Argoune
se réunissent à la sortie de la chaîne du Grand Khingane, qu'elles
franchissent avec peine à travers des cluses étroites, pour former
le fleuve Amour, qui prend ainsi naissance à la frontière même
de la Transbaïkalie. A ce point, le fleuve a déjà une largeur de
500 sagènes (600 mètres) et il est, comme la Chilka jusqu'à
Strétinsk, navigable par bateaux à vapeur tirant au maximum,
à l'époque des basses eaux, 5 pieds d'eau ($0^m,90.$)

Cours du fleuve Amour. — De là, le fleuve se déroule en
longs méandres à travers un pays faiblement ondulé, qui s'abaisse peu à peu et qui finit, aux environs de Blagoviestchensk,
par former une vaste plaine alluvionnaire que les inondations

transforment en lac pendant la saison des crues. Cette plaine se resserre au fur et à mesure qu'on se rapproche, en descendant le cours du fleuve, de la chaîne du Petit Khingane, chaîne dirigée, comme tous les grands reliefs du pays, du Nord-Est au Sud-Ouest, tandis que le fleuve suit, en décrivant les trois grandes courbes d'une S, passant par Blagoviestchensk, Khabarovsk et Nikolaïevsk, une direction générale de l'Ouest à l'Est.

L'Amour franchit le Petit Khingane par des passes étroites, qui resserrent le fleuve, sur un parcours de 160 verstes, entre des parois de rochers pittoresques. En certains endroits la largeur du fleuve est réduite à 200 sagènes (400 mètres) et la vitesse du courant, aux époques des crues, atteint 13 verstes (¹) à l'heure.

Après ce dernier effort, l'Amour reprend jusqu'à la mer son allure normale à travers des plaines marécageuses, finissant même près de son embouchure, entre Sofiynsk et Nikolaïevsk, par former un dédale de lacs et de limans sans profondeur, en communication constante avec le fleuve.

Voici les longueurs respectives de ces divers trajets.

De Nikolaïevsk à Khabarovsk (Confluent de l'Oussouri)	957 verstes
De Khabarovsk à Iékaterino-Nikolsk (Entrée des passes du Petit Khingane).	288 —
Passes du Khingane jusqu'à Pachkova	160 —
De Pachkova à Blagoviestchensk (Confluent de la Zéya)	476 —
De Blagoviestchensk à Oust-Strielka (Naissance du fleuve Amour)	831 —
De Oust-Strielka à Strétinsk (Point terminus de la navigation sur la rivière Chilka)	340 —
Longueur totale du réseau navigable. . .	3052 verstes

Affluents. — Sur tout ce parcours, le fleuve reçoit, tant sur sa rive Russe que sur sa rive Mandchoue, de nombreux affluents. Du côté Mandchou, un seul présente une grande importance,

(1) 1 Verste = 1065 mètres.

c'est la Soungari, grande rivière navigable sur une longueur considérable au moyen de bateaux à vapeur, qui vient se jeter dans l'Amour à 150 verstes en amont de Khabarovsk, après avoir arrosé un vaste territoire très peuplé, très fertile, contenant de grandes villes comme Tsitsikar, Mergen, etc. Après son confluent, l'Amour roule un volume d'eau augmenté d'un bon tiers par cet afflux. La Soungari sera, dans peu de temps, une voie de pénétration économique et rapide dans la Mandchourie Centrale.

Sur la rive Russe, les affluents principaux sont, par ordre descendant, les suivants :

L'Amazar,
L'Oldoï,
La Zéya,
La Bouréya,
L'Amgoune.

Tous ces affluents, sans exception, sont aurifères et contiennent des placers en exploitation (Voir Pl. XIV, Vol. I, la carte générale des placers existant en Sibérie Orientale en 1895); mais la Zéya occupe de beaucoup le premier rang, tant par l'énorme développement de son bassin que par l'étendue et la richesse de ses placers en exploitation. Aussi est-ce la région que j'ai plus spécialement étudiée. Elle offre cet avantage particulier qu'elle s'épanouit en largeur, sur le flanc Sud de la chaîne des monts Stanovoï, crête élevée qui sépare la vallée du fleuve Amour de celle de la Léna. Or c'est justement sur cette direction, comme nous le verrons plus loin, que s'est concentrée de préférence la venue des gisements aurifères, dont la désagrégation, produite par les agents atmosphériques, a engendré les placers.

Orographie des Monts Stanovoï. — Il convient de remarquer à ce propos, que la chaîne des Monts Stanovoï, dans toute cette région du cours moyen de l'Amour, s'infléchit visiblement et subitement vers l'Est, au lieu de conserver cette direction remarquablement rectiligne : Nord-Est, Sud-Ouest, que suivent les Monts Yablonovoï dont ils sont la continuation géographique. Cette dernière chaîne se sépare nettement, dans la direction précitée, des hauts plateaux de la Mongolie dont elle constitue une diramation maîtresse, traverse sans dévier la Transbaïkalie tout entière, laissant un étroit passage à la Chilka, puis, arrivée aux confins de cette province, s'infléchit brusquement à l'Est, en changeant à la fois son orientation et son nom. A partir de ce point, les Monts Stanovoï courent constamment vers l'Est, pour aller rejoindre, après s'être unis à la chaîne du Petit Khingane, la mer d'Okhotsk, qu'ils suivent en bordure étroite pour aller enfin se terminer en épanouissement dans le Kamstchaka. Ce puissant ridement ne s'arrête pas à la terre ferme, on en suit la trace sous la mer et sous le détroit de Behring, dont les îles alignées indiquent la continuité de cette crête, du Continent Asiatique au Nouveau Monde.

Voici, pour terminer cet aperçu sur l'ensemble du bassin du fleuve Amour, les altitudes en mètres au-dessus du niveau de la mer, des principaux points situés sur le fleuve.

Confluent de la Chilka et de l'Argoune (Origine du fleuve)		$556^{m}.65$
Albazine	Blockhaus (D = 55°22'. L = 141°57')	252.97
	Étiage du fleuve	242.50
Stanitza Koumarskaya		182.87
Id.	Étiage du fleuve	176.77
Blagoviestchensk	Grande Place	118.86
	Étiage du fleuve	99.74
Altitude moyenne de la chaîne du Petit Khingane		456.79
Iékaterino-Nikolsk (Sortie des passes du Petit Khingane) : étiage		59.62
Khabarovsk	Place de la Cathédrale	86.67
	Étiage du fleuve	27.43

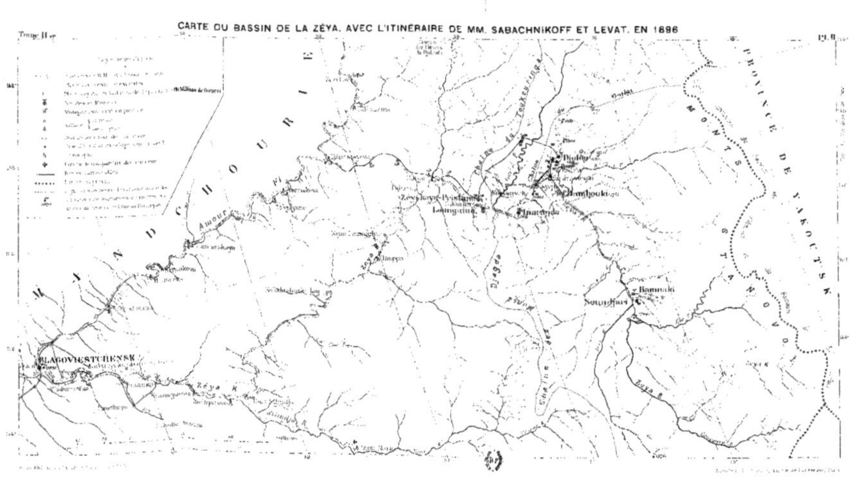

CARTE DU BASSIN DE LA ZÉYA, AVEC L'ITINÉRAIRE DE MM. SABACHNIKOFF ET LEVAT, EN 1896

Orographie du bassin de la Zéya. — Le bassin de la Zéya s'étend sur une vaste surface comprise, en longitude entre le 142ᵉ et le 152ᵉ degré de longitude Est de Paris, et en latitude, du 50ᵉ au 56ᵉ Nord. La direction de cette rivière présente une particularité remarquable : après avoir coulé sur une longueur de 300 verstes environ, suivant une ligne à peu près rectiligne, du Nord-Nord-Est au Sud-Sud-Ouest, au milieu de plaines alluvionnaires, on constate, en suivant sur la carte le sens ascendant, en allant de l'embouchure vers les sources, que la rivière, avant de recevoir les eaux de la Silindja qui descend de la partie Est du bassin, s'infléchit brusquement, à angle droit, pour suivre une direction parallèle à celle du fleuve Amour, en s'en rapprochant même, très sensiblement, sur un nouveau parcours de 300 verstes, ce qui fait qu'après avoir remonté la rivière pendant 600 verstes, on ne se trouve guère, en ligne droite, à plus de 100 verstes du fleuve Amour (Voir Pl. II page précédente). Un chemin malheureusement presque impraticable autrement qu'à pied, sauf en hiver où on peut passer avec des chevaux, permet de se rendre directement et rapidement, de la région des placers au fleuve Amour. C'est la ligne que suit le fil télégraphique, ainsi que la Poste pendant la saison où la rivière est prise. On vient ainsi aboutir à Tcherniayéva.

Passes du Guiloï. — Après avoir passé le confluent de l'Ourkane, on voit, en remontant la rivière, le cours d'eau s'infléchir de nouveau à angle droit et prendre définitivement sa direction normale vers le Nord-Est, avec laquelle il aborde et franchit, par des passes sauvages et tortueuses, la grande et importante chaîne des monts Toukouringa, que continue vers l'Est la chaîne des monts Djagda, laquelle compte plusieurs sommets remarquables par leur altitude.

Cette chaîne secondaire se détache de la crête des Stanovoï à peu près au droit de la source de l'affluent Oldoï et vient enserrer la partie supérieure du cours d'eau dans une enceinte qui a été longtemps fermée et que la Zéya n'est arrivée à drainer complètement que par la lente usure du déversoir.

Ce ridement transversal formant une sorte de demi-cercle dont la concavité est tournée vers le Nord, sépare complètement tout le haut cours de la Zéya du reste du bassin et des autres affluents principaux, la Silindja et l'Ourkane, qui coulent l'un et l'autre sur les flancs Sud des monts Djagda et Toukouringa.

Cette limite naturelle est si nette et si marquée, qu'elle est aussi une limite botanique et ethnographique. Les Toungouses ne l'ont pas franchie et sont restés dans le bassin inférieur de la Zéya. Les autochtones chasseurs habitent au contraire le haut fleuve. Ils y vivent, entourés de leurs troupeaux de rennes ; ces animaux trouvent en abondance dans la taïga, les lichens blancs qui sont la base de leur nourriture. Les graminées pouvant servir de fourrage aux chevaux ne poussent qu'exceptionnellement dans la région, tandis qu'on peut les faucher en abondance dans le bassin inférieur de la Zéya.

Affluents de la Zéya. — Pendant son trajet à travers les passes du Toukouringa, la Zéya reçoit un affluent droit important dont il sera parlé plus loin, le Guiloï. Au-dessous des passes, le pays s'élargit beaucoup, la rivière serpente dans un pays assez plat, mais conserve néanmoins une forte pente longitudinale, qui donne naissance, surtout dans les premières verstes, à des rapides multipliés, très incommodes pour la navigation.

La Zéya reçoit enfin, dans son cours supérieur, deux affluents assez importants, le Tok sur la rive droite, l'Arga sur la rive gauche au delà desquels la rivière cesse complètement d'être navigable et s'épanouit en un réseau final de ruisseaux à régime torrentiel, tapissés de gros cailloux.

Tout ce bassin supérieur de la Zéya est essentiellement aurifère et forme la région que j'ai spécialement étudiée. On s'en fait une idée assez exacte en l'assimilant à un vaste plan de drainage coupé par une série de rivières descendant des crêtes du Stanovoï et aboutissant à la Zéya qui les réunit toutes pour franchir la barrière concave des monts Toukouringa et Djagda, séparant complètement le bassin de la Haute Zéya du système orographique de son cours inférieur.

J'ai noté sur la carte de la Planche II un assez grand nombre de chiffres d'altitude en mètres, qui donnent une idée de la pente générale du pays et de ses cours d'eau. Il a été fait, à deux époques différentes, des nivellements dans une partie de cette région. En 1873, Kropotkine a fait un voyage important et déterminé les cotes des cols et passages permettant de se rendre du bassin de la Léna dans celui de la Zéya. En 1888, les levés de l'état-major russe ont surtout porté sur le cours des fleuves et rivières et sur la détermination de leurs profils en long.

Les autres cotes figurant sur les cartes de la région des mines qui accompagnent ce texte, sont le résultat de mes levés personnels. Je les ai raccordés avec ceux de mes prédécesseurs, aux points marqués par un astérisque dans le tableau suivant :

Crête du Stanovoï (Source du Koudouli).	$L = 143°53'$, $\lambda = 55°49'$	$984^{m}.47$
— (Source du l'Ilikane) .	$L = 144°3'$, $\lambda = 54°45'$	676.63
— (Source du Guiloï) . .	$L = 143°4'$, $\lambda = 55°19'$	576.05
Sources de l'Arga (Monts Djagda) . . .	$L = 148°38'$, $\lambda = 54°30'$	505.86
Cours moyen de l'Ilikane	$L = 144°30'$, $\lambda = 54°30'$	$481.57\star$
Embouchure de l'Ilikane	$L = 144°5'$, $\lambda = 54°28'$	$310.88\star$
Étiage de la Zéya à l'embouchure du Tok.	$L = 146°52'$, $\lambda = 54°44'$	$298.70\star$
Id. à l'embouchure du Tom.		$167..63\star$
Id. à Blagoviestchensk		$99.71\star$

Climat. — Les observations météorologiques dans le bassin de l'Amour sont encore bien peu nombreuses : dans le bassin de la Zéya, en particulier, elles font complètement défaut bien que les exploitants miniers y soient installés depuis plus de vingt ans. Néanmoins les renseignements que j'ai pu recueillir sur l'ensemble de la région sont déjà suffisants pour donner une idée des conditions climatériques de ces contrées.

Voici d'abord les noms, positions et altitudes des lieux d'observation, qui sont aussi portés sur la carte d'ensemble du Volume I, Planche XIV.

NOMS DES LIEUX D'OBSERVATION	COORDONNÉES GÉOGRAPHIQUES		ALTITUDE EN PIEDS ANGLAIS	DURÉE DES OBSERVATIONS (ANNÉES)
	Longitude (de Greenwitch).	Latitude.		
Nertchinsk.	116°.35′E	51°.58′	1.970	10
Nertchinskyi Zavod. . .	119°.37′	51°.19′	2.155	53
Albazine.	124°. 4′	53°.21′	850	2
Blagoviestchensk. . . .	127°.58′	51°. 0′	590	24
Jékaterino-Nikolsk. . .	130°.58′	47°.45′	310	2
Khabarovsk.	135°. 4′	48°.28′	350	10
Nikolaïevsk.	140°. 5′	53°. 8′	40	34
Placer Sofiynsk.	134°. 7′	52°.27′	3.000	6

Le placer Sofiynsk dépend du groupe exploité par la Cie du Niman sur le haut cours de la Bouréya. Il est très heureux que cet observatoire fonctionne depuis quelques années, car c'est le seul qui se trouve dans des conditions absolument comparables à celles du bassin de la Haute Zéya.

Température de l'air.

Voici d'abord deux tableaux donnant pour les endroits précités :
1° Les températures moyennes mensuelles de l'air ;

2° Les moyennes températures par saisons, ainsi que les maxima et minima constatés.

1° Températures mensuelles moyennes.

NOMS DES LIEUX D'OBSERVATION	JANVIER	FÉVRIER	MARS	AVRIL	MAI	JUIN	JUILLET	AOUT	SEPTEMBRE	OCTOBRE	NOVEMBRE	DÉCEMBRE
Nertchinsk	$-55^{\circ}5$	$-28^{\circ}0$	$-16^{\circ}5$	$-5^{\circ}1$	$+7^{\circ}0$	$+15^{\circ}9$	$+18^{\circ}2$	$+14^{\circ}6$	$+7^{\circ}6$	$-5^{\circ}2$	$-19^{\circ}3$	$-28^{\circ}8$
Nertch-Zavod	$-29^{\circ}6$	$-24^{\circ}1$	$-12^{\circ}9$	$-0^{\circ}6$	$+8^{\circ}1$	$+15^{\circ}3$	$+18^{\circ}5$	$+15^{\circ}6$	$+8^{\circ}6$	$-1^{\circ}6$	$-15^{\circ}8$	$-26^{\circ}3$
Albazine	$-29^{\circ}5$	$-26^{\circ}0$	$-15^{\circ}0$	$-2^{\circ}0$	$+8^{\circ}3$	$+14^{\circ}8$	$+18^{\circ}3$	$+14^{\circ}8$	$+0^{\circ}7$	$-2^{\circ}2$	$-20^{\circ}0$	$-27^{\circ}3$
Blagov[k]	$-25^{\circ}3$	$-19^{\circ}1$	$-9^{\circ}8$	$+1^{\circ}3$	$+9^{\circ}8$	$+17^{\circ}6$	$+21^{\circ}4$	$+18^{\circ}8$	$+11^{\circ}8$	$+1^{\circ}2$	$-12^{\circ}5$	$-22^{\circ}9$
Yékatern-Nik.	$-21^{\circ}8$	$-17^{\circ}6$	$-7^{\circ}6$	$-2^{\circ}1$	$+10^{\circ}3$	$+16^{\circ}1$	$+21^{\circ}4$	$+19^{\circ}5$	$+13^{\circ}6$	$+4^{\circ}0$	$-9^{\circ}0$	$-18^{\circ}3$
Khabarovsk	$-25^{\circ}2$	$-19^{\circ}1$	$-7^{\circ}2$	$+2^{\circ}2$	$+10^{\circ}5$	$+16^{\circ}9$	$+20^{\circ}8$	$+19^{\circ}7$	$+15^{\circ}4$	$+3^{\circ}5$	$-9^{\circ}0$	$-19^{\circ}9$
Nikolaïevsk	$-24^{\circ}2$	$-20^{\circ}2$	$-12^{\circ}5$	$-3^{\circ}0$	$+5^{\circ}8$	$+12^{\circ}0$	$+16^{\circ}9$	$+16^{\circ}3$	$+10^{\circ}8$	$+1^{\circ}7$	$-9^{\circ}3$	$-20^{\circ}2$
Placer Sofy	$-36^{\circ}0$	$-28^{\circ}2$	$-16^{\circ}5$	$-5^{\circ}3$	$+3^{\circ}3$	$+10^{\circ}6$	$+15^{\circ}3$	$+15^{\circ}0$	$+6^{\circ}4$	$-5^{\circ}4$	$-19^{\circ}8$	$-29^{\circ}7$

2° Moyennes par saison, maximas et minimas.

NOMS DES LIEUX D'OBSERVATION	MOYENNE ANNUELLE	MOYENNE DU PRINTEMPS	MOYENNE DE L'ÉTÉ	MOYENNE DE L'AUTOMNE	MOYENNE DE L'HIVER	MAXIMUM OBSERVÉ	MINIMUM OBSERVÉ	MOYENNE DES 5 MOIS CHAUDS
Nertchinsk	—5°,8	—4°,2	+16°,2	—5°,0	—30°	+18°,2	—33°,5	+12°,7
Nertch-Zavod....	—3°,7	—1°,7	+16°,5	—2°,9	—26°,6	+18°,5	—29°,6	+13°,2
Albazine	—4°,1	—2°,2	+16°	—4°,5	—27°,5	+18°,3	—29°,5	+15°
Blagoviestchensk.	—0°,7	+0°,4	+19°,3	+0°,2	—22°,7	+21°,4	—25°,5	+15°,9
Iékat-Nikolsk.. .	+0°,7	+1°,6	+18°,8	+2°,9	—19°.6	+21°,1	—21°,8	+16°,1
Khabarovk	+0°,5	+1°,5	+19°,1	+2°,6	—21°,4	+20°,8	—25°,2	+16°,3
Nikolaïevsk	—2°,4	—3°,8	+15°,1	+1°,1	—21°,5	+16°,9	—24°,2	+12°
Placer Sofyinsk ..	—7°,7	—6°,8	+15°	—6°,3	—31°.4	+15°,3	—36°	+10°,3

L'examen de ces deux tableaux démontre que le bassin de l'Amour peut, au point de vue météorologique, se diviser en 4 régions bien distinctes, à savoir :

1°) La région du Haut Amour, caractérisée par des moyennes annuelles très basses (Nertchinsk — 5°,8, etc.) et par des températures minimas très basses aussi. La moyenne température des 5 mois chauds est faible aussi et ne dépasse pas 13°. Ce sont là les caractéristiques d'un climat éminemment continental éloigné de toute mer tempérant les excès de refroidissement. Cette région est directement influencée par le Gobi qui l'avoisine. Elle est impropre à la culture des céréales.

2°) Région du Moyen Amour. Cette zone est caractérisée par une température annuelle égale ou peu supérieure à zéro degré. Elle comprend tout le sud de la province Amourienne, Blagoviestchensk, Yékaterino-Nikolsk, Khabarovsk. C'est un climat tout à fait semblable à celui de Irkoutsk (moyenne annuelle — 0°,1), de Tomsk (+ 0°,7), de Barnaoul (+ 0°,8). Les températures extrêmes minima de ces divers points pourtant très éloignés les uns des autres, ne dépassent pas — 25°; mais ce qui les caractérise essentiellement, c'est la chaleur des étés, qui est beaucoup plus forte dans cette région de l'Amour que dans tout le reste de la Sibérie. Seule, en effet, elle possède comme Blagoviestchensk, des moyennes des mois chauds dépassant + 16° et des moyennes d'été dépassant + 19°. C'est une région éminemment propre à la culture des céréales.

3° La région littorale forme la troisième zone marquée par une température plus uniforme, quoique plus froide que la précédente. C'est ainsi que nous trouvons à Nikolaïevsk une moyenne annuelle de — 2°,4 contre — 0°,7 à Blagoviestchensk et une moyenne de mois chauds, de + 12° au lieu de + 15°,9 ; mais l'écart des températures extrêmes (41°,1) est moindre que dans toutes les autres stations. L'Océan y fait sentir son influence régulatrice.

4° Enfin la région montagneuse, qui forme le Nord de la Province Amourienne et dont le climat nous intéresse plus particulièrement parce que c'est là que se trouvent groupées les zones à placers, est caractérisée par une température moyenne annuelle très basse (— 7°,7), inférieure à celle de la portion la plus froide de la Transbaïkalie. Il faut remonter dans le bassin de la Léna, pousser jusqu'à Olekminsk (moyenne annuelle — 7°,1) pour retrouver l'isotherme de la région. Sa moyenne hivernale (— 51°,4), n'est dépassée que par le pôle froid, classique, d'Yakoustsk (— 46°). Enfin la différence des températures mensuelles extrêmes, atteint 46°,5 aux placers du Niman, chiffre supérieur à celui de la ville de Yénisséï (45°,7) admis déjà comme une des plus considérables de la Sibérie Centrale. Notons aussi que la moyenne température des cinq mois chauds n'est que de + 10°,5. Cette partie de la province Amourienne peut à juste titre être considérée comme une des régions les plus froides de la partie habitable de la Sibérie.

II

Pluies.

Les deux tableaux suivants donnent, pour les mêmes lieux d'observation :

1° Les chutes mensuelles des pluies, en millimètres.

2° Leur répartition par saisons.

Tableau des chutes moyennes mensuelles de pluie en Sibérie Orientale.

NOMS DES LIEUX D'OBSERVATION.	JANVIER.	FÉVRIER.	MARS.	AVRIL.	MAI.	JUIN.	JUILLET.	AOUT.	SEPTEMBRE.	OCTOBRE.	NOVEMBRE.	DÉCEMBRE.
Nertchinskyi Zavod.	1.	1.7	4.2	20.3	27.7	88.4	63.6	101.5	48.	15.2	6.1	4.5
Albazine.	2.1	0.6	6.2	8.8	8.0	56.0	112.4	55.	13.6	25.5	8.2	2.
Blagoviestchensk..	0.7	1.9	8.4	17.8	49.8	117.7	81.2	113.6	82.7	18.	4.7	1.2
Yékat.-Nikolsk. . .	0.	0.8	1.4	22.4	53.0	84.3	98 7	143.6	81.6	14.4	5.	1.1
Khabarovsk. . . .	3.6	6.5	7.7	34.1	69.5	142.5	80.	141.4	59.9	26.6	16.	14.9
Nikolaïevsk. . . .	17.8	19.1	28.5	40.4	33.4	68.6	36.3	79.3	64.4	45.1	44.5	34.3
Placer Sofiynsk. .	1.8	2.	6.8	17.6	24.5	178.4	82.7	140.0	70.5	22.7	9.	6.9

Répartition des pluies par saisons et moyennes annuelles.

NOMS DES LIEUX D'OBSERVATION	MOYENNE ANNUELLE	MOYENNE DU PRINTEMPS	MOYENNE DE L'ÉTÉ	MOYENNE DE L'AUTOMNE	MOYENNE DE L'HIVER	MOYENNE DES 5 MOIS CHAUDS	NOMBRE DES JOURS DE PLUIE	PÉRIODE DES OBSERVATIONS
Nertchinskyi Zavod .	396.2	52.2	253.5	69.3	7.2	329.2	—	1883-1892
Albazine.	298.4	23.	223.4	47.3	4 7	245.	—	1891-1892
Blagoviestchensk.. .	497.7	76.	321.8	105.4	3.8	456.3	55.7	1877-1890
Iékat.-Nikolsk.. . .	506.3	76.8	326.6	101.	1.9	461.2	—	1890-1892
Khabarovsk.. . . .	602.7	111.3	363.9	102.5	25.	493.3	147.8	1878-1892
Nikolaïevsk.. . . .	511.6	102.1	184.2	147.1	71.	261.8	162.8	1879-1892
Placer Sofiynsk. . .	562.9	48.9	401.1	102.2	10.7	496.6	187.8	1888-1892

On voit que la région Sud, comprenant Blagoviestchensk, Iéka-terino-Nikolsk et Khabarovsk, se distingue nettement, comme pour le climat, par des caractères bien tranchés. Sa caractéristique est de pouvoir être considérée, pour la Sibérie, comme possédant un climat extrêmement humide, plus humide que celui, renommé pourtant à ce point de vue, de Saint-Pétersbourg où la chute d'eau annuelle ne dépasse pas 464 millimètres.

Ces pluies tombent dans un temps très court. Dans l'espace de cinq mois, Blagoviestchensk et Iékaterino-Nikolsk reçoivent 91 pour 100 de leur pluie annuelle moyenne; Khabarovsk, 82 pour 100. Par contre, les hivers sont presque absolument secs; cependant à Khabarovsk, le voisinage de la mer commence à se faire sentir; la chute de neige en hiver atteint 25 millimètres et au printemps 111 millimètres. Le phénomène s'accentue en arrivant à Nikolaïevsk où la chute hivernale de neige est de 71 millimètres. C'est là un fait important au point de vue de la défense du sol contre le gel profond. Nous aurons l'occasion d'en reparler plus loin à propos de l'application de dragage à l'extraction des alluvions. Dès à présent on peut prédire que l'abondante chute de neige protégera efficacement le sol contre le rayonnement nocturne des longues nuits d'hiver. On constate en effet que les alluvions de l'Amgoune et des autres rivières littorales sont beaucoup moins gelées que celle de la Zéya. Dans la plus grande partie de ce dernier bassin, le phénomène, si gênant, du gel profond du sol se borne à la couche superficielle du stérile, dont le dégel rapide, au début de la saison chaude, permet d'exploiter l'allu-vion non congelée, en une taille unique en l'abattant en une seule fois, sur sa hauteur entière, au lieu de l'extraire par de petits escaliers successifs.

III

Régime des eaux.

Ces données permettent de prévoir quel sera le régime des eaux dans le bassin de l'Amour. Les crues du printemps dues à la fonte des neiges, si redoutables sous d'autres climats, passent presque inaperçues, vu la faible épaisseur de neige tombée pendant l'hiver. Au contraire les pluies du commencement de l'été, donnent des crues subites et énormes, auxquelles on serait loin de s'attendre si l'on ne considérait que ce fait que le pays étant en majeure partie couvert de forêts, ces dernières devraient agir à la façon d'un filtre à éponges et ne rendre que graduellement l'eau tombée sur leur surface, en la déversant peu à peu dans les cours d'eau dont elles couvrent les versants. Il n'en est rien et on voit, après des pluies, de médiocre importance, les rivières monter à vue d'œil, deux ou trois jours après la chute de l'eau. Même dans les vastes plaines où le fleuve Amour peut étendre et élargir son lit au milieu des îles innombrables qui encombrent son courant et lui font atteindre dans certains endroits une largeur supérieure à 3 verstes, les crues atteignent 4 et 5 sagènes de hauteur (8 à 10^m), transformant le pays environnant en un lac sans bornes. Dans les premiers temps de la conquête, beaucoup de villages de cosaques, installés à la hâte sans se préoccuper des questions d'altitude, ont été envahis, détruits, emportés par les crues du mois de juin. De pareils faits se produisent encore dans les années exceptionnelles. Tel a été par exemple le cas en 1896, dans la région de l'Oussouri. L'importante ville de Nikolskoié, située au milieu d'une plaine, aux abords de Vladivostok, à une altitude moyenne de 26 mètres au-dessus du niveau de la mer, a été complètement inondée et privée pendant plusieurs jours de toute communication télégraphique, les poteaux étant submergés jusqu'au-dessus des isolateurs.

Ces crues disparaissent d'ailleurs avec la même rapidité qu'elles arrivent. La cause de ce phénomène tient à la nature de la végétation qui couvre le sol. La « toundra » nom générique et spécial du tissu végétal vivant, de plusieurs décimètres d'épaisseur, composé de mousses et de lichens se transformant incessamment en tourbe à leur base, couvre d'un manteau continu la totalité du sol de la « taïga » sibérienne. Ce tissu retient l'eau à la façon d'une éponge, même sur les pentes des montagnes les plus raides. On est étonné de trouver dans les endroits qui par leur situation paraissent devoir être secs et drainés, d'épais tapis de toundra qui se transforment en été en marécages glacés dans lesquels on enfonce, même à pied, jusqu'aux genoux et au milieu desquels la circulation à cheval est impossible. Dans ces conditions, le terrain reste complètement saturé d'eau et ne dispose d'aucune faculté d'absorption ; il lui est impossible de retenir par capillarité la moindre parcelle des eaux pluviales qu'il reçoit. Dès lors, ces eaux que rien ne retient, se rendent directement et toutes à la fois aux rivières, qu'elles gonflent démesurément.

Congélation des rivières. — D'une manière générale, on peut dire que les rivières de la Sibérie Orientale *restent couvertes de glace pendant la moitié de l'année.* D'après les chiffres de Middendorf, la Nertcha, affluent de la Chilka, conserve sa glace pendant 192 jours et reste libre pendant 175 jours. Pour la Chilka, ces chiffres sont respectivement : 181 jours glacés, 184 jours libres.

Pour l'Amour, à Blagoviestchensk, les dates relatives à l'apparition des glaces sur le fleuve, celle de sa congélation définitive et celle de la débâcle, avec les températures mensuelles correspondantes, sont consignées pour la période 1867-1875, dans le tableau suivant dû à M. Nazaroff.

Les dates s'entendent, en style russe. Les chiffres moyens, pour cette période, donnent 173 jours de présence de la glace sur le fleuve et 192 jours libres de glaçons.

ANNÉES	TEMPÉRATURE MOYENNE DE MARS ET AVRIL	ÉPOQUE DE LA DÉBÂCLE	TEMPÉRATURE MOYENNE DE SEPTEMBRE ET OCTOBRE	APPARITION DES GLACES	CONGÉLATION DU FLEUVE
1867	— 0°,15	20 Avril	+ 1°,65	—	3 Novembre.
1868	+ 0°,25	9 Avril	+ 2°,00	—	27 Octobre.
1869	-- 0°,90	24 Avril	+ 1°,50	13 Octobre.	30 Octobre.
1870	— 1°,20	24 Avril	-- 0°,50	14 Octobre.	25 Octobre.
1871	— 1°,50	29 Avril	+ 1°,05	18 Octobre.	28 Octobre.
1872	— 0°,55	14 Avril	+ 1°,85	14 Octobre.	1er Novembre.
1873	+ 1°,10	20 Avril	+ 0°,45	18 Octobre.	27 Octobre.
1875	— 0°,	22 Avril	+ 0°,95	18 Octobre.	28 Octobre.

Dans les passes du petit Khingane, les dates de congélation et de débâcle varient respectivement entre le 51 Octobre et le 16 Novembre pour le premier et entre le 10 et le 16 Avril pour le second de ces phénomènes.

A Khabarovsk : congélation dans la deuxième quinzaine de Novembre, débâcle dans la première quinzaine d'Avril.

A Nikolaïevsk, mêmes limites pour la date de prise de la rivière, mais la débâcle est plus tardive et n'a lieu que du 1er au 8 Mai, ce qui retarde d'autant l'ouverture de ce port de mer.

Sous la couche glacée qui les recouvre, les rivières et les fleuves de la Sibérie Orientale conservent de l'eau à l'état liquide, qui n'a pendant toute la saison froide qu'une vitesse d'écoulement très faible. Ce fait donne naissance, notamment en Transbaïkalie, où les bassins sans écoulement sont assez nombreux, à un phénomène assez curieux. L'eau cachée sous la glace, contient des matières organiques en décomposition qui, en présence des sulfates et notamment du sel de soude hydraté dont les bassins fermés contiennent de grandes quantités, produisent un abondant dégagement d'hydrogène sulfuré qui donne à ces eaux noirâtres qu'on trouve sous la surface glacée des rivières, un relent caractéristique (Doukha) bien connu des Sibériens.

Voies de communication. — On se rend d'Europe à Blagoviestchensk soit par la voie de terre, à travers la Sibérie, en prenant le chemin de fer jusqu'à Krasnoïarsk, ensuite par tarentasse, en passant par Irkoutsk, le lac Baïkal, Tchita et enfin par Strétinsk, où l'on prend les bateaux à vapeur descendant la Chilka et l'Amour en cinq jours jusqu'à Blagoviestchensk. C'est un voyage qui exige actuellement six à sept semaines, mais que l'ouverture prochaine du chemin de fer Transsibérien rendra beaucoup plus court et beaucoup moins fatigant.

On peut prendre aussi la voie de mer jusqu'à Vladivostok soit par les États-Unis et le Japon, soit par Suez et Singapoure. Dans l'un et l'autre cas, le voyage pour arriver à Vladivostok demande 40 à 42 jours. On gagne de là Khabarovsk et Blagoviestchensk par bateaux à vapeur descendant l'Oussouri et remontant le fleuve Amour. Ce voyage est plus long mais plus facile que par la terre.

Itinéraire de Blagoviestchensk aux Placers de la Zéya.

I

Navigation sur la Zéya

Au départ de Blagoviestchensk, la rivière, encombrée d'îles de sable, a 1 verste 1/2 de largeur et une profondeur du chenal navigable de 6 à 8 pieds anglais, par eaux moyennes. Par basses eaux, dans les passages critiques, cette profondeur tombe à 5 et même à 4 pieds.

Au point de vue de la navigabilité, la Zéya se divise en deux sections bien distinctes, à savoir :

A) De Blagoviestchensk à la Résidence Lounguine, à l'aval des passes de la chaîne du Toukouringa : 650 verstes.

C'est la partie la plus favorable, relativement, pour les transports. Le courant n'est pas excessif, il n'y a que des rapides peu importants à quelques verstes avant d'arriver à Lounguine, on peut donc faire du remorquage sur une assez large échelle. Les Compagnies minières ont toutes leur propre matériel à cet usage, matériel qui sera examiné ci-dessous. On peut compter, sauf dans les époques de sécheresses anormales, naviguer sur ce parcours, d'une manière régulière, *avec 3 pieds 1/2 d'eau, pas davantage*.

B) De la Résidence Lounguine jusqu'à l'embouchure de la rivière Tok, point terminus de la navigation sur le haut fleuve : 540 verstes.

La rivière est encombrée de rapides difficiles à franchir, tant à cause de la faible profondeur de l'eau que de sa rapidité et de la sinuosité du chenal. Le remorquage n'y est praticable que d'une façon intermittente, en utilisant les époques des crues. Il faut, pour pouvoir y naviguer d'une façon régulière, avoir des bateaux de type spécial, à roue arrière ou à hélice émergée, *ne dépassant pas 2 pieds à 2 pieds 1/2 au maximum de tirant d'eau en charge*. Les machines doivent être assez puissantes pour permettre de remonter des rapides ayant un courant de 12 à 15 verstes de vitesse par heure et de conserver encore assez de marche relative pour pouvoir gouverner. Il n'y a jusqu'à présent qu'un très petit nombre de bateaux à vapeur remplissant ces conditions, ce qui fait que la navigation dans cette section est des plus aléatoires et que les grands transports s'y font sur la glace en hiver; moyen coûteux et inapplicable pour de gros tonnages.

Voici maintenant quelques renseignements sur la manière dont s'exécute la navigation au moyen du matériel flottant des Compagnies de la Zéya.

Station Yérguénino. — Cette Station, située sur la rive droite de la Zéya, à 45 vertes en amont de Blagoviestchensk, appartient personnellement à M. Bircherdt. On y sèche et on y moud, à façon, les seigles et les blés destinés à l'alimentation des ouvriers sur les mines. Voici dans quelles conditions s'exécute ce travail :

Les grains sont achetés par les Compagnies minières et transportés à leurs frais jusqu'à la Station. M. Bircherdt se charge de les mettre en magasin, de les sécher (opération indispensable pour assurer la conservation des farines pendant plusieurs années), de les moudre et de les rendre sous forme de farines, aux conditions suivantes :

Déchet consenti pour nettoyage des grains et perte ou séchage : 10 pour 100, soit 4 livres par poud. Prix de la mouture : 20 kop. par poud de farine rendue ($32^{fr},50$ par tonne).

Les Compagnies prennent livraison à bord et fournissent la sacherie pour les blés et farines.

On moud surtout des farines de seigle, sans séparer le son et la repasse, qui donnent un pain noir, un peu visqueux, qui se garde assez longtemps sans se dessécher et qui forme la base de l'alimentation des Russes. On peut cependant, à la Station, faire des farines demi-blanches, blutées. Les appareils de séchage sont automatiques et font un travail irréprochable. La mouture s'opère dans deux paires de meules en pierres, à axe vertical, de $0^{m},80$ de diamètre, pouvant passer 60 sacs par journée.

En quittant la Station, on passe successivement en remontant la rivière une série de villages en formation, dans un pays plat, alluvionnaire. Les colons vivent sur leur bétail et ne se plaignent pas. La navigation étant suspendue en général pendant la nuit, on s'arrête dans ces villages pour faire du bois (prix : 2 Roubles à 2^R,50 la sagène carrée, longueur des bûches 1 archine, équivalent à 2 fr. 15 par stère). Tous les steamers naviguant sur la Zéya et sur le fleuve Amour sont chauffés au bois.

Oust-Silindja. — A 300 verstes de Blagoviestchensk, on passe le village de Oust-Silindja, situé un peu en amont de l'embouchure de la Silindja. On quitte les alluvions tertiaires et quaternaires dans lesquelles le fleuve a circulé jusque-là pour entrer dans les terrains cristallins et éruptifs, ces derniers formés surtout de porphyres. Il y a quelques placers à droite et à gauche.

Premiers rapides. — La rivière se resserre au-dessus de son confluent avec l'Ourkane. En amont de Nijni-Lounguine, elle n'a plus que 150 sagènes de largeur (300 mètres). On passe une première série de rapides à 25 verstes en aval de la Résidence; ils ne sont pas dangereux, mais ils obligent les remorqueurs remontant deux chalands en charge à les passer successivement, à peine de culer. D'après mes observations, ces rapides ont une pente kilométrique de 0^m,54, supérieure à celle de l'Angara, entre le Baïkal et Irkoutsk, qui est de 0^m,44 et que les remorqueurs remontent difficilement. Ce sont des pentes d'usure du fond, bien caractérisées. Ce fond est garni de cailloux sans sable.

Résidences. — On arrive enfin après ces rapides, situés à 625 verstes de Blagoviestchensk, aux Résidences minières, qui sont au nombre de deux : celle de la Verkné Amousky Compagnie, située sur la rive droite de la Zéya, au lieu nommé Zeïskaya Pristane, et celle des Compagnies de la Zéya, située à 5 verstes en amont, nommée Lounguine (voir le plan des lieux, Pl. III, page suivante). En face de Zeïskaya Pristane se trouve un village nommé Sakhaline, habité exclusivement par des orpailleurs clandestins.

L'ensemble des deux Résidences est représenté dans la figure 1 de la Planche III.

Matériel flottant des Compagnies minières. — Les Compagnies de la Zéya ont un matériel flottant composé de deux bateaux à vapeur et de trois chalands.

Bateaux à vapeur : Steamer Pavel. — Les deux steamers sont du type ordinaire à aubes. Le plus grand, nommé le « *Pavel* », a les caractéristiques suivantes :

Longueur totale.	150 pieds
Largeur au maître-bau	24 —
Tirant d'eau en charge	$5\frac{1}{2}$ —
Force en chevaux indiqués	75 chevaux
Consommation de bois par heure.	$2^{m3}.450$

Cette consommation correspond en remonte, à une charge en remorque de 18,000 pouds = 260 tonnes, soit deux chalands de 130 tonnes chacun.

Le bateau, qui est comme on le voit un remorqueur assez puissant, étant données les conditions locales, ne porte lui-même, comme marchandises, en sus de son combustible, qui est très encombrant, que 20 à 25 tonnes dans sa cale avant.

Construit en 1883, par la Maison Cockerill, ce remorqueur, qui ne fait guère que huit voyages par an, de Blagoviestchensk à Lounguine, est en excellent état d'entretien. Sa coque est en tôle d'acier. Les chaudières, chauffées au bois, timbrées à 6 kilogrammes, sont en parfait état aussi. C'est un bateau qui rend d'excellents services sur le parcours du bas de la rivière, bien qu'il soit déjà un peu lourd comme type. On ne peut l'envoyer qu'exceptionnellement en amont de Lounguine.

L'équipage du *Pavel* se compose de 20 personnes, capitaine compris.

La durée du voyage en remonte, de Blagoviestchensk à Lounguine, avec deux chalands en remorque, est en général de cinq à six jours. La descente s'opère aisément en deux jours.

Steamer « Lydia ». — Le second bateau à vapeur, destiné plus spécialement à la navigation sur le haut fleuve et au ravitaillement des postes avancés, est beaucoup plus petit et beaucoup moins puissant que le « *Pavel* ». Il est d'un type bâtard qui ne convient pas pour le service qu'il est appelé à faire. Trop lourd, tirant trop d'eau pour passer les rapides du haut fleuve dans la période des basses eaux, il a une portée insuffisante en lourd (1200 pouds $=$ 24 tonnes) pour être un moyen efficace de transport pour de grosses quantités de marchandises.

Sa coque est en acier, ce qui est une faute pour un bateau exposé à s'échouer fréquemment. Son type à aubes est aussi une erreur et l'empêche de bien enfiler les passes étroites où le chenal côtoie la berge comme le cas se présente souvent.

Voici les caractéristiques de ce petit bâtiment :

Longueur totale	110 pieds
Largeur au maître-bau	18 —
Tirant d'eau en charge	5 —
Force en chevaux indiqués	40 —
Consommation de bois par heure	1^{m3}.52

Construit par Cockerill en 1892.

Équipage 14 hommes. capitaine compris.

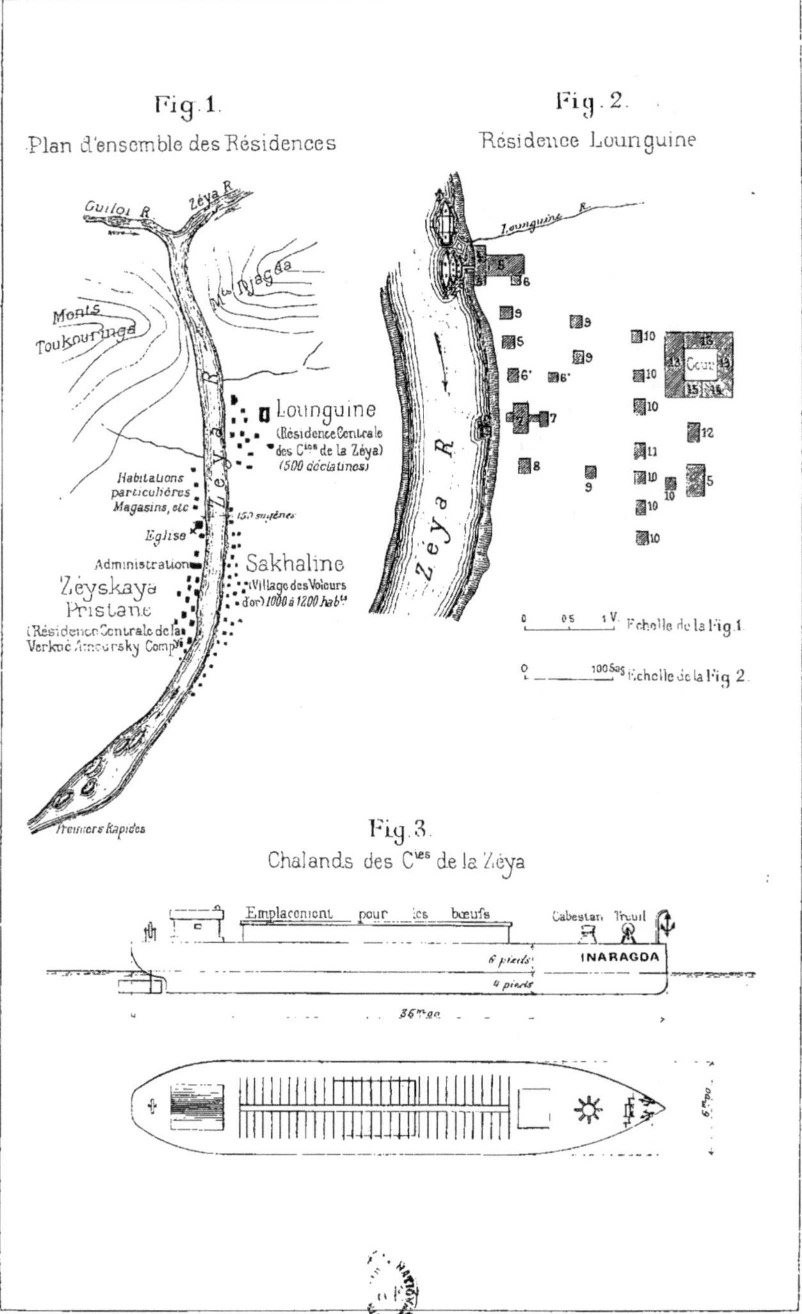
Fig. 1.
Plan d'ensemble des Résidences
Fig. 2.
Résidence Lounguine
Guiloi R.
Zéya R.
Mt Diagda
Monts Toukouringa
Zéya R.
Lounguine R.
Lounguine
(Résidence Centrale
des Cies de la Zéya)
(500 déciatines)
Habitations
particulières
Magasins, etc
150 sujénes
Eglise
Administration
Sakhaline
(Village des Voleurs
d'or) 1000 à 1200 habts
Zeyskaya
Pristane
(Résidence Centrale de la
Verkné Amoursky Compie)
Premiers Rapides
Cour
0   05   1 V. Echelle de la Fig.1
0   100 Sas Echelle de la Fig 2
Fig. 3.
Chalands des Cies de la Zéya
Emplacement pour les bœufs
Cabestan Treuil
6 pieds
INARAGDA
4 pieds
35m00
6m00

Chalands. — Les Compagnies possèdent trois chalands en tôle, deux pour la navigation du bas-fleuve, de 130 tonnes de portée utile chaque, et 1 en bois, pour le service du haut fleuve.

Les deux chalands en fer, nommés « *Lounguine* » et « *Inaragda* », ont seuls une certaine valeur. Ils ont été construits chez Cockerill, transportés par tranches maniables et montés sur place.

Voici leurs caractéristiques :

Longueur entre perpendiculaires . .	55 mètres
Largeur au maître-bau.	6 —
Tirant d'eau maximum en charge .	3 pieds $\frac{1}{4}$
Portée utile	8000 pouds = 130 T.

Chacun de ces chalands, dont je donne le plan et l'élévation (fig. 2 et 3, Pl. III), peut recevoir une installation volante permettant de transporter 80 bœufs sur le pont.

L'équipage normal comporte 4 hommes, y compris le patron-timonnier. Lorsqu'on transporte du bétail, ce qui est très fréquent, on prend des hommes en sus pour soigner les bêtes, les faire débarquer le soir pour qu'elles se nourrissent pendant la nuit et les réembarquer le matin, etc. Il y a alors 12 hommes par chaland.

Matériel de la Verkné-Amoursky Company. — Ce matériel est d'un type différent du précédent, mieux adapté aux conditions locales et rendant en définitive des services plus grands.

Il est entièrement en bois et construit dans le pays même. Les machines et chaudières sont seules importées.

Le type de moteur adopté est la roue arrière à palettes, qui offre de nombreux avantages dans les rapides à faible tirant d'eau.

Ces navires font indifféremment sur le bas-fleuve, la remorque ou le transport des marchandises dans leurs propres cales, car ils ont une portée utile de 6 à 8000 pouds (37 à 49 tonnes), avec un tirant d'eau de 3 pieds anglais (0^m,90).

Steamer Ourkane. — Pour la navigation sur le haut fleuve, la Verkné-Amousky Company vient de mettre en service un premier petit bateau du même type, nommé « *Ourkane* », qui est un modèle du genre et qui lui rend d'appréciables services. En voici les caractéristiques :

Longueur totale.	56 pieds
Largeur au maître-bau.	12 —
Force en chevaux indiqués	25 —
Portée utile	1000 pouds = 17 T. $\frac{1}{2}$
Tirant d'eau en charge.	2 $\frac{1}{4}$ pieds.

Coque et aménagements en bois. Ce joli petit navire, dont on ne peut critiquer que les dimensions peut-être un peu faibles, fait un service actif, quel que soit l'état des eaux, sur la Haute Zéya, porte le personnel et les vivres jusqu'aux stations les plus reculées et procure ainsi à la Société qui le possède un précieux avantage sur ses concurrentes qui restent désarmées et privées de communications avec leurs dépôts, dès que les eaux baissent un peu. L' « *Ourkane* » est un outil de premier ordre entre les mains de la Compagnie Verkné-Amousky et elle s'en est servie vigoureusement sous mes yeux, pendant la campagne d'été de 1896, pour accumuler des vivres et du matériel dans le haut fleuve, indice évident de son intention de s'y livrer à des recherches sérieuses pendant la prochaine campagne.

Il faut en résumé, pour le service du haut fleuve, des bateaux porteurs, ne dépassant pas un tirant d'eau de 2 pieds, en charge, construits autant que possible en bois, à roue arrière, munis d'une bonne machine leur permettant de passer sans effort des rapides de 15 verstes à l'heure et aménagés pour le transport des vivres et du personnel. Un bateau en fer, quoique notablement plus léger, est dangereux dans ces parages. Il est nécessaire en tout cas, si on choisit des coques métalliques, de n'employer pour leur construction que des tôles d'acier très doux, de manière à ce que les échouages sur les rochers ne produisent que des bosselures sans déchirures.

Steamer à hélices sous voûte. — Un progrès récemment appliqué à ces bateaux à faible tirant d'eau, a été l'emploi d'hélices sous voûtes placées à l'arrière du steamer, permettant d'utiliser des diamètres d'hélice presque doubles au tirant d'eau normal normal et d'appliquer par conséquent des propulseurs beaucoup plus puissants à ces coques plates.

La maison Claparède (ateliers d'Argenteuil), qui a déjà construit des steamers fluviaux de ce genre pour l'Indo-Chine et le Congo, m'a étudié un projet de steamer à deux hélices, ayant les caractéristiques suivantes :

Coque.		*Machine.*	
Longueur entre perpendiculaires.	55^m	Force nominale.	$200\,ch^x$
Largeur au maître-bau.	6^m	Surface de chauffe des chaudières.	72^{m2}
Creux id.	$1^m,20$	Surface de grille.	2^{m2}
Tirant d'eau en charge.	$0^m,70$	Aire de combustion du bois	$7^{m2},80$
Déplacement total.	100 T.	Diamètre des 2 hélices.	$1^m,00$
Déplacement par centimètres de tirant d'eau.	2 T.	Consommation de bois par heure.	$500\,K^g$
Vitesse par heure (en charge).	16^{kil}		

Le steamer est équilibré de manière à ce que les hélices travaillent toujours dans les mêmes conditions, que le bateau soit lège ou chargé. En cas d'avarie à une des hélices, le steamer peut toujours naviguer, avec une vitesse légèrement inférieure à la normale.

La disposition des hélices est ainsi combinée que le changement des ailettes en cas de rupture peut se faire en quelques instants et sans mettre le navire à sec. Elles n'ont rien à craindre des cailloux qui peuvent être accidentellement, en cas de marche en arrière, attirés dans la voûte des hélices.

Un pareil steamer portant en pleine charge 30 à 35 tonnes, pourra remorquer en moyennes eaux deux chalands de 60 tonnes, par des tirants d'eau ne dépassant pas 2 pieds à 2 pieds 1/2, ce qui sera une véritable innovation dans les moyens de transport actuellement en usage sur le haut fleuve.

Pour plus de sécurité en cas d'échouage, la construction du steamer est composite : fonds en bois, membrures, parois et pont en tôle d'acier.

Les chalands destinés à la remorque sur le bas fleuve doivent être de dimensions plutôt modérées, afin d'éviter des pertes de temps aux stations extrêmes, tant pour le chargement que pour leur déchargement. Il importe en un mot, pour ces transports sur une rivière aussi difficile que la Zéya, d'avoir un matériel non seulement bien approprié aux conditions locales, mais encore divisé en un nombre d'unités suffisantes pour ne pas rester à la merci d'un accident toujours à redouter sur d'aussi longs parcours, immobilisant les moyens de transport.

II

Résidences.

Résidence Lounguine. — Les Compagnies de la Zéya ont, comme je l'ai déjà dit, leur Résidence principale à Lounguine, sur la rive gauche de la Zéya, au sortir des passes du Guiloï. Elles disposent à cet endroit d'une vaste surface, de 500 déciatines, en plaine, où s'opère la coupe des foins destinés à la nourriture de la cavalerie pendant l'hiver. A cet effet, tous les chevaux qui ne sont pas absolument indispensables pour les travaux sur les placers pendant la saison froide, viennent hiverner à Lounguine et consomment le foin sur place. Quant à ceux qui restent sur les mines, on leur apporte le foin par traîneaux, dès que le chemin d'hiver est établi. C'est un des gros éléments de dépenses.

Magasin central. — Lounguine est aussi le centre principal des approvisionnements des Compagnies de la Zéya. Il y a, à cet effet, de vastes magasins au bord de la rivière, communiquant avec le débarcadère des chalands par un plan incliné muni d'un va-et-vient à manège ; on y entrepose les vivres et marchandises venant de Blagoviestchensk, qui sont ensuite réexpédiés aux placers respectifs auxquels ils sont destinés.

On trouvera (fig. 2, Pl. III) un croquis de la disposition d'ensemble de cette Résidence. Voici la légende qui l'accompagne :

1. Mouillage des bateaux à vapeur.
2,2. Mouillage des chalands.
3. Ponton fixe de débarquement.
4. Plan incliné avec va-et-vient à manège.
5,5. Magasins généraux.
6. Bascule, gardiens de nuit.
6'6'. Chef-Résident.
7,7. Maison d'Administration.
8. Bureaux de la Comptabilité.
9,9. Maisons d'employés.
10,10. Maisons ouvrières.

11. Vétérinaire et maréchal ferrant.
12. Hôpital (4 lits) et pharmacie.
13,13. Écuries et stalles pour chevaux malades.
14. Harnais et voitures.
15. Hangar et cour extérieure.
16. Bains.

La Résidence n'a pas été établie à Lounguine dès le début des Compagnies de la Zéya. On s'était installé à 5 verstes plus en amont, dans les gorges en face du Guiloï. Lorsque les Compagnies ont pris leur grand développement, à la suite de la découverte du Djolon, on a abandonné ce premier point et on est venu dans la plaine, prendre un emplacement plus propice pour la coupe des foins et pour l'hivernage des chevaux. A ce point de vue, la situation actuelle ne laisse rien à désirer.

État des immeubles. — Les constructions sont pour la plupart, notamment la maison d'Administration, qui est assez confortablement installée, de construction assez récente. Elles datent de la période de grande prospérité (1886-1891) des Compagnies de la Zéya. L'ensemble est donc dans un état de demi-neuf assez satisfaisant.

Toutes les constructions sont en bois rondins ; les n°ˢ 6, 7 et 8 sont couverts en tôle.

Personnel. — La Résidence comprend :
1 Chef de Résidence.
12 employés de bureaux et de magasins, la plupart mariés.
50 Chinois pour les embarquements et débarquements. Ces hommes sont de médiocre qualité et sont loin de valoir comme stature et énergie les Chinois d'Amoy ou des Ports de Canton. Il

en est de même des Coréens dont la race pullule en Sibérie Orientale, notamment dans l'Oussouri.

40 ouvriers russes, employés à garder et à soigner les chevaux, à entretenir et réparer le matériel, les harnais, voitures, au gardiennage, à la police, etc.

En tout, y compris femmes et enfants, environ 120 personnes pendant la saison d'été.

Tout ce personnel sans aucune exception, depuis le Chef-Résident jusqu'au dernier palefrenier est logé, nourri et chauffé par les Compagnies. Il est à remarquer qu'en hiver le personnel est au moins doublé par suite du retour de toute la cavalerie des mines, qu'il faut garder, soigner, nourrir à l'écurie, etc. C'est aussi la saison des grands transports sur la glace, en un mot la période active de la Résidence.

On voit, somme toute, quels frais énormes entraîne la nécessité de ces Résidences dans ces régions sans ressources. Leur valeur intrinsèque dépend de celle des placers qu'elles desservent et de la durée de ces derniers, car une fois épuisés, les Résidences doivent être évacuées et deviennent des tanières pour les bêtes sauvages. Elles n'ont pas de valeur intrinsèque. Ce sont, pour résumer les choses en un mot, des sources indispensables de frais généraux.

Poste, télégraphe, téléphone. — Lounguine est desservi par la poste et le télégraphe dont le bureau, situé à Zeïskaya Pristane, est relié à la Résidence par le téléphone. Ce dernier se développe sur un vaste réseau, de 150 verstes de longueur, réunissant les principaux placers à la Résidence et rendant les plus précieux services. La Verkné Amoursky Company a, de son côté, un réseau téléphonique de 180 verstes de développement, de sorte que l'ensemble de ces deux lignes minières, qui sont soudées l'une à l'autre à leurs deux extrémités, constitue un réseau téléphonique privé, de 310 verstes de longueur, en communication constante avec le télégraphe. (Voir Pl. IV, le tracé du réseau téléphonique reliant les différents placers.) Grâce à cette organisation, la Direction peut s'exercer efficacement d'un point quelconque du réseau sur tous les placers. Il y aura évidemment lieu de compléter cette précieuse installation en y reliant les placers du haut fleuve, ce qui ne laissera pas que de représenter une dépense considérable mais dont l'utilité est incontestable.

Résidences secondaires. — En sus de leur dépôt central à Lounguine, les Compagnies de la Zéya ont deux autres Résidences secondaires échelonnées sur le cours de la haute rivière. Ce sont, par ordre ascendant :

Résidence Inaragda. — C'est un simple dépôt des marchandises en transit à destination des groupes de placers situés dans les vallées de l'Ougane et du Mogotte. Elle est située sur la rive droite de la Zéya, à 60 verstes en amont de Lounguine. La Résidence ne comporte que quelques maisons et un magasin.

Résidence Soundjari. — C'est un nouveau centre en cours de formation, situé dans le haut fleuve, à l'embouchure de la petite rivière du même nom, à proximité de l'affluent Tok. C'est là que se termine l'extrême limite de navigabilité de la Zéya. On compte 510 verstes de Lounguine à cette Résidence, qui n'est encore munie, en fait d'installations, que de deux magasins et de quatre à cinq maisons d'habitation. Elle dessert deux centres miniers en voie d'installation, à savoir : les placers de l'Outandja-Ouliaguir à 55 verstes au Nord-Est, et ceux du Soundjarikane, à 55 verstes, au Nord, dont nous parlerons plus loin.

Résidences de la Verkné-Amoursky Compagny. — Cette Compagnie a deux résidences principales : Zéyskaya Pristane en face de Lounguine et Dambouki Sklad, à 130 verstes en amont plus une

RÉSEAU TÉLÉPHONIQUE DES (

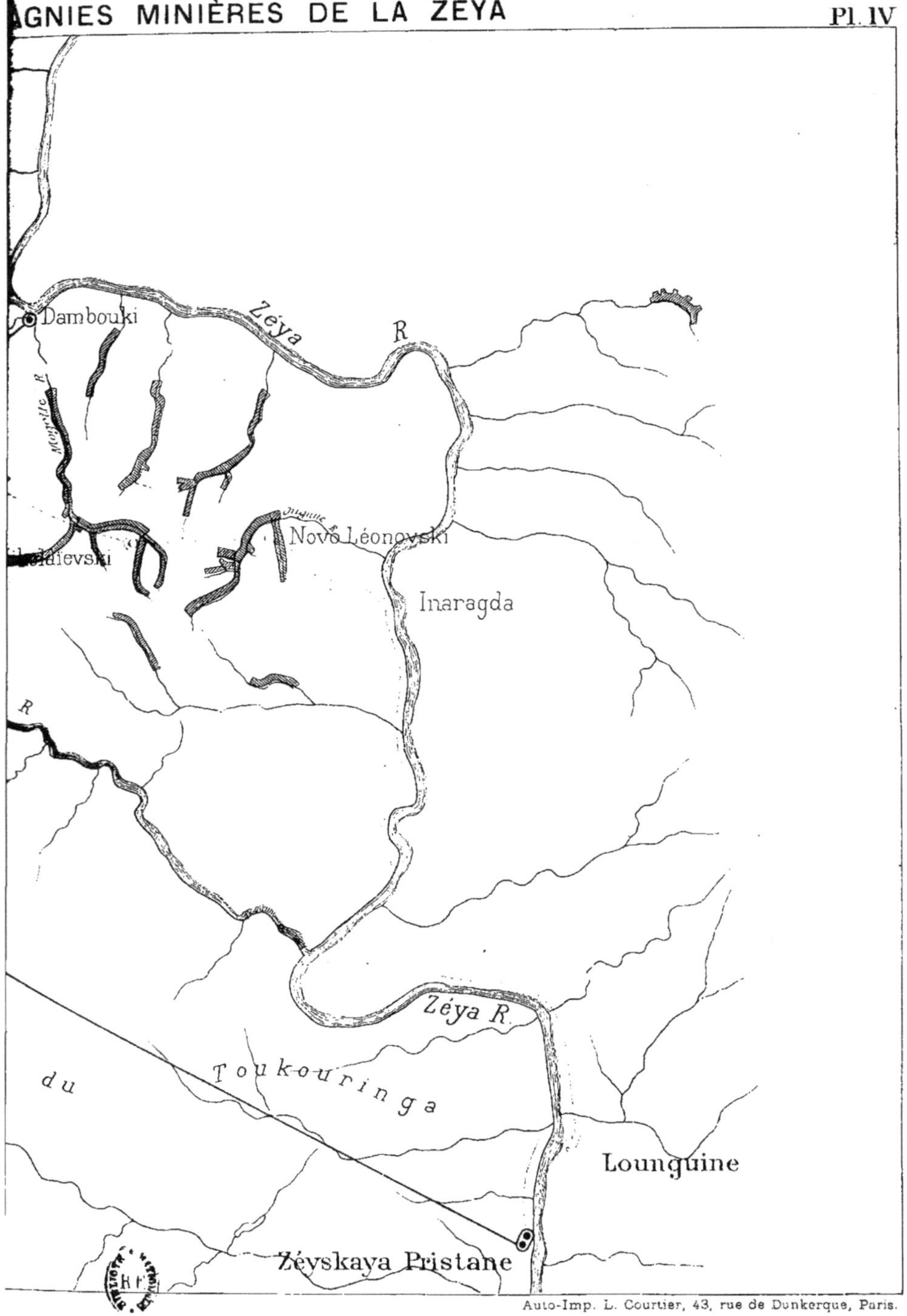
Dambouki
Zéya R.
Moyville R.
Nové Léonovski
Inaragda
R
R
du
Zéya R.
Toukouringa
Lounguine
Zéyskaya Pristane

Résidence secondaire en voie de formation, nommée Bamnaki, sur le haut fleuve, à 10 verstes en aval de Soundjari Sklad.

Zéyskaya Pristane. — C'est à Zéyskaya Pristane que se trouve le siège de la Direction et de la Comptabilité de cette importante Compagnie. On rayonne de là sur ses placers soit par le fleuve, soit par des routes de terre. L'installation est importante, double au moins de celle qui existe à Lounguine, mais par contre elle est infestée par de nombreux et incommodes voisins. En face de la Résidence se trouve de l'autre côté de la rivière le village des voleurs d'or, Sakhaline, puis sur la rive droite, une verste en amont, un autre village, non moins redoutable de cabaretiers-négociants adonnés au vol de l'or, qui favorisent ouvertement le commerce illicite du métal précieux et des boissons fortes, les deux plaies inséparables de la contrée.

La Résidence des Compagnies de la Zéya est mieux placée à ce point de vue. Elle possède un vaste terrain de 500 déciatines autour de ses installations, ce qui empêche tout voisinage dissolvant, au moins immédiat.

La Résidence Zéyskaya Pristane a été bâtie en suivant un plan général facile à saisir. Les magasins, tous couverts en tôle, sont correctement alignés sur le bord de la Zéya, ainsi que les bâtiments d'Administration et de Direction ; c'est d'ailleurs un centre commercial important, qui comporte une belle église, un bureau de poste et de télégraphe du Gouvernement, téléphone avec les mines, un poste de cosaques, une police locale, un Ispravnik (Inspecteur) pour la surveillance des placers, un médecin, un hôpital, etc. On peut, comme je l'ai déjà dit, aller de Zéyskaya Pristane à Tcherniayéva, sur le fleuve Amour, par une mauvaise route, marécageuse, de 205 verstes de longueur. Elle est peu pratiquée, sauf en hiver où elle permet de rejoindre rapidement la grande route postale sur la glace du fleuve. Cette route sera peu à peu améliorée. Les Compagnies minières qui avaient été les premières à la tracer, l'avaient abandonnée pour prendre la rivière comme base de communication. Elle a été reprise depuis quelques années par le Gouvernement, qui l'entretient pour le service de la Poste.

En outre des bateaux à vapeur des Compagnies minières que j'ai décrits, il y a entre Blagoviestchensk et les Résidences de la Zéya, des services particuliers et même des services postaux par la rivière, de sorte que les communications sont, somme toute, assez faciles et assez fréquentes, autant, du moins, que les eaux le permettent, car c'est toujours la question de tirant d'eau qui constitue le problème à résoudre pour cette navigation précaire.

Production de la Verkné-Amoursky Company. — Cette Compagnie est de beaucoup la plus importante des Sociétés de la Zéya. Sa production actuelle varie entre 130 et 140 pouds par opération (155 pouds 19 livres en 1896). Pour cette dernière année, le budget préventif était établi sur 125 pouds et le capital de roulement sur 2.100.000 Roubles-crédit. La Verkné-Amoursky Company applique le principe de diviser ses risques en exploitant à la fois un grand nombre de placers. C'est certainement la Société qui se trouve à la tête du mouvement de progrès dans le bassin ; elle améliore et transforme sans cesse ses méthodes. En ce moment, par exemple, après ses premiers échecs, elle reprend sur des bases plus rationnelles l'exploitation par dragues à godets. Elle installe sur d'autres points, en pleine « taïga », une traction mécanique par locomotives, déjà employée avec succès sur d'autres placers lui appartenant. C'est une Société qui mérite les bonnes fortunes qui lui sont échues dans les placers Djlinda, Djolon, et autres, qui lui ont assuré une prospérité datant à présent de plus de trente années.

Résidence Dambouki. — Cette seconde Résidence de la Verkne Amoursky Company, située à 150 verstes en amont de la première, est placée à l'embouchure de la rivière de même nom et communique par une bonne route avec les principaux placers de l'intérieur. Les Compagnies de la Zéya emploient aussi beaucoup cette voie de communication, qui est entretenue à frais communs, pour aller au Djolon et aux Systèmes voisins.

Résidence Bamnaki Sklad. — Enfin la Verkné-Amoursky Company a une troisième Résidence dans le haut fleuve, à 10 verstes en aval de la Résidence Soundjari Skald, dont j'ai parlé ci-dessus. Elle dessert le centre en formation sur un groupe de placers situés sur la rivière Soundjari, appartenant à cette Compagnie et est reliée avec eux par une bonne route carrossable de 25 verstes de longueur.

Résumé. — En résumé, il existe sur le haut cours de la Zéya six Résidences minières, à savoir, les deux principales, qui sont la base d'alimentation de toutes les autres : *Zéyskaya Pristane* et *Lounguine* en aval des passes du Guiloï. On rencontre ensuite, par ordre ascendant, les Résidences de :

Inaragda, à 60 verstes par la rivière, desservant les placers de l'Ougane et du Mogotte (Compagnies de la Zéya). ·

Dambouki Sklad, à 150 verstes, base du transit à destination du Djolon, des Systèmes de l'Ilikane, du Koudatchi, de l'Ounakha, etc. (Verkné-Amoursky Company).

Bamnaki Sklad, à 500 verstes, centre naissant des exploitations de la Soundjari (Verkné-Amoursky Company).

Et enfin *Soundjari Sklad*, Résidence aussi à ses débuts, située à 540 verstes de Lounguine, desservant les centres en formation de l'Outandja-Ouliaguir et du Soundjarikane (Compagnies de la Zéya).

En tout *six Résidences* sur la rivière Zéya.

6.

III

Itinéraires des Résidences aux Placers.

Avant de passer à l'historique des placers de la Zéya, je crois nécessaire de donner quelques notions sur les itinéraires à suivre pour s'y rendre depuis les Résidences situées sur la rivière. On se familiarisera ainsi avec les lieux, en même temps que cette description me permettra de donner, sur chacun des Systèmes de placers, quelques notions générales qui ne seraient pas à leur place dans les Monographies du Chapitre II.

Route d'Inaragda aux placers de l'Ougane. — La route, simple piste à travers bois, est mauvaise et extrêmement rapide. Dans un parcours de moins de 4 verstes, on passe un col à la cote 296 mètres au-dessus du niveau de la Zéya. (Voir Pl. VI, fig. 5, le profil en long de cette route.)

Orographie générale. — Du point culminant de ce col, on aperçoit tout le pays situé au nord de la chaîne du Toukouringa. On en saisit tout de suite l'ossature : on découvre à l'Ouest et au Nord un vaste pays presque plat, surtout vu des hauteurs. C'est la région des placers. En fait, toute cette contrée est formée par une succession de plateaux, entrecoupés de vallées assez larges. On descend des plateaux dans les thalwegs par des pentes faibles, ne dépassant pas 6 à 7 degrés.

La cote moyenne des plateaux est assez constante et varie entre 180 à 220 mètres au-dessus du niveau des thalwegs.

L'ensemble du pays présente un aspect monotone. Végétation uniforme de mélèzes et de bouleaux de petite taille, les anciennes forêts ayant été brûlées ou coupées. On trouve cependant des

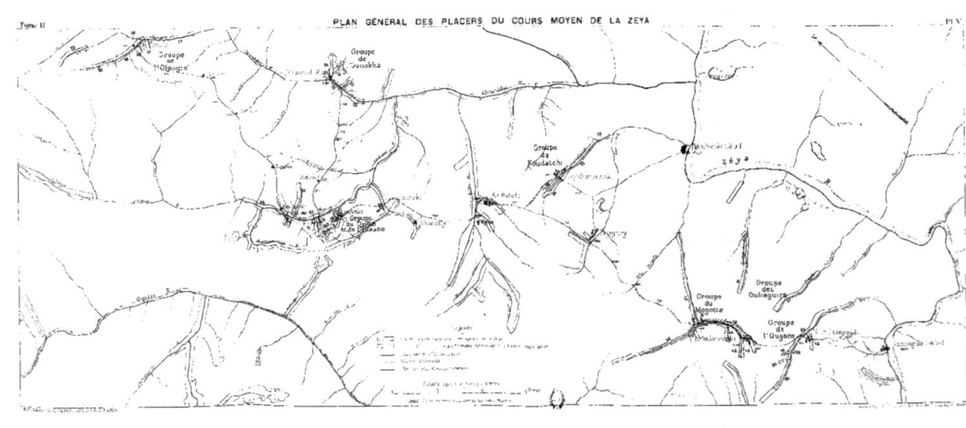

Tome II
PLAN GÉNÉRAL DES PLACERS DU COURS MOYEN DE LA ZEYA
Groupe de M'Olougra
Groupe de Ounakha
Groupe de Koudatchi
Groupe du Bassin de la Bitkane
zéya
Groupe des Ouliagours
Groupe du Magotte
Groupe de l'Ougane
Légende

bois d'œuvre, mais il faut les chercher dans les vallées épargnées. Le bois de chauffage abonde et coûte seulement, 1 R. 1/2 par sagène carrée de 3 tchetverts de longueur, rendue au placer (environ 2 francs le stère).

Au-dessous de la végétation arborescente, règne un manteau continu de « toundra » saturée d'eau, dans laquelle on enfonce jusqu'au cou dès qu'on s'écarte des chemins tracés.

Routes et chaussées. — Les placers sont desservis par des chemins primitifs, mais bien utiles et qui, malgré leurs imperfections, rendent déjà d'inappréciables services et suffisent plus ou moins aux transports en vue desquels on les a créés.

Les routes communes à la Verkné-Amoursky Company et aux Compagnies de la Zéya sont construites aux frais des deux Sociétés et entretenues de même. Leur type est de 6 mètres de largeur avec deux fossés d'assèchement. Dans les endroits marécageux, la route repose sur un lit de rondins jointifs placés perpendiculairement à l'axe de la route avec 20 centimètres de terre au-dessus. Une pareille plate-forme dure dix ans, avec quelques réfections de temps à autre.

Ainsi établie, la route est décorée du nom de chaussée et coûte 1000 Roubles par verste, comme frais de construction.

Les chemins ordinaires sont plus primitifs encore. Ils ne comportent ni fossés latéraux, ni terre sur les rondins, ce qui produit au passage en tarentasse des secousses réitérées. Prix : 200 roubles par verste.

Il y a une chaussée de 65 verstes entre Dambouki et le Djolon. (Voir son profil en long, fig. 2 Pl. VI et son plan sur la carte d'ensemble de la Planche V.) Toutes les autres voies carrossables marquées sur la carte de la région des placers (voir page précédente, Pl. V) sont des chemins à 200 roubles par verste.

Système de l'Ougane. — (*Voir page* 168 *la Monographie de ce Système.*) L'Ougane est un affluent direct de la Zéya, faisant un grand cercle dont la convexité est tournée vers le Nord, avant de rejoindre la Zéya. La résidence est à Novo-Léonovski, à huit verstes d'Inaragda.

L'ensemble de ce Système est très voisin du second, le Mogotte. Il y a cependant entre les deux, deux petits Ouliaguirs (nom toungouse signifiant affluent ou petite rivière) sur lesquels se trouvent deux à trois placers épuisés, actuellement exploités par Staratiélis.

Système du Mogotte. — (*Voir la Monographie page* 184.) De la résidence Novo-Léonovski on se rend sur la Bezimianka, affluent du Mogotte. Durée du trajet : une demi-heure en voiture (4 verstes en ligne droite).

Ce Système est un des plus importants de ceux possédés par les Compagnies de Zéya. Il leur appartient en entier et n'a encore été l'objet que d'une exploitation très partielle.

La Résidence est à Nikolaïevsk sur le placer du même nom. En aval de ce placer se trouvent ceux de Mogotte, proprement dits, qui sont assez bien reconnus, riches et intacts.

De Nikolaïevsk, la route descend la Bezimianka jusqu'à son confluent avec le Mogotte, traverse cette rivière sur un pont en bois et remonte le long du placer Innokentievski, livré aux Staratiélis, mais partiellement intact encore. De là, le chemin s'élève au Nord sur le plateau, redescend dans la vallée profonde du Petit Mogotte (15 verstes de Nikolaïevsk) pour arriver, après avoir franchi encore un plateau, à la vallée du Dambouki, occupée par le placer Tayojney, appartenant à la Verkné-Amoursky Cᵞ (26 verstes de Nikolaïevsk).

Système du Dambouki. — Cette rivière, affluent direct de la Zéya, a son cours majeur occupé par les placers de la Verkné-Amoursky C̄ʸ. Les Compagnies de la Zéya ne possèdent que le cours d'un affluent voisin, nommé Koudatchi.

Du placer Tayojney, en sus de la route venant du district du Mogotte, partent des chemins dans trois directions distinctes :

1° Une chaussée large et bien entretenue, allant à Dambouki Sklad, sur la Zéya (27 verstes). Elle suit la rive droite du Dambouki, qui fait sur ce parcours un vaste demi-cercle vers le Nord. Cette chaussée, qui est presque constamment en plaine, permet de faire au trot le parcours de Dambouki à Tayojney en deux heures un quart.

2° La même chaussée, après avoir traversé Tayojney, se dirige au Nord, vers le Système du Djolon où les deux Compagnies ont chacune leurs placers les plus riches. La distance entre Tayojney et le Djolon est de 30 verstes. On traverse sur tout ce parcours une série de placers appartenant à la Verkné-Amoursky C̄ʸ, Système de l'Ildékit, de la Djalta, etc.

Système de la Rivière Brianta. — Cette rivière importante, affluent direct de la Zéya, reçoit un affluent droit principal, l'Ounakha, dans lequel tombe à son tour l'affluent droit Ilikane. Dans ce dernier enfin vient se jeter sur sa rive droite, le célèbre Djolon, de sorte que l'ensemble du réseau de ces rivières qui sont toutes aurifères, se présente comme l'indique le plan général des placers de la région, Planche V.

Systèmes secondaires. — Les Compagnies de la Zéya possèdent dans le système de la Brianta, trois groupes distincts de placers, à savoir :

(A) *Système du Djolon et de l'Ilikane.* — Le groupe Djolon, le plus ancien en date, contenant le célèbre placer Léonovsky qui, à lui seul, a donné en dix ans près de 800 pouds d'or.

Un placer voisin, qui est tombé entre les mains de la Verkné Amoursky Cⁱᵉ par suite d'une indiscrétion restée légendaire, au moment de la découverte du Système, a donné plus de 1000 pouds d'or (Valeur : 50 millions de francs).

L'ensemble de ces deux placers et de quelques autres de moindre importance groupés autour d'eux, a donné depuis dix ans plus de 2000 pouds d'or, d'une valeur de 100 millions .de francs. C'est une des plus fortes productions locales qu'ait enregistrées l'histoire des placers sibériens. Aussi le nom du Djolon est-il renommé dans toute la Sibérie Orientale, au pair du Djilinda, du Joltouga, du « placer Million », comme un de ces endroits fameux, dont rêvent tous les aventuriers chercheurs d'or, qui pullulent dans la région.

Résidence Djolon. — La Résidence est sur la rive gauche du placer de Léonovski. Elle comprend un assez grand nombre de constructions, pour le personnel et pour les ouvriers, des ateliers de réparation, un hôpital de trente lits, un médecin, etc.

C'est au Djolon que se trouve le siège de la Direction des Compagnies de la Zéya. Ce choix a été naturellement décidé à l'époque où le placer Léonovski donnait les quantités fabuleuses d'or que l'on sait. Il est moins indiqué à présent que ce groupe est épuisé; il faut néanmoins reconnaître qu'il est bien central par rapport à l'ensemble des placers sociaux, dont aucun n'est éloigné de plus de 70 verstes (voir tableau récapitulatif ci-dessous), sauf en ce qui concerne le groupe de la Haute-Zéya, qui forme une unité à part. On peut donc le conserver sans inconvénient.

L'emploi du téléphone permet d'ailleurs à la Direction, quel que soit son point d'attache, de tenir tous les centres dans sa

Fig . 1.

Croquis d'ensemble du Village minier du Djolon

(Placer Léonovski)

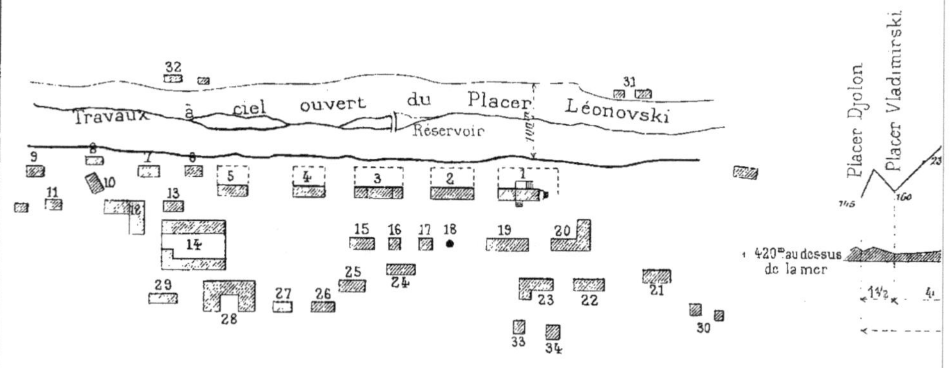

Fig

Profil en long de la Région comprise e

(Itinéraire des 16

Echelles { des longu
{ des haute

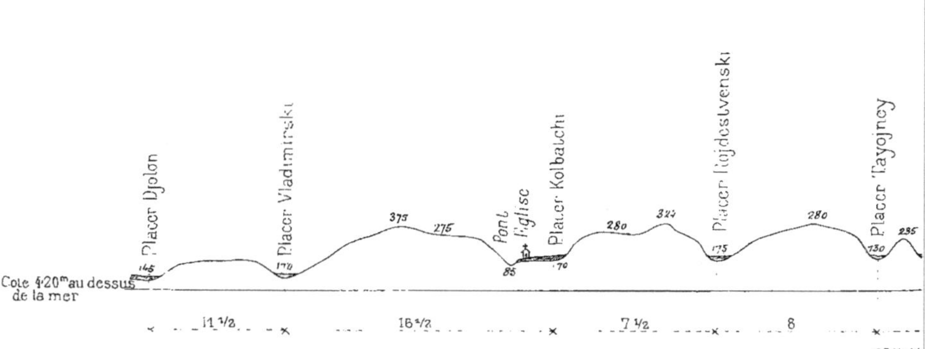

Fig. 2.
Profil en long de la Route du Djolon à Dambouki
(20-26 Août 1896)

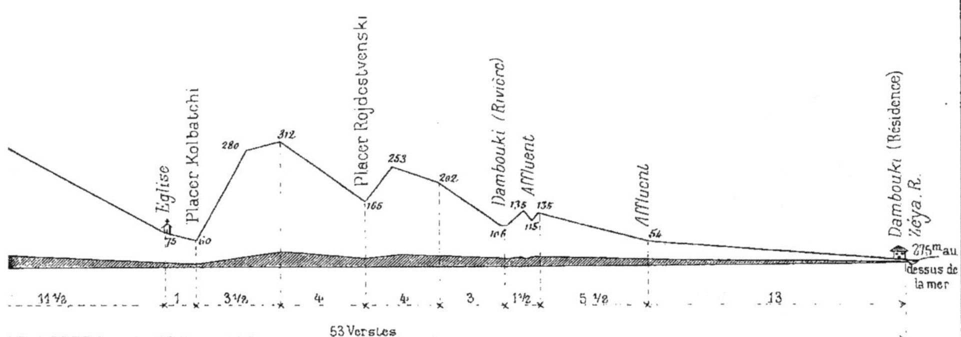

a: Le trait haché ▨▨▨▨ indique le profil du terrain à l'échelle des longueurs

Les cotes sont exprimées en mètres au dessus du niveau de la Zéya à Dambouki

ayda et les placers du Djolon

(896)

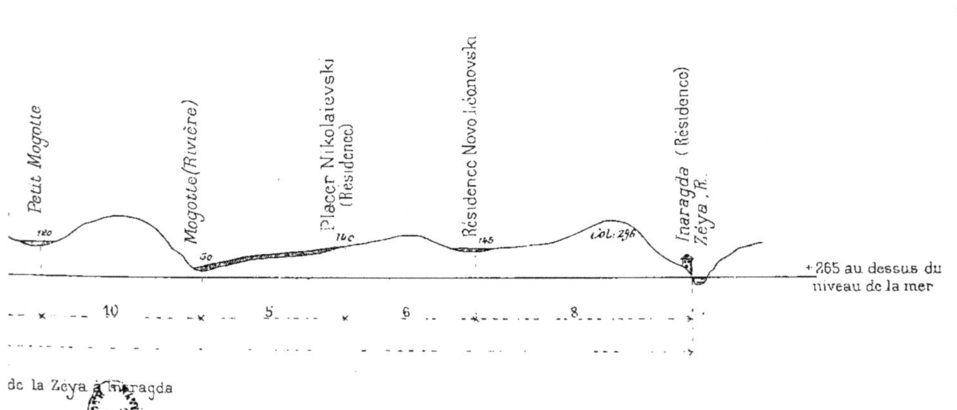

de la Zéya à Inaragda

main. C'est là, je le répète, un avantage tellement inappréciable, qu'on se figure difficilement ce que devaient être les affaires dans la région avant l'introduction de ce genre de communication.

La figure 1 de la Planche VI donne une idée de la disposition d'ensemble de la Résidence Djolon.

Voici la légende des chiffres portés sur ce plan :

1. Maison d'Administration et logement du Directeur.	17. Employés.
2. Bureaux et Comptabilité.	18. Cloche.
3. Employés supérieurs.	19. Cuisine des n°s 1 à 5.
4. Caserne des cosaques.	20. Magasins.
5. Caserne pour les ouvriers des ateliers.	21. Id.
6. Préparation du thé.	22. Id.
7. Dépôt d'outils.	23. Id.
8. Forge.	24. Hôpital pour les chevaux.
9. Fonderie de cuivre et de fer.	25. Logement du mécanicien.
10. Magasin du charbon de bois.	26. Logement de l'infirmier.
11. Ferraille.	27. Logement du médecin.
12. Ateliers de réparation.	28. Hôpital (30 lits).
13. Caserne d'ouvriers.	29. Lavoir de l'Hôpital.
14. Écuries.	30. Écurie des chameaux.
15. Logement du palefrenier chef.	31. Abattoirs.
16. Employés.	32. Briqueric.
	33. Bains du personnel.
	34. Bains des ouvriers.

Je termine ce qui est relatif à cette Résidence par l'énumération des distances qui la séparent des autres placers des Compagnies de la Zéya, ainsi que les bases de ravitaillement, avec l'indication des moyens de transport pour se rendre sur ces divers points.

Abréviations :

R.C. = Route carrossable.
C.M. = Chemins muletiers.
S.R. = Sentier pour rennes.
S.   = Navigation par steamers.

Distances de la Résidence Djolon aux points suivants :

Au Système de l'Ilikane.	5 Verstes		R.C.
— de l'Ounakha	25	—	C.M.
— du Koudatchi	26	—	R.C.
— du Mogotte	65	—	R.C.
— de l'Olongro-Bourgali	65	—	C.M.
— du Djagda-Ouliaguir	65	—	R.C. + C.M.
— du Kangamout-Ouliaguir	70	—	R.C. + C.M.
— de l'Ougane.	70	—	R.C.
— de la Haute Zéya (Soundjarikane) . .	255	—	S. + S.R.
— de la Haute Zéya (Outandja-Ouliaguir)	255	—	S. + C.M.
A la Résidence Dambouki	55	—	R.C.
— Inaragda.	85	—	R.C.
— Lounguine { par Dambouki . . .	185	—	R.C. + S.
{ par Inaragda. . . .	145	—	R.C. + S.
A Blagoviestchensk	795	—	R.C. + S.

Système de l'Olongro-Bourgali. — Cette rivière, affluent droit
de l'Ounakha, forme avec son affluent secondaire, nommé Bourgali, un Système intéressant récemment constitué, au Nord du
Djolon. Distance : 65 verstes.

La route pour se rendre à ces placers est carrossable sur les
10 premières verstes, depuis le Djolon jusqu'au gué sur l'Ilikane,
puis muletière, en bon état jusqu'à la seconde « zimovié » (sorte
de refuge en rondins pour passer la nuit en hiver) à 50 verstes
du Djolon. Les 15 dernières verstes se font au milieu de marécages interminables et dangereux pour les chevaux. La route se
maintient constamment dans les environs de la cote 400, longe
le flanc d'une rivière non marquée sur la carte de Schwartz agrandie, seul document topographique qu'on possède dans les
bureaux des Compagnies de la Zéya.

Un chemin sur rondins est indispensable pour le service de ce groupe. Actuellement cette lacune oblige à faire tous les transports en hiver, par chameaux, au prix de 1 rouble le poud.

La Résidence est à Dajdlivoui, sur le placer du même nom, où on a fait, pour la première fois, une opération en 1896.

Système de l'Ounakha. — On se rend du Djolon à ce groupe, situé à 25 verstes au Nord-Est, par une bonne route muletière, peu marécageuse, facile à transformer à peu de frais, en route carrossable. Il y en a plusieurs « Zimoviés » échelonnées sur le parcours.

Le pays est en général assez plat, le long de la route, surtout après avoir passé le plateau au delà de l'affluent Boutoun (voir la carte générale, Pl. V). Pays pittoresque et bien boisé.

L'Ounakha est une rivière importante (20 mètres cubes par seconde à l'étiage), formée d'une succession de rapides et de parties calmes. Son lit est aurifère.

La Résidence, composé de 9 maisons, est située sur l'affluent Yazonof-Klad. On a travaillé ce placer pendant deux ans, puis on l'a loué aux Staratiélis. Le reste du groupe n'est pas encore exploité.

Yazonof-Klad a été autrefois relié par le téléphone avec le Djolon, à l'époque où les expéditions dirigées vers la Haute Zéya avaient pour base la Résidence Yazonof-Klad et non la Zéya elle-même. J'exposerai à la fin de ce volume, à propos des recherches, l'importance que présente la reprise des explorations par cette ancienne voie de pénétration.

Systèmes de la Haute Zéya. — On se rend par la Zéya en bateau à vapeur, lorsque l'état de la rivière le permet, en deux jours, de Dambouki à la Résidence Soudjari. Cette Résidence naissante comportant 7 constructions, reçoit en ce moment des approvisionnements importants en farine, viande, beurre, thé, avoine, etc., en vue de la campagne 1897, pendant laquelle on se propose d'installer sur les placers le transport des résidus lavés au moyen du guide-rope (câble continu). L'accident arrivé à la Lydia retardera probablement d'une année la mise en train de ce modeste perfectionnement.

Par le nivellement barométrique, que j'ai exécuté en montée et en descente, la pente moyenne de la Zéya entre Dambouki et Soudjari est de $0^m,55$ par verste. Cette pente n'est pas uniforme; la rivière présente comme, je l'ai dit déjà, une série de rapides séparés par des parties moins inclinées où le courant est lent.

Route des placers. — On compte de la Résidence Soundjari aux placers, les distances suivantes :

> A la Résidence Vozdvijenski. . . . . 55 verstes
> Aux placers du Soundjarikane. . . . . 55 —

Ces derniers ne sont reliés par aucun chemin ni aucune piste avec la Zéya. On ne peut s'y rendre que par rennes en hiver, après la chute des neiges.

Pour l'autre groupe, on compte :

> De la rivière Zéya au pont sur la Gargane . . 20 verstes
> De la Gargane au passage du Tok . . . . . 15 —
> Du Tok aux placers . . . . 18 —
>
> Total . . . . . 55 verstes

La route, simple piste à travers la « taïga », est mauvaise et difficilement praticable pour les chevaux en été. A chaque instant on enfonce dans la « toundra ». Il sera facile de l'améliorer en asséchant par deux canaux les endroits marécageux et en y mettant des rondins.

La route franchit deux rivières : sur la Gargane il y a un bon pont en bois. Quant au Tok, qui est large (80 mètres) et sujet à d'énormes crues, il y a une barque de passeur manœuvrée par un gardien aurotchone. La rivière est guéable pour les chevaux en temps ordinaire. Il faudra néanmoins y installer un bac lorsque la route sera praticable pour des télègues.

En partant de la Résidence Soundjari, la route s'élève et se maintient à une cote moyenne de 80 mètres au-dessus de la Zéya, passe une ligne divisoire à 120 mètres, redescend à 80 mètres au pont sur la Gargane, et remonte à 110 pour tomber à + 60 au passage du Tok. (Voir page suivante, Pl. VII, le plan général de la région.)

Les placers sont à la cote + 89 au-dessus de la Résidence Soundjari. L'ensemble du pays est, on le voit, assez plat. On aperçoit au Nord, un assez fort plissement dirigé Nord-Est, Sud-Ouest, désigné sous le nom de montagnes du Tok, qui paraît jouer dans la stratigraphie du pays, le même rôle que la chaîne du Guiloï pour les placers de la région moyenne de la Zéya.

Maintenant que j'ai donné une idée générale de la contrée, par la description rapide des divers itinéraires, il convient, avant de passer à la Monographie des placers, de donner une notion d'ensemble sur la manière dont se sont formées et constituées les diverses Compagnies qui les exploitent. J'expliquerai en même temps comment les placers se trouvent répartis entre les diverses Compagnies et les raisons de cette répartition. C'est une étude qui présente un grand intérêt parce qu'elle permet de saisir sur le vif, par le simple rapprochement des dates, les diverses phases du développement de ces affaires : elle est en même temps des plus instructives, au point de vue du jugement que j'ai porté dans l'Introduction de cet ouvrage, sur l'organisation des Sociétés par « Compagnons ».

Historique des Compagnies aurifères de la Zéya.

Ces Compagnies, actuellement administrées par M. le Général-Major A. L. Schaniavski, sont au nombre de six. Une septième, la Compagnie Daourskaya, se trouve en Transbaïkalie, et a été examinée dans le Volume I, affecté à cette contrée.

Voici, par ordre d'ancienneté, les noms de ces diverses compagnies :

Compagnie de la Zéya. . . .	(Zéyskaïa Zolotopromychlennaïa Companiya).
— de la Haute Zéya. .	(Verkné-Zéyskaïa — —).
— du Mogotte. . . .	(Mogotskaïa . . —).
— du Djolon	(Djolonskaïa — . —).
— de l'Ilikane. . . .	(Ilikanskaïa — —).
— des Placers-Réunis.	(Seïdinionnaïa — —).

Je vais les examiner successivement, en indiquant, dans l'ordre chronologique, les placers qu'elles possèdent et les traits principaux des actes statutaires.

———

17 AVRIL 1877

Compagnie de la Zéya.

Cette Société, la première en date qui ait été constituée entre les « Compagnons » primitifs des diverses Sociétés actuelles, a été créée le 17 avril 1877 entre les trois intéressés suivants :

    M. Vassili Nikitch Sabachnikoff,
    Mme la Générale Schaniavski,
    M. Alexandre Pétrovitch Kolessnikoff,

pour l'exploitation des placers suivants :

PLAN GÉNÉRAL DES

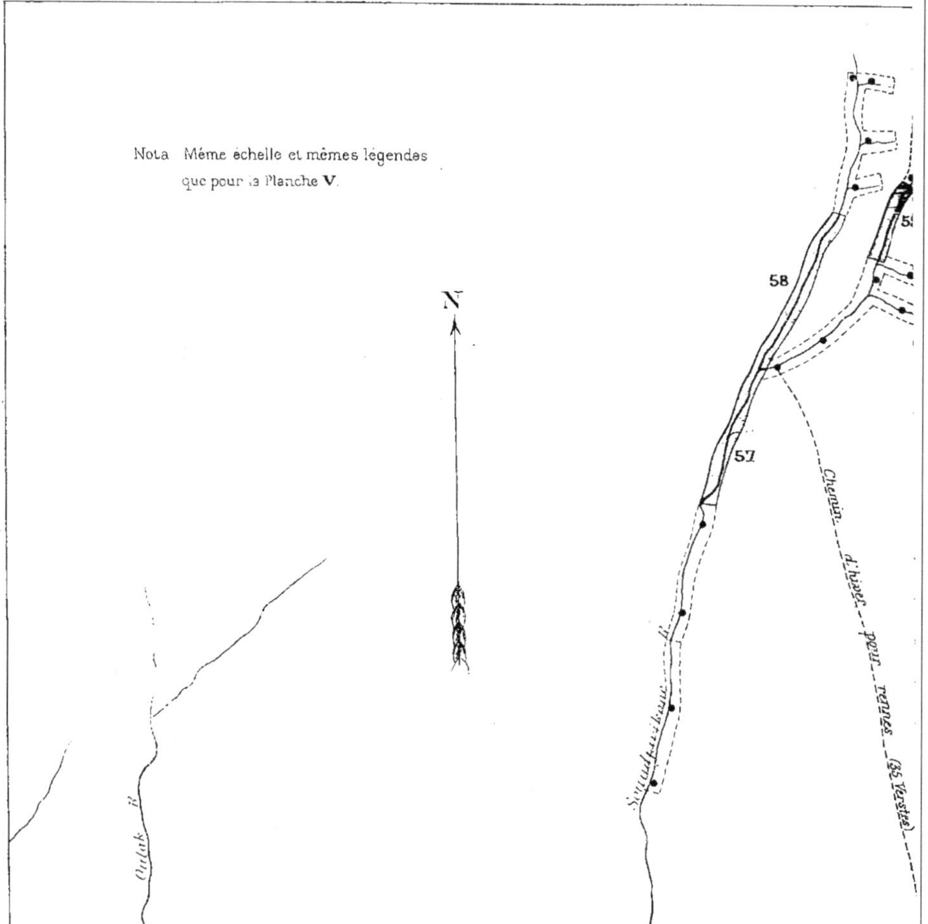

Nota Même échelle et mêmes légendes
que pour la Planche **V**.

N

58

57

58

Chemin d'hiver pour rennes (35 Verstes)

Zimovié
•⊐ Dépôt de bois

Oulak R.

Z e y a R.

Résidenc
(Verkné A

ÉDOUARD ROUVEYRE, ÉDITEUR A PARIS

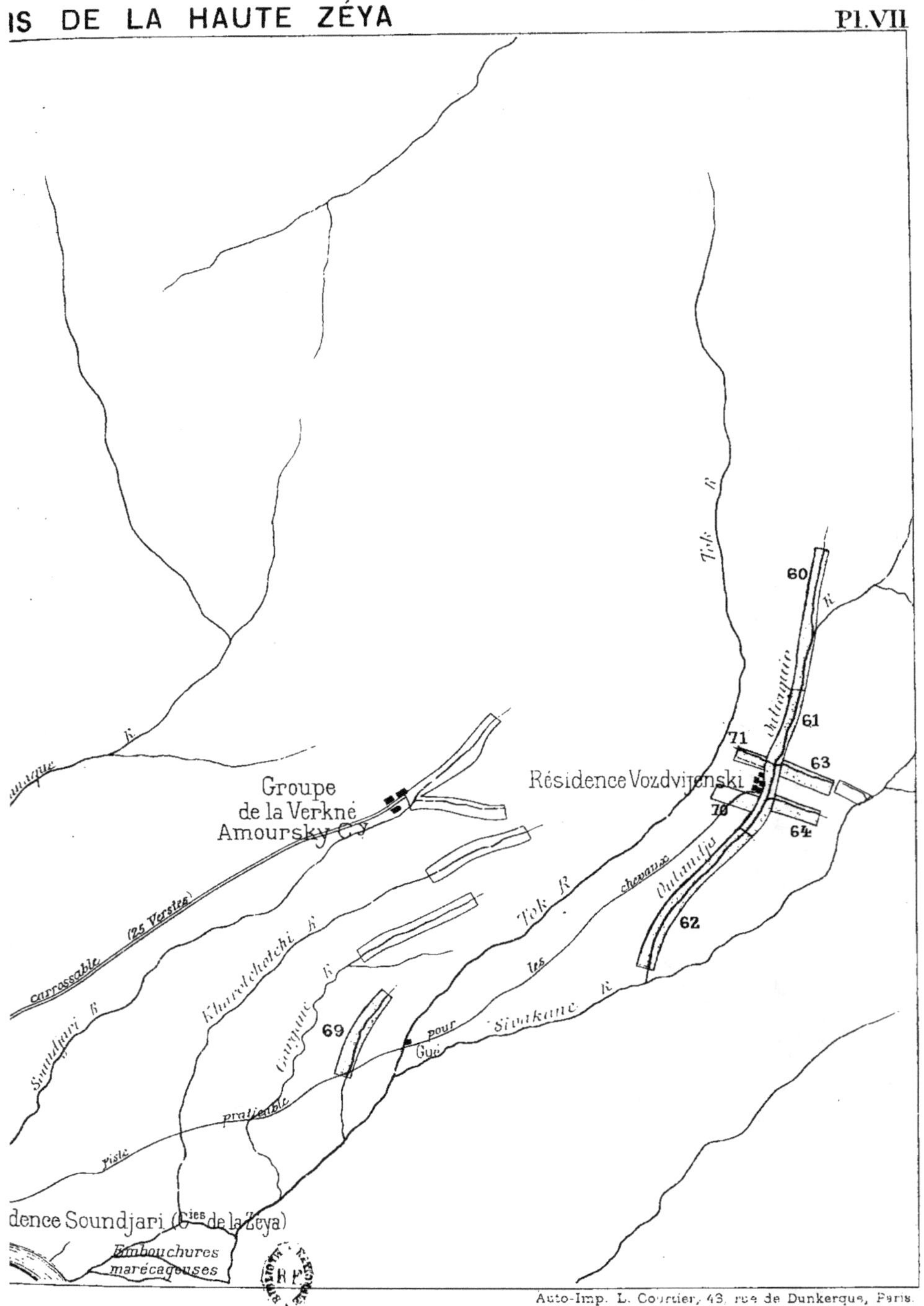

60
61
63
64
62
71
70
69
Tok R
Tok R
Résidence Vozdvijenski
Groupe
de la Verkné
Amoursky C?
carrossable (25 Verstes)
Soundjari B
Kharelchatchi B
Garganie B
pour Simikane R
Gué
pratiable
piste
les chevaux
Oulandja
Abtagaur
R
amique R

dence Soundjari (C.ies de la Zéya)
Embouchures
marécageuses

Lydinski, sur un affluent gauche de l'Ougane, concédé à Mme Schaniavski le 20 novembre 1876, sous le n° 3290 (n° 39 du Catalogue général des Placers Sociaux).

Tikhanovski, sur la rivière Djagda-Ouliaguir, concédé à la même, le 15 mars 1877, sous le n° 3528 (abandonné depuis).

Préobrajenski, sur la rivière Ougane, concédé à la même, le 5 avril 1877, sous le n° 3551 (abandonné depuis).

Vassiliévski, sur un affluent gauche du haut Ougane, concédé le 26 novembre 1875, sous le n° 3291, à M. Vassili Nikitch Sabachnikoff (n° 52 du Catalogue général).

Troïtski, sur la rivière Kangamout-Ouliaguir, concédé le 26 mai 1876, au même (n° 56).

Sérafimovski, sur la rivière Djagda-Ouliaguir, concédé le 26 mai 1876, au même (n° 57).

Povarotné, sur l'Ougane, concédé le 20 décembre 1876, sous le n° 3482, au même (abandonné depuis, repris en 1896).

Ivanovski, sur le Djagda-Ouliaguir, concédé le 26 mai 1876, à M. Kolessnikoff, sous le n° 3518 (n° 58).

Andréyévski, sur le Kangamout-Ouliaguir, concédé le 5 avril 1877, sous le n° 3549, au même (abandonné depuis).

Innokentiévski, sur la rivière Ougane, concédé le 2 décembre 1875, sous le n° 3295, au même (n° 55).

En tout, dix placers constituant l'actif social, lequel, divisé en 100 parts, est attribué comme suit :

M. Vassili Nikitch Sabachnikoff	27 parts
Mme Schaniavski	48 —
M. Kolesnikoff	25 —
	100 parts

Aucune charge spéciale à acquitter avant de répartir les bénéfices aux intéressés, dont tous les droits et obligations sont identiques.

La carte de la région sur laquelle ont été pris ces premiers placers est reproduite page 104, Planche VIII, figure 1. Elle fait comprendre clairement les difficultés qu'ont eu à vaincre les premiers pionniers.

A cette époque, à côté des fondateurs, Mme Schaniavski et M. Kolesnikoff, le bailleur de fonds de ces affaires était M. Vassili Nikitch Sabachnikoff, dont les éclatants succès dans l'exploitation des placers de l'Onon en Transbaïkalie n'avaient ni ralenti l'ardeur, ni diminué le coup d'œil du mineur consommé, sachant trouver les bons endroits.

Comparé à son état actuel, le bassin supérieur de la Zéya était un vrai désert; on peut se rendre compte des difficultés et même des dangers qu'il présentait à l'époque dont je parle, quand on se trouve même encore à présent, un peu éloigné des bases de ravitaillement et de retraite.

Il ne pouvait donc, à cette période initiale, être question de chercher des placers éloignés de la Zéya, la rivière était le seul chemin de pénétration possible, au moyen de barques traînées le long des berges par des hommes ou par des chevaux, de préférence par des hommes pour ne pas avoir de foin et d'avoine à traîner avec soi. Chiffre à noter : l'entretien d'un homme dans la taïga exige l'apport annuel de 52 pouds; celui d'un cheval : 300 pouds, soit environ six fois plus.

On ne cherchait et on ne pouvait exploiter avec profit que des placers riches, à or gros, facile à laver. Donc on remontait les affluents de peu de longueur et on fouillait près de leurs sources, négligeant les parties en plaine, à faible teneur et or fin.

Année 1875 — Un premier groupe de rivières a attiré l'attention des chercheurs ; ce sont par ordre ascendant, en remontant la Zéya :

L'Ougane,

Le Djagda-Ouliaguir,

Le Kangamout-Ouliaguir.

On a déjà entrevu le système du Mogotte, mais c'est encore éloigné, incertain. La première Société se fonde donc sur les placers situés immédiatement à proximité de la Zéya, sur les trois rivières précitées, et comme c'était justice, un des premiers placers, Vassiliévski, sur l'Ougane, est concédé au nom du bailleur de fonds et du véritable créateur de l'affaire, Vassili Nikitch Sabachnikoff.

Mais on s'aperçut dès le début que les placers en plaine n'avaient pas une teneur suffisante pour être exploités avec avantage. L'or fin n'était pas retenu par les lavoirs employés à l'époque — pas plus d'ailleurs que par les appareils encore usités à présent — il fallait se cantonner sur les alluvions de tête, à or gros.

Le 21 Juillet 1891 on abandonnait les placers n° 200 et 197 du plan du Service des Mines.

La figure 1 Planche VIII indique l'état primitif et l'état actuel de ces premiers placers sociaux dans le bassin de la Zéya.

Le 14 Mars 1883 les placers (*a*) et (*b*) du Plan du Service des mines étaient rendus à l'État, réduisant ainsi à six le nombre des placers statutaires de la Compagnie de la Zéya.

Sur ces six placers subsistants, trois avaient été apportés originairement par M. Sabachnikoff, deux par M. Kolessnikoff, un seul par Mme Schaniavski.

Production comparée de ces placers. — Il est intéressant,

d'examiner comment se répartit la production de ces placers par rapport à leur origine, depuis la création de la Société jusqu'à 1896 inclusivement :

**Tableau donnant la production totale
des placers statutaires de la Compagnie de la Zéya
de 1876 à 1896 inclusivement.**

NUMÉROS		NOMS DES PLACERS	CONCESSIONNAIRES PRIMITIFS	ÉTAT ACTUEL DU PLACER	PRODUCTION TOTALE D'OR			
du Service des Mines.	du Catalogue général.				P.	L.	Z.	D.
201	52	Vassiliévski. .	Sabachnikoff. . . .	Encore intact, placer d'avenir.	.	.	.	.
196	36	Troïtski. . . .	Id. . . .	Épuisé, Staratiélis .	6	26	21	20
198	37	Serafimovski..	Id. . . .	Id. Id. . .	7	26	73	32
				Ensemble.	14	12	94	52
202	53	Innokentiévski	Kolessnikoff.. . . .	Partiellement épuisé, Staratiélis. . . .	48	29	87	61
199	38	Ivanovski. . .	Id. . . .	Épuisé, Staratiélis, .	57	30	7	59
				Ensemble.	106	19	95	4
				Ensemble pour les 2 premiers apporteurs.	120	32	93	56
203	59	Lydinski. . .	Mme Schaniavski.	Épuisé, Staratiélis. .	3	1	68	.
Total général de la production des placers statutaires de la Compagnie de la Zéya, en 21 ans, de 1876 à 1896.					123	54	65	56

Reprise des placers statutaires de l'Ougane abandonnés en 1885. — On a constaté que les placers du bas Ougane, abandonnés en 1885 comme sans valeur, en avaient une réelle et on les a récemment redemandés en concession. C'était d'autant plus nécessaire qu'on avait reconnu dès le 15 Mai 1878 la richesse d'un des affluents de cette rivière, sur lequel se trouve le placer Novo-

Léonovski. Il est heureux que pendant toute cette période de 1883 à 1896, il ne se soit trouvé personne pour demander ces placers disponibles, ce qui aurait finalement coûté cher à la Compagnie.

Il est à remarquer que le placer Novo-Léonovski, quoique dépendant naturellement du système de l'Ougane, occupé en majeure partie par les placers de la Compagnie de la Zéya, n'a pas été affecté à cette Société. Il a été attribué à la Compagnie du Mogotte. Cette différence tient à ce que les dépenses faites pour la recherche des placers étant supportées par des intéressés différents des « Compagnons » primitifs, on ne pouvait, sans porter atteinte aux droits acquis, fusionner ces placers nouveaux dans les Sociétés préexistantes. Il faut dire aussi que les termes étroits de la Loi Minière relative à la recherche et à la déclaration des placers nouveaux rend presque impossible la constitution de Sociétés ou syndicats de recherches revêtant la forme légale d'un acte public. A une telle Société il ne pourrait être concédé qu'un seul placer ou si elle en sollicitait plusieurs, ils devraient être distants les uns des autres de 5 verstes au minimum. Il y a là une anomalie, qui va d'ailleurs disparaître dans la refonte de la Loi Minière, actuellement en cours.

15 SEPTEMBRE 1877

Compagnie de la Haute-Zéya.

Vingt jours après la constitution de la Compagnie de la Zéya, intervient entre les trois mêmes intéressés, et dans les mêmes proportions pour les parts de chacun d'eux, un nouvel acte de Société, par « Compagnons » sous la dénomination de « Compagnie aurifère de la Haute-Zéya ».

7.

Voici comment se répartissent les apports :

1° Par Mme Schaniavski ; les placers suivants :

Klioutchevskoy, situé sur un affluent de la Bézimianka (Système du Mogotte), à elle concédé le 26 Mai 1876, sous le n° 3314 (n° 44 du Catalogue Général).

Sofyinski, sur un affluent du Kangamout, à elle concédé le 5 Avril 1877, sous le n° 3350 (abandonné depuis).

Appolinariévski, sur un affluent droit de la Bézimianka, concédé le 26 Mai 1876, sous le n° 3304 (n° 41).

Verkné-Ouganski, sur la rive droite du Haut-Ougane, concédé le 18 Janvier 1877, sous le n° 3505 (abandonné depuis).

Pavélovski, sur la rivière Oulenkit-Ouliaguir, concédé le 27 Janvier 1877, sous le n° 3512 (abandonné).

Alexandrovski, sur un affluent de la Zéya, entre le Kangamout et le Djagda-Ouliaguir, concédé le 8 Février 1877, sous le n° 3521 (abandonné ensuite).

Ouspienski, sur la rivière Ougane, concédé le 8 Février 1877, sous le n° 3523 (abandonné depuis) ;

2° Par M. V. N. Sabachnikoff :

Nikolaïevski, sur la Bezimianka, à lui concédé le 26 Mai 1876, sous le n° 3324 (n° 40) ;

3° Par M. A. P. Kolessnikoff :

Anninski, sur la rive gauche de la Haute Bézimianka, à lui concédé le 26 Mai 1876, sous le n° 3317 (n° 42).

Nadiejdinski, sur la Bézimianka, à lui concédé le 8 Février 1877, sous le n° 3522 (abandonné depuis).

En tout, 10 placers constituant l'actif social, lequel, divisé en 100 parts, était attribué comme suit :

<pre>
A Mme la Générale Schaniavski . . . .   48 parts
A M. Vassili Nikitch Sabachnikoff . . . . .   27 —
A M. A. P. Kolessnikoff . . . .   25 —
                        Ensemble. . . . .   100 parts
</pre>

Comme dans la précédente Société, les statuts ne consacrent aucunes charges spéciales avant toute répartition des bénéfices, ni aucun avantage spécial au profit d'un quelconque des intéressés.

On voit d'après la carte de la page suivante (pl. VIII, fig. 2), reproduisant avec les mêmes signes conventionnels adoptés pour les autres cartes du même genre, les placers statutaires, pris, renoncés, repris et encore existants de la Compagnie de la Haute-Zéya, que les placers mis en Société appartiennent au même territoire que ceux de la Zéya. Un fait nouveau s'est cependant produit : c'est la découverte de la Bézimianka, riche affluent du Mogotte sur lequel M. Vassili Nikitch Sabachnikoff a demandé et obtenu la concession du placer Nikolaïevski qui, à lui seul, a enrichi cette Compagnie.

L'examen de la carte indique clairement que la Compagnie complétait la prise de possession du cours de l'Ougane par deux placers extrêmes n^{os} (d) et (g); prenait 5 placers dans le système des petits Ouliaguirs, affluents directs de la Zéya, et enfin s'installait avec 5 placers (n°s 188, 189, 190, 192 et (h) du plan du Services des Mines, sur le cours de la Bézimianka.

Ces derniers seuls étaient conservés. En 1880, l'exploitation du placer Nikolaïevski débutait brillamment par une production de 25 pouds 54 livres dans la première opération, avec une teneur moyenne réalisée de 1^{zol},18 aux 100 pouds. (Voir page 186 la Monographie et le plan de ce placer.)

Ces magnifiques rendements, s'ajoutant à partir de 1884 à ceux encore plus brillants du Djolon, détournèrent complètement les idées de l'utilisation des placers à teneurs médiocres, par des procédés améliorés. On n'eut qu'un but : porter toutes les forces des « Compagnons », tout le matériel, tous les chevaux, tous les hommes disponibles sur les riches placers du Djolon.

Aussi voyons-nous en 1883 les désistements suivants :

14 mars	Verkné-Ouganski,
id.	Alexandrovski,
id.	Ouspienski,
5 avril	Sofyinski,
id.	Pavlovski,
19 décembre	Nadiéjdinski.

Production comparée des placers sociaux. — De sorte qu'en résumé, à la fin de 1885, il ne restait sur les 10 placers originaires de la Compagnie Verkné-Zeyskaïa, que 4 placers de valeurs très inégales, ainsi qu'il ressort du tableau suivant, qui résume la production totale des placers statutaires de la Compagnie de la Haute-Zéya, depuis son origine jusqu'en 1896 :

Tableau donnant la production totale
des placers statutaires de la Cie de la Haute-Zéya
de 1876 à 1896.

NUMÉROS		NOMS	CONCESSIONNAIRES	ÉTAT ACTUEL	PRODUCTION TOTALE D'OR			
du Service des Mines.	du Catalogue Général.	DES PLACERS	PRIMITIFS	DU PLACER	P.	L.	Z.	D.
190	40	Nikolaïevski. .	Sabachnikoff. . .	Épuisé. (Staratiélis).	191	59	58	58
198	42	Anninski. . .	Kolessnikoff.. . .	En exploitation. . .	28	57	95	40
				Ensemble pour les deux premiers apporteurs.	220	57	55	78
192	44	Klioutchevskoy	Mme Schaniavski	Intact.	.	.	.	.
189	41	Appolinariévski	Id.	En partie épuisé.. .	16	25	40	43
Production totale des placers statutaires de la Compagnie . . .					257	22	76	25

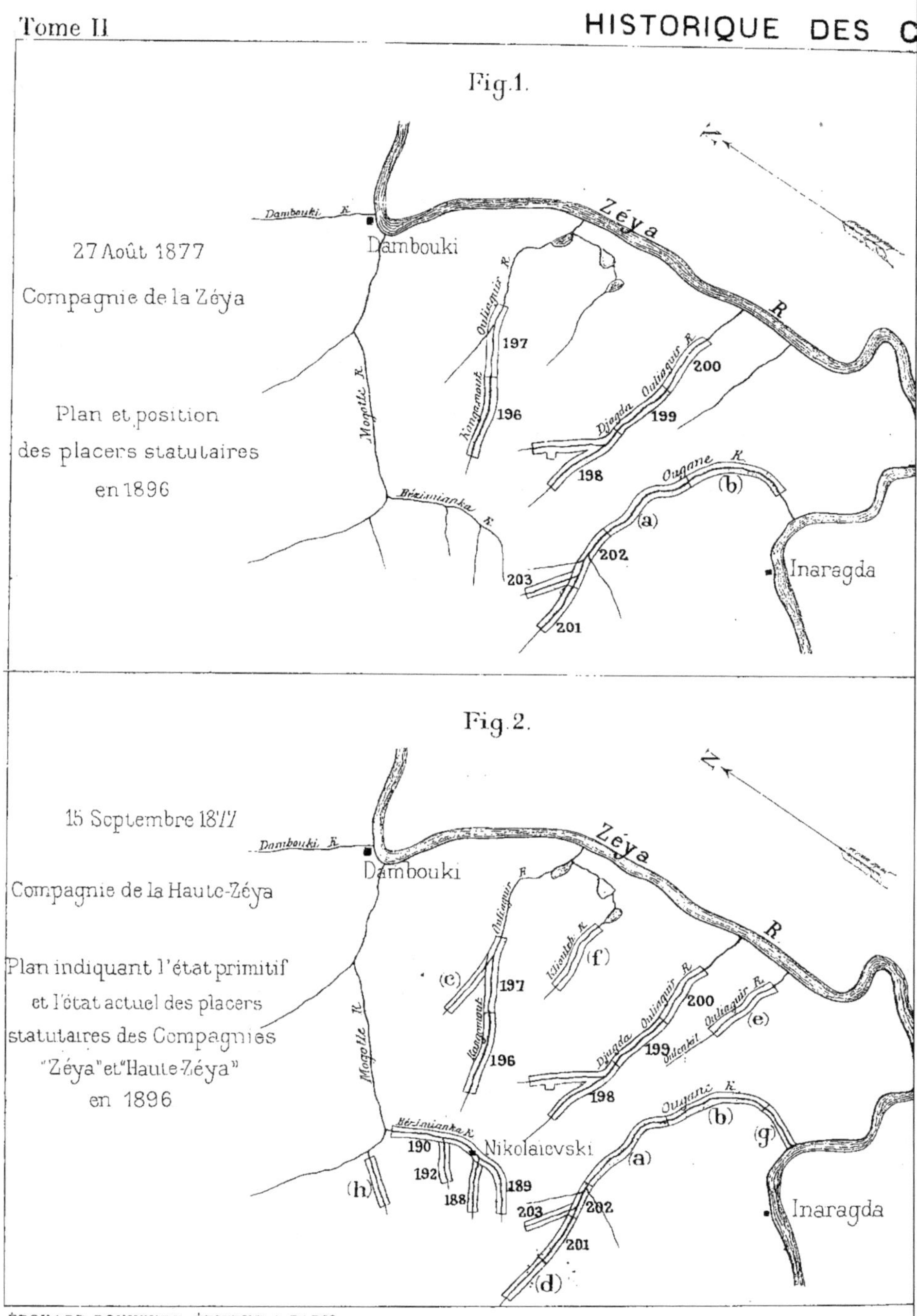

Fig.1.

27 Août 1877

Compagnie de la Zéya

Plan et position
des placers statutaires
en 1896

Dambouki. R.
Dambouki
Zéya
R.
Oulieguir R.
Kougomonte
197
196
198
Djagda Ouliaguir R.
199
200
Ougane R.
(b)
(a)
202
203
Hérimianka R.
201
Inaragda

Fig.2.

15 Septembre 1877

Compagnie de la Haute-Zéya

Plan indiquant l'état primitif
et l'état actuel des placers
statutaires des Compagnies
"Zéya" et "Haute-Zéya"
en 1896

Dambouki. R.
Dambouki
Zéya
R.
Ouliaguir R.
Klioutch R.
(f)
(c)
197
Kougomonte
196
Djagda Ouliaguir R.
199
200
Oulienki Ouliaguir R.
(e)
198
Ougane R.
(b)
(g)
(a)
Hérimianka R.
190
Nikolaievski
192
189
(h)
188
203
202
201
(d)
Inaragda

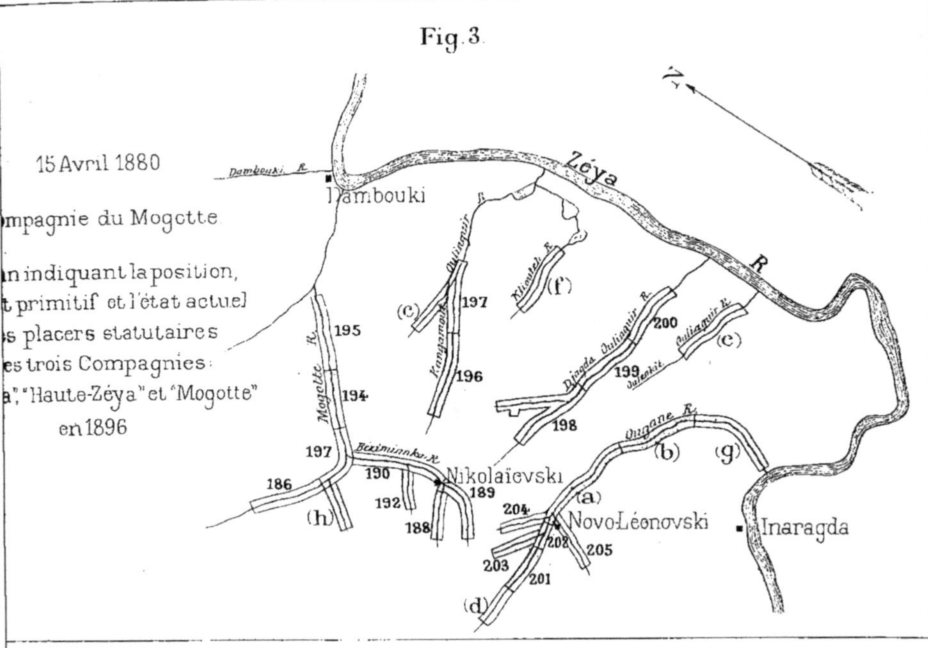

Légende des signes et des couleurs

Placers statutaires existants en 1896	De la Compagnie de la Zéya	
	d°. de la Haute-Zéya	
	d° du Mogotte	
Placers statutaires rendus au Gouvernement et repris ensuite	De la Compagnie de la Zéya	
	d° de la Haute-Zéya	
	d°. du Mogotte	
Placers statutaires rendus, non repris, actuellement disponibles	De la Compagnie de la Zéya	
	d° de la Haute-Zéya	
	d° du Mogotte	

Nota: Les Nᵒˢ des placers sont ceux du plan du Service des Mines à Irkoutsk.

Il ressort de ce tableau que le seul placer apporté par M. Vassili Nikitch Sabachnikoff, a produit 81 pour 100 de la quantité totale d'or obtenue par la Compagnie, depuis le commencement de ses travaux jusque et y compris l'année 1896, et que l'ensemble des deux premiers apporteurs représente 95 pour 100 de cette même quantité.

Création du domaine du Mogotte. — En même temps que ces deux premières Compagnies se formaient et commençaient à laver les alluvions de l'Ougane dans le placer Innokentiévski, la Direction s'occupait activement d'étendre le domaine minier des Sociétés débutantes. Les commencements étaient en effet assez pénibles; les productions d'or, faibles; les difficultés d'installation et de ravitaillement, grandes. L'énergie, la persévérance de M. le Général Schaniavski, les sacrifices pécunaires des premiers intéressés ont fini par en avoir raison.

On préparait ainsi, de 1877 à 1878, la prise de possession du Mogotte, acheminement naturel vers les systèmes de l'Ilikane et du Djolon qui ont été si fructueux. C'est là un enseignement pour l'avenir. Les recherches les plus sûres, à la fois les plus faciles et les moins coûteuses, sont celles qui s'effectuent tout naturellement par l'expansion graduelle du domaine exploité, faisant *taché d'huile* sur les alentours. Il faut pour cela, comme il en a heureusement été le cas jusqu'à présent dans la Zéya, ne pas avoir de voisins actifs et entreprenants, disposant de capitaux importants et d'un personnel capable, qui peuvent venir rafler les bons placers, à la barbe des exploitants attardés; mais tel n'a pas été le cas jusqu'ici.

La concession de toute la vallée du Mogotte ayant été obtenue dans le courant de l'année 1878, il devenait possible de songer à créer une nouvelle Société. Le décès, si regrettable à tous les points de vue, et si prématuré pour sa famille, de M. Vassili Nikitch Sabachnikoff en 1879, retarda d'un an cette constitution, qui n'eut lieu qu'en 1880, sous le nom de Compagnie du Mogotte.

---

15 AVRIL 1880

Compagnie du Mogotte.

Cette Compagnie a été constituée le 15 Avril 1880, entre les suivants :

> M. le Général-Major Alphonse Léonovitch Schaniavski.
> Mme Schaniavski.
> Mme Catherine Vassiliévna Sabachnikoff.
> Mme Antonina Vassiliévna Sabachnikoff.
> La tutelle des héritiers mineurs de feu Vassili Nikitch Sabachnikoff.
> M. Michel Nikitch Sabachnikoff.
> M. le Sous-Colonel Paul Vassilévitch Berg,

pour l'exploitation des placers suivants :

Alfonsovski, sur le Mogotte, concédé à M. le Général Schaniavski le 20 Mai 1878 sous le n° 5755 (n° 49 du Catalogue général).

Novo-Léonovski, sur un affluent de l'Ougane, concédé au même, le 15 Mai 1878, sous le n° 5721 (n° 46).

Yékaterininski, sur le Mogotte, concédé à feu Vassili Nikitch Sabachnikoff, le 20 Mai 1878, sous le n° 5734 (renoncé depuis, repris en 1896).

Mikhaïlovski, sur le Mogotte, concédé à la tutelle des héritiers V. N. Sabachnikoff, le 21 Juin 1878, sous le n° 5788 (n° 47).

Maryinski, sur le Mogotte, concédé au même, le 21 Juin 1878, sous le n° 3789 (n° 48).

Éléninski, sur un affluent gauche de l'Ougane, concédé le 26 Juin 1878, apporté par Mme Schaniavski (n° 45 du Catalogue général.

En résumé :

> 5 placers apportés par l'hoirie Sabachnikoff.
> 2   —   —   M. le Général Schaniavski.
> 1   —   —   Mme Schaniavski.

Total.   6 placers.

Actif social divisé en 100 parts, attribuées à :

> M. le Général A. L. Schaniavski. 10   parts
> Mme Schaniavski . . . . $5\frac{1}{3}$ —
> M. P. V. Berg. . . . . $55\frac{1}{3}$ —
> Héritiers de V. N. Sabachnikoff. . . . . . $55\frac{1}{3}$ —
>
> Total. 100   parts

Charges à payer pour chaque poud d'or extrait des placers suivants :

Mikhaïlovski. .	160 Roubles crédit. Bénéficiaire :		Michel Nikitch Sabachnikoff.
	500	—	N. I. Kriénikoff.
Maryinski. . .	160	—	M. N. Sabachnikoff.
	500	—	N. I. Kriénikoff.
Eleninski. . .	100	—	Mme Paula Alex. Rothvestny.
	500	—	N. I. Kriénikoff.
Alfonsovski. .	500	—	Au même.
Novo-Léonovski	500	—	Au même.

Cette Société est la première dont le cadre des intéressés soit élargi par l'entrée de deux nouveaux participants.

Redevance par poud. — Les statuts de la Compagnie du Mogotte, consacrent aussi une innovation que nous verrons désormais adoptée dans toutes les Sociétés créées ultérieurement. Une certaine rémunération pour chaque poud d'or extrait des placers mis en Société, est réservée statutairement au profit, soit de l'inventeur du placer, soit du demandeur en concession, soit de l'une et de l'autre de ces personnalités. Cette redevance, à prélever sur les résultats de l'opération avant toute distribution de bénéfices désignés sous le nom générique de *popoudney* (tant par poud), est un appât, un attrait pour les chercheurs, une sorte de participation dans les profits que leur découverte contribue à produire, et ce, sans aucun risque et sans nécessiter d'avance ou de versements de leur part, ce qui serait pour eux, dans la plupart des cas, une impossibilité. Le montant de ces redevances varie en général entre 200 à 300 Roubles crédit, par poud d'or extrait. La valeur de ce dernier étant en moyenne de 18.000 roubles, on voit que cette redevance représente environ 1.10 à 1.60 pour 100 de la valeur brute de l'or produit.

Dans ces limites, cette méthode de redevance par poud est parfaitement juste et acceptable. En fait, elle est la règle dans toutes les recherches nouvelles qui s'exécutent en Sibérie Orientale.

L'exploitation des placers de la Compagnie du Mogotte est à peine commencée. On a fait une première opération sur le placer Eleninski en 1879. dont on a retiré un peu plus de 7 pouds et que cet effort a épuisé, puis on a tout laissé dormir jusqu'en 1896, année où on a mis des staratiélis sur Eleninski, et commencé l'exploitation du placer Novo-Léonovski sur l'Ougane. On s'est contenté, dans le Système du Mogotte proprement dit, de faire dans ces derniers temps, les sondages préparatoires dans une partie des placers Mikhaïlovski et Alfonsovski.

Il est visible que pendant toute la période d'activité du Djolon, de 1883 à 1892, tous les autres groupes, même ceux contenant des placers d'une grande importance comme c'est le cas pour le Mogotte, ont été délaissés. Leur teneur ne dépasse pas 60 à 70 dolis en moyenne, leur temps n'étant pas encore venu, pas plus d'ailleurs qu'à l'heure actuelle, si un hasard heureux faisait trouver encore un nouveau Djolon.

Ces placers exceptionnels laissent en effet des bénéfices colossaux, quelle que soit la méthode employée pour les exploiter. Point n'est besoin par conséquent de faire des efforts intellectuels pour tirer un parti avantageux de pareils gisements. L'ancienne méthode, les procédés éprouvés par une pratique constante, auxquels le personnel est habitué de longue date, en vue desquels toute l'organisation compliquée et coûteuse d'une nombreuse cavalerie, des Résidences, écuries, coupe des foins, etc., est établie, se trouve là, sous la main, toute prête à fonctionner. Il n'y a qu'à faire le calcul très simple des hommes nécessaires, grâce au système de la « Padionchina » (voir Chapitre IV), pour savoir immédiatement à quoi s'en tenir. On sait bien que ce système est défectueux, qu'il empêche tout contrôle, qu'il ne permet pas de serrer de près les prix de revient et de faire la chasse aux abus, mais il est simple et commode, laisse de magnifiques bénéfices, on serait donc mal venu à s'en plaindre. Bref, les placers exceptionnellement riches ont été jusqu'ici un oreiller de paresse pour les exploitants sibériens. Il n'y a à attendre de progrès que par suite de leur plus grande rareté, obligeant à se rabattre sur des placers plus médiocres, exigeant une exploitation économique. C'est la période dans laquelle entrent en ce moment les Compagnies de la Zéya.

En fait, on n'est nullement resté inactif pendant toute la période des gros bénéfices, et on ne peut pas accuser la Direction

Générale d'avoir négligé l'avenir. Elle a au contraire fait des dépenses considérables pour rechercher de nouveaux placers riches et si, comme on le verra à maintes reprises, ces coûteuses recherches ont été souvent mal dirigées, mal surveillées, inexactes ou faites avec légèreté, il faut ajouter que ces travaux exécutés au fond de la « taïga », loin de tout centre habité, en plein hiver sous un des climats les plus rudes du globe, sont par leur nature même des travaux essentiellement aléatoires. Les échecs et les malfaçons ne peuvent être que partiellement évités et ce n'est pas sur ce point que des critiques fondées peuvent être formulées sur la conduite de ces affaires.

C'est la base même, l'assiette des affaires aurifères des Compagnies de la Zéya, qui doit être modifiée suivant le programme dont j'ai tracé les grandes lignes dans l'Introduction et dont les principaux éléments sont traités dans la suite de cet ouvrage.

Emploi des bénéfices. — Avec les affaires organisées par « Compagnons » les avances de capitaux que réclament les placers pour leur mise en valeur, avances qui assurent l'avenir de l'affaire et ses rendements réguliers, sont possibles sans être obligé de recourir à la pénible extrémité de les demander à la poche des « Compagnons », lorsque la découverte d'un placer exceptionnellement riche permet de donner aux intéressés d'énormes dividendes, tout en soldant, à bas bruit, les frais de sondages d'autres placers moins riches destinés à assurer l'avenir. C'est aussi le moment propice pour acheter du matériel destiné à la transformation des méthodes de travail. Les « Compagnons », qui touchent déjà une forte somme, ne sont pas regardants sur les détails de l'addition et lorsque, à leur tour, la période brillante étant close, les placers sondés gratuitement entrent en valeur, on peut prélever sur leur rendement, les sommes nécessaires pour en préparer d'autres; tandis que s'il faut que ces placers médiocres paient à la fois 1° leurs propres frais de traçage, 2° leurs frais d'exploitation, 3° les frais de traçage des autres placers, destinés à assurer l'avenir, le bénéfice disparaît ou devient insignifiant.

C'est à ce moment d'amoindrissement, sinon de disparition des bénéfices, qu'une avance considérable de capitaux aux placers devient indispensable et elle trouve les « Compagnons » d'autant moins disposés à la faire, qu'ils ont vu, avec inquiétude, leurs bénéfices fondre à vue d'œil, d'année en année, pendant les opérations précédentes.

Telle est, à présent, la situation exacte des Compagnies de la Zéya. A l'époque de la grande prospérité de Djolon, on a distribué tous les profits, qui ont été colossaux, aux intéressés, en amortissant simplement, dans une proportion d'ailleurs très large, le matériel, les machines, etc.

On n'a pas exécuté, à ce moment, les sondages d'avenir dont le besoin se fait si cruellement sentir à présent. On a fait des frais et des frais considérables de recherches, souvent bien mal appliqués, afin de trouver un nouveau Djolon, au lieu d'affecter une partie au moins de ces sommes, ce qui eût été un placement beaucoup plus sûr et certain, et en définitive beaucoup plus rémunérateur pour les intéressés, aux sondages des placers d'avenir. Par ce fait même, ces derniers auraient acquis une valeur réelle, indéniable, facile à estimer et à inscrire dans les livres de comptabilité, tandis que, par suite de la manière de faire tout à fait désastreuse qui a été adoptée, les Compagnies se trouvent actuellement, tout en possédant une richesse réelle de placers en réserve, dans l'impossibilité d'y appliquer avec sécurité leurs procédés ordinaires d'exploitation, par suite de l'ignorance où elles se trouvent, de la disposition des alluvions payantes dans le lit mineur, des teneurs moyennes à en attendre, etc. Elles ne peuvent donc pas en faire une estimation, même approchée, sans courir le risque d'évaluer à la légère et sans preuves à l'appui, tout ou partie de leur actif.

Estimation des parts ou actions. — Cette impossibilité n'est pas seulement fâcheuse au point de vue du crédit de ces affaires, considérées dans leur ensemble. Elle est plus pénible encore pour les « Compagnons », qui restent ainsi dans l'ignorance de la valeur en capital de leurs parts respectives. Ils seraient cependant bien aise de savoir pour quelle somme, même approximative, ils doivent faire figurer leurs actions minières dans leurs bilans personnels; quelles sont les parts qui ont de l'avenir; quelles sont celles qui se rapportent aux Sociétés dont les placers sont épuisés ou écrémés et qu'il convient de passer par profits et pertes; quelle valeur enfin peuvent représenter les redevances par poud, en Roubles ou en demi-impériales, par eux consenties sur l'or extrait d'un certain nombre de leurs placers.

Ce sont là des questions capitales, sur lesquelles il importe qu'ils soient renseignés et éclairés et auxquels le système actuel ne permet pas de répondre.

Or c'est là, je le répète encore une fois, la faute du système et non l'impossibilité de résoudre la question. Sa solution très simple et très claire se trouve dans l'exécution en temps utile, deux à trois ans à l'avance, des sondages sur les placers à mettre en valeur, de façon à assurer la marche régulière des affaires et par conséquent la régularité des dividendes qui en est la résultante immédiate.

Ces avances doivent être faites dans les périodes de prospérité, car une fois les bénéfices distribués, il devient impossible de les rappeler, sans douleur, de la poche des intéressés.

Production des placers statutaires de la Compagnie du Mogotte. — Je termine cet aperçu sur l'historique de la Compagnie du Mogotte, par un tableau donnant la production totale des placers de cette Société, depuis son origine.

J'ai été amené à traiter la question de l'évaluation des affaires aurifères de la Zéya, à propos de la Compagnie du Mogotte, parce que c'est celle où les lacunes que j'ai signalées se font sentir de la façon la plus criante. C'est de toutes les Compagnies que j'ai étudiées celle qui présente l'avenir le plus immédiat et le plus certain, mais dont les placers ont le plus besoin de travaux de préparation et de sondages. La vallée du Mogotte appartient à la Compagnie depuis seize ans. Elle en est encore à attendre, sur la plupart des placers qu'elle contient, les premiers sondages qui établissent la valeur d'un placer. On a cependant payé depuis cette époque, en impôts fonciers seulement, une somme de 75,000 Roubles.

Les placers du Mogotte sont aussi ceux qui se prêtent le mieux, tant par leur position topographique que par leur proximité des bases d'approvisionnement, à l'exploitation par procédés économiques. Les quelques sondages faits montrent qu'on a affaire dans cette vallée à des alluvions larges et régulières, éminemment favorables à la création de grands chantiers d'abatage. On verra en effet dans la suite de cet ouvrage, lorsque j'exposerai en détail la monographie des placers du Mogotte, que le confluent de ce cours d'eau avec le riche affluent Bézimianka, rivière qui a été le théâtre d'une exploitation très fructueuse qui dure encore, est marqué par un large épanouissement, se prêtant immédiatement à une exploitation par moyens mécaniques.

Voici le tableau de production de cette Compagnie.

Tableau de production des placers statutaires de la Compagnie du Mogotte.

NUMÉROS		NOMS	CONCESSIONNAIRES	ÉTAT ACTUEL	PRODUCTION TOTALE D'OR			
du Service des Mines.	du Catalogue Général.	DES PLACERS	PRIMITIFS	DU PLACER	P.	L.	Z.	D.
204	45	Eleninski. . . .	Mme Schaniavski.	Épuisé (Staratiélis) .	7	5	51	78
205	46	Novo-Leonovski	M. le Général Scha-niavski.. . . .	Exploité depuis 1896	2	31	86	85
Production totale des placers statutaires de la Compagnie du Mogotte.					9	37	42	67

Les autres placers sont tous intacts et, sauf pour le placer Mikhaïlovski qui a reçu un commencement de traçage, complètement inexplorés.

4 FÉVRIER 1883

Compagnie du Djolon.

Constituée le 4 février 1883 entre les suivants :

M. le Général Schaniavski.

Mme L. Schaniavski.

Mme Catherine Baranovski.

Mlle Antonina Sabachnikoff.

M. le Sous-Colonel P. V. Berg.

La tutelle des héritiers mineurs Sabachnikoff.

M. le Conseiller d'État Alexandre Ivanovitch Baranovski.

M. Pierre Victorovitch Fétissoff.

pour l'exploitation des placers suivants :

Léonovski, sur la rivière Djolon, concédé à M. le Général Schaniavski, le 19 janvier 1883, sous le n° 4872 (n° 1 du Catalogue général).

Rojdestvenski, sur le Koudatchi, affluent du Dambouki, concédé au même le 30 mai 1881, sous le n° 2260 (n° 34 du Catalogue général).

Voskressenski, sur la rivière Tolga, concédé au même le 3 mars 1882 (abandonné depuis).

Siméonovski, sur la rivière Outandjak, acheté par le même aux enchères publiques, le 19 juin 1880 (renoncé depuis).

Ilinski, sur la Bézimianka, acheté par le même, le 29 janvier 1883 (renoncé depuis).

Alexiéiévski, sur le Djolon, concédé à Mme Schaniavski le 19 janvier 1883, sous le n° 4881 (n° 2).

Pétrovski, sur un affluent du Djolon, concédé à M. le Sous-Colonel Moller, rétrocédé par lui à Mme Schaniavski, qui en fait apport, le 24 septembre 1882 (n° 3).

Vassiliévski, sur le Djolon, confinant au placer Léonovski ; concédé à M. P. V. Berg, le 19 janvier 1883, sous le n° 4877 (n° 4).

En tout, 8 placers constituant l'actif social.

Cet actif est divisé en 100 parts ou actions, sur lesquelles $68\frac{2}{3}$ (soixante-huit et deux tiers de parts) sont attribuées gratuitement aux intéressés, conformément au tableau de répartition ci-dessous.

Les dites parts sont libres de toutes charges spéciales.

Les $31\frac{1}{3}$ (trente et une et un tiers de parts) restantes sont soumises à une redevance spéciale, au profit des époux Schaniavski, par moitié à chacun d'eux, s'élevant à trois cents (300) demi-impériales pour chaque poud d'or revenant aux porteurs des dites actions.

Toutes les actions, soit gratuites, soit soumises à cette redevance spéciale, se partagent également l'or produit au prorata de leur nombre.

La redevance due aux époux Schaniavski est payable au fur et à mesure de la production de l'or, en assignations sur la Banque de l'Empire, libellées au nom des bénéficiaires, ou par tout autre moyen si la Loi sur la livraison de l'or au Gouvernement venait à changer.

Répartition des 68 $\frac{2}{3}$ parts gratuites :

M. le Général Schaniavski	1	part
Mme Schaniavski	1	—
Mme E. V. Baranovski	11	—
Mlle A. V. Sabachnikoff	11	—
M. le Sous-Colonel Berg	33 $\frac{1}{3}$	—
Héritiers mineurs Sabachnikoff	11 $\frac{1}{3}$	—
Total	68 $\frac{2}{3}$	parts

Répartition des parts soumises à la redevance des 300 demi-impériales :

Héritiers mineurs Sabachnikoff	10 $\frac{1}{5}$	parts
M. Alexandre Ivanovitch Baranovski	5	—
M. P. I. Fétissoff	15	—
Total	31 $\frac{1}{5}$	parts

En outre, les statuts réservent au profit des inventeurs et concessionnaires primitifs, les redevances suivantes, à prélever sur chaque poud d'or extrait des placers correspondants.

Placer Léonovski. . . . .   200 roubles.   Bénéficiaire : N. A. Mikhnévitch.
  — Alexiéiévski. . . .   200   —   — ˙   Au même.
  — Vassiliévski. . . .   200   —   —   Au même.
  — Voskressenski . . .   200   —   —   Au même.
  — Voskressenski . . .   100   —   —   A. I. Kriounikoff.
  — Rojdestvenski . . .   100   —   —   Au même.
  — Rojdestvenski . . .   150   —   —   E. A. Rheiberg.
  — Siméonovski. . . .   50   —   —   I. A. Basskakoff.
  — Pétrovski.   100   —   —   N. P. Moller.
  — Ilinski   100   —   —   V. I. Chestoff.

Redevances. Cette société inaugure un principe nouveau : l'inégalité dans la répartition des bénéfices entre des Compagnons
traités jusque-là sur un pied d'égalité parfaite. Sur les 100 parts
composant l'actif social, $31\frac{1}{2}$ sont frappées au profit de deux
des intéressés d'une lourde redevance représentant environ
$12\frac{1}{2}$ pour 100 du produit brut (500 demi-impériales par
poud valant 18,000 Roubles). Le paiement de cette redevance est
entouré de garanties telles que même s'il y a perte dans l'exploitation, cette redevance est assurée aux bénéficiaires. Elle est prélevée sur le produit brut et non sur les bénéfices.

En outre des « Compagnons » faisant partie des précédentes
Sociétés, on voit apparaître deux intéressés nouveaux, qui ne
reçoivent d'ailleurs, comme prix de leur concours, que des actions
frappées de redevance, dont ils se partagent le nombre avec les
héritiers mineurs Sabachnikoff.

La Compagnie du Djolon comprenait, dès son début, des placers
situés dans des vallées très différentes. Dans l'intervalle qui a
séparé la constitution de cette Société de la précédente, les recherches embrassèrent la vallée du Koudatchi, affluent du Dambouki,
celle de l'Ilikane et même des systèmes très éloignés du centre
d'action naturel des Compagnies, comme par exemple la vallée
de la Tolga, affluent Sud du Guiloï et autres. Ces placers furent

8.

d'ailleurs ultérieurement « renoncés » : le placer sur la Tolga, en 1885, et les placers Siméonovski et Ilinski en 1891, année dans laquelle ont été abandonnés un grand nombre de placers, comme nous l'avons déjà vu.

Somme toute, de tous les placers statutaires de la Compagnie du Djolon, il n'en reste plus qu'un, le placer Rojdestvenski, qui ait encore une valeur appréciable. Tous les autres sont « renoncés » ou épuisés et il n'y a plus à compter, pour ces derniers, que sur le produit incertain et en tout cas de réalisation lente et éloignée, du relavage des tailings.

**Tableau donnant la production totale
des placers statutaires de la Compagnie du Djolon
depuis 1883 jusqu'en 1896 inclus.**

| NUMÉROS | | NOMS | CONCESSIONNAIRES | ÉTAT ACTUEL | PRODUCTION TOTALE D'OR | | | |
du Service des Mines.	du Catalogue Général.	DES PLACERS	PRIMITIFS	DU PLACER	P.	L.	Z.	D.
85	1	Léonovski. . .	M. le Général Schaniavski.. . . .	Épuisé, Staratiélis .	760	19	41	75
172	34	Rojdestvenski .	Id.	Loué aux Staratiélis.	21	11	13	87
98	2	Alexiéiévski. .	Mme Schaniavski.	Épuisé, Staratiélis. .	27	35	16	.
93	3	Petrovski. . .	M. Moller.. . .	Épuisé. Id. . .	3	8	39	48
92	4	Vassiliévski. .	M. P. Berg. . . .	Épuisé, Id. . .	24	27	66	48
Total général des placers statutaires de la Compagnie					837	21	79	66

28 OCTOBRE 1886

Compagnie de l'Ilikane

Formée le 28 octobre 1886, entre les suivans :

M. le Général Schaniavski ;

Mme Schaniavski ;

Mme Catherine Baranovski;

Mme Antonina d'Evreinoff;

La tutelle des héritiers mineurs Sabachnikoff;

M. le Sous-Colonel Berg;

M. Alexandre Baranovski,

pour l'exploitation des placers suivants :

1 *Yazonof Klad*, sur un affluent de l'Ounakha, concédé à M. le Général Schaniavski le 30 janvier 1886, sous le n° 5550 (n° 19).

2 *Yékaterininski*, sur le Sanar, affluent de l'Ilikane, concédé à Mme Catherine Baranovski le 15 janvier 1884, sous le n° 5079 (n° 5).

3 *Atradny*, sur un affluent de l'Ounakha, concédé à M. Berg le 1ᵉʳ février 1886, sous le n° 5531 (n° 18).

4 *Bespaliézny*, sur la rive droite du Mogotte, concédé à M. Berg le 18 février 1885, sous le n° 5031 (n° 50).

5 *Sergiévski*, sur le Djolon, concédé à la tutelle des héritiers mineurs de feu V. N. Sabachnikoff, le 8 février 1884, sous le n° 5087 (n° 7).

6 *Troïtzki*, sur le Djagdali, affluent de l'Ilikane, concédé à la même, le 8 février 1884, n° 5088 (abandonné).

7 *Goroblagadatski*, sur la rive gauche du Djolon, concédé à M. Alexandre Ivanovitch Baranovski le 31 janvier 1885, sous le n° 5285 (n° 9).

8 *Yégorovski*, sur un affluent droit du Djolon, concédé à M. le Conseiller privé Yégor Ivanovitch Baranovski, rétrocédé par lui à M. Alexandre Baranovski qui en fait apport (n° 8).

9 *Pétrovski*, sur la rivière Koudatchi, concédé à M. le Sous-Colonel Moller, rétrocédé par lui à Mme Schaniavski qui en fait apport (n° 33).

Total, 9 placers, constituant l'actif social.

Actif divisé en 100 parts, réparties conformément aux tableaux ci-dessous.

La répartition n'est pas la même pour tous les placers, ce qui oblige à tenir les comptes sociaux séparément pour chacun des placers.

Répartition des parts sur les placers n°s 2, 4, 5, 6, 8 et 9.

M. le Général Schaniavski.	$16\frac{2}{3}$ parts
Mme Schaniavski.	$16\frac{2}{3}$ —
Mme E. V. Baranovski.	$6\frac{2}{3}$ —
Mme A. V. d'Evreinoff.	$6\frac{2}{3}$ —
M. le Sous-Colonel Berg	$33\frac{1}{3}$ —
Héritiers mineurs Sabachnikoff	20 —
Total.	100 parts

Répartition des parts sur les placers n°s 1, 3 et 7.

M. le Général Schaniavski.	15 parts
Mme Schaniavski	15 —
Mme E. V. Baranovski.	7 —
Mme A. V. d'Evreinoff	7 —
M. le Sous-Colonel Berg	30 —
Héritiers mineurs Sabachnikoff	21 —
M. Alex. I. Baranovski.	5 —
Total.	100 parts

Redevances. — Ces placers statutaires sont en outre soumis aux redevances par poud, suivantes :

Placer Yégorovski . .	200 Roubles.	Bénéficiaire :	Nikolaï A. Mikhnévitch.
— Yégorovski . .	100 —	—	Yégor Baranovski.
— Pétrovski . . .	134 —	—	Inn. V. Markoff.
— Pétrovski . . .	66 —	—	A. I. Kriounikoff.

Placer Pétrovski . . .	100 Roubles. Bénéficiaire : Colonel Moller.
— Yékaterininski .	200	—	—	N. A. Mikhnévitch.
— Sergiévski. . .	200	—	—	N. A. Mikhnévitch.
— Troïtzki. . . .	200	—	—	N. A. Mikhnévitch
— Yazonof Klad .	200	—	—	N. C. Besspalof.
— Atradny. . . .	200	—	—	N. C. Besspalof.
— Goroblagadaski.	200	—	—	Réservés aux inventeurs.
— Bespaliézny . .	200	—	—	Réservés aux inventeurs.

Principe de l'inégale répartition des parts des placers sociaux. — On voit apparaître dans cette Société, pour la première fois, un principe nouveau, qui sera appliqué dans les affaires postérieures ; c'est de répartir d'une façon différente les parts constituant l'actif social, suivant qu'il s'agit de tel ou tel placer, de manière à diviser la majorité des voix. Ce système complique encore plus la Comptabilité sociale, déjà très embrouillée par l'enchevêtrement des placers sur les divers Systèmes de rivières. Au point de vue général, cette innovation constitue une aggravation des inconvénients ordinaires des Sociétés par « Compagnons » que j'ai déjà bien des fois signalés. En fait, dans une organisation pareille à celle dont il s'agit en ce moment, tout contrôle, toute influence des compagnons bailleurs de fonds sont frappés de stérilité. S'il se forme en effet une majorité sur un point relatif à un placer déterminé, elle cesse d'exister sur un autre et on reste dans le *statu quo*.

Un seul placer statutaire, le placer Troïtzki, situé sur un affluent de l'Ilikane, a été « renoncé » ; il a d'ailleurs été postérieurement concédé à des tiers qui le détiennent et l'exploitent actuellement.

Voici, depuis l'origine jusqu'à 1896, la production des placers statutaires de la Compagnie de l'Ilikane.

Tableau de production des placers statutaires de la Compagnie de l'Ilikane.

NUMÉROS		NOMS	CONCESSIONNAIRES	ÉTAT ACTUEL	PRODUCTION TOTALE D'OR			
du Service de Mines.	du Catalogue Général.	DES PLACERS	PRIMITIFS	DU PLACER	P.	L.	Z.	D.
154	19	Yazonof Klad..	M. le Général Schaniavski... .	Épuisé, Staratiélis .	6	3	4	74
80	5	Yékaterininski	Mme Baranovski..	Id. Id. . .	27	18	.	81
155	18	Atradny.. . .	M. Berg.	Staratiélis.	.	.	.	.
195	50	Bespaliézny. .	Héritiers mineurs Sabachnikoff. .	Placer versant, inexploré.. . . .	.	.	.	.
95	7	Sergiévski.. .	Id.	Id.	10	6	77	81
94	9	Goroblagadatski	A. I. Baranovski. .	Placer affluent, épuisé	21	1	9	.
91	8	Yégorovski.. .	Yégor Baranovski.	Id.	7	21	54	66
		Pétrovski. . .	Colonel Moller.. .	Placer inexploré.. .	.	.	.	.
Total général pour les placers statutaires de la Compagnie Ilikane.					72	10	51	14

On voit, somme toute, que dans toute la période comprise
entre la constitution de la Compagnie du Mogotte et la création
de la Société des Placers-Réunis, la production annuelle d'or a
été demandée pour la majeure partie aux placers du Djolon et de
l'Ilikane. En fait de travaux de recherches, pendant cette période,
on a complété la prise de possession du Djolon et de l'Ilikane,
en poussant néanmoins une pointe jusque sur l'affluent Ounakha
où la Compagnie de l'Ilikane possède un placer statutaire.

Dans la Compagnie suivante, qui nous reste à examiner, le
cercle des prises de possession s'élargit notablement.

12 JANVIER 1894

Compagnie des Placers-Réunis.

Cette Société, créée pour l'exploitation des placers ci-dessous énumérés, a été constituée le 12 janvier 1894, entre les suivants :

M. le Général Schaniavski ;

Mme Schaniavski ;

Mme Catherine Baranovski ;

Mme Antonina d'Evreinoff ;

M. Fédor Vassilévitch Sabachnikoff ;

M. Michel Vassilévitch Sabachnikoff ;

M. Serge Vassilévitch Sabachnikoff ;

M. le Sous-Colonel Berg ;

La Succession de M. A. Kousnitzoff et Compagnie ;

avec apports par les intéressés des placers ci-dessous énumérés :

1) *Vozdvijenski*, sur la rivière Outandja-Ouliaguir, affluent du Sivakane. Système de la rivière Tok, concédé à M. le Général Schaniavski (n° 61 du Catalogue Général).

2) *Yohanno-Bogoslovski*, sur la même rivière que le précédent, concédé à Mme Schaniavski (n° 60).

3) *Appolinariévski*, sur la même rivière, concédé à Mme Veuve A. S. Rostrenoff, par elle rétrocédé à M. le général Schaniavski sous redevance de 100 roubles par poud (n° 62).

4) *Lydinski*, sur le Krouma inférieur, affluent de l'Ounia, concédé à Mme Schaniavski (n° 54).

5) *Alfonsovski*, sur l'Ounia, affluent de l'Arga, déclaré par M. le Général Schaniavski (n° 55).

6) *Pavlovski (Roudnik)*, sur le versant du Krouma inférieur et d'un ruisseau sans nom, déclaré par M. Berg (n° 56).

7) *Pétropavlovski*, sur l'Ilikane, affluent de l'Ounakha, déclaré sous le nom de M. Alexis d'Evreinoff, concédé le 31 octobre 1890 (n° 17).

8) *Mitrophanovski*, sur la rivière Bourgali-Olongro, déclaré par la Succession Kousnitzoff (n° 30).

9) *Pakrovski*, sur l'Outandja-Ouliaguir, déclaré par M. le Sous-Colonel Berg (n° 63).

10) *Arkhangelski*, sur l'affluent Oualboumakit, système du Tok, déclaré par M. d'Évreinoff (n° 64).

Total : dix placers, représentant l'actif social, lequel, divisé en 100 parts ou actions, est attribué comme suit :

1. *Pour les placers 1 à 8 inclusivement :*

Succession Kouznitzoff et Cie	15 parts
M. Fédor Vassilévitch Sabachnikoff	7 —
M. Michel Vassilévitch Sabachnikoff	7 —
M. Serge Vassilévitch Sabachnikoff	7 —
Mme Cath. Baranovski	8 —
Mme Ant. d'Evreinoff	7 —
M. Alexis d'Evreinoff	1 —
M. le Sous-Colonel Berg	29 —
M. le Général Schaniavski	9 —
Mme Schaniavski	8 —
M. P. A. Bircherdt	1 —
M. Zéguer	1 —
Total	100 parts

Sur les placers n°s 9 et 10 :

Succession Kouznitzoff et Cie	15 parts
M. F. V. Sabachnikoff	7 —
M. M. V. Sabachnikoff	7 —
M. S. V. Sabachnikoff	7 —
Mme Cath. V. Baranovski	8 —
Mme Ant. V. d'Evreinoff	7 —
M. Alexis d'Evreinoff	1 —
M. le Sous-Colonel Berg	4 —
M. le Général Schaniavski	21 —
Mme Schaniavski	21 —
M. Bircherdt	1 —
M. Zéguer	1 —
Total	100 parts

Redevances. — Deux séries de redevances statutaires sont prévues dans cette Compagnie.

I. *Redevance en faveur de M. le Général Schaniavski.*

Tous les porteurs des actions ci-dessus énumérées s'obligent, chacun au prorata de sa part, à payer à M. le Général Schaniavski, une redevance de *cent demi-impériales* pour chaque poud d'or leur revenant de l'exploitation des placers sociaux.

Cette redevance est prélevée sur le produit brut, quelle que soit l'issue de l'opération. Elle est libellée, comme pour la redevance Djolon, en assignations personnelles au nom du bénéficiaire.

II. *Redevances en faveur des inventeurs ou des concessionnaires primitifs.*

Tous les placers sociaux sont frappés d'une redevance variant entre 200 et 300 Roubles-crédit, au profit des bénéficiaires suivants :

Placer Appolinarievski. . .	100 Roubles.	Bénéf. : Mme Vve du Sous-Colonel Rodsthveny.
— Appolinarievski. . .	200 —	. . . F. G. Gabriloff.
— Vozdvijenski	200 —	— —
— Yohanno-Bogoslovski .	200 —	— —
— Pakrovski	200 —	— —
— Arkhangelski. . . .	200 —	— —
— Lydinski.	200 —	
— Alphonsovski. . . .	200 —	Réservés jusqu'à l'époque de la
— Pavelovski (Roudnik).	200 —	mise en valeur, pour être alloués
— Petropavlovski . . .	200 —	aux inventeurs de ces placers.
— Mitrophanovski. . .	200 —	

En outre M. le Général Schaniavski, reçoit comme fondateur une rémunération personnelle et indépendante de ses fonctions de « Compagnon Administrateur », s'élevant à 5 %, des bénéfices réalisés.

Comme on le voit, cette Société est constituée par les mêmes Compagnons que la précedente, avec cette seule différence que dans l'intervalle, tous les héritiers de feu M. Vassili Nikitch Sabachnikoff étant devenus majeurs, l'intervention de leur tuteur légal n'est plus nécessaire. Enfin, la Succession de MM. Kouznitzoff et Cie entre comme nouveau participant dans l'affaire.

Les statuts prennent des précautions encore plus minutieuses que par le passé pour éviter l'intrusion des tiers en répartissant les voix d'une façon très inégale suivant qu'on envisage tel ou tel placer compris dans l'actif social.

Ils soumettent désormais toutes les actions, sans exception, au régime tributaire en faveur du « Compagnon Administrateur », système qui n'avait été appliqué que partiellement dans la Compagnie de Djolon et qui avait donné de si excellents résultats. Désormais tout l'or produit par des placers, cherchés à frais communs, paiera la redevance de 100 demi-impériales (environ 4 pour 100 de la valeur brute du métal précieux produit par les placers), avant toute répartition des bénéfices et même si les exercices se soldent en perte.

Pour assurer la stabilité de ce régime, les Statuts établissent en faveur du « Compagnon Administrateur » un droit exceptionnel de préemption des parts. Tout associé qui, pour une raison quelconque, veut sortir de l'association en vendant ses parts, doit s'adresser d'abord au « Compagnon Administrateur » pour lui faire une offre ferme. En cas de refus de celui-ci, il doit renouveler ces offres aux autres associés, et ce n'est qu'en cas de refus de ces derniers qu'il peut enfin vendre ses parts à un tiers, au prix fixé par les offres par lui faites antérieurement.

Le nouvel associé doit, de convention expresse, se soumettre à cette règle statutaire.

Telle est la dernière émanation de cette série de Sociétés aurilères de la Zéya, créées dans un espace de temps relativement très court, par un groupe de « Compagnons » qui est, en ne considérant que l'ensemble des faits, resté le même depuis le début.

Il suffit de rapprocher les Statuts de la Compagnie de la Zéya (27 août 1877) de ceux de la Compagnie des Placers-Réunis (12 janvier 1894), pour se rendre compte du chemin parcouru dans ces dix-sept années. L'affaire a perdu son caractère d'association d'intéressés égaux en droit, pour prendre celui d'une commandite d'un genre spécial, avec une véritable gérance jouissant de droits différents de ceux des bailleurs de fonds.

Tableau récapitulatif de l'état actuel des placers statutaires des six Compagnies du bassin de la Zéya.

NUMÉRO D'ORDRE	NOMS DES COMPAGNIES	NOMBRE DES PLACERS STATUTAIRES	NOMBRE DES PLACERS ABANDONNÉS	PLACERS EXISTANTS EN 1896	ÉTAT ACTUEL DES PLACERS STATUTAIRES DES 6 Cies
	Compagnies :				
I	de la Zéya.......	10	4	6	4 épuisés ; 2 intacts.
II	de la Haute-Zéya..	10	6	4	1 épuisé ; 2 en exploitation ; 1 intact.
III	du Mogotte......	6	1	5	1 Épuisé ; 1 en exploitation : 3 intacts.
IV	du Djolon	8	5	5	4 épuisés ; 1 partiellement exploité, loué à un entrepreneur.
V	de l'Ilikane......	9	1	8	2 épuisés ; 4 placers sur crêtes et versants ; 1 Staratiélis ; 1 intact.
VI	des Placers-Réunis.	10	«	10	1 presque épuisé ; 1 en exploitation ; 1 en préparation : 7 intacts.
	Totaux.	55	15	38	15 épuisés ; 5 en exploitation ; 4 placers sur versants ; 1 staratiéli ; 1 en préparation ; 14 intacts.

On voit, pour terminer ce qui est relatif à l'organisation de la Société des Placers-Réunis, que c'est le Système de la rivière Tok, sur la Haute Zéya, à 200 verstes au Nord des centres antérieurement exploités, qui forme le noyau principal de la nouvelle Compagnie. Elle comporte en outre un seul placer sur le Système de l'Olongro-Bourgali, un autre sur l'Ilikane, et enfin trois placers tout à fait à part, situés sur un affluent de l'Ounia, sur la rive gauche de la Zéya, très loin de toute communication. Non seulement je n'ai pas pu m'y rendre, mais je n'ai trouvé personne dans le personnel de la Compagnie, qui y ait jamais été faire une visite. La Direction locale elle-même est d'avis que cette situation ne peut pas durer et qu'il faut prendre un parti pour ces placers, soit en les rendant à l'Administration, soit en les vendant, soit alors en s'en occupant sérieusement.

Les seuls placers exploités par la Compagnie des Placers-Réunis se trouvent sur l'Outandja Ouliaguir (2) et sur l'Ilikane (1). En voici le tableau depuis la fondation de l'affaire jusqu'en 1896, inclusivement.

Tableau de production des placers statutaires de la Compagnie des Placers-Réunis.

NUMÉROS		NOMS	CONCESSIONNAIRES	ÉTAT ACTUEL	PRODUCTION TOTALE D'OR			
du Service des Mines.	du Catalogue Général.	DES PLACERS	PRIMITIFS	DU PLACER	P.	L.	Z.	D.
	61	Vozdvijenski. .	M. le Général Schaniavski..	En exploit. (jusqu'au 1ᵉʳ sept. 1896).	4	37	70	51*
	63	Pakrovski. . .	M. Berg.	En majeure partie épuisé	11	18	95	.
75	17	Petropavlovski.	M. A. d'Evreinoff.	En préparation. . .	1	10	52	91
Total général pour les placers statutaires de la Compagnie des Placers-Réunis.					17	27	6	46

Tous les autres placers sont inexplorés et intacts par conséquent. Aucun d'eux n'a été « renoncé ».

Placers non statutaires. — A ces 38 placers statutaires il faut ajouter 55 placers ou demandes de placers possédés actuellement par les Compagnies et portés au Catalogue Général de la page 131 ci-après, qui comporte 71 noms des placers ou des demandes de placers appartenant aux Compagnies de la Zéya.

Il y a eu en outre, pendant le printemps et l'été de 1896, une série importante de demandes de concession adressées à l'Administration par la Direction de ces Compagnies, pour l'obtention de nouveaux placers. J'en ai même visité quelques-uns dans le bassin du Tok et de l'Ilikane, mais leurs noms et leur position ne m'ayant pas été officiellement communiqués, je crois devoir m'abstenir d'en parler ici pour ne m'occuper que du domaine déjà concédé ou en cours de délivrance aux dites Compagnies.

Une partie de ces placers non statutaires, ayant tous leurs titres de propriété délivrés depuis longtemps, est d'ores et déjà affectée aux diverses Compagnies ci-dessus énumérées. J'ai déjà dit que cette distribution avait été guidée par des raisons qui n'ont rien à voir avec le côté technique de l'exploitation.

Une autre portion de ces placers se trouve dans une position d'attente, en vue de la formation d'une nouvelle Société exploitante. Ils sont portés dans la Comptabilité sous la rubrique « Placers non affectés ».

Enfin il existe un assez grand nombre de demandes de concession, ayant un à deux ans de date, dont la délivrance du titre est par conséquent imminente mais qui ne peuvent pas, aux termes de la Loi Minière Russe, être mis en exploitation, ni même recevoir de sondages détaillés avant que cette formalité ait été remplie.

J'ai d'ailleurs comparé les indications que j'ai pu recueillir sur place avec les plans officiels et les Registres de la Propriété Minière qui sont tenus à Irkoutsk, à la Direction Générale des Mines de la Sibérie Orientale. On peut donc considérer comme exacts les tableaux que je donne ci-dessous. J'ai dû cependant, en ce qui concerne les plans, compléter ceux dont j'ai pris copie authentique à Irkoutsk et y porter toutes les indications et tous les placers qui n'y figurent pas. Ces plans matriculés sont en moyenne en retard de dix-huit mois à deux ans sur les époques où les titres de propriétés ayant été délivrés aux intéressés, mention doit, aux termes des règlements miniers, en être faite sur le plan matricule de la Direction d'Irkoutsk.

Afin de faciliter les recherches, j'ai conservé pour tous les placers qui le possèdent, le numérotage du plan du Service des Mines, en face des numéros du Catalogue Général que j'ai dressé moi-même.

J'ai réuni dans ce Catalogue Général les données principales relatives à chaque placer, à savoir : sa situation; la Compagnie à à laquelle il appartient; son origine, statutaire ou non ; son état actuel et enfin, pour tous ceux qui ont été ou qui sont en ce moment l'objet d'une exploitation, la quantité totale d'or produite.

On trouvera, après ce Catalogue Général, une série de tableaux donnant la répartition de ces placers par Compagnies en y comprenant tous les placers, statutaires ou non, faisant partie de ces diverses Sociétés. J'y ai ajouté deux colonnes dans lesquelles on trouvera la surface occupée par chacun des placers ainsi que le montant de leur Redevance annuelle foncière à l'État, dont le total présente une sérieuse importance.

CATALOGUE GÉNÉRAL

DES PLACERS

DES COMPAGNIES DE LA ZÉYA

COMPAG|

Catalogue général des pl

NUMÉROS DU PLAN		NOMS DES PLACERS	SYSTÈME DE RIVIÈRE AUQUEL APPARTIENT LE PLACER	COMPAG| DONT DÉP| LE PLAC|
du Service des mines.	du Catalogue Général.			
85	1	Léonovski..	Djolon.	Djolon.
98	2	Alexiéiévski..	Id.	Id.
95	3	Pétrovski (Djolon).	Id.	Id.
92	4	Vassiliévski..	Id.	Id.
80	5	Yékatérininski..	Sanar, affluent de l'Ilikan.	Ilikane,
»	6	Paloudeny.	Djolon.	Non affec|
95	7	Sergiévski.	Id.	Ilikane
91	8	Yégorovski.	Id.	Id.
94	9	Goroblagadatski.	Id.	Id.
97	10	Préobrajenski.	Id.	Id.
96	11	Yévgeniévski.	Id.	Id.
90	12	Mikhaïlo-Konstantinovski.	Id.	Id.
81	13	Sniéjny.	Sanar, Ilikan.	Id.
89	14	Yohanno-Damaskinski..	Djolon.	Id.
79	15	Tikhanovski..	Ilikan.	Id.
78	16	Zolotoï Rog.	Id.	Non attribu|
75	17	Petropavlovski..	Id.	Placers réu|
153	18	Atradny.	Ounakha.	Ilikan.
154	19	Yazonof Klad.	Id.	Id.
»	20	Lydinski.	Id.	Non affecté
»	21	Ouspienski.	Olongro.	Id.
»	22	Constantinovski.	Id.	Id.
»	23	Alexandrovski.	Ounakha.	Id.

LA ZÉYA
rtenant à ces Cies en 1896.

ORIGINE PLACER	ÉTAT ACTUEL ET AVENIR DU PLACER	PRODUCTION TOTALE D'OR				TENEUR o/o pouds	
		P.	L.	Z.	D.	Z.	D.
itulaire.	En exploitation depuis 1883. Épuisé. Staratiéli..	760	19	41	75	2	10
Id.	Id. Id. ..	27	35	16	.	1	3
Id.	Id. Id. ..	3	8	39	48	.	.
Id.	Id. Id. ..	24	27	66	48	.	.
Id.	Épuisé.	27	18	.	81	.	$87\frac{9}{10}$
itulaire.	Titre de concession en instance. Pas de recherches.	.	.	.	.	.	.
Id.	Épuisé dans sa partie basse. Le haut du placer est stérile.	10	6	77	81	1	50
Id	Partiellement épuisé. Placer sur affluent et sur versant.	7	21	54	66	1	07
Id.	Id. Id.	21	1	9	.	1	05
rier 1885.	Placer à flanc de coteau pris en vue de l'exploitation souterraine.	.	.	.	.	.	.
rier 1885.	Id. Id.	.	.	.	.	.	.
embre 1895.	Id. Id. . . .	1	7	17	.	1	55
nai 1887.	Alluvion pauvre, pas d'eau sur le placer. . . .	1	21	47	92	.	78
vril 1887.	Épuisé.	18	15	81	.	1	70
embre 1885.	Placer thalweg de l'Ilikane, riche et intéressant comme dragage.	1	26	82	21	1	20
rier 1895.	Pas de recherches. Placer bien placé. Intact. .	.	.	.	.	.	.
itulaire.	Même valeur que le n° 15. Sondages insuffisants. Dragage.	1	10	31	80	1	65
Id.	Placer affluent, alluvion mince, staratiélis. . .	.	.	.	.	.	.
Id.	Épuisé. Staratiélis.	6	5	4	74	.	60
en instance.	Placer thalwey de l'Ounakha. Très intéressant dragage	.	.	.	.	.	.
Id.	Placer affluent. Pas de recherches, intact. . .	.	.	.	.	.	.
Id.	Placer affluent. Quelques sondages avec très bonnes teneurs.	.	.	.	.	.	.
Id.	Placer affluent. Quelques sondages avec très bonnes teneurs.	.	.	.	.	.	.

9.

NUMÉROS DU PLAN		NOMS DES PLACERS	SYSTÈME DE RIVIÈRE AUQUEL APPARTIENT LE PLACER	COMPAGNI DONT DÉPE LE PLACE
du Service des mines.	du Catalogue Général.			
152	24	Arlinoyé Gniézdo.	Ounakha.	Ilikane,
150	25	Antonininski.	Id.	Id.
146	26	Dajdlivouï.	Olongro.	Id.
147	27	Yassny.	Id.	Id.
148	28	Youlski.	Id.	Non affect
149	29	Innokentiévski.	Id.	Placers-Réu
158	50	Mitrofanovski.	Id.	Id.
»	51	Outiossny.	Amandjaka.	Non attribi
173	52	Spasso-Préobrajenski.	Koudatchi, afft. Dambouki.	Ilikane.
174	53	Pétrovski.	Id.	Id.
172	54	Rojdestvenski.	Id.	Djolon.
175	55	Voskressenski.	Koudouli.	Non attribi
196	56	Troïtzki.	Kangamout Ouliaguir.	Compagnie de l
198	57	Séraphimovski.	Djagda Ouliaguir.	Id.
199	58	Ivanovski.	Id.	Id.
205	59	Lydinski.	Ougane.	Id.
190	40	Nikolaïevski.	Bézimianka (Mogotte).	Haute-Zéy
189	41	Appolinariévski.	Id.	Id.
188	42	Anninski.	Id.	Id.
»	43	Nagorny.	Bézimianka.	Non attribi
192	44	Klioutchevskoy.	Bézimianka.	Haute-Zéy
204	45	Eleninski.	Ougane.	Mogotte.
205	46	Novo-Léonovski.	Id.	Id.
187	47	Mikhaïlovski.	Mogotte.	Id.
186	48	Mariynski.	Id.	Id.
194	49	Alfonsovski.	Id.	Id.
195	50	Besspaliézny.	Id.	Ilikane.
206	51	Vozdvijenski.	Ougane.	Id.
201	52	Vassiliévski.	Id.	Compagnie de l
202	55	Innokentiévski.	Id.	Id.

ORIGINE PLACER	ÉTAT ACTUEL ET AVENIR DES PLACERS	PRODUCTION TOTALE D'OR				TENEUR o/o POUDS	
		P.	L.	Z.	D.	Z.	D.
vier 1886.	Placer situé sur une crête.	.	.	.	.	.	.
ril 1887.	Placer thalweg de l'Ounakha. Très intér. Dragage.	.	.	.	.	.	.
vier 1888.	Placer thalweg, en exploitation. Placer d'avenir.	2	9	16	59	.	69
vier 1888.	Placer thalweg, pas de sondages. Bien placé . .	.	.	.	.	.	.
vier 1894.	Id. Id. . . .	.	.	.	.	.	.
vier 1894.	Id. Id. . . .	.	.	.	.	.	.
tutaire.	Placer d'avenir, aucune recherche ni sondages. .	.	.	.	.	.	.
instance.	Pas de recherches.	.	.	.	.	.	.
vier 1888.	Placer en plaine. Pas de recherches.	.	.	.	.	.	.
tutaire.	. Id. Id.	.	.	.	.	.	.
Id.	En exploitation par entrepreneur.	21	11	15	87	.	54
vier 1894.	Inexploré.	.	.	.	.	.	.
tutaire.	Lit mineur écrémé. Loué à un entrepreneur. .	6	26	21	20	.	65
Id.	Id. Id.	7	26	75	32	1	5
Id.	Id. Id.	58	.	46	77	.	76
Id.	Id. Staratiélis.	5	1	68	.	.	$54\frac{1}{3}$
Id.	Id. Id.	191	39	58	58	.	91
Id.	Partie inférieure écrémée. 2 verstes intactes à prendre en amont. Bon placer	16	25	40	48	.	80
Id.	Partie inférieure écrémée. 5 verstes à prendre en amont. Bon placer.	29	52	86	7	.	91
vier 1890.	Placer versant. Bonne teneur	.	.	.	.	.	.
tutaire.	Inexploré. Bons prospects.	.	.	.	.	.	.
Id.	Épuisé. Staratiélis.	7	10	51	78	1	08
Id.	Placer riche. 1re opération en 1896.	2	51	86	85	.	61
Id.	Placer d'avenir. Intact. Pas de traçage suffisant.	.	.	.	.	.	.
Id.	Id. Id. Id. .	.	.	.	.	.	.
Id.	Id. Id. Id. .	.	.	.	.	.	.
Id.	Placer d'élargissement. Bien placé.	.	.	.	.	.	.
vier 1879.	Placer riche. 1 verste à exploiter.	.	.	.	.	.	.
tutaire.	Placer riche. 2 verstes à exploiter.	.	.	.	.	.	.
Id.	En partie écrémé. Bords à prendre.	48	29	87	61	.	91

NUMÉROS DU PLAN		NOMS DES PLACERS.	SYSTÈME DE RIVIÈRE AUQUEL APPARTIENT LE PLACER	COMPAGN... DONT DÉPE... LE PLAC...
du Service des mines.	du Catalogue Général.			
230	54	Lydinski.	Ounia (R. G. de la Zéya).	Placers-Ré...
226	55	Alfonsovski.	Id.	Id.
229	56	Pavelovski (Roudnik).	Id.	Id.
218	57	Lydinski.	Soundjarikane.	Non affec...
220	58	Fédorovski.	Id.	Id.
219	59	Alfonsovski.	Id.	Id.
»	60	Yohanno-Bogoslovski.	Outandja-Ouliaguir.	Placers-Ré...
»	61	Vozdvijenski.	Id.	Id.
»	62	Appolinariévski.	Id.	Id.
»	63	Pakrovski.	Id.	Id.
»	64	Arkhangelski.	Id.	Id.
»	65	Lydinski.	Batamo.	Demande de co...
»	66	Sergievski.	Ilikane.	Id.
»	67	Zachirotney.	Id.	Id.
»	68	Ouvalny.	Olongro.	Id.
»	69	Papoutny.	Soundjari.	Id.
»	70	Ouspienski.	Outandja-Ouliaguir.	Id.
»	71	Blagoviestchensk.	Outandja-Ouliaguir.	Demande de co...

Nota. — Voir, pour la position de ces placers, les Planches Nᵒˢ V et VII établies d'après la ...
Les placers colorés en rouge appartiennent aux Compagnies de la Zéya. Ceux teintés en ...
Les plans sont établis d'après la situation des lieux en 1896.

ORIGINE DU PLACER	ÉTAT ACTUEL ET AVENIR DES PLACERS	PRODUCTION TOTALE D'OR				TENEUR o/o POUDS	
		P.	L.	Z.	D.	Z.	D.
tatutaire.	Placer très éloigné, non visité.	.	.	.	.	.	.
Id.	Id. Id.	.	.	.	.	.	.
Id.	Placer très éloigné, non visité.	.	.	.	.	.	.
juin 1895.	Placer thalweg d'avenir	.	.	.	.	.	.
uillet 1895.	A sonder. Placer d'avenir. Pas de route d'accès. .	.	.	.	.	.	.
juin 1895.	A sonder. Placer d'avenir. Pas de route d'accès. .	.	.	.	.	.	.
tatutaire.	Quelques sondages. Bonnes espérances	.	.	.	.	.	.
Id.	En exploitation, depuis 1895. Placer d'avenir. .	4	57	70	51	1	17
Id.	Pas de sondages. Placer bien placé.	.	.	.	.	.	.
Id.	Partiellement épuisé.	11	18	95	.	1	54
Id.	Placer affluent, non recherché.	.	.	.	.	.	.
ation récente.	Déclaré récemment sur le Batamo.	.	.	.	.	.	.
Id.	Placer thalweg d'avenir.	.	.	.	.	.	.
Id.	Placer d'élargissement	.	.	.	.	.	.
Id.	Id. Id. . . .	.	.	.	.	.	.
Id.	Récemment déclaré sur le Soundjari.	.	.	.	.	.	.
Id.	Placer d'élargissement	.	.	.	.	.	.
Id.	Les recherches réglementaires ont donné de fortes teneurs.	.	.	.	.	.	.
	Total général.	1325	5	21	64	1	36

rtz, les plans de la Direction des Mines d'Irkoutsk et mes levés personnels.

rs.

Répartition par Compagnies des placers figurant au Catalogue général.

NUMÉROS		NOMS	OR PRODUIT DEPUIS L'ORIGINE JUSQU'EN 1896 INCLUSIVEMENT				TENEUR MOYENNE 0/0 POUDS		SURFACE	REDEVANCE
du Service des Mines.	du Catalogue Général.	DES PLACERS	P.	L.	Z.	D.	Z.	D.	EN DÉCIATINES	FONCIÈRE ANNUELLE (Roubles)
		I. — Compagnie de la Zéya.								
203	39	Lydinski (Ougane). . . .	3	1	68	.	.	$54\frac{1}{3}$	$81\frac{1026}{2400}$	405
201	52	Vassiliévski	.	.	.	.	.	.	$164\frac{502}{2400}$	820
196	36	Troïtzki	6	26	21	20	.	65	$185\frac{1161}{2400}$	925
198	37	Sérafimovski.	7	26	75	52	1	5	$96\frac{679}{2400}$	480
199	38	Ivanovski	58	.	46	77	.	76	$159\frac{423}{2400}$	695
202	53	Innokentiévski (Ougane).	48	29	87	61	.	91	$272\frac{839}{2400}$	1360
		6 placers.	124	5	8	94	.	85	$938\frac{2250}{2400}$	4.685
		II. — Compagnie de la Haute-Zéya.								
190	40	Nikolaïevski	191	39	38	38	.	91	$159\frac{408}{2400}$	795
189	41	Appolinariévski (Bézim*).	16	25	40	48	.	80	135	675
188	42	Amminski..	29	52	86	7	.	91	$156\frac{830}{2400}$	780
192	44	Klioutchevskoy.	.	.	.	.	.	.	$55\frac{1400}{2400}$	280
		4 placers.	258	17	68	93	.	87	$506\frac{258}{2400}$	2.550
		III. — Compagnie du Mogotte.								
194	49	Alfonsovski (Mogotte). . .	.	.	.	.	.	.	$177\frac{560}{2400}$	890
205	46	Novo-Léonovski.	2	31	86	85	.	61	$170\frac{190}{2400}$	855
187	47	Mikhaïlovski	.	.	.	.	.	.	$184\frac{3}{4}$	925
186	48	Mariynski	.	.	.	.	.	.	$195\frac{1320}{2405}$	980
204	45	Eleninski	7	10	51	78	1	08	$69\frac{1}{4}$	345
		5 placers.	10	2	42	67	.	90	$796\frac{2210}{2400}$	3.995

NUMÉROS du Service des Mines.	du Catalogue Général.	NOMS DES PLACERS	OR PRODUIT DEPUIS L'ORIGINE JUSQU'EN 1896 INCLUSIVEMENT				TENEUR MOYENNE o/o POIDS		SURFACE EN DÉCIATINES	REDEVANCE FONCIÈRE ANNUELLE (Roubles).
			P.	L.	Z.	D.	Z.	D.		
		IV. — Compagnie du Djolon.								
85	1	Léonovski	760	19	41	75	2	10	$145\frac{1860}{2400}$	750
98	2	Alexiéiévski	27	35	16	.	1	5	$12\frac{640}{2400}$	60
95	5	Pétrovski (Djolon)	5	8	39	48	1	6	$9\frac{400}{2400}$	45
172	54	Rojdestvenski	21	11	13	87	.	54	$151\frac{1828}{2400}$	660
92	4	Vassiliévski	24	27	66	48	1	60	$51\frac{1395}{2400}$	160
		5 placers.	837	21	79	66	1	90	$550\frac{1525}{2400}$	1.655
		V. — Compagnie de l'Ilikane.								
193	50	Besspaliézny	.	.	.	.	.	.	$10\frac{522}{2400}$	50
174	53	Pétrovski (Koudatchi)	.	.	.	.	.	.	$120\frac{908}{2400}$	600
175	52	Sp. Préobrajenski	.	.	.	.	.	.	$115\frac{1480}{2400}$	580
146	26	Dajdlivoui	2	9	16	59	.	69	$101\frac{296}{2300}$	505
150	25	Antonininski	.	.	.	.	.	.	$193\frac{1825}{2400}$	970
147	27	Yassny	.	.	.	.	.	.	$120\frac{788}{2400}$	600
153	18	Atradny	.	.	.	.	.	.	56	280
154	19	Yazonof-Klad	6	5	4	74	.	60	$77\frac{2250}{2400}$	390
95	7	Sergiévski (Djolon)	10	6	77	81	1	50	$48\frac{475}{2400}$	240
91	8	Yégorovski	7	21	54	66	1	07	$9\frac{549}{2400}$	45
94	9	Goroblagadatski	21	1	9	.	1	05	$99\frac{144}{2300}$	495
96	11	Yevgéniévski	.	.	.	.	.	.	$103\frac{2114}{2400}$	520
90	12	Mik.-Constantinovski	1	7	17	.	1	35	$100\frac{520}{2400}$	500
81	13	Sniéjny	1	21	47	92	.	78	$60\frac{2265}{2400}$	305
89	14	Yohanno-Damaskinski	18	15	81	.	1	70	$2\frac{1630}{2400}$	45
79	15	Tikhanovski	1	26	82	21	1	20	$99\frac{200}{2400}$	495
152	24	Arlinoyé Gniézdo	.	.	.	.	.	.	$67\frac{66}{2400}$	385
206	51	Vosdvijenski	.	.	.	.	.	.	$22\frac{1820}{2400}$	115
97	10	Préobrajenski	.	.	.	.	.	.	$55\frac{2304}{2400}$	180
80	5	Yékaterininski (Samar)	27	18	.	81	.	$87\frac{9}{10}$	55	275
		20 placers.	97	11	7	90	1	30	$1509\frac{974}{2400}$	7.555

NUMÉROS du Service des Mines.	du Catalogue Général.	NOMS DES PLACERS	OR PRODUIT DEPUIS L'ORIGINE JUSQU'EN 1896 INCLUSIVEMENT P.	L.	Z.	D.	TENEUR MOYENNE o/o pouds Z.	D.	SURFACE EN DÉCIATINES	REDEVANCE FONCIÈRE ANNUELLE (Roubles).
		VI. — Compagnie des Placers-Réunis.								
149	29	Innokentiévski (Olongro).	.	.	.	.	.	.	119 107/2400	595
75	17	Pétropavloski.	1	10	51	80	1	65	150 1300/2400	755
158	30	Mitrofanovski.	.	.	.	.	.	.	99 290/2400	495
230	54	Lydinski (Ounia)	.	.	.	.	.	.	38 197/2400	190
226	55	Alfonsovski (Ounia).	.	.	.	.	.	.	119 2021/2400	600
229	56	Pavélovski (Roudnik).	.	.	.	.	.	.	48 546/2400	240
»	60	Johanno-Bogoslov	.	.	.	.	.	.	174 885/2400	875
»	61	Vozdvijenski (O.-Ouliag.).	4	57	70	51	1	17	135 2290/2400	680
»	62	Appolinarievski (Outandja-Ouliaguir).	.	.	.	.	.	.	197 1265/2400	990
»	63	Pakrovski.	11	18	95	.	1	54	71 1771/2400	560
»	64	Arkhangelski.	.	.	.	.	.	.	51 548/2400	155
		VII. — Placers non attribués (destinés à la Compagnie des Placers-Réunis).								
»	31	Outiossny.	.	.	.	.	.	.	Titre non délivré.	.
218	57	Lydinski (Soundjarikane).	.	.	.	.	.	.	246 502/2400	1.230
220	58	Fédorovski (id.)	.	.	.	.	.	.	259 189/2400	1.295
219	59	Alfonsovski (Soundjari-kane).	.	.	.	.	.	.	137 207/2400	785
»	20	Lydinski (Ounakha).	.	.	.	.	.	.	Titre non délivré.	.
»	21	Ousspienski (Olongro).	.	.	.	.	.	.	Id.	.
»	22	Constantinovski.	.	.	.	.	.	.	Id.	.
»	23	Alexandrovski.	.	.	.	.	.	.	Id.	.
148	28	Youlski.	.	.	.	.	.	.	76 1242/2400	585
78	16	Zolotoï Rog.	.	.	.	.	.	.	67 1968/2400	340
175	55	Vozdvijenski (Ougane).	.	.	.	.	.	.	102 1430/2400	515
»	45	Nagorny.	.	.	.	.	.	.	13 500/2400	75
»	6	Arlinoyé Gniézdo.	.	.	.	.	.	.	Titre non délivré.	.
		A reporter.	17	27	5	55	1	50	2067 481/2400	10.560

NUMÉROS		NOMS	OR PRODUIT DEPUIS L'ORIGINE JUSQU'EN 1896 INCLUSIVEMENT				TENEUR MOYENNE 0/0 POUDS		SURFACE	REDEVANCE FONCIÈRE ANNUELLE
du Service des Mines.	du Catalogue Général.	DES PLACERS	P.	L.	Z.	D.	Z.	D.	EN DÉCIATINES	(Roubles).
		VII. — Placers non attribués (*Suite*).								
		Report.	17	27	5	55	1	50		10.560
»	71	Blagoviestchensk	.	.	.	.	.	.	Demandes	.
»	65	Lidinski (Batamo). . . .	.	.	.	.	.	.	de concession déposées	.
»	66	Sergiévski (Ilikane) . . .	.	.	.	.	.	.	en 1896.	.
»	67	Zachirotney (Ilikane). . .	.	.	.	.	.	.	Id.	.
»	68	Ouvalny (Olongro). . . .	.	.	.	.	.	.	Id.	.
»	69	Papoutny (Soundjari) . .	.	.	.	.	.	.	Id.	.
»	70	Ouspienski (Out. Ouliag.).	.	.	.	.	.	.	Id.	.
Totaux.		51 placers.	17	27	5	55	1	50		10.560

Récapitulation du nombre total des placers, de leur production totale depuis 1877 jusqu'en 1896, et des Redevances foncières annuelles pour l'ensemble des Compagnies.

NUMÉRO D'ORDRE	NOMS DES COMPAGNIES	PRODUCTION TOTALE D'OR DE 1877 A 1896				NOMBRE DES PLACERS	REDEVANCE FONCIÈRE ANNUELLE
		P.	L.	Z.	D.		
I	Compagnie de la Zéya.	124	5	8	94	6	4.685
II	Compagnie de la Haute-Zéya. .	238	17	68	93	4	2.530
III	Compagnie du Mogotte.. . . .	10	2	42	67	5	5.995
IV	Compagnie du Djolon.	857	21	79	66	5	1.655
V	Compagnie de l'Ilikane.. . . .	97	11	7	90	20	7.555
VI	Compagnie des Placers-Réunis.	17	27	5	55	31	10.560
VII	Placers non attribués.						
	Total général. . .	1325	5	21	64	71	30.960

Répartition actuelle des parts, entre les Compagnons des diverses Compagnies
du bassin de la Zéya (septembre 1896).

NOMS DES INTÉRESSÉS	ZÉYA ET V. ZÉYA	DJOLON	ILIKANE 1er groupe.	ILIKANE 2e groupe.	PLACERS-RÉUNIS 1er groupe.	PLACERS-RÉUNIS 2e groupe.	MOGOTTE	RECHERCHES DANS L'AMOUR
Théodore V. Sabachnikoff	$6\frac{3}{4}$	$8\frac{2}{5}$	$6\frac{2}{5}$	$8\frac{1}{3}$	7	7	$8\frac{1}{3}$	7
Michel V. Sabachnikoff	$6\frac{3}{4}$	$8\frac{2}{5}$	$6\frac{2}{5}$	$8\frac{1}{3}$	7	7	$8\frac{1}{3}$	7
Serge V. Sabachnikoff	$6\frac{3}{4}$	$8\frac{2}{5}$	$6\frac{2}{5}$	$8\frac{1}{3}$	7	7	$8\frac{1}{3}$	7
Mme E. V. Baranovski	$5\frac{3}{4}$	12	$6\frac{2}{5}$	8	8	8	$4\frac{1}{3}$	8
Mme A. V. d'Evreinoff	$5\frac{1}{2}$	11	$6\frac{2}{5}$	7	7	7	$4\frac{1}{3}$	7
M. Alexis d'Evreinoff					1	1		1
M. et Mme Schaniavski (indivis)	1	2	$55\frac{1}{2}$	50				
M. le Général Schaniavski					9	21	10	16
Madame Schaniavski					8	21	$5\frac{1}{2}$	16
Héritiers Berg	42	$52\frac{1}{3}$	$52\frac{1}{2}$	29	29	4	$55\frac{1}{3}$	14
Ad. P. V. Félissoff	25	16						
P. A. Bircherdt	1	1	1	1	1	1		1
A. N. Manouchine	4							
A. Kouznitzoff et Cie					15	15		15
K. F. Zéguer					1	1		1
Q. I. Gorioukoff								
A. I. Baranovski								
	100	100	100	100	100	100	100	100

CHAPITRE II

MONOGRAPHIE DES PLACERS DU BASSIN DE LA ZÉYA

Géologie générale du Bassin. — Les travaux géologiques des ingénieurs et géologues Russes sur le Bassin de la Zéya sont encore peu nombreux et la plupart des ouvrages parus sur ce sujet se bornent à donner des indications locales, souvent très précises et très précieuses, mais sans chercher à les relier à des observations faites sur d'autres points, de manière à constituer un corps de doctrine.

Les circonstances locales sont d'ailleurs peu favorables à ce genre d'études, que les exploitants, sans l'avouer trop ouvertement, considèrent comme absolument oiseux. D'autre part le personnel technique, par son mode même de recrutement, est peu apte à se livrer à des études géologiques, même simples, et ses connaissances se bornent à la distinction du nom des roches qui accompagnent habituellement l'or.

Les principaux travaux sont dus aux Ingénieurs du Corps des Mines, en service dans le pays. Les études de MM. Obroutscheff, Stépanof, Bogolubsky, Batzévitch, pour ne citer que celles qui me sont les plus familières, constituent des documents dont la lecture est indispensable pour quiconque désire se mettre au courant de l'état actuel des connaissances géologiques sur la région aurifère de la Sibérie Orientale.

La majeure partie de ces études est publiée par le « Messager de l'Industrie de l'Or », intéressant recueil qui s'édite à Tomsk. On y trouve notamment d'excellentes Monographies sur les placers de la Sibérie entière, mais surtout sur ceux des bassins de l'Yénisséi, qui sont voisins relativement du centre de Tomsk. Les travaux sur la Transbaïkalie et sur la Province Amourienne y sont plus rares.

Ce qui manque à tous ces éléments, c'est une synthèse pouvant servir de guide aux travaux ultérieurs, permettant d'aborder l'étude des gîtes, non plus en les considérant individuellement comme une série de cas particuliers à examiner et à traiter isolément, mais en les reliant à des notions positives, d'ordre général, sur le mode de formation et l'origine de l'or, ainsi que sur la manière dont se sont créés les dépôts alluvionnaires. C'est là une lacune d'autant plus regrettable, que les matériaux déjà réunis sont suffisants pour autoriser un essai sur la question. Le cadre et le but de cet ouvrage ne me permettent pas d'y comprendre un travail complet de ce genre, qui comporte des développements qui ne seraient pas à leur place ici. Je dois me borner à résumer les traits principaux de la géologie générale du pays limitée aux terrains aurifères, telle que j'ai cru le comprendre à la suite de mes séjours dans le pays.

Je ne me dissimule pas les difficultés de la tâche et les lacunes que présente une étude pareille, synthétisant des données multiples, pour les mettre en harmonie avec les faits observés. On est soutenu, dans cette entreprise, par la certitude de l'utilité qu'elle présente, malgré ses imperfections. En géologie comme dans les autres sciences d'observation, les travaux de synthèse, même lorsque le temps en a démontré l'insuffisance, sont un puissant moyen de progrès pour arriver à la découverte de la vérité.

J'insiste particulièrement, dans l'exposé qui va suivre, sur l'importance de la stratigraphie pour l'étude des terrains aurifères de la Sibérie. Cette notion paraît avoir sinon échappé, du moins paru d'intérêt secondaire à mes prédécesseurs, qui se sont bornés la plupart du temps à relever la direction et le pendage des roches stratifiées composant le bed-rock des placers, sans en tirer de conclusions. Il faut dire à leur décharge, que la stratigraphie sans plan ou même sans carte d'une région est bien difficile à établir et que les documents topographiques font presque absolument défaut sur les placers. On ne voit pas l'utilité d'y posséder d'autres plans que ceux des puits de sondages avec leurs teneurs moyennes en or.

On doit aussi tenir compte des modifications profondes qui se sont produites dans ces dernières années dans les idées, relativement au mode de formation des gisements aurifères et sur l'origine de l'or qu'ils contiennent. Tandis que la théorie purement éruptive, classique, basée sur les régions à filons de quartz aurifère, si bien connues, de la Californie, de la Transylvanie et des autres pays relativement anciens, pouvait rendre un compte satisfaisant des faits qu'on y observe, il a été reconnu, dès le début des exploitations aurifères de la Nouvelle-Zélande, de l'Australie Centrale et Occidentale et du Transvaal, qu'on se trouvait en présence de faits que la simple théorie des émanations éruptives par filons distincts était incapable d'expliquer; qu'elle ne répondait pas, pour ces régions, à l'état des lieux et aux observations les plus simples. Les beaux travaux, maintenant classiques, de M. T. A. Richard sur la formation aurifère de la région de Bendigo (Australie), ceux de M. de Lapparent en France, de M. Brögger en Norwège, ont désormais introduit une notion nouvelle dans l'origine des gisements aurifères, c'est la possibilité, la certitude de leur formation autrement que par filons aurifères proprement dits, l'existence bien constatée de *couches interstratifiées* de terrains aurifères, *en corrélation avec la formation infragranitique*. De ce simple fait dérivent aussitôt des résultats de la plus grande importance. Les études stratigraphiques qui, dans le cas de l'existence des filons, se réduisent à l'examen local de l'allure de ces filons et des accidents qu'ils peuvent présenter, failles, rejets, etc., prennent au contraire une place prépondérante lorsqu'on est arrivé à reconnaître la localisation de l'or dans des couches interstratifiées. De la connaissance, en effet, du nombre, de l'allure et de la richesse de ces couches, dépend la direction à donner immédiatement aux recherches de placers, ainsi que l'appréciation plus ou moins favorable qu'on peut *à priori* porter sur telle ou telle région de la contrée. Ces notions une fois qu'elles ont été acquises au public par les études des hommes spéciaux, ont une importance pratique si considérable, qu'elles deviennent aussitôt populaires et qu'il n'est personne à Bendigo qui ignore les caractères distinctifs qui distinguent une bonne « selle » (Saddle) partie riche d'un synclinal, d'une mauvaise; personne non plus au Transvaal qui ne sache l'importance qui s'attache à suivre l'allure souvent si capricieuse des couches de poudingue aurifère interstratifié aussi bien en profondeur (Deep Lead) qu'en direction (Main Reef.).

Il en sera de même en Sibérie Orientale lorsque, l'attention ayant été une première fois attirée sur l'étude des couches aurifères interstratifiées qu'on y rencontre en abondance, on s'occupera d'en fixer les éléments, au plus grand profit de la recherche et de la mise en exploitation des placers nouveaux, pour lesquels elle constituera un précieux élément d'appréciation.

Ces études ont aussi une très grande importance au point de vue de la mise en exploitation des mines d'or proprement dites, qui, dans tous les pays du monde, succèdent invariablement à la période au cours de laquelle les placers alluvionnaires sont seuls travaillés. Cette période primitive est encore loin d'être close dans le bassin de l'Amour et de la Zéya ; on peut même dire, sans crainte d'être taxé d'exagération ou d'optimisme que l'ère des placers ne bat pas encore son plein. On n'a fait encore qu'effleurer, qu'écrémer partiellement les placers alluvionnaires. La période pendant laquelle il faudra se rabattre sur l'exploitation souterraine est donc encore éloignée de nous. Néanmoins il est intéressant de prévoir, au moins dans ses grandes lignes, l'avenir des exploitations de ce genre et les considérations qui suivent permettent d'y donner réponse. Elles prouvent que fréquemment une richesse, même extraordinaire d'une alluvion déterminée, ne correspond pas forcément à l'existence de gisements primitifs éminemment riches aussi, susceptibles de rémunérer l'exploitation souterraine et le traitement au quartz-mill.

Direction générale de la formation aurifère de la Zéya. — En considérant la carte générale de Schwartz (agrandie à l'échelle de 5 verstes par pouce) et en y reportant les emplacements des placers actuellement existants, un fait saillant saute aux yeux.

Tous ces placers sans exception, y compris ceux au Sud de la chaîne du Guiloï, exploités par la Verkné Amoursky C^y, y compris même les fameux placers du Djilinda sur le cours de l'Ourkane, sont contenus dans une grande bande allant jusqu'à la région des nouveaux placers du Tok, dirigée Est-Ouest, c'est-à-dire parallèlement au plissement majeur de la chaîne du Stanovoï et ce, sur une longueur de près de 600 verstes. On se rappelle que les monts Stanovoï qui succèdent à la chaîne des monts Yablonovoï dirigés pendant toute la traversée de la Transbaïkalie, au Nord-Est, s'infléchissent vers l'Est au droit du méridien d'Amazar.

Cette bande ne dépasse guère 200 verstes de largeur. Mais il faut tenir compte de ce fait, que l'intérieur du pays est encore peu connu et que les placers exploités sont de préférence ceux situés près de la voie de communication, la Zéya. La bande en question s'étend donc, selon toute probabilité, sur tout le flanc Sud des Stanovoï.

Une autre bande aurifère, parallèle à la précédente, comprend les placers de Oust-Silindja, de la moyenne et haute Silindja et passe de là dans le bassin de l'Amgoune.

Il résulte de cette constatation que les placers doivent être de préférence cherchés sur la rive droite plutôt que sur la rive gauche de la Zéya.

Enrichissement des zones. — Examinons maintenant le mode d'enrichissement dans ces bandes elles-mêmes. C'est ici que se présente le caractère distinctif, particulier, caractéristique de la formation aurifère. On peut le spécifier en deux mots : absence complète de filons aurifères proprement dits. Ainsi que je l'explique plus loin, je n'ai pu trouver dans aucun des nombreux placers que j'ai visités, même dans les plus riches et les mieux nettoyés, permettant une étude complète de la surface du bedrock, mise à nu par les travaux, de filons ou dykes aurifères, recoupant la stratification.

On rencontre au contraire une quantité, parfois innombrable, de couches de quartz, *interstratifié nettement dans les miscaschistes et dans les gneiss*, roches qui forment l'ossature du pays et que les géologues sont d'accord pour rapporter, vu l'absence de tout fossile, à la période azoïque, sans qu'on ait pu établir jusqu'à présent une échelle de comparaison plus satisfaisante.

Ces couches varient de puissance : on en trouve depuis quelques millimètres jusqu'à plusieurs mètres d'épaisseur. Leur caractère interstratifié et non filonien, erreur dans laquelle sont tombés un grand nombre d'observateurs, apparaît clairement non seulement par l'aspect du quartz, qui peut jusqu'à un certain point prêter à confusion, mais par l'absence de salbandes; par le plissement absolument concordant avec les couches voisines lorsque ce plissement se présente, enfin par une puissance et une constitution régulière qui caractérisent la formation contemporaine au terrain encaissant.

Mais les bancs de quartz ne sont pas le seul élément notable interstratifié dans les micaschistes et les gneiss. On y trouve une infinie variété de roches et il suffit de lire une description détaillée d'un placer ou d'une région aurifère écrite par un auteur consciencieux, pour sentir la difficulté qu'il a éprouvée non seulement à désigner les associations minérales qu'il avait sous les yeux, mais encore à les classer d'une manière même approximative au point de vue pétrographique. Il faut, à mon avis, abandonner les idées familières, de venues granitiques, porphyriques, dioritiques, ou d'autres roches éruptives, ayant traversé le manteau primitif de première solidification, composé de gneiss et de micaschistes, et apportant avec elles les matières métallifères et l'or en particulier. Cette manière de voir ne répond à aucun des faits constatés. Elle ne permet pas d'expliquer l'existence pour ainsi dire journalière, en Sibérie Orientale, de masses considérables de roches qui ne sont ni des gneiss, ni du granit, qui participent des premiers par leur aspect zoné et rubanné, des derniers par leurs caractères pétrographiques. Ces roches, si diverses d'aspect, ne sont nullement compénétrées les unes dans les autres, signes distinctifs d'un effort interne éruptif. Si ce fait se présente, il n'est pas général, et il est en tout cas localisé. C'est le *synchronisme*, démontré par la stratification concordante, la *contemporanéité* par conséquent, qui en est la note dominante, de cette formation.

Relation du granit avec la formation aurifère. — L'association qui se rencontre le plus fréquemment est la suivante:

Gneiss blancs et gris clair, alternant avec des schistes noir verdâtre, à amphibole, passant souvent à de l'amphibolite pure, le tout généralement très redressé.

Cet ensemble, contenant des bancs très nombreux des roches suivantes:

1) Granit et ses dérivés et surtout ses dérivés basiques, aplite, parfois feldspath en masses roses d'albite, de plusieurs mètres d'épaisseur, alternant en concordance avec des gneiss et des micaschistes (Ouliaguir, Ounakha).

2) Quartz en bancs plus ou moins épais dont j'ai déjà parlé plus haut.

Dans la vallée de l'Ounakha, on trouve aussi beaucoup de pegmatites. Le facies général est celui d'un granit de fin de période à éléments déjà dissociés ou tendant à la dissociation. C'est là un phénomène très caractéristique et d'autant plus digne d'être noté au point de vue de la théorie générale de la formation aurifère sibérienne, que je l'ai déjà constaté et signalé dans mon Volume I sur le Transbaïkalia (Étude des filons d'aplite du placer Blagovics-tchensk).

Au sein de ces alternances caractéristiques de la formation aurifère, se rencontrent des formations purement granitiques, dont le granit diffère sensiblement de celui qu'on trouve interstratif dans les micaschistes; il est plus net, plus compact, à grain plus uniforme, sans traces de dissociation des éléments. C'est le cas du granit au sein duquel se trouve le placer Djolon, car, fait remarquable, les gisements aurifères et les placers qui en sont la conséquence, se rencontrent aussi bien dans le granit proprement dit que dans la formation des gneiss et des micaschistes qui l'environne; même jusqu'à présent les placers les plus riches ont été ceux situés au sein du granit sans mélange.

On peut donc dire et c'est là le premier point qui ressort de l'examen des lieux, que les gisements aurifères et les placers qui en dépendent se groupent dans le sein et dans le voisinage du contact des formations granitiques qui affleurent au milieu des gneiss dans la zone aurifère ci-dessus décrite.

Érosions générales de la formation. — Postérieurement à la formation du synclival des monts Stanovoï, les érosions ont peu à peu dessiné le réseau orographique, dont l'état actuel des lieux marque une des étapes. L'ensemble des rivières aboutissant à la Zéya ont produit sur les versants qu'elles parcourent des érosions très différentes suivant la nature des terrains rencontrés, en concentrant dans leurs alluvions les produits lourds, notamment l'or que contenait primitivement la formation soumise à l'action des eaux.

En général, les granits en masse affleurent, dans les parties de moindre altitude, les schistes et gneiss redressés forment les plus hautes crêtes. J'attribue ce fait à ce que les dénudations du sol se sont surtout produites suivant les directions où le terrain primitif a été le plus fortement plissé, soulevé, brisé, par les mouvements de contraction dûs à la solidification et au refroidissement du magma infra-granitique caché primitivement sous des épaisseurs considérables de terrain provenant de la première consolidation superficielle, laissant ainsi cette masse à nu.

Érosion des couches aurifères. — Si donc on part de cette conception, que les gneiss et les micaschistes contiennent un ou

plusieurs niveaux aurifères interstratifiés, on voit immédiatement se dégager une conséquence, une relation, entre la position
stratigraphique de ces couches et la formation des placers aurifères.

On sait en effet, ainsi que l'a démontré Daubrée, que dans le
plissement d'une couche par compression latérale, ce qui est le
cas des plissements par contraction, l'amplitude des boucles va
en diminuant au fur et à mesure qu'on s'éloigne du centre d'action. Les couches aurifères auront donc été d'autant moins at-
teintes par les érosions superficielles que :

1) Les schistes auront été moins plissés;

2) Les érosions auront été plus faibles.

Conclusion : Rechercher les placers dans le voisinage des
grands plissements (Stanovoï, chaînes du Toukouringa et du
Djagda) ou dans le voisinage des bombements granitiques dont
la présence a occasionné des phénomènes clastiques analogues.

Ces conclusions sont conformes aux règles empiriques des mineurs sibériens : rechercher les placers près des sources des
rivières (zones de plissement). Les placers se groupent autour de
certaines montagnes, comme au Djolon, d'où l'or paraît sortir
comme d'un trésor souterrain, etc. Il y a donc d'autant moins de
chance de rencontrer des alluvions aurifères, qu'on s'éloigne des
zones de plissement et que les érosions sont plus faibles. On en
est averti par la position constamment horizontale ou faiblement
inclinée des strates du terrain.

Le croquis (fig. 1, Pl. IX) donne un résumé de cette manière de
comprendre les érosions dans les terrains stratifiés.

Alternances qui en résultent. — Dans ces conditions, on voit
que la constitution générale de la zone aurifère sera représentée
dans l'état actuel des choses, par une succession de pâtés grani-

tiques, mis à nu par les érosions, séparés par des formations ar-
chéennes, de gneiss et de micaschistes, généralement redressées
sur les bords, peu tourmentées dans leur centre, témoins de la
période de plissement par refroidissement.

Notions sur la symétrie des gisements aurifères. — De ce mode
de formation, découle une conséquence importante, c'est celle de
la *symétrie* des gisements aurifères par rapport aux massifs granitiques affleurant dans les zones ou bandes aurifères.

Il est évident, en effet, comme l'indique la coupe tracée à la
fig. 2 (Pl. IX), que les placers doivent se grouper symétriquement
par rapport aux axes de soulèvement ou de plissement et que par
conséquent on doit, *à priori*, admettre une répartition égale des
placers, sur les deux faces du plissement.

Ces considérations s'appliquent aussi bien aux plissements
ayant amené le granit au jour, par pincement des lèvres, qu'à
ceux qui, comme je l'ai figuré sur ma coupe, n'ont pas affleuré
dans la période initiale et ont simplement été mis à jour par les
érosions postérieures.

Le granit du Djolon a certainement appartenu à cette dernière
catégorie, car son affleurement actuel est à une altitude bien
moindre que celle des chaines du Guiloï et de l'Ounakha, qui le
limitent au Sud et au Nord, et on comprendrait difficilement, dans
toute autre hypothèse, que le granit, roche plus résistante aux
agents d'érosion, pluies, glaces et vents, ait été détruit sur une
épaisseur plus considérable que les roches relativement plus
tendres et plus décomposables, micaschistes et gneiss, au milieu
desquelles on le rencontre.

Si, quittant les conceptions purement théoriques, on applique
les considérations qui précèdent à la formation granitique du
Djolon, que j'ai plus spécialement étudiée, en portant sur l'itiné-

raire Nord-Est Sud-Ouest que j'ai parcouru entre le Guiloï et
l'Ounakha, les divers terrains rencontrés, on obtient la coupe
(fig. 3, Pl. IX) qui met nettement en évidence la symétrie que
présentent les placers de l'Ounakha et du Koundatchi, ceux de la
profonde vallée du Guiloï avec les placers de la Brianta.

Ces considérations ont une grande importance au point de vue
de la direction à donner aux recherches futures dans cette
région.

Origine de l'or. — J'ai été très désappointé au point de vue de
l'origine de la grande richesse qu'ont présentée les placers situés
dans le sein même du granit du Djolon, par l'examen des lieux.
Le sol de ces précieux placers a été raclé avec un soin extrême,
on a même passé au lavage toutes les parties superficielles du
bed-rock. Les déblais stériles ont été soigneusement évacués sur
les côtés de l'excavation, les tailings entassés assez régulièrement
en grands amas isolés, de sorte que le sol du fond des tailles, le
bed-rock solide et véritable, est partout facilement visible. Un
accident géologique quelconque, même de médiocre importance,
ne peut pas passer inaperçu.

Malgré le soin avec lequel j'ai examiné le terrain, je n'ai pu
relever, sur toute la longueur du placer, aucune trace de filon
ou d'injection adventive quelconque, d'une notable épaisseur, au
sein de la masse granitique qui forme la totalité ou la presque
totalité de la vallée du Djolon. Ce granit couvre d'ailleurs une
assez vaste surface, comprise entre les placers de l'Olongro à
l'Ouest, ceux de l'Ounakha au Nord et ceux du Kolbatchi à l'Est.
Je n'ai pas été à même d'en déterminer exactement la limite
au Sud (Voir fig. 4, Pl. IX).

Ce massif granitique qui a environ 80 verstes de longueur, dans
le sens Est-Ouest, n'a pas une texture uniforme. Il y a une diffé-

Fig.1.

Erosion des niveaux aurifères

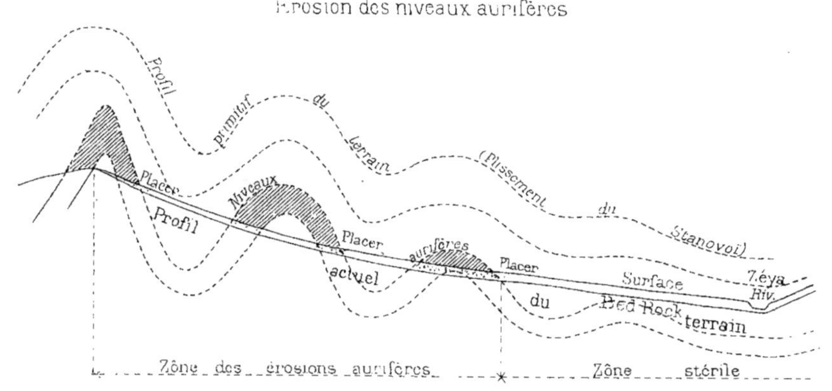

Fig.3.

Coupe Est Ouest par les placers du Djolon

(hauteurs centuplées)

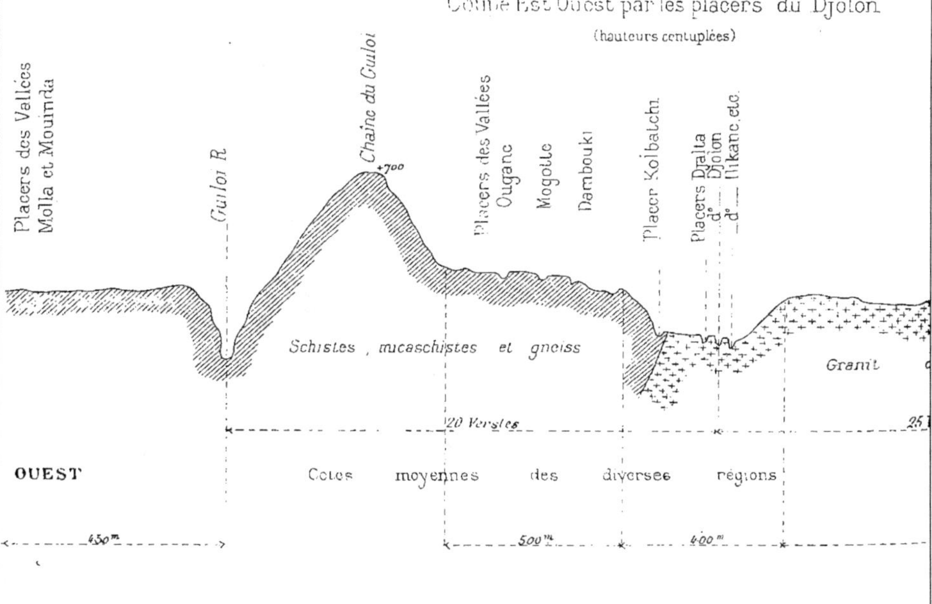

Fig. 2.

Formation symétrique des placers

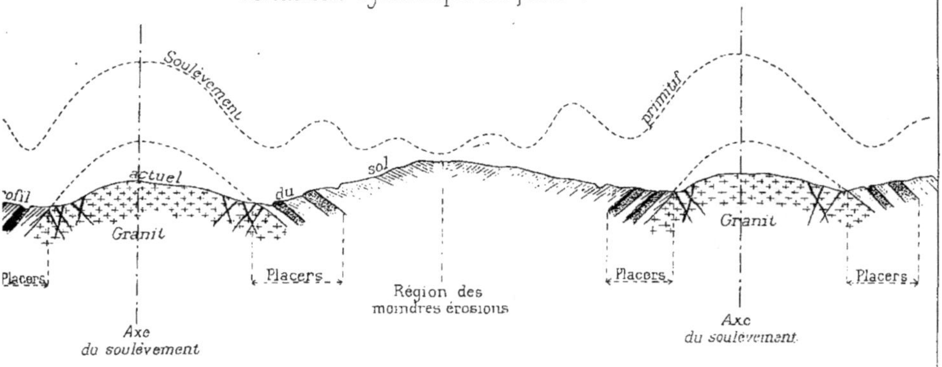

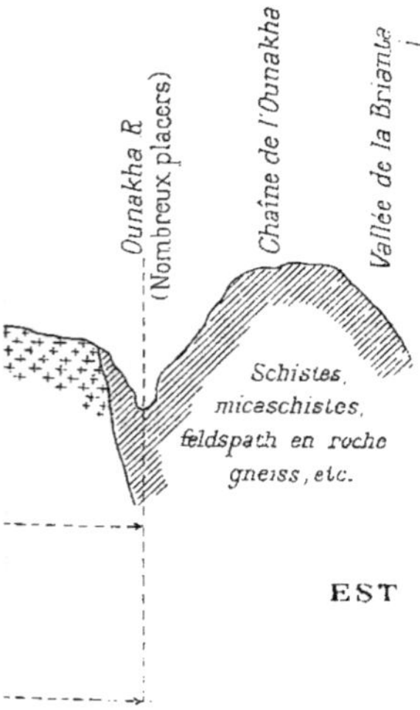

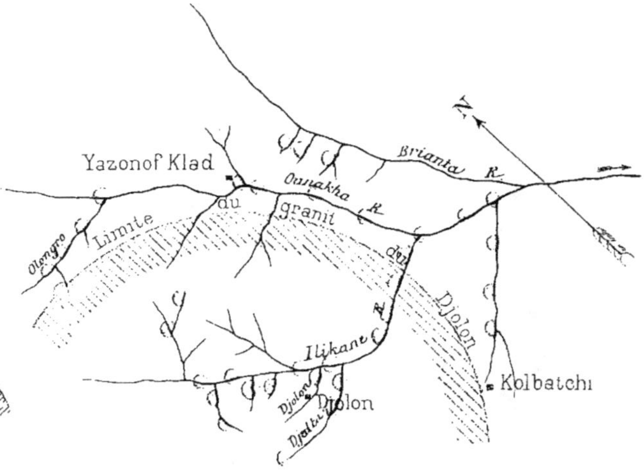

Fig. 4.

Limite Nord du granit du Djolon

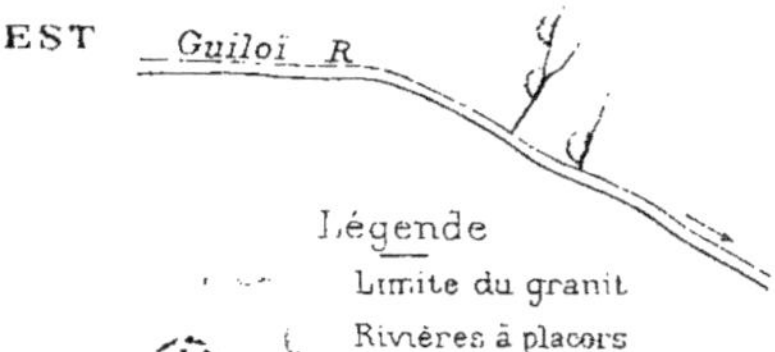

Auto-Imp. L. Courtier, 43, rue de Dunkerque, Paris

rence essentielle entre le granit qui forme le bed-rock des vallées
à placers et celui de la formation générale.

Granit aurifère. — Le granit qui forme la vallée du Djolon
par exemple, est tout à fait caractéristique. C'est un granit franc,
à éléments bien nets, deux micas noir et blanc, ce dernier dominant, quartz gris clair hyalin, deux feldspaths. Comme élément
adventif fréquent, le grenat, dont les schistes de la formation
voisine sont aussi très chargés.

Il est éminemment décomposable et le bed-rock est plutôt un
véritable sable grossier qu'une roche. Lorsque des morceaux de
ce granit restent exposés pendant quelques années à l'air, on les
désagrège à la main avec une extrême facilité. Ainsi décomposé,
ce granit est de couleur jaune clair tirant sur l'ocre. Cette couleur
est due à une infinité de petits filets ferrugineux, tapissant les
clivages de la roche et formant une sorte de réseau, à mailles
fines, qui se révèle à l'œil par deux caractères :

1) Par oxydation ; ces mailles se colorent en rouge et donnent
aux sables granitiques leur couleur caractéristique jaune d'ocre ;

2) Par feuilletage. Ce réseau a, comme tout réseau de refroidissement, la direction des clivages de la roche. Le clivage de
prédilection est si net qu'il a trompé certains observateurs qui
l'ont confondu avec le feuilletage du gneiss et qui ont prétendu
que le placer du Djolon avait été enrichi par un filon de gneiss
aurifère. La direction de ce clivage, qui est vertical, est approxi-
mativement Nord-Sud. En examinant avec plus d'attention les points
où ces directions de clivages sont les plus fréquentes, on observe
qu'ils prennent plus d'épaisseur dans certaines parties du placer
et atteignent jusqu'à 5 et même 10 mill. d'épaisseur. Ils des-
sinent alors de véritables bandes d'un rouge vif, tranchant sur la
couleur pâle du granit. Lorsque plusieurs de ces bandes se suc-

cèdent à court intervalle, la roche prend un aspect zoné caractéristique. (Échantillon n° 1 à 6 de la Collection exposée à l'École
des Mines de Paris.)

Ces échantillons, examinés dans l'ordre ascendant des numéros,
donnent une idée exacte de la formation, depuis le granit gris
blanc, solide, cassant et sonore, type de la formation générale et
que j'appelle stérile, jusqu'au sable granitique décomposé, provenant de la démolition des roches à filets ferrugineux, dont j'ai
rapporté la gamme complète.

Le granit stérile n'est décomposable que très lentement par les
agents atmosphériques ; il forme de grandes dalles qui pavent le
haut des placers, cachant sous elles beaucoup d'or qu'on ne pourrait extraire qu'en disposant d'appareils de levage suffisants.

De la formation des alluvions aurifères. — Chaque placer
thalweg, soit qu'il se trouve dans une vallée principale soit dans un
affluent, possède trois régions très distinctes au point de vue de
la nature du bed-rock et de sa pente, qui en est fonction directe.

Ces différences sont surtout sensibles sur les placers où le bed-
rock est en granit ou en roches dérivées du granit, aplite, béré-
zite, etc.

Ceux qui sont tapissés par des schistes, des gneiss, des micaschistes ou par d'autres roches tendres, présentent aussi, quoique
avec moins d'intensité, le même phénomène.

Le profil général d'un placer situé dans une vallée d'érosion
étant celui tracé à la figure 1 (Pl. X) avec des hauteurs exagérées mille fois, on voit que dans une vallée dont le fond est uniformément composé de granit, les pentes de 5 pour 100 et au
delà sont marquées par la région des dalles.

Les pentes de 3 à 4 pour 100 contiennent encore des blocs de
grosseur assez considérable, jusqu'à un demi-mètre cube. Enfin

Crête
Fig. 1.
Profil général d'une vallée d'érosion
dans le granit
Profil actuel de la vallée
Stérile
Alluvion aurifère
Dépôt des menus graviers
Dépôt des graviers (Galki)
Dépôt des gros blocs
Région des dalles
Pentes
1½ %
2 à 3 %
3 à 4 %
5% et au-delà

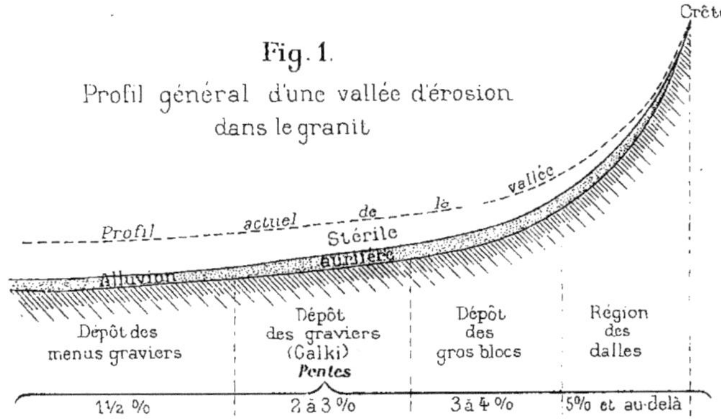

Fig. 2.
Profil général de la Vallée de la Bézimianka 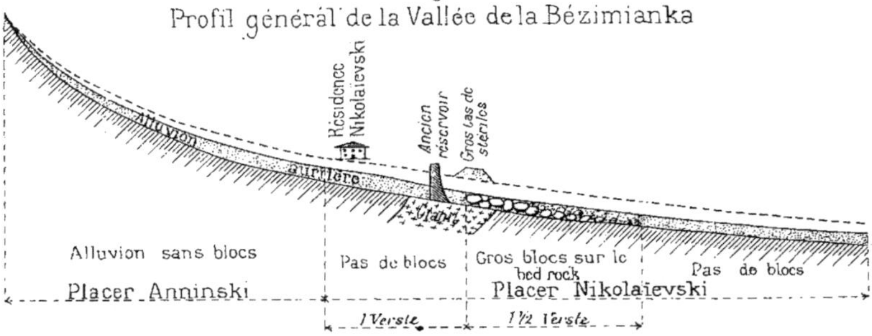
Alluvion
aurifère
Résidence Nikolaievski
Ancien réservoir
Gros tas de stériles
Glacis
Alluvion sans blocs
Pas de blocs
Gros blocs sur le bed rock
Pas de blocs
Placer Anninski
Placer Nikolaievski
1 Verste
1½ Verste

Boulourne R.
Ilikane R.
Santenikikone R.
G.d Djagdali
P.t Djagdali
Sanne R.
8 Verstes
Djolon R.
Djolon R.
N
Fig. 3.
Rivières ayant
leur source commune dans
le massif granitique du Djolon
Kamen R.
12 Verstes
Guiloi R.

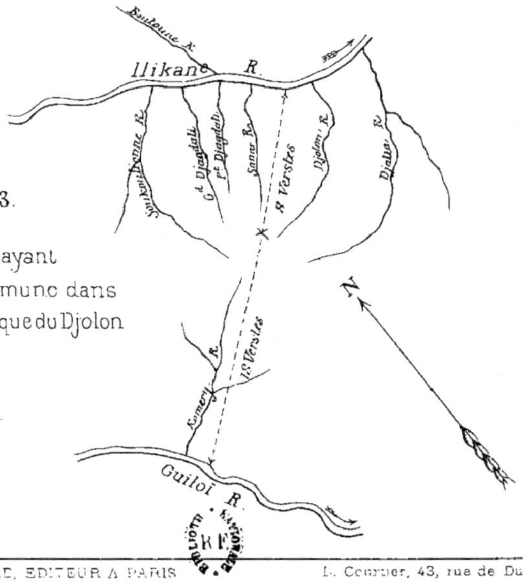

c'est sur les pentes de 2 à 5 pour 100 qui sont d'ailleurs incomparablement plus étendues comme longueur de thalweg et sur lesquelles se rencontre habituellement la partie la plus activement exploitée du placer, qu'on trouve des alluvions avec cailloux de 30 à 40 centimètres cubes de grosseur maxima, nommés « galki » par les mineurs.

Au delà commence la région des graviers, dans lesquels l'or fin se dépose. Ces parties de placers ne sont qu'exceptionnellement l'objet d'une exploitation dans le bassin de la Zéya. On les considère comme trop pauvres, l'or fin n'étant pas retenu par les appareils couramment employés.

Influence de la nature du bed-rock. — Mais cette règle générale se trouve fréquemment modifiée, parfois même renversée par suite de la nature et de la disposition du bed-rock. Si, par exemple, ce dernier a résisté inégalement à l'action nivelatrice des eaux, ainsi qu'à l'influence décomposante des agents atmosphériques, il en résulte des modifications considérables dans la classification des dépôts, et partant, dans la constitution de l'alluvion aurifère.

Pour prendre un exemple sur un des placers que j'ai étudiés, si la formation, dans les parties voisines de la crête, est composée de roches tendres ne se débitant pas en blocs à la façon du granit, le phénomène des dalles et des gros blocs disparaît. L'alluvion ne se compose que de résidus de moyennes dimensions, même sur des pentes dépassant 4 pour 100.

C'est ce qu'on constate dans le placer Anninski, affluent de la Bézimianka (Système du Mogotte), dont les alluvions ne contiennent pour ainsi dire pas de cailloux, malgré la forte pente du bed-rock dans la partie supérieure du placer (voir sa Monographie, page 189). C'est là une condition éminemment favorable à l'exploitation. Le bed-rock est formé sur tout ce parcours de micaschistes amphiboliques, très chargés de cette substance, qu'on trouve, vu son poids élevé, avec l'or et la pyrite dans les casiers des lavoirs. Il y en a une telle quantité que l'alluvion est colorée en gris foncé verdâtre par sa présence.

Bancs granitiques intercalés. — Si le bed-rock schisteux est traversé, dans le parcours du placer, par un ou plusieurs bancs plus compacts, pouvant se débiter en blocs résistants, alors, le phénomène se produit localement et on trouve subitement, en aval d'une alluvion dépourvue de blocs, facile à abattre et à laver, une région à gros blocs tapissant le bed-rock, rendant le nettoyage de ce dernier difficile et même impossible, sans appareils mécaniques de levage.

Un bon exemple de cet état de choses est cette même vallée de la Bézimianka, où, après l'alluvion si avantageuse d'Anninski, on trouve subitement, dans le placer Nikolaïevski qui lui fait immédiatement suite en aval, en face du grand tas de tailings de la machine à guide-rope, à l'endroit même où on installe actuellement une voie ferrée pour reprendre un lambeau oublié sur la berge droite, le fond du placer tapissé de gros blocs anguleux de granit (fig. 2, Pl. X).

Ils proviennent de la démolition d'un banc local qui passe sous la digue de l'ancien réservoir qui se trouve à cet endroit (voir Planches X et XII).

Les interstices de ces blocs sont grattés par une armée de staratiélis, qui en tirent un bon produit. Les blocs avec des dimensions décroissantes, s'étendent sur une longueur de 1 verste et demie en aval du banc qui les a produits.

Ce phénomène, quand il se présente, est plus local que celui de la production des dalles et blocs du haut thalweg. Il n'en est pas moins fâcheux au point de vue de l'exploitabilité de l'alluvion, tant par les procédés actuels que par procédés mécaniques. Il est très difficile d'atteindre le fond véritable du bed-rock, recouvert par ces énormes pavés et les endroits les plus riches échappent ainsi au lavage.

Il ne faut pas confondre les blocs de fond, reposant directement sur la partie inférieure du placer, faisant, somme toute, partie intégrante de l'alluvion aurifère, avec les blocs superficiels, parfois très volumineux aussi, qu'on rencontre à la surface du sol actuel, plus ou moins enchâssés dans la tourbe et qui sont de formation contemporaine. Ils proviennent de la démolition actuelle des escarpements rocheux qui se trouvent à proximité de certains placers (Voir à la Monographie du placer Yékaterininski un bon exemple de ces blocs superficiels, page 261).

Lorsque le granit affleure dans le bed-rock à un endroit où la pente a été insuffisante pour entraîner des blocs volumineux, le phénomène ne se produit pas. Par exemple au placer Vozdvijenski dans l'Outandja-Ouliaguir, il y a dans le lit de l'alluvion actuellement exploitée, un grand affleurement de granit, sans grosses pierres. L'aval pendage est composé de roches stratifiées. La pente du fond est de 1 1/2 pour 100.

Influence des agents atmosphériques. — La plus ou moins grande rapidité avec laquelle les agents atmosphériques et la glace en particulier, agissent sur les résidus des érosions, exerce un rôle prépondérant dans la constitution des alluvions aurifères.

Toutes les roches stratifiées ou feuilletées sont à peu près complètement réduites en miettes. Les schistes amphiboliques, si fréquents dans tous les systèmes voisins du Guiloï (Vallées de l'Ougane, du Mogotte, etc.), sont réduits en sables verts, lourds, qu'on retrouve avec l'or dans les casiers. Ils sont en général accompagnés de beaucoup de pyrite.

Les roches cristallisées à gros éléments comme les bancs de feldspath, sont aussi fortement attaquées grâce à leurs clivages faciles que la gelée fait sauter.

Le granit, déjà compénétré par les réseaux ferrugineux ci-dessus décrits, se décompose avec une extrême facilité, bien avant que ses éléments constitutifs aient subi le même sort. C'est ce qui explique que, dans tous les placers contenus dans le granit (Djolon, Djalta, Yékaterininski, etc.), le lavage de l'alluvion a été d'une facilité extrême : le sable provenant de la décomposition non seulement du bed-rock mais de tous les blocs débités par l'érosion primitive, étant formé de grains de quartz et de feld-spath, à peine arrondis, dont la kaolinisation n'est même pas commencée, jaunis simplement par l'ocre enveloppante.

Dans les endroits au contraire où le granit franc, stérile, prédominait, et si la pente était suffisante, production de dalles et de blocs. Exemple, l'affluent Fedorowski et toute la partie supérieure du placer Léonovski (coupes n° 1 et 2 du plan général du placer Léonovski, Système du Djolon (Pl. XIV).

Résumé. — On voit en résumé que la formation aurifère du plan Djolon, type des gîtes situés sur bed-rock de granit, a réuni un ensemble de circonstances qui en expliquent d'une part l'extrême richesse et d'autre part l'extrême facilité de lavage. Je les résume comme suit :

1° L'origine de l'or ne doit pas être cherchée dans l'existence de filons aurifères proprement dits, traversant la vaste formation granitique au sein de laquelle se trouve le placer.

2° Elle se trouve dans les enrichissements locaux du granit, dus à la présence d'un réseau très étendu de cassures fines.

épousant les clivages de la roche, reconnaissable à la surface du sol, par une infinité de lignes ferrugineuses, dont les plus puissantes ne dépassent pas 10 millimètres d'épaisseur.

5° La direction générale de ces réseaux ferrugineux est N.-E. S.-O. Il en existe deux très nets : un, en face du placer Vassilievski, un en dessous du village. L'un et l'autre de ces emplacements ont été marqués par des enrichissements fantastiques de l'alluvion (100 grammes au mètre cube).

4° Érosion générale de la formation, production de dalles et de blocs.

5° Démolition sur place, sous l'influence des agents atmosphériques, de tous les blocs et dalles de granit riche, éminemment décomposable. Production d'une vaste alluvion aurifère très riche, exempte de blocs, exempte d'argile, exceptionnellement facile à laver, le débourbage étant pour ainsi dire nul. Avec de pareilles matières, le débit d'un sluice, même réduit aux dimensions et au volume d'eau insuffisants qui caractérisent les appareils employés, était pour ainsi dire illimité. Tout ce que produisaient les tailles était aisément digéré et, somme toute, lavé d'une manière assez satisfaisante (Teneur des tailings : environ 8 dolis aux 100 pouds, soit 0 gr. 45 par mètre cube).

Ce déchet est pourtant considérable, si l'on envisage la facilité qu'offrait le lavage. Il est moins surprenant en ce moment où on lave quelques derniers lambeaux négligés tout d'abord et qui contiennent des alluvions dont le feldspath a déjà subi un commencement de décomposition. Il en est résulté sur certains points, heureusement très localisés, la formation d'une alluvion légèrement argileuse, empâtée de kaolin blanchâtre et collant. Les pelotes que forme cette matière et que le sluice dégénéré, dit « Koulibinka », employé à la Zéya, est incapable de digérer, enrichissent les tailings à 8 dolis par 100 pouds. (Voir étude critique du lavage. Chap. III, page 565.)

Conclusions. — Comme conclusion de ce qui précède, je ne reconnais, dans les plans du Djolon, aucune indication positive de l'existence de gisements primitifs d'or permettant leur exploitation avec bénéfice par travaux souterrains. Je ne vois donc pour le moment aucun plan raisonnable de travaux de recherches à recommander sur ce gisement. Je dois cependant ajouter que le terrain n'est, somme toute, visible que sur un espace assez restreint, correspondant à la surface occupée par les travaux du placer et de ses affluents, le reste de la formation étant couvert de toundra. Il peut donc se faire que des parties plus riches, plus engageantes où la teneur serait moins disséminée, aient échappé à mon investigation. Mais ce qu'on peut dire, c'est que, comme opinion d'ensemble, la formation ne présente pas de points actuellement visibles où la concentration de l'or soit suffisante pour espérer une exploitation souterraine avec bénéfice.

C'est là une opinion qui va d'autant plus à l'encontre des idées qu'on peut se faire *a priori*, que la teneur exceptionnelle, le poids considérable d'or recueilli dans un placer de 4 verstes de longueur comme le Djolon (près de 800 pouds, valeur 40 millions de francs), se prête à toutes les espérances. L'examen dont je viens de donner un résumé prouve en effet que la formation aurifère est puissante, étendue, représente sans nul doute, dans le sein de la terre, un poids d'or encore plus considérable que celui recueilli dans l'alluvion, mais trop disséminé pour permettre l'exploitation souterraine avec bénéfice, du moins dans l'état actuel de nos connaissances. Avec une formation en stockwerks aussi minces, aussi divisés, on n'aurait jamais comme dans une exploitation par filons, où la richesse est sans doute variable d'un point à un autre, mais où l'on se trouve déjà guidé, limité, par les épontes mêmes de la formation aurifère, on n'aurait jamais, dis-je, la sécurité relative d'avenir qu'exigent les travaux miniers souterrains pour être entrepris sur une grande échelle. J'ai trop souvent eu à constater, comme l'année passée en Transbaïkalie, la construction dispendieuse d'un moulin à or, avant d'être assuré de l'existence d'une réserve de minerai destiné à l'alimenter, pour risquer de tomber, comme premier essai de broyage dans la province Amourienne, dans la même faute de principe.

Analyses. — Cette opinion est confirmée par une série d'essais que j'ai exécutés sur des échantillons par moi prélevés sur les diverses qualités de granit du placer Djolon, dont voici le tableau.

NUMÉROS DES ESSAIS	NATURE DE L'ÉCHANTILLON (PLACER DJOLON)	TENEUR EN OR (GRAMMES)		TENEUR EN ARGENT (GRAMMES)	
		PAR TONNE MÉTRIQUE	PAR M. C. DE ROCHE (2.200 Kg.).	PAR TONNE MÉTRIQUE	PAR M. C. DE ROCHE (2.200 Kg.).
2	Granit franc..	1.00	2.20	9.00	19.80
3	Granit avec filets ferrugineux.	1.00	2.20	14.00	30.80
4	Avec gros filets ferrugineux..	1.50	3.30	8.00	19.60
5	Granit complètement décomposé	1.70	3.74	13.00	28.60
6	Quartz.. . . . . ' .	1.80	3.96	15.00	28.60

Mais, d'ores et déjà, d'autres considérations d'ordre plus général me conduisent à la même conclusion, relativement à l'origine de l'or dans le bassin de la Zéya et à son mode de gisement dans la formation aurifère de la contrée, à savoir :

Absence de filons aurifères proprement dits.

Enrichissement, par stockwerk à éléments minces, du massif infra-granitique.

Contemporanéité de la formation aurifère avec le dépôt des roches sédimentaires primitives.

Concentration de l'or, par ségrégation, dans certaines couches du terrain stratifié.

Disposition rayonnante des placers. — J'ai déjà dit quelques mots de la disposition rayonnante des placers groupés autour du Djolon, à propos des limites entre lesquelles j'ai reconnu l'existence du massif granitique. Il convient d'y revenir car elle constitue à mes yeux une preuve de l'enrichissement par stockwerk et non par filons.

La carte de Schwartz agrandie, employée comme document topographique par l'Administration des Mines, contient de nombreuses erreurs dans le tracé des rivières de 3e et *a fortiori* de 4e ordre, comme le Djolon et autres affluents de l'Ilikane. Déjà pour le réseau de 2e ordre, c'est-à-dire pour les affluents directs ou semi-directs de la Zéya, j'ai été à même de constater des variations notables. Ainsi le cours moyen de la Brianta et celui de l'Ounakha doivent être, au droit du groupe de placers de ce dernier nom, reportés plus haut, vers le Nord, d'au moins 12 à 15 verstes.

La carte donne donc un aspect insuffisant des rivières aurifères avoisinant le Djolon, occupées pour la plupart par la Verkné-Amoursky Cⁱᵉ. En réalité, elles ont toutes leur source au même point, à l'extrémité supérieure de la rivière Djolon, formant ainsi un nœud orographique, entre le cours du Guiloï et de celui l'Ilikane. Ce sommet est d'ailleurs à une cote peu élevée (moins de 500 mètres) pour les raisons indiquées plus haut. Le croquis de la figure 5 (Pl. X) donne une idée plus exacte de la véritable disposition des lieux.

L'enrichissement de tous les versants sans exception, l'absence de tout filon caractérisé sur les bed-rocks mis à nu, l'identité de la nature des alluvions dans les grands placers, sont des preuves indiscutables de leur communauté d'origine. En admettant qu'un ou plusieurs filons aurifères m'aient échappé sur le Djolon, il n'est pas admissible qu'il en ait été de même sur la totalité des autres placers. En fait, je ne puis signaler sur aucun d'eux une veine aurifère caractérisée. Partout des granits ferrugineux décomposés, nulle part de filons proprement dits.

Rareté du quartz. — Autre raison majeure militant en faveur de l'enrichissement par stockwerks : absence presque complète de quartz filonien, dans les alluvions et dans les « atvals » (tailings) des placers du Djolon. C'est d'ailleurs le cas aussi sur les placers voisins. J'ai eu de la peine à trouver des échantillons de quartz non accompagné de feldspath ou de mica indiquant son origine granitique, et tous les morceaux que je me suis ainsi procurés étaient roulés : aucune observation de quartz en masse en place (Ech. n° 6 de la collection de l'E. des M.). Teneur en or de ce quartz : 1 gr. 80 par tonne de quartz = 5 gr. 96 par mètre cube.

Nature de l'or. — Enfin il convient de remarquer, comme raison subsidiaire, que tout l'or du Djolon et du Djalta est fin, non pas au sens du mot « fin » américain sous lequel on désigne habituellement l'or en farine dans les pays d'outre-mer. Cet or-là est toujours perdu en Sibérie Orientale où l'emploi du mercure dans les boîtes de queue des sluices est inconnu. On appelle ici or fin tout ce qui passe à travers un tamis à mailles de 1/2 millimètre. L'or est d'ailleurs peu roulé, en grains plutôt anguleux. C'est de l'or qui n'a pas changé de place depuis l'époque où s'est produite l'érosion des roches qui le contenaient, et qui a par conséquent été déposé très près de son lieu d'origine.

Conclusions générales. — Je termine cet exposé forcément

11.

succinct, mais indispensable avant d'entrer dans la description détaillée des placers, en résumant la manière de comprendre la formation aurifère de la Zéya qui m'a été imposée par l'étude de ce bassin.

La dominante de cette impression, c'est la *contemporanéité* de toute la formation aurifère, qu'il s'agisse des gneiss, des micaschistes ou des roches cristallines comme le granit et de ses innombrables dérivés, qui forment ces *roches de passage*, allant par degrés insensibles, du granit franc au gneiss ou à la syénite, si bien décrits par les géologues russes.

Une autre notion capitale, c'est celle de la *ségrégation par refroidissement* de l'or contenu primitivement dans la masse, suivant certains alignements que l'emplacement des placers actuellement exploités fait toucher du doigt. En même temps que ce refroidissement a produit des phénomènes de plissement, obéissant aux lois générales de la Statique de l'écorce terrestre, c'est-à-dire dirigés de l'Est à l'Ouest, conformément aux principes mis en évidence par MM. Stanislas Meunier et de Lapparent, il a provoqué la concentration de l'or dans des couches ou dans des parties du terrain qui, soit par leur nature chimique, soit par la moindre résistance des fissures de retrait, offrait un champ plus favorable à cette action enrichissante.

C'est dans cet ordre d'idées, de formation par ségrégation contemporaine au refroidissement de l'écorce, que doit être cherchée l'origine de la formation aurifère de la Zéya. Cette manière de concevoir le phénomène est d'ailleurs tout à fait conforme à l'opinion généralement admise aujourd'hui de la venue de l'or, dans les gisements, à l'état d'épigénie superficielle. Les grosses pépites qui renferment les placers et dont on ne trouve pas d'équivalent dans les têtes de gisements encore en place ne sont que le résidu de la démolition par les agents atmosphériques des épigénies aurifères riches, de la surface primitive du sol, arrasées par le cours des siècles.

On s'explique dès lors l'existence des très nombreux placers déjà connus et exploités, et qui ne constituent qu'une faible partie du nombre total de ces intéressants gisements en Sibérie Orientale. Ils ne seraient explicables, dans une théorie filonienne, que par un réseau serré de cassures, qui devrait se manifester par des dejkes quartzeux ou par des chapeaux de fer visibles de toutes parts et qui, en réalité, n'existent pas.

J'insiste, en terminant, sur la nécessité des études stratigraphiques dans cette région. Seules les notions que peuvent donner l'examen attentif du terrain et l'établissement de coupes géologiques permettront d'obtenir, dans cet ordre d'idées, des résultats féconds. Dans cette voie, on peut prendre comme exemple les études si remarquables et, en fait, plus difficiles et plus coûteuses qui ont conduit, en Californie, à l'établissement des cartes souterraines des « Rims » ou rivages des anciens cours d'eau aurifères de l'époque miocène, recouverts par d'épais manteaux de terrains plus récents ou même de basaltes. Il y a là une voie des plus fécondes en résultats pratiques, ouverte aux observations futures. Un intérêt général, et un intérêt considérable, dont dépend le développement rapide du pays, exige que ces études se fassent. Ce sera le seul moyen de faire sortir les travaux de recherches des nouveaux placers de l'ère de chance, d'aventures et de bonne fortune dans laquelle se trouve encore cet important service, pour les asseoir sur une base rationnelle et scientifique, qui assurera leur succès.

MONOGRAPHIE DES SYSTÈMES DE RIVIÈRES DU BASSIN DE LA ZÉYA

I. — COURS MOYEN DE LA ZÉYA

(A) SYSTÈME DE L'OUGANE

J'emploierai, pour toutes les descriptions qui vont suivre, une méthode uniforme, qui facilitera les recherches.

Les placers seront étudiés par Systèmes, c'est-à-dire par bassins orographiques dépendant d'un même cours d'eau, affluent direct ou semi-direct de la Zéya.

Après avoir donné un tableau résumant la désignation des placers, leur production totale en or, avec numéros d'ordre et nom de la Compagnie dont ils dépendent, ce qui permet de les retrouver sur le plan d'ensemble que je donne pour chaque Système, je traiterai les placers dans l'ordre suivant :

1° Placers thalweg, situés dans le fond de la vallée principale, qui sont, généralement, de beaucoup les plus importants ;

2° Placers situés sur les affluents ;

3° Placers sur versants ou sur les crêtes. Ces derniers n'ont, pour la plupart, aucun intérêt minier.

On trouvera pour chaque placer exploité :

Un tableau de sa production depuis son origine, avec les teneurs moyennes réalisées ;

Des détails sur la nature de l'alluvion, le mode d'exploitation adopté, la géologie locale, etc. ;

Un cubage de l'or contenu, en distinguant le *cubage acquis*, mis en évidence par les sondages et le *cubage probable*, qui ne sera définitivement certain et acquis qu'après l'exécution des travaux de sondage;

Un devis des frais que nécessitent ces sondages préparatoires.

Étude du Système de l'Ougane.
(PLANCHE XI)

Le groupe de l'Ougane comprend 6 placers ayant leurs titres de propriété. Sur ce nombre, on compte 5 placers thalweg et 3 placers affluents.

Ce système vient, comme importance et comme cubage d'or, un des premiers, après celui du Mogotte.

Comme ce dernier, il forme un groupe compact, embrassant la totalité de la vallée de l'Ougane, soit environ 30 verstes de longueur, sans aucun voisin gênant.

Un seul placer est actuellement exploité, un autre a été partiellement écrémé, 2 petits placers affluents sont épuisés. Les autres sont intacts, ainsi qu'il ressort du tableau suivant :

Tableau des Placers de l'Ougane.

NUMÉROS du Service des Mines.	du Catalogue Général.	NOMS DES PLACERS	COMPAGNIES AUXQUELLES ILS APPARTIENNENT	PRODUCTION TOTALE D'OR				TENEUR MOYENNE 0/0 POUDS		ÉTAT ACTUEL DES PLACERS
				P.	L.	Z.	D.	Z	D.	
203	39	Lydinski.	Cie de la Zéya. .	3	1	68	.	.	54$\frac{1}{5}$	Épuisé, Staratiélis.
204	45	Eleninski.	Id. Mogotte. . .	7	10	51	78	1	08	Id. Id.
205	46	Novo-Léonovski.	Id. . .	2	31	86	85	.	61	En exploitation depuis 1896 ; riche.
206	51	Vozdvijenski.	Non attribué . .	.	.	.	.	.	.	Intact et riche. Sondages incomplets.
201	52	Vassiliévski.	Cie de la Zéya. .	.	.	.	.	.	.	Id.
202	53	Innokentiévski.	Id.	48	29	87	61	.	91	Partiellement épuisé, Staratiélis.
Totaux .		6 placers. . . .	. . . .	61	4	6	32	1	0.0	

Orographie. — L'Ougane est une petite rivière coulant, dans la majeure partie de son cours, suivant la direction Est-Ouest, en s'infléchissant vers le Sud pour se jeter dans la Zéya, qui fait elle-même à l'endroit du confluent une boucle prononcée vers le Sud.

Profil en long de la vallée. — La vallée de l'Ougane a environ 300 mètres de largeur. Forte pente du thalweg. D'après deux levés barométriques concordants que j'ai exécutés entre Inaragda et Novo-Léonovski, la différence de niveau entre ces deux points est de 197 mètres.

Déduisant 2 mètres pour les 5 verstes du cours de la Zéya (pente moyenne dans ce parcours $0^m,40$ par verste) entre Inaragda et l'embouchure de l'Ougane, restent 195 mètres de chute, pour une longueur de rivière d'environ 17 verstes d'où pente moyenne par verste : $11^m,64$; soit 1,20 pour 100. A la hauteur de Novo-Léonovski, cette pente, dans le placer affluent, mesurée directement, est de 3 à 3,5 pour 100 et 2 pour 100 à Innokentiévski, dans la vallée principale.

Examinons d'abord les placers thalweg.

Placer **INNOKENTIÉVSKI** (n° 55).

Origine. — Concédé le 2 Décembre 1875. Placer statutaire de la Compagnie de la Zéya. C'est un des plus anciens, en date, que la Compagnie ait pris dans le bassin de la Zéya.

Il a été exploité pendant deux périodes distinctes : de 1876 à 1880 et de 1894 à 1896, avec une période de repos et d'abandon de quatorze années. Voici son tableau de production totale.

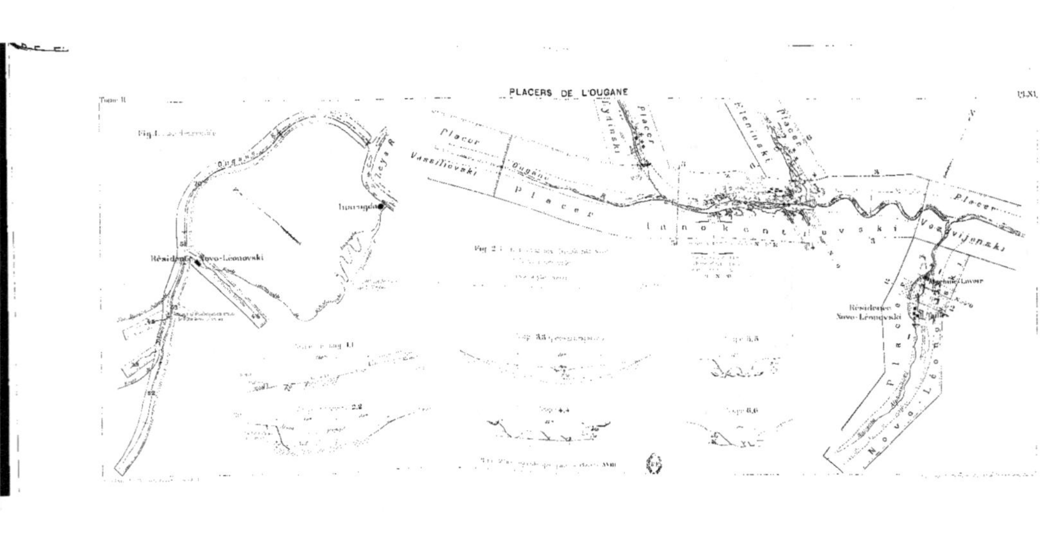
Fig. 1.
Ougane R.
Amoucya R.
Ougane
Résidence Novo-Leonovski
Vassiliovski
Placer
Ougane
Placer
Innokentiyevski
Placer
Picninski
Placer
Vozvijenski
Placer
Novo-Léo
Résidence Novo-Léonovski
Lavoir

Tableau de production du placer Innokentiévski, de 1876 à 1896.

ANNÉES	POIDS D'ALLUVION TRAITÉE	POIDS D'OR OBTENU				TENEUR o/o POIDS	
		P.	L.	Z.	D.	Z.	D.
1876	2.941.000	10	33	14	.	1	$39\frac{3}{4}$
1877	5.361.600	16	12	15	.	1	16
1878	3.612.100	7	15	18	.	.	$75\frac{1}{5}$
1879	5.090.600	10	16	7	.	.	$77\frac{3}{4}$
1880	477.500	.	15	7	.	.	78
1895	1.718.400	2	26	62	15	.	$57\frac{3}{8}$
1896	594.000	.	31	60	46	.	49
7 années	19.495.200	48	29	87	61	.	91

L'Ougane débite environ 1^{m3} 1/2 par seconde à l'étiage (fin Août). Son cours est encombré de gros cailloux. Il y a aussi une région à grosses pierres dans l'alluvion du haut placer. On trouve dans les résidus du lavage une forte proportion de quartz.

Géologie. — Ce placer est intéressant parce que la formation aurifère y est bien nettement visible.

L'ensemble de la formation est constitué par des micaschistes fortement redressés dirigés de N. 20 à N. 40 degrés Ouest, contenant un très grand nombre de filets de quartz interstratifiés, n'ayant aucun caractère filonien, d'une épaisseur régulière et généralement faible, quelques centimètres seulement; cependant on en trouve plusieurs, dans le haut du placer, qui atteignent 1 pied à 1 pied 1/2 et enfin, dans la partie moyenne des travaux, passe une grande couche de quartz de plus de 2 mètres de puissance, sur l'affleurement de laquelle travaillent maintenant les staratiélis. En fouillant simplement ce banc de quartz avec mon marteau, sans aucun lavage, j'y ai ramassé en quelques minutes environ 1 zolotnik (4 gr. 26) de pépites d'or. Le quartz est blanc, très fissuré, s'abat facilement au pic et forme un magnifique « riffle » pour l'or. Les staratiélis lors de ma visite ne lavaient pas l'alluvion laissée en bordure, ils abattaient le bed-rock sur une hauteur de plus de 1 mètre, sur le parcours de cette couche quartzeuse et y faisaient une magnifique récolte.

La même formation, comme le plan détaillé de la figure 2, Planche XI le montre clairement, passe dans le haut de la vallée du placer Novo-Léonovski, ce qui donne un très bon espoir pour l'avenir de ce dernier gisement.

L'ensemble de cette formation aurifère de l'Ougane est donc très facile à concevoir. L'or est localisé dans une série de couches quartzeuses interstratifiées dans les micaschistes. Nous connaissons de plus, dans le bas de cette formation, un pointement granitique dans le placer Novo-Léonovski, pointement qui ne paraît pas dans la vallée de l'Ougane où, s'il y affleure, les travaux d'exploitation n'ont pas encore reconnu sa position. Au delà du placer Léonovski, les couches passent sur le versant du Grand Mandjaka, qui est, malheureusement, occupé par des placers appartenant à la Verkné Amoursky C^y.

Cubage. — Comme on le voit par le tableau de production, ce placer a été abandonné dès que le lit mineur, seul exploité à l'époque, a rendu moins de 75 à 85 dolis de teneur. Il ne faut pas attacher d'importance aux basses teneurs de 1895 et de 1896 : ce sont des travaux staratiélis et j'ai déjà dit que, pour ce genre de travaux, les chiffres du cube lavé et des teneurs moyennes obtenues sont simplement destinés à réjouir l'œil dans les colonnes régulières de comptes rendus officiels, mais ne reposent sur aucun chiffre du cubage réel, ni sur aucun contrôle sérieux de la teneur et de la production.

Cubage probable. — En fait, voici comment peut s'établir le cubage probable de ce placer :

Longueur totale du placer.	5 verstes
— intacte —	3 —
Largeur moyenne de l'alluvion	30 sagènes
Puissance — —	8 tchetverts
Teneur moyenne 72 dolis °/₀ pouds = . .	9 zol. par sag. cube
Rapport caractéristique $\frac{\text{stérile}}{\text{alluvion}}$	3
Cube de stérile à déplacer.	30.000 sag. cub.
— d'alluvion à laver	90.000 —
— total à abattre.	120.000 sag. cub.
Or contenu $\frac{30.000 \times 9}{3840}$ = ...	**70 pouds 12 livres**

Frais de sondage pour établir ce cubage :

Longueur à sonder	3 verstes
Nombre des lignes	90
Équidistance des lignes	17 sagènes
Nombre des chourfs (sondages) par ligne.	15
Nombre total des chourfs	1.350
Prix d'un chourf.	50 Roubles
Prix total du sondage	**55.000** —

Il faut ajouter à ces chiffres les bords à reprendre sur les deux verstes des anciennes tailles. Il y a là encore de bien belles parties à 60 dolis à exploiter, car, à l'époque où les travaux primitifs ont été exécutés, on se trouvait dans des conditions telles que seules de hautes teneurs des alluvions pouvaient rémunérer les capitaux.

Je cite pour mémoire aussi le relavage des tailings qui, à lui seul, à raison de 10 dolis par 100 pouds, donnera **4 pouds 20 livres** d'or.

On peut, en résumé, cuber **75 pouds** d'or sur ce placer, avec une dépense de **55.000 Roubles**.

Placer **VOZDVIJENSKI** (n° 51).

Ce placer thalweg se trouve immédiatement en aval du précédent et contient le confluent de la rivière aurifère Alfonsovski, qui coule dans le placer Novo-Léonovski. On y exploitera donc un enrichissement par épanouissement au confluent. Ce placer est très court (1 verste seulement), mais les sondages insuffisants d'ailleurs, qu'on y a exécutés, permettent de compter sur une teneur de 9 zolotniks à la sagène cube.

Cubage probable. — Voici comment s'établit son cubage :

Longueur totale du placer	1 verste
— intacte —	1 —
Largeur moyenne de l'alluvion	40 sagènes
Puissance — —	8 tchetverts
Teneur — —	9 zol. $\frac{1}{2}$ par sag. cub.
Rapport caractéristique	3
Cube de stérile à enlever	39.000 sag. cub.
Cube d'alluvion à laver	15.000 —
Cube total à déplacer	52.000 sag. cub.
Or contenu $\frac{119.000}{3.840} =$	**30 pouds 38 livres**

Frais de sondage pour établir ce cubage :

Longueur utile à sonder	1 verste
Nombre des lignes	20
Équidistance des lignes	25 sagènes
Nombre des chourfs par ligne (vallée large, plus de 300 m.)	20
Nombre total des chourfs.	400
Prix d'un chourf	50 Roubles
Frais totaux du sondage	**20.000** —

Le placer Vozdvijenski n'est encore affecté à aucune Compagnie.

Placer **VASSILIÉVSKI** (n° 52).

Placer thalweg immédiatement en amont de Innokentiévski, contient des sondages insuffisants, mais ayant donné 9 à 10 zol. par sagène cube.

Par précaution, vu l'insuffisance des données actuelles, je ne cube que les deux verstes d'aval du placer, le haut étant tout à fait dépourvu de sondages préalables.

Cubage probable. — En voici le calcul :

Longueur totale du placer	5 verstes
— utile —	2 —
Largeur moyenne de l'alluvion	20 sagènes
Puissance - —	6 tchetv.
Teneur — —	9 zol. par sag. cub.
Rapport caractéristique	2,5
Cube de stérile à enlever.	25.000 sag. cub.
— d'alluvion à laver.	10 000 —
— total à déplacer	35.000 sag. cub.
Or contenu $\frac{90.000}{3,840}$ = ...	**23 pouds 17 livres**

Frais de sondage pour établir ce cubage :

Longueur utile à sonder	2 verstes
Nombre des lignes	20
Équidistance des lignes	25 sagènes
Nombre des chourfs par ligne.	20
— total des chourfs.	400
Prix d'un chourf.	50 Roubles
Frais totaux du sondage	**20.000** —

Ce placer appartient à la Compagnie de la Zéya, c'est un de ses placers statutaires les plus anciens (25 Novembre 1875).

Nouveaux Placers thalweg. — Ces placers situés en amont et en aval des précédents et qui avaient déjà été pris par les Compagnies, puis renoncés (voir p. 104), puis enfin définitivement redemandés en concessions dans ces derniers temps, n'ont pas encore reçu leurs titres de propriété. Il n'y a donc pas lieu de s'en préoccuper pour le moment, ni de prévoir des dépenses pour leur sondage, la Loi Minière Russe ne permettant de se livrer à des travaux sur un placer en instance, même uniquement en vue de son cubage, qu'après que son titre a été délivré.

Teneur de ces placers : 60 dolis par 100 pouds d'après les déclarations relatives aux deux chourfs réglementaires, déclarations qui ne méritent qu'une confiance très relative, en ce sens que, pour ne pas attirer l'attention des tiers sur des placers nouvellement découverts, on annonce toujours, dans la déclaration à la Police, qui forme la base de l'instruction pour la délivrance de la Concession, une teneur médiocre ou même simplement les mots « traces d'or ». Ce qu'on peut dire, c'est qu'en général aucune des Compagnies de la Zéya ne juge utile en ce moment de s'assurer la propriété de placers ayant moins de 60 dolis de teneur. Au-dessous de ce chiffre, considéré déjà comme une limite de misère, les placers sont sans valeur avec les procédés actuels de travail et restent inoccupés en attendant des temps plus prospères ou des méthodes de travail moins onéreuses permettant d'envisager leur exploitation avec profits.

Placers affluents. — Ils sont au nombre de trois. Deux sur la rive gauche, Lydinski et Eleninski, et un sur la droite, le seul exploité en ce moment et le plus important de tous : Novo-Léonovski.

Placer LYDINSKI (n° 39).

Origine. — Placer statutaire de la Compagnie de la Zéya, concédé à Mme Schaniavski, le 20 Novembre 1876. Exploité seulement pendant une année, en 1894. J'y ai vu travailler cette année une dizaine de staratiélis dont la production doit venir grossir celle du placer Innokentiévski, car le placer n'a pas eu de compte ouvert pour l'Exercice 1896.

Voici son tableau de production :

ANNÉE	JOURNÉES EMPLOYÉES		POIDS LAVÉ (pouds)	PRODUCTION D'OR				TENEUR o/o pouds	
	Ouvriers.	Chevaux.		P.	L.	Z.	D.	Z.	D.
1894	17.220	8.210	2.068.500	5	1	68	.	.	$54\frac{3}{5}$

Comme on le voit, le rendement a été franchement mauvais. En mettant la journée globale d'ouvrier (padionchina) à $5^R,50$ et la journée de cheval à 1^R, ce qui est la moyenne pour cette région, le prix de revient de zolotnik a été de :

$$\frac{17.220 \times 5.50 + 8.210}{5.1.68} = 5^{\text{R}},86$$

tandis que sa valeur brute est de $4^{\text{R}},25$. On ne faisait donc pas ses frais. C'est un petit placer sans intérêt.

Placer ELENINSKI (n° 45).

Placer statutaire de la Compagnie du Mogotte. A été travaillé à deux reprises, en 1879 et 1895, en n'exploitant dans les deux cas que le lit mineur qui est étroit, encaissé, mais fort riche. Livré actuellement à une association de staratiélis coréens d'une habileté extrême, travaillant merveilleusement à la batée.

Comme le précédent, ce placer n'a pas de compte ouvert cette année, de sorte que sa production doit être ajoutée à celle d'un autre placer, dont elle vient ainsi fausser les moyennes. C'est un inconvénient de principe seulement, car la production de tous ces placers livrés aux orpailleurs est en général si faible, qu'elle ne peut influer que faiblement sur les moyennes.

Voici le tableau de production de ce placer :

ANNÉES	POIDS D'ALLUVION TRAITÉ (pouds)	OR OBTENU				TENEUR 0/0 POUDS	
		P.	L.	Z.	D.	Z.	D.
1879	2.562.000	6	58	81	.	1	05
1895	99.000	.	11	66	78	1	15
2 années	2.461 000	7	10	51	78	1	08

Comme le précédent, ce petit placer affluent n'offre plus d'intérêt.

Placer NOVO-LÉONOVSKI (n° 46).

Concédé le 51 Mai 1878. Fait partie de la Compagnie du Mogotte dont il est un des placers statutaires. On trouvera son plan et ses coupes principales à la page 170 (pl. XI). Voici son tableau de production.

Tableau de production du placer Novo-Léonovski.

ANNÉE.	POIDS D'ALLUVION LAVÉ (POUDS).	OR OBTENU.				TENEUR.	
		P.	L.	Z.	D.	Z.	D.
1896	1.690.200	2	31	36	85	.	61

Mis en exploitation en 1896, avec des sondages erronés et insuffisants, ce placer est un bon exemple des fausses manœuvres et des inconvénients graves que procurent les sondages mal exécutés et trop peu nombreux. On n'a exploité dans la première opération qu'une partie seulement du lit mineur et laissé sur la gauche des tailles toute une partie complètement inconnue et puissante comme on le voit sur la Coupe N° 2. On a même entassé quelque peu de stérile sur cette partie que les sondages n'avaient pas mise en évidence. Sur la droite, même incertitude. Lors de ma deuxième visite sur les lieux, au commencement de Septembre 1896, le chantier s'était considérablement enrichi et élargi. On avait un front de taille de 50 sagènes reconnu riche, que les sondages ne faisaient nullement prévoir et on exploitait avec deux artiels (associations d'ouvriers d'un genre particulier) seulement, les autres étant occupés à un travail pressant sur d'autres chantiers, 11 sagènes cubes par journée de 10 heures, avec un rendement moyen de 2 livres d'or, soit une teneur réalisée de :

$$\frac{11 \times 1200}{100 \times 2 + 95} = 1 \text{ zol. } 45 \text{ dolis par 100 pouds.}$$

Ce résultat dérange le plan de transport de lavoir pour la campagne prochaine, parce qu'on craint, en le mettant à proximité des tailles nouvellement ouvertes, de laisser la partie riche de gauche en aval du lavoir et de la perdre ainsi définitivement. C'est ce qu'on finira cependant par faire, en soupirant, sous l'empire de la nécessité de produire à tout prix, ce placer étant seul à supporter les frais de la Compagnie du Mogotte.

Les exemples de ce genre sont fréquents. Ils expliquent l'empressement que les staratiélis apportent à se faire accorder le droit d'exploiter ces bordures riches (Bartah) qu'ils connaissent parfaitement et dont ils profitent largement.

Quand ce nettoyage incomplet du lit mineur prend de grandes proportions et s'applique à des placers thalweg importants, le personnel même de la Compagnie, qui réside sur les lieux et qui est mieux que personne au courant de la vérité, prend le placer, réputé épuisé, à l'entreprise, à tant par poud. Un des employés quitte la Compagnie pour devenir entrepreneur, sous son nom ou sous celui d'une tierce personne en faisant alors un contrat de longue haleine, à tant par poud, avec la Compagnie. On voit alors le placer épuisé reprendre une vigueur nouvelle. L'exemple célèbre des placers du Djilinda qui affermés de cette manière ont rendu pendant une série d'années 40 pouds par an (valeur 1 million de francs) et qui produisent encore à l'heure actuelle 20 pouds par opération n'est pas unique dans les annales minières du pays. Le scandale est grand pour ce cas spécial parce que le succès de cette combinaison est par trop retentissant, mais, sur une plus petite échelle, il se reproduit journellement dans tout le bassin.

Lavoir. — Le lavoir de Novo-Léonovski est examiné à part à l'article lavage (Chap. III, page 363). Je ne reviens pas ici sur les critiques qu'il soulève et qui s'appliquent d'ailleurs à l'ensemble des appareils de lavage employés par les Compagnies de la Zéya.

Cubage. — Ce placer, qui n'a que 2 verstes de long, présente un intérêt sérieux. Voici comment je le cube, en comparant dans mon calcul la largeur du lit mineur et celle du lit majeur jusqu'à 40 dolis de teneur moyenne :

Longueur utile du placer.	2 verstes
Largeur moyenne de l'alluvion	50 sagènes
Puissance « «	6 tchetv
Teneur.	$7\frac{1}{2}$ zol par sag. cub.
Rapport caractéristique	$2\frac{1}{2}$
Cube de stérile à enlever.	62.500 sag. cub.
Cube d'alluvion à laver.	**25.000**
Cube total à déplacer	87.500 sag. cub.
Or contenu $\dfrac{25,000 \times 7.5}{3.849} =$	**48 pouds 30 livres**

Frais de sondage pour établir ce cubage :

Longueur utile à sonder	2 verstes
Nombre des lignes	30
Équidistance des lignes	33 sagènes
Nombre des chourfs par ligne.	20
— total des chourfs.	600
Prix d'un chourf	50 roubles
Frais totaux du sondage.	**30.000** —

On remarquera que je prévois un réseau de cubage très serré. Il est indispensable, parce que l'alluvion se trouve par nids, surtout sur le bed-rock granitique et que la situation fâcheuse où on se trouve en ce moment sur ce placer, par suite de l'insuffisance des recherches, est un enseignement qui ne doit pas être perdu dans l'avenir.

Résumé et tableaux récapitulatifs. — En résumé, les placers de l'Ougane, quoique moins importants que ceux du Mogotte, constituent un groupe intéressant, très rapproché de la Zéya, muni de sa Résidence, et prêt à être mis en valeur.

Récapitulation du cubage des placers de l'Ougane.

NOMS DES PLACERS.	STÉRILE à enlever (sag. cub.).	ALLUVION à laver (sag. cub.).	CUBE TOTAL à déplacer (sag. cub.).	RAPPORT CARACTÉRISTIQUE.	TENEUR en zolotniks par sag. cub.	OR CONTENU	
						P.	L.
Innokentiévski. . .	90.000	50.000	120.000	5	9	70	12
Vozdvijenski . . .	39.000	13.000	52.000	5	9	30	38
Vassiliévski. . . .	25.000	10.000	35.000	2.50	9	23	17
Novo-Léonovski .	62.500	25.000	87.500	2.50	$7\frac{1}{2}$	48	30
4 placers. . . .	216.500	78.000	294.500	2.80	$8\frac{1}{2}$	173	17

Il faut distinguer dans ce total, la proportion de cubage qui peut être considéré actuellement, comme assuré d'une manière à peu près certaine, celle qui, au second degré de probabilité peut être admise comme suffisamment établie, pour autoriser la dépense du traçage avec une sécurité complète pour le remboursement de cette dépense avec un large bénéfice.

Enfin les placers pour lesquels je n'ai établi ni prévisions ni frais de sondage, ni estimation de cubage sont ceux pour lesquels je n'ai pu réunir aucun élément d'information assez certain pour me permettre de les classer dans l'une des catégories ci-dessus énoncées. Je ne préjuge donc nullement pour ces placers un avenir plus ou moins fâcheux, ils sont seulement inexplorés et il est impossible, dans ces conditions, de donner un avis motivé sur leur valeur réelle, effective, actuelle.

Pour le système de l'Ougane, la division s'opère de la manière suivante :

Cubage acquis. — Un seul placer, le placer Novo-Léonovski, présente le cubage acquis suivant de son lit majeur :

<pre>
Longueur sondée . . . .   300 sagènes
Largeur du lit mineur.   20   —
Puissance de l'alluvion. . . . . . .   8 tchetv
Teneur. . . . .   9 zol. par sag. cub.
Or contenu . . . .   9 pouds 15 livres
</pre>

La différence avec le cube total ci-dessous établi à 173 pouds 17 livres, soit 164 pouds 2 livres, ne pourra être réellement cubée qu'après que les sondages prévus pour ces placers, s'élevant à la somme de 125.000 roubles auront été effectués.

Voici comment on peut interpréter ce résultat, au point de vue de la teneur moyenne, stérile et alluvion compris, des alluvions du Système de l'Ougane, ce qui présente de l'intérêt au point de vue de la question dragage.

<pre>
Teneur moyenne par sag. cube d'alluvion . . . . . 8 zol. 1/2
       —   d'alluvion et de stérile 2 1/4
soit en mesures métriques :
       Cube du stérile 2.083.528 m3
       Cube de l'alluvion 751.296
                                    ____
              Cube total 2.836.624
Poids d'or contenu dans l'alluvion 2.840 kgs.820
Teneur par mètre cube d'alluvion . : . .   3 gr. 78
       —   d'alluvion et de stérile cumulés . .   1 gr. 00
</pre>

Récapitulation des frais de sondage des placers de l'Ougane.

NOMS DES PLACERS.	Longueur totale du placer.	Longueur utile à sonder.	Valeur de la journée d'ouvrier.	Valeur d'un chourf.	LIGNES		CHOURFS		Nombre totale des chourfs.	DÉPENSE TOTALE
					Nombre.	Équidistance.	Nombre.	Équidistance.		
	V.	V.	R.	R.		Sag.		Sag.		(Roubles).
Innokentiévski . .	5	5	3.50	50	90	17	15	5	1350	55.000
Vozdvijenski. . .	1	1	id.	id.	20	25	20	5	400	20.000
Vassiliévski . . .	5	2	id.	id.	20	25	20	5	400	20.000
Novo-Léonovski. .	2 ½	2	id.	id.	50	33	20	5	600	30.000
4 placers	13 ½	8	3.50	50	160	div.	div.	5	2750	125.000

(B) PLACERS DU SYSTÈME DE LA RIVIÈRE MOGOTTE

(PLANCHE XII)

La figure 1 (Pl. XII) indique la disposition générale des placers de ce groupe.

La vallée du Mogotte est large, marécageuse, couverte de Torendra et d'arbres résineux, de taille médiocre, les forêts anciennes ayant été coupées ou brûlées. La rivière encaissée entre deux berges couvertes d'une épaisse végétation de mousses et de lichens a un courant assez rapide. Son cubage à l'étiage est indiqué plus loin. La direction générale de la vallée, remarquablement rectiligne depuis le confluent de la Bézimianka, est Nord-Est Sud-Ouest.

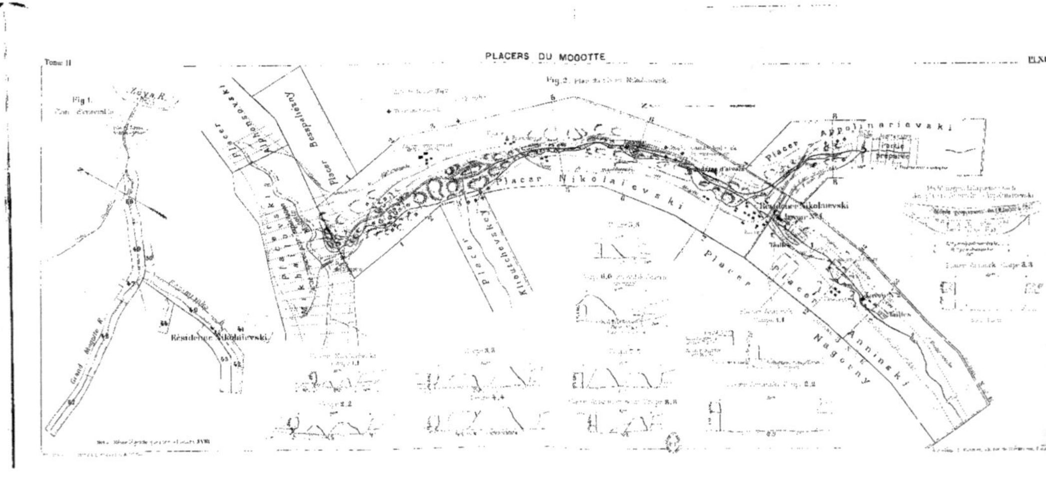

Fig 1.
Zéya R.
Placer Amonsovski
Placer Besspaliezny
Fig. 2. Plan du placer Nikolaievski.
Appolinarievski
Placer Abotchaï
Placer Nikolaievski
Placer Appolinarievski
Khabtikski
Placer Kleïchtchenski
Placer Nikolaievski
Résidence Nikolaievski
Placer Nagorny
Anninski
Résidence Nikolaievski
Grand Mogotte R.

Le Système du Mogotte comprend 9 placers ayant leurs titres de propriété. En voici le tableau :

Tableau des Placers du Système du Mogotte.

| NUMÉROS | | NOMS | COMPAGNIES | PRODUCTION | | | | TENEUR | | ÉTAT ACTUEL |
| du Service des Mines. | du Catalogue Général. | | AUXQUELLES | TOTALE D'OR | | | | MOYENNE o/o poids | | |
		DES PLACERS	ILS APPARTIENNENT	P.	L.	Z.	D.	Z.	D.	DES PLACERS
190	40	Nikolaïevski....	Haute-Zéya...	191	59	38	58	.	91	Épuisé Staratiélis.
189	41	Appolinariévski.	Id. ...	16	25	40	48	.	80	En préparation; partiellement exploité.
188	42	Amminski....	Id. ...	29	52	86	7	.	91	En exploitation.
»	43	Nagorny.....	Id. ...	.	.	.	.	.	.	Placer sur versant.
192	44	Klioutchevskoy..	Id. ...	.	.	.	.	.	.	Intact.
187	47	Mikhaïlovski.,..	Mogotte	.	.	.	.	.	.	En préparation. Placer important.
186	48	Marivnski....	Id. ...	.	.	.	.	.	.	Intact.
194	49	Alfonsovski....	Id. ...	.	.	.	.	.	.	Presque pas de sondages. Intéressant.
193	50	Bespaliézny....	Ilikane....	.	.	.	.	.	.	Placer sur versant.
Totaux	9 placers....			238	17	68	95	.	87	

Ce groupe est un des plus considérable et un des mieux préparés de tous ceux que possèdent les Compagnies de la Zéya. Il existe sur ces placers des cubages reconnus et importants d'or. Un certain nombre d'entre eux a été l'objet d'une exploitation fructueuse, grâce aux bonnes teneurs trouvées. Enfin la proximité de la Zéya offre pour ces gisements, des facilités de ravitaillement encore plus grandes. Ils méritent donc d'être examinés avec soin.

J'ai jugé nécessaire de les visiter à deux reprises différentes, à mon voyage d'aller aux placers du Djolon, au début de mon séjour dans le pays et à mon retour à la fin de Septembre, après avoir parcouru les autres groupes, de manière à posséder un terme de comparaison.

Sur les 9 placers qui constituent le groupe entier, 5 sont des placers thalweg, soit de la rivière principale, soit de ses affluents. Un seul d'entre eux (n° 40) est presque complètement épuisé; un autre (n° 43) est au début de son exploitation; tous les autres sont intacts.

Suivant la méthode adoptée, j'examinerai d'abord les placers thalweg du Système.

1° Vallée de la Bézimianka.

Les placers thalweg du Mogotte étant encore intacts, je m'occuperai d'abord de ceux situés sur le cours de l'affluent Bézimianka. On a vu, à propos de l'historique de la Compagnie du Mogotte, que c'est par cet affluent qu'on est entré dans le Système et qu'on en a pris peu à peu possession.

Placer NIKOLAÏEVSKI (n° 40).

Origine. — Placer statutaire de la Compagnie de la Haute-Zéya. Un des plus anciens de cette société. Concédé le 20 Mai 1876 à M. Vassili Nikitch Sabachnikoff.

La vallée de la Bézimianka, quoique moins large que celle du Mogotte, offre cependant une largeur moyenne d'au moins 120 à 150 mètres. Sa direction générale est presque exactement Nord-Sud; elle s'infléchit sensiblement vers l'Ouest, en entrant dans le placer Anninski, qui occupe toute la partie supérieure de son cours.

Tableau de production du placer Nikolaïévski.

ANNÉES	POIDS D'ALLUVION TRAITÉ (pouds)	OR OBTENU				TENEUR o/o pouds	
		P.	L.	Z.	D.	Z.	D.
1880	8.520.000	25	34	85	.	1	$18\frac{3}{4}$
1881	13.361.000	54	13	37	72	.	$94\frac{1}{2}$
1882	15.224.000	58	16	38	.	.	93
1883	14.958.000	55	17	61	.	.	$87\frac{1}{3}$
1884	9.843.700	23	.	59	.	.	86
1885	3.264.000	9	51	54	.	1	$14\frac{1}{2}$
1886		2	5	36	.		
1892	4.083.600	11	17	12	.	1	7
1893	2.320.500	5	39	43	.	.	$65\frac{1}{4}$
1894	720.200	1	18	65	20	.	$74\frac{2}{3}$
1895	1.980.000	2	36	14	43	.	54
1896	1.781 400	3	8	12	95	.	$66\frac{1}{4}$
12 années	75.863.400	191	59	38	38	.	91

Ce placer est actuellement à peu près complètement épuisé, comme l'indique le plan que j'en ai levé et que j'ai reproduit à la Planche XII (fig. 2).

Absence de plan topographique des placers. — Il convient de noter à ce propos que, dans les exploitations aurifères du bassin de la Zéya, on ne tient pas à jour les plans des travaux sur les placers. On se contente d'y tracer les limites des opérations successives, au fur et à mesure de leur préparation, limites qui sont indiquées sur le terrain, par des piquets qui disparaissent au bout de peu de temps, de sorte qu'on n'a aucun repère pour se reconnaître sur les lieux. Il arrive très fréquemment d'ailleurs que l'excavation réellement exécutée ne suit pas le tracé primitivement fixé. Cette absence de plans tenus à jour offre de nombreux inconvénients. On ne peut pas savoir au juste où en est la vie du placer, ni retrouver les endroits encore exploitables laissés par le premier écrémage. Ce travail devient de plus en plus difficile au fur et à mesure que les berges de l'excavation s'écroulent et se couvrent de végétation. On finit par oublier, par perdre de vue et finalement par abandonner les endroits riches ainsi négligés, aux entrepreneurs, qui eux n'ont pas cessé d'en connaître l'emplacement et la valeur.

J'ai eu une preuve convaincante de l'importance de ces plans, par le fait suivant, qui m'est arrivé sur un placer, que je ne nommerai pas, dont on avait refusé de me communiquer le plan de sondage, sous prétexte d'une indiscrétion possible. Mon levé achevé et mis à jour, le Directeur pour lequel ce genre de travail était nouveau et inédit, fut heureux d'en profiter pour décider l'emplacement à donner à son lavoir pour l'opération suivante, emplacement qu'il avait déterminé, vu l'absence d'un plan des travaux, dans des conditions qui l'auraient conduit à perdre une portion importante du lit mineur.

Nature de l'alluvion. — Les alluvions de la Bézimianka, provenant de la décomposition de gneiss et de micaschistes à amphibole, qui forment la presque totalité du bed-rock de la vallée, sont composées de sables lourds, de couleur gris-vert très foncé à la base de l'alluvion, extrêmement faciles à débourber et à laver. Aussi les tailings ne contiennent-ils guère plus de 8 à 10 dolis aux 100 pouds (0 gr. 50 par mètre cube).

L'alluvion aurifère proprement dite contient, dans Nikolaïevski, en moyenne 50 pour 100 de cailloux (galki) atteignant jusqu'à la dimension de la tête. Cette proportion augmente dans la partie située en aval de l'ancien réservoir où se trouve une formation locale de gros blocs dont j'ai parlé en détail à la page 157 à propos de la genèse des placers de la Zéya.

Épaisseur du stérile. — Le stérile n'est pas puissant : c'est d'ailleurs la règle générale dans tout le bassin. D'après les nombreuses coupes en travers que j'ai relevées, le rapport primordial, de tout placer, ce que je désigne sous le nom de *Rapport Caractéristique*, à savoir, la relation :

$$\frac{\text{Stérile}}{\text{Alluvion}}$$

varie dans la vallée de la Bézimianka entre 2,50 et 5.

Je rappelle que pour ce placer, qui a été exploité dans des temps encore plus primitifs que l'époque actuelle, on a jeté aux déblais et compris dans l'épaisseur comptée comme stérile à enlever, toute la partie supérieure de l'alluvion aurifère, ne tenant pas au minimum 20 dolis (1 gr. 26 par mètre cube).

Si l'on comprenait, dans l'alluvion aurifère, comme cela se fait dans les autres pays, l'épaisseur totale de la couche contenant de l'or, on ne dépasserait certainement pas, en moyenne, le chiffre de 2,50 pour le rapport caractéristique; mais il faudrait pour cela avoir inauguré des méthodes d'exploitation améliorées, permettant d'envisager l'abattage et le lavage d'alluvions à 20 dolis, sinon avec bénéfice, au moins avec remboursement de leurs frais, ce qui serait déjà un progrès énorme sur l'état actuel des choses.

Disposition de l'alluvion. — L'ensemble des travaux du placer Nikolaïevski présente un exemple frappant de l'influence de la nature du bed-rock sur la composition et la puissance de l'allu-

vion. Dans son ensemble, ce placer a présenté deux élargisse-
ments vers ses deux extrémités et une partie étranglée dans son
milieu. Aux parties larges, correspond le bed-rock tendre de micaschistes ; à l'étranglement, le bed-rock de granit du réservoir.

Pente des parties larges, 2 pour 100.

Pente du bed-rock de granit, 5 pour 100.

Cette observation est importante parce qu'elle donne de la
valeur aux placers affluents de la Bézimianka, dont je m'occupe
ci-dessous et qui sont tous dans les micaschistes.

État des travaux. — Je n'ai vu sur ce placer que de nombreux
staratiélis occupés à gratter les bords. On ne relave pas les résidus
du lavage primitif. Lors de mon premier passage, le seul travail
préparatoire en train était l'installation d'une voie ferrée avec
wagons à chevaux, pour exploiter une assez forte bande d'alluvions laissée à l'endroit où commencent les gros blocs. Il y a
encore là à prendre sur 250 sagènes de longueur, une bande
moyenne de 10 sagènes de largeur avec 0 m. 50 de hauteur
utile. Teneur 8 zolotniks par sagène cube, soit 1 poud comme
poids d'or à en retirer.

Cubage du placer. — On peut compter, sans crainte de se
tromper, que l'élargissement en face du placer Khoutchevskoy
donnera autant, ainsi que les deux bandes à prendre dans le bas,
près du Mogotte.

Reste enfin un morceau de 60 sagènes de longueur à prendre
tout à fait dans le haut du placer, à la limite de Anninski :
4 pouds.

Total du cubage restant à enlever : minimum **8 pouds**, probable **10 pouds**. Relavage des résidus : mémoire.

Placer ANNINSKI (n° 42).

Origine. — Placer statutaire de la Compagnie de la Haute-Zéya. Concédé le 26 Mai 1876.

Fait suite, en amont, au précédent, et occupe tout le haut cours de la Bézimianka, jusqu'à sa source. Longueur, comme celle de Nikolaïevski, 5 verstes, maximum légal de chaque placer.

Mis en exploitation depuis 1893, cet intéressant placer a été travaillé sans interruption jusqu'à présent.

Tableau de production du placer Anninski.

ANNÉES	POIDS D'ALLUVION TRAITÉE pouds	POIDS D'OR OBTENU				TENEUR 0/0 POUDS	
		P.	L.	Z.	D.	Z.	D.
1893	3.447.500	6	4	.	.	.	55 $\frac{1}{4}$
1894	2.580.500	6	39	59	51	1	12 $\frac{1}{5}$
1895	2.979.600	11	18	5	63	1	45 $\frac{2}{5}$
1896	5.525.000	5	11	20	85	.	59
4 années	12.152.400	29	52	86	7	.	91

Absence de sondages. — L'absence de travaux de sondage suffisants s'est fait cruellement sentir pendant la dernière opération. On était si mal renseigné sur la direction du lit mineur, qu'on ne s'est aperçu qu'à la fin de la campagne 1895-1896 qu'on avait laissé le lit mineur à la gauche des tailles du chantier. Depuis mon départ, les sondages de l'hiver 1896-1897 ont démontré que ce lit riche débordait même sur le placer voisin, Nagorny, ce qui augmente beaucoup le cube acquis que j'ai admis sur Anninski. La production s'en est vivement ressentie, ainsi que la teneur moyenne, comme le tableau le montre clairement.

Nature de l'alluvion. — L'alluvion aurifère d'Anninski est exceptionnellement facile à travailler et à laver. Il n'y avait pas, lors de notre séjour sur les lieux, 10 pour 100 de l'alluvion ne passant pas à travers une grille de 0 m. 10 d'écartement des barreaux. C'est un sable gris verdâtre, sans argile, se dégelant très rapidement au soleil, à raison de 2 tchetverts (0 m. 35) en 3 jours, ce qui permet d'avoir au chantier ramassé, avec tailles courtes et profondes. Le bed-rock contient de nombreux filets de quartz interstratifié. L'un d'eux, puissant de 1 m. 20, a donné lieu à un enrichissement notable de l'alluvion dans le chantier du Lavoir n° 2 comme on le verra plus loin.

Méthode d'exploitation. — On emploie des tarataïkas, aussi bien pour le transport des sables aurifères que des déblais lavés. Ces derniers ont été pendant un certain temps évacués avec un guide-rope. On voit encore les ruines de l'installation créée à cet effet. J'ai traité dans la Monographie du Djolon, avec tous les détails nécessaires, la question du prix de revient comparatif du guide-rope et des tarataïkas et cette étude explique la raison de l'abandon presque complet d'un procédé moins primitif que des charrettes pour le transport des déblais. Je n'y insisterai donc pas ici.

Sur le bed-rock du chantier n° 1, à 45 mètres en amont de la route qui va à Inaragda, passe un puissant banc d'aplite et de feldspath cristallisé en roche de couleur rosée, interstratifié dans les micaschistes. Puissance 1 m. 20 (Échantillon n° 7 de la Collection de l'École des Mines de Paris).

Organisation des travaux. — Il y a sur ce placer deux chantiers distincts : le n° 1, installé en 1896, sur la limite du placer Nikolaïevski, juste au-dessus de la route d'Inaragda, est ouvert sur une alluvion magnifique, de plus d'une sagène d'épais-

seur; il n'y a presque pas de stérile superficiel. On n'en prend
que la partie inférieure, en trois tailles de 0 m. 60 chaque; ensemble 1 m. 80. Le reste est envoyé au stérile, teneur : 15 dolis
(environ 0 gr. 80 par mètre cube). On ne prend que le lit mineur
ou plutôt, en l'absence de sondages méthodiques, ce qu'on croyait
être le lit mineur. Or il y a des « chourfs » payants s'étendant
sur une partie notable du placer Nagorny, placer sur versant,
limitrophe à Nikolaïevski et à Anninski, de sorte qu'en dernière
analyse, on n'enlève qu'une partie restreinte, bien moins de la
moitié, de l'alluvion payante.

Le chantier n° 2, qui est en amont du précédent, continue les
tailles des années antérieures. C'est là qu'on avait installé un
chantier avec guide-rope.

Cubage du placer. — Il y a dans ce placer à distinguer entre
le cubage acquis et le cubage probable, pour la mise en évidence
duquel des travaux de sondage, dont je donne aussi le compte,
sont indispensables. Examinons séparément ces deux éléments.

Cubage acquis. — Ce cubage est déterminé par les sondages
existants entre les deux chantiers n°ˢ 1 et 2 ci-dessus décrits. En
voici les éléments :

Longueur utile.	450 sagènes
Largeur du lit mineur.	25 —
Puissance de l'alluvion.	8 tchetv.
Teneur	9 zol. par sag. cub.
Rapport caractéristique.	1
Cube de stérile à enlever. . . .	7.500 sag. cub.
Cube d'alluvion à laver.	7.500 —
Cube total à déplacer.	15.000 sag. cub.
Or contenu	**17 pouds 23 livres**

Cubage probable :

Longueur	2 verstes
Largeur moyenne de l'alluvion. .	20 sagènes
Puissance	6 tchetv.
Teneur	5 zolot.
Rapport caractéristique.	1
Cube de stérile à enlever. . . .	10.000 sag. cub.
— d'alluvion à laver	10.000 —
— total à déplacer	20.000 sag. cub.
Or contenu	**13 pouds**

Récapitulation du cubage :

Cubage acquis.	**17 pouds 23 livres**
Cubage probable	**13 — —**
Cubage total . . .	**30 pouds 23 livres**

Frais de sondage pour établir ce cubage :

Longueur à sonder	3 verstes
Nombre des lignes	40
Équidistance.	57 $\frac{1}{2}$ sagènes
Nombre des chourfs par ligne. .	10
Nombre total des chourfs . . .	400
Prix d'un chourf.	50 Roubles
Frais totaux du sondage. . . .	**20.000 —**

Je passe maintenant à la description des placers affluents de la Bézimianka.

Placer APPOLINARIÉVSKI (n° 41)

Origine. — Placer statutaire de la Verkné Zéya Company (Compagnie de la Haute-Zéya). Concédé le même jour de la même année que le précédent.

Ce placer est situé sur la rive droite de la Bézimianka. Son confluent se trouve juste en face de la Résidence Nikolaïevski.

Production. — Il a été exploité avec intermittence depuis 1890. On y a fait depuis un an un certain nombre de sondages qui vont procurer le moyen de faire une opération en 1896-1897. Ces sondages permettent aussi d'y reconnaître un cubage acquis.

Le placer est actuellement livré aux staratiélis.

Voici le tableau complet de sa production depuis son début.

Tableau de production du placer Appolinariévski de 1886 à 1896.

ANNÉES	POIDS D'ALLUVION TRAITÉE (pouds)	POIDS D'OR OBTENU				TENEUR °/₀ POUDS	
		P.	L.	Z.	D.	Z.	D.
1886	.	4	55	71	.	1	26
1893	2.412.000	4	36	16	.	.	75
1894	2.275.200	5	27	55	37	.	92 $\frac{1}{8}$
1895	588.000	.	58	70	45	.	56
1896	151.200	.	9	19	57	.	56
5 années	5.426.400	16	25	40	45	.	80

Même composition d'alluvion que pour le précédent, mais épaisseur moindre de la couche exploitable. Je n'admets pas plus de 6 tchetv. en moyenne (1 m. 05). Le placer est aussi moins long, 5 verstes, et moins large que le précédent, comme c'est la règle pour tous les placers affluents.

Sondages vers l'amont. — Il a été fait, en vue de la reprise de l'exploitation en 1897, un assez grand nombre de sondages méthodiques en amont du front de taille actuel. Ils ont révélé une première zone stérile de 60 sagènes de longueur, puis une zone riche à 1 zolot. et au-dessus, se prolongeant sur un développement de 500 sagènes, distance à laquelle les sondages se sont arrêtés.

Cube acquis. — Il résulte de ces données qu'on peut cuber ce placer en deux parties : cube acquis, cube probable, de la manière suivante :

Longueur utile.	500 sagènes
Largeur du lit mineur.	20 —
Puissance de l'alluvion.	8 tchetv.
Teneur.	12 zol. par sag. cub.
Rapport caractéristique	1 ½
Cube de stérile à enlever. . . .	10.500 sag. cub.
— d'alluvion à laver	7.000 —
— total à déplacer.	17.500 sag. cub.
Or contenu	**21 pouds 35 livres**

Cube probable. — Sur les deux verstes en amont de la partie sondée en y comprenant le lit majeur :

Longueur utile.	1.000 sag. = 2 verstes
Largeur moyenne de l'alluvion .	15 —
Puissance.	6 tchetv.
Teneur.	6 zolotniks par sag. cub.
Rapport caractéristique	1.5
Cube de stérile à enlever . . .	10.750 sag. cub.
— d'alluvion à laver	7.500 —
— total à déplacer.	18.250 sag. cub.
Or contenu	**11 pouds 29 livres**

Frais de sondage pour mettre ce cube en évidence .

Longueur utile à sonder. . . .	2 verstes
Nombre des lignes	40
Équidistance.	25 sagènes
Nombre des chourfs par ligne. .	10
— total des chourfs. . . .	400
Prix du sondage 400 × 50 =	**20.000 Roubles**

Récapitulation.

Cubage acquis.	21^P.35
Cubage probable.	11^P.29^L
Total	33^P.24^L

Placer KLIOUTCHEVSKOY (n° 44).

Origine. — Placer statutaire de la Compagnie de la Haute-Zéya, concédé le 26 Mai 1876, situé sur un affluent gauche de la Bézimianka, dans laquelle il se jette 1 verste 1/2 environ avant d'atteindre le confluent de cette rivière avec le Mogotte.

Au point où cet affluent vient se jeter dans le placer Nikolaïevski, il y a eu un grand enrichissement dans ce dernier gisement, qui n'est même pas encore épuisé complètement et que j'ai cubé précédemment.

Le placer Klioutchevskoy est entièrement vierge. Il a été fait seulement quelques chourfs sur la limite avec Nikolaïevski, qui ont donné des teneurs supérieures à 1 zolot. C'est un placer qui mérite qu'on fasse la dépense de son sondage en vue de son exploitation. Dans l'état actuel on ne peut faire aucun cubage appuyé sur des faits, mais les probabilités sont toutes en faveur d'une teneur payante de l'alluvion contenue dans ce placer.

Frais du sondage. — Les frais de sondage s'établissent comme suit :

Longueur à sonder.	5 verstes
Nombre des lignes.	60
Équidistance	25 sagènes
Nombre des chourfs par ligne .	10
— total des chourfs . . .	600
Prix d'un chourf	50 Roubles
Prix total du sondage.	**30.000** —

Placer **NAGORNY** (n° 45).

Origine. — C'est le seul placer sur versant situé dans la vallée de la Bézimianka. Placer non statutaire de le Cie des Placers-Réunis, concédé le 18 Janvier 1890. Il vient s'appliquer sur le flanc gauche du placer Anninski et une partie de la Résidence Nicolaïevski est bâtie sur sa surface.

La vallée étant très large en cet endroit, le placer pouvait contenir dans sa partie inférieure une certaine quantité d'alluvion aurifère. Les sondages exécutés pendant l'hiver 1896-1897 ont démontré le bien fondé de ces prévisions, car ils ont mis en évidence un élargissement puissant et riche de l'alluvion aurifère de Anninski sur une surface importante de ce placer sur versant. C'est aussi un placer de défense contre les marchands de goutte, toujours empressés à s'établir quand ils le peuvent, à proximité des camps miniers. C'est, en résumé, un placer d'une utilité et d'une richesse incontestables.

2° Placers situés dans la Vallée du Mogotte.

Ces placers sont tous intacts. Un seul d'entre eux a été partiellement découpé par des sondages réguliers en vue de son exploitation prochaine (Placer Mikhaïlovski). Tous les autres n'ont été reconnus que par quelques sondages non méthodiques qui ont simplement démontré l'existence d'une alluvion payante, mais sans en permettre le cubage.

Ce système d'économie a conduit à un double résultat : impossibilité d'entreprendre l'exploitation de ce groupe en temps utile, ce qui aurait empêché la production de la Cie de la Zéya de tomber aux chiffres plus que médiocres actuels.

Impossibilité aussi, au point de vue de la valeur intrinsèque du Système, de cuber avec certitude, dans une vallée principale contenant cinq placers de 5 verstes chacun, soit 25 verstes de développement, plus de 5 verstes de terrain aurifère et encore sur ces cinq verstes, trois ne peuvent être admises que comme cubage probable, ce qui diminue considérablement le poids d'or qu'on peut, dès à présent, considérer comme acquis.

Répartition des placers. — Il y a, dans la vallée du Mogotte, cinq placers thalweg concédés (n⁰ˢ 47, 48, 49), de cinq verstes chacun, plus deux demandes récentes, un placer affluent et un placer sur versant (n° 50), soit en tout, 7 placers appartenant tous aux Compagnies de la Zéya qui n'ont pas de voisin dans ce système, qui forme un ensemble très complet.

Orographie. — La vallée du Mogotte, au point où se trouve le confluent de la Bézimianka, est fort large, 4 à 500 mètres en moyenne et bordée par des collines ayant une altitude de 150 à 180 mètres au-dessous du fond de la vallée.

Cette dernière présente cette particularité, de faire un angle presque droit justement au point de rencontre avec la Bézimianka. La partie supérieure de la vallée suit une direction presque rigoureusement rectiligne, orientée Ouest-Nord-Ouest. Après le confluent de la Bézimianka, la direction non moins rectiligne, devient celle de l'orographie générale du pays Nord-Est à Sud-Ouest, qu'elle suit jusqu'à son confluent avec la Zéya. (Voir la carte d'ensemble de la Planche XII.)

Régime des eaux. — Le Mogotte est une rivière qui a une certaine importance et sa dérivation par digue transversale et canal latéral d'évacuation pour permettre l'assèchement des tailles, ne laisse pas que d'être un travail sérieux, surtout si l'on veut se mettre à l'abri des inondations en ménageant au canal de fuite une section suffisante pour débiter les eaux des crues. Ce sera là un des points dangereux de l'installation.

Débit. — J'estime le débit du Mogotte, à l'époque de ma visite, après un été plutôt sec que pluvieux, à 5 mètres cubes par seconde. Le cours de la rivière est rapide et la pente du fond est au moins de 1 1/2 0/0.

La rivière n'est d'ailleurs ni navigable ni flottable. Elle coule entre des berges couvertes d'une épaisse toundra et d'arbres à feuilles caduques, à 2 m. 50 en contre-bas de ces berges. Le fond de la rivière est formé de gros cailloux.

En résumé, rivière assez importante, pouvant donner à peu de frais, de la force motrice à volonté pendant les 4 mois 1/2 d'eau liquide, de Mai à mi-Septembre.

Bois. — La vallée est couverte d'une épaisse toundra. Il est impossible, en été, d'y circuler à cheval, la marche à pied y est pénible et lente.

Bois à volonté sur les versants : essences résineuses, pin, sapin, mélèze, mais pas de grandes dimensions. Des billes de plus de 0 m. 40 de côté après équarrissage ne se trouvent pas facilement. Bois courant : 6 mètres de longueur, 0 m. 25 d'équarrissage moyen. La coupe des bois est libre de toute redevance et le prix de revient se compose uniquement des frais d'abatage, d'équarrissage, de sciage s'il s'agit de planches et enfin de transport. Les Sibériens sont tous, de naissance, des bûcherons de premier ordre.

Placer MIKHAÏLOVSKI (n° 47).

Origine. — Placer statutaire de la Cie du Mogotte, concédé le 21 Janvier 1878. Il contient l'enrichissement par épanouissement produit par la rencontre, à angle droit, de deux vallées aurifères du Mogotte et de la Bézimianka, J'en donne le plan à la Pl. XII.

Le placer Mikhaïlovski a été méthodiquement sondé sur la partie contenant l'épanouissement. On a reconnu la couche aurifère payante sur une largeur de plus de 400 mètres. Il y a là un magnifique chantier à établir.

Le chenal aurifère, en dehors de l'épanouissement, n'a reçu qu'un trop petit nombre de sondages pour qu'on puisse le comprendre dans le cubage acquis.

Cubage. — Je divise cet important cubage en deux parties, à savoir :

I. Cubage acquis dans l'épanouissement.
II. Cubage probable du chenal aurifère.

Voici les éléments de l'un et de l'autre :

I. *Épanouissement* (Cubage acquis) :

Longueur utile.	2 verstes
Largeur moyenne de l'alluvion. . .	80 sagènes
Puissance — — . .	8 tchetv.
Teneur . . — . . .	9 zol. par sag. cub.
Rapport caractéristique.	2,5
Cube de stérile à enlever.	152.500 sag. cub.
— d'alluvion à laver	55.000
— total à déplacer.	185.500 sag. cub.
Or contenu.	**124 pouds 8 livres**

II. *Chenal aurifère* (Cubage probable).

Longueur utile.	5 verstes
Largeur moyenne de l'alluvion.	40 sagènes
Puissance.	6 tchetv.
Teneur.	6 zol. par sag. cub.
Rapport caractéristique	2,5
Cube de stérile à enlever.	75.000 sag. cub.
— d'alluvion à laver.	50.000
— total à déplacer.	105.000 sag. cub.
Or contenu.	**46 pouds 35 livres**

Récapitulation.

	Stérile.	Alluvion.	Stérile et alluvion.	Or contenu.
I. Épanouissement.	152.500	55.000	185.500	124.8
II. Chenal aurifère. .	75.000	50.000	105.000	46.35
Totaux.	207.500	85.000	290.500	171. 3

Il est intéressant de se rendre compte, au point de vue du dragage, de ce que représente cette teneur par rapport aux poids cumulés d'alluvion et de stérile.

On trouve le chiffre de :

$$\frac{171.3}{290,500} = 2 \text{ zolot. par sag. cube}$$

correspondant à une teneur de 16 dolis aux 100 pouds d'alluvion et de stérile cumulés et, en mesures métriques, en admettant un poids de 2000 kilogrammes par mètre cube d'alluvion aurifère en place, à une teneur de :

$$\frac{10,46 \times 044 \times 2000}{1658} = 0^{gr},86 \text{ par mètre cube}$$

Sondage du chenal. — Pour établir le cube probable que je

viens d'estimer, il est nécessaire de compléter le sondage méthodique du placer Mikhaïlovski, qui a jusqu'ici été limité presque exclusivement à l'épanouissement dont j'ai parlé plus haut, qu'on traverse en suivant la route allant de Mikhaïlovski au Djolon.

Voici les éléments permettant d'établir la dépense qu'entraînera l'exécution de ce travail préparatoire :

Frais de sondage du placer Mikhaïlovski :

Longueur totale du placer.	5 verstes
Longueur utile à sonder.	5 --
Nombre des lignes.	60
Équidistance des lignes.	25 sagènes
Nombre des chourfs par lignes	15
Nombre total des chourfs.	900
Prix d'un chourf.	50 Roubles
Frais totaux du sondage.	**45.000** —

Ce sondage est le plus urgent de tous ceux que j'aurai l'occasion d'établir et l'on verra plus loin, lorsque j'examinerai les voies et moyens à adopter pour exécuter ces sondages dans un laps de temps convenable, sans avoir besoin de forcer les rouages actuels, que les sondages dans la vallée du Mogotte passent en première ligne. Leur exécution donnera aussi des indications précieuses sur l'allure des couches aurifères qui ne sont connues jusqu'à présent que dans la Bezimianka et dont on pourra ainsi commencer la topographie souterraine.

Placer **ALFONSOVSKI** (n° 49).

Origine. — Placer statutaire de la Compagnie du Mogotte. Concédé le 21 Juin 1878.

Situation. — Placer thalweg faisant suite, en aval, au précédent, sur une longueur de 5 verstes. C'est un placer qui offre un grand intérêt. Malheureusement il n'a été sondé que sur un très petit nombre de points, ce qui rend son cubage impossible.

Plan de sondage. — Voici comment doivent s'exécuter ces sondages : Sur les 5 verstes qui composent la longueur totale du placer, une seule, celle immédiatement en contact avec le placer Mikhaïlovski, a reçu 500 sondages. C'est suffisant, comme premier traçage, pour cette partie.

Restent 4 verstes au cours desquelles la vallée s'élargit de plus en plus. Il faut compter en moyenne 20 chourfs par ligne pour sonder le terrain, de montagne à montagne et ne pas courir le risque de manquer le chenal par une lacune dans les travaux de sondage, ce qui est un cas malheureusement fréquent.

On a ainsi à prévoir la dépense suivante :

Longueur à sonder.	4 verstes
Nombre des lignes.	40
Équidistance	50 sagènes
Nombre des chourfs par ligne.	20
Nombre total des chourfs	800
Prix d'un chourf.	50 Roubles
Dépense totale à prévoir.	**40.000** —

Cubage acquis. — Le cubage, sur la verste découpée par sondage, peut être considéré comme un cubage acquis, bien que les lignes soient assez distantes les unes des autres. D'autre part, dans la région où elles sont faites, l'allure de l'alluvion est assez régulière pour espérer n'avoir pas de mécomptes.

Ces réserves faites, voici comment s'établit le cubage de cette verste.

Longueur utile de l'alluvion. . . .	500 sagènes
Largeur moyenne —	60 —
Puissance — —	8 tchetv.
Teneur — —	$6^{z}.\frac{1}{4}$ par sag. cub
. Rapport caractéristique.	2,5
Cube de stérile à déplacer.	50.000 sag. cub.
— d'alluvion à laver.	20.000
— total à enlever	70.000 sag. cub.
Or contenu.	**32 pouds 22 livres**

de sorte que, même dans l'hypothèse où l'alluvion de Alfonsovski serait inexploitable sur les 4 verstes d'aval, les frais de sondage de cette partie sont, dès à présent, largement couverts par l'or reconnu dans la partie déjà sondée du placer.

Placer **MARYINSKI** (n° 48).

Origine. — Appartient, comme le précédent, à la Compagnie du Mogotte. Placer statutaire concédé le 21 Juin 1878.

Fait suite, en amont, au placer Mikhaïlovski. Pas de sondages.

La vallée se rétrécit, de sorte que 10 sondages par ligne, en moyenne, seront suffisants.

Sondages à effectuer. — Ce placer, qui a 5 verstes de longueur, doit recevoir les sondages suivants :

Longueur à sonder.	5 verstes
Nombre des lignes.	60
Équidistance —	40 sagènes
Nombre des chourfs par ligne	10
Nombre total des chourfs.	600
Prix d'un chourf.	50 Roubles
Dépense totale du sondage.	**30.000 —**

Cubage acquis. — Néant.

Cubage probable. — Il convient d'être prudent dans l'appréciation de la teneur probable et d'admettre un chiffre moindre que pour les placers d'aval que l'afflux de l'or de la Bézimianka peut avoir notablement enrichis.

Voici comment, à mon avis, on peut établir ce cubage :

Longueur exploitable.	5 verstes
Largeur moyenne de l'alluvion. . .	40 sagènes
Puissance — — . . .	6 tchetv.
Teneur — — . . .	4 zol. par sag. cub.
Rapport caractéristique.	2,25
Cube de stérile à enlever	112.500 sag. cub.
— d'alluvion à laver.	50.000
— total à déplacer.	162.500 sag. cub.
Or contenu.	**52 pouds 3 livres**

Placers { **SERGIÉVSKI.**
YÉKATERININSKI.

Ces deux placers thalweg nouvellement redemandés et qui ne figurent pas au Catalogue Général complètent la prise de possession du Système du Mogotte.

Il n'y a aucun travail de recherches à faire sur ces placers, avant que les trois précédents aient été mis en exploitation. On a tout le temps nécessaire à cet effet, car les titres de propriété ne sont pas encore délivrés; d'ailleurs les résultats des sondages sur les autres placers thalweg donneront probablement déjà des indications précieuses sur la richesse probable des placers extrêmes, avant qu'on ait eu besoin d'y risquer des dépenses.

Placer BESPALIÉZNY (n° 50).

Origine. — Placer sur versant, appartenant à la Compagnie de l'Ilikane dont il est un des placers statutaires. Concédé le 16 Février 1885.

Petit placer de précaution, dans l'angle inférieur formé par le confluent de la Bézimianka et le Mogotte pour le cas où le grand épanouissement aurifère aurait échappé, par quelque coin, aux placers ci-dessus décrits.

Cette précaution n'a pas été inutile, car il y a toute une bande dans la partie basse de ce placer, qui se trouve sur le terrain de la vallée proprement dite et qui contient par conséquent, selon toute probabilité, une certaine quantité d'alluvion payante.

C'est dans des épanouissements de ce genre ou dans le cas de vallées très larges que ces placers sur versant offrent une utilité réelle. La règle pratique, en fait de délimitation de placers aurifères en Sibérie Orientale, est de délivrer au demandeur la totalité de la largeur du placer depuis le point où commence la montagne jusqu'à la naissance opposée, mais à condition que cette distance ne dépasse pas 250 sagènes (500 mètres). Lorsqu'il n'en est pas ainsi, c'est-à-dire si la largeur de la vallée dépasse cette limite, il devient indispensable, pour s'assurer la totalité de la surface en plaine, pouvant recouvrir des alluvions payantes, de demander une bande parallèle, qui constitue un placer indépendant du premier et qui le complète.

Cette règle ne comporte qu'une exception, c'est en face des affluents ou ruisseaux se jetant dans le cours d'eau principal. On peut les faire annexer, sauf opposition de tiers intéressés, au placer principal jusqu'à une distance de 250 sagènes de la vallée principale.

Sondages à exécuter sur ce placer. — Il y a à exécuter sur une bande de 250 sagènes de longueur, 13 lignes de chourfs, avec 5 chourfs par ligne, ce qui sera suffisant pour reconnaître toute la partie utile de ce petit placer. Au total, 65 chourfs à exécuter, représentant une dépense totale de **3250 Roubles**.

Récapitulation du cubage des placers du Mogotte.

I. — Cube acquis.

NOMS DES PLACERS.	STÉRILE À ENLEVER. Sag. Cub.	ALLUVION À LAVER. Sag. Cub.	CUBE TOTAL À DÉPLACER Sag. Cub.	RAPPORT caracté-ristique.	TENEUR EN ZOLOTNIKS par sagène cube.	OR CONTENU P.	OR CONTENU L.
Nikolaïevski. . .	Divers chantiers en bordure.					10	
Anninski. . . .	7.500	7.500	15.000	1	9	17	23
Appolinariévski .	10.500	7.000	17.500	$1\frac{1}{2}$	12	21	35
Mikhaïlovski. . .	132.500	53.000	185.500	$2\frac{1}{2}$	9	124	8
Alfonsovski. . .	50.000	20.000	70.000	$2\frac{1}{2}$	$6\frac{1}{4}$	32	22
5 placers. . .	200.500	87.500	288.000	$2\frac{1}{4}$	$8\frac{1}{2}$	206	8

II. — Cube probable.

NOMS DES PLACERS.	STÉRILE À ENLEVER. Sag. Cub.	ALLUVION À LAVER. Sag. Cub.	CUBE TOTAL À DÉPLACER. Sag. Cub.	RAPPORT caracté-ristique.	TENEUR EN ZOLOTNIKS par sagène cube.	OR CONTENU P.	OR CONTENU L.
Anninski. . . .	10.000	10.000	20.000	1	5	13	
Appolinariévski .	10.750	7.500	18.250	$1\frac{1}{2}$	6	11	29
Mikhaïlovski.. .	75.000	50.000	105.000	$2\frac{1}{2}$	6	46	35
Maryinski. . . .	112.500	50.000	162.500	$2\frac{1}{2}$	4	52	3
4 placers. . .	208.250	97.500	305.750	$2\frac{1}{4}$	5	123	27

Récapitulation des frais de sondage des placers du Mogotte.

NOMS DES PLACERS.	Longueur totale du placer.	Longueur utile à sonder.	Valeur de la journée d'ouvrier. R.	Valeur d'un chourf. R.	LIGNES Nombre.	LIGNES Équidistance.	CHOURFS Nombre.	CHOURFS Équidistance.	Nombre total des chourfs.	DÉPENSE TOTALE (Roubles).
Anninski	5	3	5.50	50	40	37½	10	5	400	20.000
Appolinariévski . .	3	2	3.50	50	40	25	10	5	400	20.000
Klioutchevskoy . .	5	3	3.50	50	60	25	10	5	600	30.000
Mikhaïlovski . . .	5	3	3.50	50	60	25	15	5 à 10	900	45.000
Alfonsovski. . . .	5	4	3.50	50	40	50	20	5 à 10	800	40.000
Maryinski (parl. sup.)	5	2	3.50	50	60	40	10	5 à 10	600	30.000
Maryinski (parl. inf.)		5	3.50	50	40	40	10	5 à 10	400	20.000
Bespaliézny. . . .	2	½	3.30	50	13	20	5	5	65	3.250
7 placers. . . .	28	20½	3.50	50	313	div.	div.	div.	4165	208.250

(C) PLACER DU SYSTÈME DE LA RIVIÈRE KOUDATCHI

(Affluent du Dambouki).

L'ensemble de ce Système comprend 4 placers échelonnés sur le cours du Koudatchi, affluent gauche du Dambouki. Le cours principal de cette rivière, ainsi que ses autres affluents, sont occupés par la Verkné Amoursky Company. D'un commun accord et dans l'intérêt de la bonne harmonie qui doit régner entre les deux principaux représentants de l'industrie minière dans le bassin de la Zéya, on a toujours cherché à disposer les choses de manière à ne pas enchevêtrer mutuellement les placers sociaux de la Verkné Amoursky et des Compagnies de la Zéya, en agissant

dans des sphères d'influence ou tout au moins dans des portions
de Systèmes différentes. Cette excellente politique ne mérite que
des éloges. Elle évite tout froissement fâcheux et permet aux
Compagnies de se prêter une mutuelle assistance dans une
foule de circonstances, sans arrière-pensée.

Voici la désignation des placers de Koudatchi.

| NUMÉROS | | NOMS | COMPAGNIES | PRODUCTION | | | | TENEUR | | ÉTAT ACTUEL |
| du service des mines. | du Catalogue Général. | | auxquelles ils | TOTALE D'OR. | | | | moyenne °/₀ pouds. | | |
		DES PLACERS.	appartiennent.	P.	L.	Z.	D.	Z.	D.	DU PLACER.
173	32	Spasso - Préobrajenski . .	Hikane. . .	.	.	.	.	.	.	Intact, pas de sondages.
174	33	Pétrovski. . .	Hikane. . .	.	.	.	.	.	.	Id. Id.
172	34	Rojdestvenski.	Djolon. . .	21	11	13	87	.	54	Partiellement exploité. Loué à 1 entrepr.
175	35	Voskréssenski .	Non attribué	.	.	.	.	.	.	Intact, pas de sondages.
Totaux. .		4 placers. .	»	21	11	13	87	.	54	» »

Un seul placer, le n° 34, a été l'objet d'une exploitation régulière. Il est actuellement livré à un entrepreneur.

J'ai visité ce groupe à plusieurs reprises. Il se trouve sur le
chemin de Dambouki Sklad, on peut aussi y passer en allant aux
placers de l'Ougane et du Mogotte, de sorte que les occasions
d'examiner ce Système ont été fréquentes.

Placers Thalweg. — Trois placers thalweg, dont l'un englobe
aussi le ruisseau Koudouli, occupent toute la vallée du Koudatchi. Cette vallée est assez large; les plateaux environnants la
couronnent à 150 mètres environ au-dessus du niveau des
placers. La rivière par elle-même est un simple ruisseau, four-

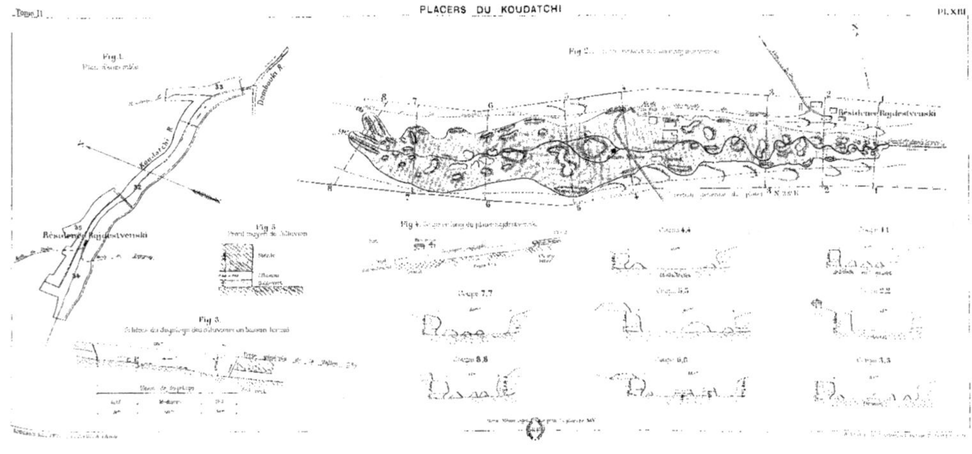

Fig. 1.
Plan d'ensemble
Koudatchi R.
Dombouki R.
Résidence Rojdestvenski
Fig. 2.
Fig. 4.
Résidence Rojdestvenski
Fig. 5.
Fig. 3.

nissant à peine l'eau nécessaire au lavage. Les crues ne sont pas à craindre, le bassin desservi par ce petit cours d'eau n'ayant qu'une faible surface.

Placer ROJDESTVENSKI (n° 34).

Origine. — Place statutaire de la Compagnie du Djolon. Concédé le 30 Mai 1881. Voici son tableau de production :

ANNÉES	POIDS D'ALLUVION TRAITÉE	POIDS D'OR OBTENU				TENEUR O/O POUDS	
		P.	L.	Z.	D.	Z.	D.
1889	283.200	.	25	77	.	.	$77\frac{5}{8}$
1890	1.921.200	3	13	.	.	.	$65\frac{3}{4}$
1892	4.449.600	7	23	35	.	.	$62\frac{3}{4}$
1893	3.943.200	5	4	3	.	.	$47\frac{2}{3}$
1894	611.400	.	24	32	94	.	$36\frac{5}{8}$
1895	962.000	2	17	.	89	1	$1\frac{1}{2}$
1896 (1er septembre)	1.463.800	1	25	57	.	.	55
Totaux : 7 années	13.654.600	21	11	15	87	.	54

État actuel du placer. — On trouvera (fig. 1 et 2, Pl. XIII) un plan d'ensemble à un plan de détail du placer Rojdestvenski. Les seuls travaux réguliers dont ce placer ait été l'objet se trouvent dans la partie centrale du découvert actuel. L'alluvion était très large en ce point (Coupes en travers n°s 4, 5 et 6) et se prêtait bien à l'exploitation par guide-rope qui y avait été installée.

En amont et en aval de cet emplacement, le lit mineur seul a été enlevé. L'ensemble des travaux occupe une longueur totale d'environ 1 verste 1/2.

Composition de l'alluvion. — L'alluvion de Rojdestvenski présente une particularité : à sa base, on trouve constamment une couche de sable lourd, de couleur vert foncé, qu'on considère comme stérile et qu'on n'exploite pas. Plusieurs essais de lavage, faits par moi, m'ont donné constamment une teneur de 15 à 20 dolis par 100 pouds, ce qui, en effet, ne paie pas suffisamment l'entrepreneur (0 gr. 80 à 0 gr. 10 par mètre cube).

Le bed-rock, ainsi que cette remarque devait y faire attendre, est composé de schistes noirs à amphibole, très redressés, dirigés Nord-Sud, c'est-à-dire presque perpendiculairement à la vallée qui est orientée N. 75° O.

Essais de dragage de l'alluvion. — C'est sur ce placer qu'a été tenté, il y a déjà une dizaine d'années, un premier essai de dragage dont j'ai parlé dans mon Volume sur le Transbaïkalie d'après les renseignements verbaux que j'avais recueillis à Blagoviestchensk, lors de mon premier voyage en 1895.

En fait, la drague, appareil de fortune monté sur place en employant la machinerie d'un excavateur universel, placée sur un ponton en bois, dont on voit encore les épaves près du chemin, n'a jamais été en fonctionnement régulier et n'est pas sortie de la période des tâtonnements et des essais.

Voici comment se faisait le travail : l'alluvion prise par les godets n'était pas lavée sur la drague elle-même, elle était déchargée dans des chalands en forme de caissons. Ces derniers étaient amenés en face d'un appontement fixe sur lequel fonctionnait un élevateur à godets qui reprenait l'alluvion dans le chaland, la chargeait dans des wagons qui la portaient au lavoir. Il fallait encore remanier une troisième fois les résidus lavés pour les porter au « dump ». (Dépôt des tailings.)

La seule description de ces opérations suffit à expliquer leur insuccès. Le travail revenait plus cher qu'avec des tarataïkas.

Ce qu'il y a d'intéressant dans cet essai informe, ce n'est pas son dénouement, qui était à prévoir.

Toutes les tentatives de ce genre qu'on fera en Sibérie Orientale sans commencer par s'assurer d'un personnel capable de les conduire d'après un plan raisonné, auront le même sort.

Dégelage sous l'eau. — Le côté instructif de ces essais, c'est la question du dégel de l'alluvion sous une couche d'eau. Je me suis livré à ce sujet à une enquête et à des expériences qui m'ont permis de me rendre une idée claire du phénomène.

La drague de Rojdestvenski, en outre de son agencement défectueux qui conduisait à remanier trois fois l'alluvion, rencontrait une difficulté absolue dans l'extraction au godet de l'alluvion gelée. Voici en effet ce qui se produit, aussi bien dans le travail à la drague qu'avec l'excavateur, quand on arrive au terrain gelé : les pierres enchâssées dans l'alluvion et collées par les cristaux de glace, ne cèdent pas sous les dents des godets et opposent une telle résistance qu'on est obligé de cesser le travail sous peine de rupture d'une des pièces de la chaîne ou des tourteaux. Il faut changer de place et aller plus loin, chercher des endroits dégelés.

Lenteur du dégel. — Ces derniers, dans l'essai de Rojdestvenski, étaient rares. En fait, l'alluvion ne dégelait pas sous l'eau, ou du moins le phénomène était d'une extrême lenteur.

La raison en est simple. La drague tirait 2 pieds $\frac{1}{2}$ d'eau, les caissons, en charge, 5 pieds, de sorte que pour faire flotter à l'aise tout ce matériel, on avait ménagé un bassin de 2 mètres de profondeur.

Avec une pareille épaisseur d'eau, les rayons solaires n'ont aucune action sur le fond. L'échauffement de l'eau est purement superficiel. La couche d'eau chaude reste inutilisée à la surface, l'eau refroidie par le dégelage stationne, en vertu de sa densité supérieure, sur le fond de l'excavation et aucun échange de température ne peut s'établir.

On avait si bien reconnu la cause du phénomène qu'on en était arrivé à vider le lac artificiel où flottait la drague, pour permettre au soleil d'opérer le dégelage du fond, puis on remettait l'eau pour draguer. C'était la condamnation du système.

Sous une mince couche d'eau, au contraire et surtout si la pente est ainsi ménagée que l'eau refroidie par le dégelage peut gagner le fond et être remplacée par une nouvelle quantité d'eau chaude superficielle, le dégelage est au moins aussi rapide qu'à l'air libre.

La figure 5 (Pl. XIII) rend compte du phénomène ; c'est dans la région où la couche d'eau est la plus mince, de zéro à 2 pieds d'eau, que le dégelage est le plus actif.

Ce fait conduit, comme on le voit, à cette conclusion, contraire à l'opinion qu'on peut se former tout d'abord, que le sens à adopter pour le dragage des alluvions gelées est la direction *d'aval en amont* et non d'amont en aval, qui oblige à draguer sous une grande épaisseur d'eau.

Nous verrons plus loin, au Chapitre III, comment on doit établir un chantier de dragage répondant à ces conditions.

Un autre fait, qui m'avait été signalé par M. Bircherdt à propos de cette question du dragage de Rojdestvenski et dont j'ai été à même de vérifier l'exactitude, c'est l'influence néfaste au point de vue de la rapidité du dégel des alluvions, de l'eau provenant du dégelage des tailles, qui alimente en général le bassin dans lequel flotte la drague. Cette eau a une température très basse, 7 à 8° au plus, elle gagne immédiatement le fond du bassin et forme un manteau protecteur empêchant ce fond de venir en contact avec des eaux plus chaudes. Lorsqu'on eut créé un canal de fuite permettant d'évacur ces eaux glaciales hors du bassin, la température de ce dernier s'éleva à + 15° et le dégel du fond, se produisit.

Mes expériences thermométriques sont conformes à ces résultats. Voici les moyennes d'un assez grand nombre d'observations faites par moi sur les divers cours d'eau et étangs pendant les mois d'Avril et Septembre 1886 dans le bassin de la Zéya.

DATES (STYLE RUSSE)	NATURE DES EAUX OBSERVÉES	TEMPÉRATURE DE L'AIR		TEMPÉRATURE DE L'EAU
		MAXIMA Jour.	MINIMA Nuit.	
30 Août.	Eau imprégnant la toundra..	+ 18°	+ 2°	+ 8°
27 —	Surface du Réservoir du Djolon (stagnant)........	+ 21°	+ 8°	+ 14°
27 --	Fond	+ 21°	+ 8°	+ 7°
19 —	Eau coulant des tailles (Novo-Léonovski)	+ 19°	+ 10°	+ 7°
25 —	Eau courante de l'Ilikane . .	+ 18°,5	+ 8°	+ 13°,5
26 —	Eau courante de la Zéya à Soundjari (midi).....	+ 17°	+ 6°	+ 12°
26 —	Eau cour. de la Zéya à Soundjari, 6 h. matin (brouillard).	+ 17°	+ 6°	+ 12°
15 —	Eau courante de la Zéya à Lounguine (midi).....	+ 21°	+ 12°	+ 14°
8 Sept.	Eau coulant des tailles (Novo-Léonovski), 6 h. matin. .	+ 16°	— 2°	Glace.

Ces faits me paraissent établir d'une façon concluante que le dégelage du fond, sous une couche épaisse d'eau stagnante, est nul ou presque nul. Ce phénomène est entravé par le classement du liquide par densités croissantes, qui tend constamment à ramener au contact de la paroi froide, le liquide le plus froid, c'est-à-dire exactement le contraire de ce qu'il faudrait réaliser pour avoir de bonnes conditions d'échange de température.

Le dégelage s'opère rapidement sous une mince couche d'eau, surtout lorsque cette dernière une fois refroidie, peut être remplacée par un nouvel afflux d'eau tiède, en un mot lorsque l'eau se trouve *en mouvement* pour une raison ou pour une autre.

Dégelage sous eau courante. — Le phénomène est en effet tout différent dans ce cas. Un fait général le domine : le fond des rivières à eau courante dans le bassin de la *Zéya n'est jamais gelé et peut se draguer à la façon ordinaire.* Tel est le cas des rivières Ilikane, Ounakha et autres. C'est là un fait d'une importance capitale à bien mettre en lumière. Je l'attribue en partie à ce que le courant provoque le mélange des filets liquides et amène sur le fond, grâce aux rapides dont ces rivières fourmillent, l'eau superficielle échauffée par les rayons solaires.

Il faut aussi tenir compte de ce fait que les fonds des rivières sont, au point de vue du rayonnement hivernal, dans des conditions essentiellement différentes des terrains ordinaires. Les rivières ayant un certain débit, ne gèlent pas jusqu'au fond; ou tout au moins ne gèlent que par places jusqu'au fond. Sous la couche superficielle de glace, l'eau reste liquide et protège le lit contre le gel profond. La glace forme souvent voûte au-dessous du fond et le protège ainsi efficacement, grâce à la couche mauvaise conductrice d'air interposée.

On trouvera plus loin les conclusions que j'ai tirées de ces considérations, au point de vue de l'application de l'eau sous pression, combinée au dragage, pour l'exploitation des alluvions durcies par la gelée et inattaquables par les outils mécaniques sans un dégelage préalable.

Géologie. — Le placer Rojdestvenski est un placer de contact entre micaschistes et granit. Ce dernier forme le bed-rock de toute la partie du découvert qui se trouve en face et en aval de la Résidence.

Plus haut, les sables verts apparaissent, avec leur bed-rock caractéristique de schistes amphiboliques.

On trouvera (fig. 4, Pl. XIII) une coupe en long de ce placer. Les schistes sont très redressés, leur pendage varie entre 50 et 90°. Direction générale N.-S., c'est-à-dire perpendiculaire à celle de la vallée.

Le profit moyen de l'alluvion est celui indiqué figure 4 (Pl. XIII) comme suit :

Stérile	5^m.00
Partie exploitée de l'alluvion	0^m.60
— non exploitée (sable vert à 15-20 dol) . .	0^m.40
Puissance totale de l'alluvion	1^m.00
Rapport caractéristique	3

Nature de l'alluvion. — Comme toujours l'alluvion diminue de largeur sur le bed-rock de granit, et s'épanouit dans les schistes. Sur l'un et l'autre de ces fonds, elle conserve son caractère sableux, nullement argileux, couleur gris-vert foncé. Elle se débourbe bien dans un courant d'eau faible, ce qui permet à l'entrepreneur d'opérer au moyen du sluice portatif analogue au « longtom » américain, installé dans les tailles mêmes où s'opère l'abattage, ce qui lui procure l'avantage de pouvoir travailler avec un matériel rudimentaire, pioches, pelles et brouettes, et de supprimer complètement les chevaux.

Teneur. — En ce moment, l'alluvion que l'entrepreneur exploite dans le haut des tailles ω, ω' (fig. 2, Pl. XIII) contient,

d'après mes essais à la batée, environ 1 zol. par 100 pouds.
(environ 5 gr. 40 au mètre cube). Il y a là un très beau chantier
où travaillent une vingtaine de Coréens. La teneur est assez enga-
geante pour que ces orpailleurs se décident à enlever eux-mêmes
le stérile surmontant cette riche alluvion, environ 2 m. 50, ce
qui est un fait rare et caractéristique. On sait en effet que les
staratiélis se contentent la plupart du temps de gratter, en sous-
cave, les bords du lit mineur. En outre, l'entrepreneur a ouvert
cette année, en 1896, un chantier entièrement nouveau, à 5 verstes
en amont de la Résidence.

Production actuelle. — Au 1ᵉʳ septembre 1896, le placer avait
produit, en or livré au Comptoir par l'entrepreneur pendant
l'opération courante : 1 poud, 25 livres, 57 zolotniks, soit
6.297 zolotniks, qui, à raison de 2 R. 50, prix fixé par le contrat, lui ont produit un total de :

$$6.297 \times 2.50 = 15.742 \text{ Roubles.}$$

Les frais des 60 Coréens représentant le nombre moyen des
ouvriers présents sur le placer pendant l'opération, peuvent être
évalués en moyenne, l'un dans l'autre, à 60 R. par jour, nourriture comprise, soit pour 110 jours d'opération 6.600 roubles.

Bénéfice : 15.741 — 6.600 = 8.742 R. pour l'entrepreneur,
sur l'or livré au comptoir, sans tenir compte des bénéfices « accessoires » qui sont notables, mais que je ne puis pas chiffrer ici.

Conclusion. — Comme conclusion, j'estime que le Système du
Koudatchi, quoique secondaire comme développement et importance du cube exploitable à prévoir, mérite cependant de recevoir
un certain nombre de sondages sur ses principaux placers.

Comme cubage, j'admets un cubage acquis dans le haut du

placer Rojdestvenski, entre les deux chantiers de l'entrepreneur, et deux cubages probables sur les placers n°s 32 et 33 dont je parlerai plus loin.

Voici comment j'établis le cubage, très modéré, sur le haut du placer Rojdestvenski.

Cubage acquis. — Longueur à exploiter :   2 verstes.
   Largeur moyenne de l'alluvion (lit mineur).   15 sagènes
   Puissance   —   —   .   6 tchetv
   Teneur   —   —   .   6 zol. par sag. cub.
   Rapport caractéristique.   3
   Cube de stérile à déplacer. . . . . . .   22.500 sag. cub.
   — d'alluvion à laver. . . . .   7.500   —
   — total à enlever . . . .   30.000 sag. cub.
   Or contenu. . . . .   **15 pouds 25 livres.**

Placer **SPASSO-PRÉOBRAJENSKI** (n° 52).

Origine. — Concédé le 30 Janvier 1888. Affecté à la Cie de l'Ilikane. Fait suite en aval au précédent.

Les sondages réglementaires ont démontré l'existence de l'alluvion payante, mais sans permettre de déterminer un cube acquis. C'est, après Rojdestvenski, le premier placer à mettre en valeur dans ce Système.

Je donne ses frais de sondage et son cubage probable, dans un tableau commun avec le placer suivant.

Placer **PETROVSKI** (n° 33).

Origine. — Placer statutaire de la Cie de l'Ilikane, concédé le 29 Septembre 1882.

Situé sur le thalweg du Koudatchi, il englobe une partie de

l'affluent Koudouli. A partir de ce confluent, la vallée est tout à fait en plaine jusqu'au Dambouki.

Je ne propose de faire de recherches par sondages, pour le moment, que dans le Koudouli, les indications sur l'existence de l'alluvion payante dans le lit mineur du Koudatchi faisant défaut. Voici pour ces deux derniers placers, réunis dans un même tableau, les frais de sondage à prévoir pour leur cubage probable :

ÉLÉMENTS D'APPRÉCIATION	PLACERS	
	SPASSO-PRÉOBRAJENSKI	PÉTROVSKI
Longueur à sonder, en verstes.	5	1
Nombre des lignes	20	20
Équidistance des lignes, en sagènes.	125	25
Nombre des chourfs par ligne.	10	5
Nombre total des chourfs.	200	100
Prix, en Roubles, d'un chourf.	60	60
Frais totaux du sondage du placer. Roubles. . . .	**12.000**	**6.000**
Frais totaux de sondage sur les deux placers. . . .	**18.000 Roubles.**	

Cubage probable. — Je donne en regard le cubage probable qui sera mis en évidence par ces travaux : Je ne comprends dans ce cubage que le placer Spasso-Préobrajenski.

Longueur exploitable.	5 verstes
Largeur moyenne de l'alluvion. .	50 sagènes
Puissance — — . .	6 tchetv
Teneur — — . .	4 zol. par sag. cub.
Rapport caractéristique.	5 sag. cub.
Cube de stérile à enlever. . . .	37.500 — —
— d'alluvion.	12.500 — —
— total à déplacer	50.000 sag. cub.
Or contenu	**39 livres 2 pouds**

On voit que la caractéristique de ces placers du Koudatchi
soit : richesse médiocre, répandue d'une façon régulière, dans
une alluvion ayant un rapport caractéristique égal à 3. Par conséquent ce sont des gîtes pour lesquels l'emploi de procédés
mécaniques d'abatage et de lavage, est absolument indispensable pour réaliser des profits.

(D) PLACERS DU SYSTÈME DU DJOLON

Bien que le Djolon, affluent droit de l'Ilikane, ne constitue à
proprement parler qu'une partie du système de l'Ilikane, l'importance exceptionnelle de certains des placers qui le composent
mérite une exposition séparée.

On trouvera, à la Planche XIV le plan d'ensemble des placers
du Djolon et de l'Ilikane, qui permettra de suivre les explications
que j'ai à donner à leur sujet.

Onze placers s'étagent sur le cours du Djolon et en occupent le
bassin entier, à l'exception de 1 verste, vers la source, qui
appartient à la Verkné Amoursky Company.

Valeur relative de ces placers. — Tous ces placers sont loin
d'avoir des valeurs comparables. D'abord, un certain nombre
d'entre eux sont des placers dits « de précaution » destinés à
éloigner les cabaretiers ou les commerçants clandestins d'or.
D'autres, notamment le n° 9 du tableau général ci-après, ont été
pris pour y installer, sur une place commode, les bâtiments
d'administration et les magasins. Certains enfin, et en particulier, tous les placers situés sur les hauteurs qui séparent la
vallée du Djolon de celle de la Djalta, ont été pris un peu au
hasard, sur la direction probable du ou des filons aurifères (?).
De ce nombre, sont les n° 10, 11 et 12.

Voici le tableau de ces placers :

Tableau des placers du Système Djolon.

NUMÉROS		NOMS	COMPAGNIES	PRODUCTON				TENEUR		ÉTAT ACTUEL
du Service des Mines.	du Catalogue Général.		auxquelles	TOTALE D'OR.				moyenne		
		DES PLACERS.	ils					%₀ pouds.		DU PLACER.
			appartiennent	P.	L.	Z.	D.	Z.	D.	
85	1	Léonovski . .	Djolon.	760	19	41	75	2	10	Épuisé. Staratiélis.
98	2	Alexiéiévski. .	Id.	27	35	16	.	1	3	Id.
95	5	Pétrovski. . .	Id.	5	8	39	48	1	0.6	Id.
92	4	Vassiliévski. .	Id.	24	27	66	48		60	Id.
»	6	Paloudenny . .	Id.	.	.	.	.		.	Inexploré.
95	7	Sergiévski . .	Id.	10	6	77	81	1	50	Épuisé, placer versant et affluent.
91	8	Yégorovski . .	Id.	7	21	54	66	1	07	Id. Id.
94	9	Goroblagadats- ki.	Id.	21	1	9	.	1	05	Id. Id.
97	10	Préobrajenski.	Id.	.	.	.	.	.	.	Placers à flancs de co-
96	11	Yévgéniévski .	Id.	.	.	.	.	.	.	teau pris en vue de
90	12	Mikaïlo - Cons - tantinovski .	Id.	1	7	17	.	1	3.5	la présence éven- tuelle d'or exploi-
89	14	Yohanno - Da - maskinski. .	Id.	18	15	81	.	1	70	table par travaux miniers propr. dits.
Totaux . 12 placers . .				874	23	19	50	1	90	

J'étudierai d'abord les placers thalweg.

Placer LÉONOVSKI (n° 1).

Origine. — Ce placer a donné à lui seul, depuis 1885, date de sa concession et de sa première mise en exploitation, plus de 768 pouds d'or (valeur 30 millions de francs). Il a été la cause

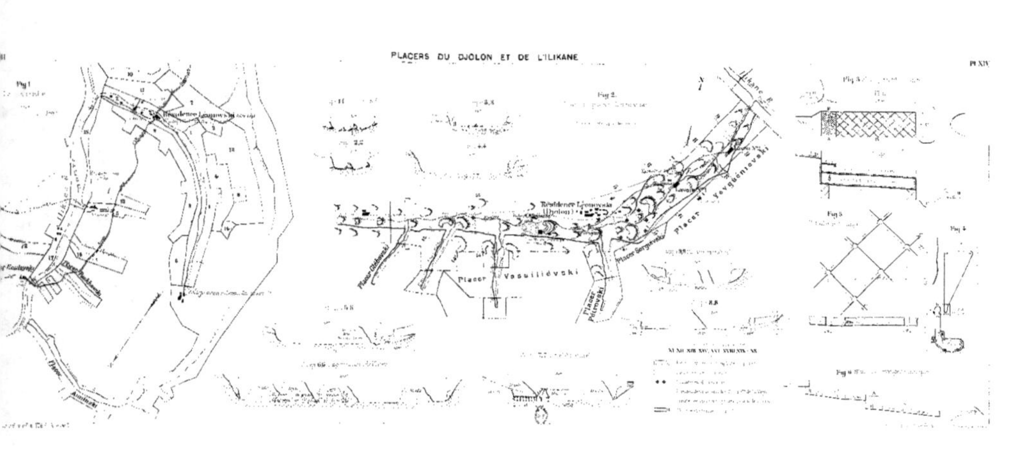
Pl XIV
Fig 1
Résidence Léonovski
Fig 2
Ilikane
Résidence Léonovski (Djolon)
Placer Glédovski
Placer Vasuiliévski
Placer Petrovski
Placer Sergoiévski
Placer Yevgéniévski
Fig 3
Fig 4
Fig 5
Fig 6

des grands bénéfices réalisés par les Compagnies de la Zéya de
1884 à 1895. C'est le premier et le plus important placer statutaire de la Compagnie du Djolon.

Découverte de ce placer. — Sa découverte a donné lieu à un
véritable combat entre deux « parties » de recherches appartenant, l'une à la Verkné Amoursky Company et l'autre aux
Sociétés de la Zéya. La première pénétra dans le Système du
Djalta par le bas, l'autre par les crêtes. Celle-ci, après avoir
reconnu par un premier sondage l'extrême richesse de l'alluvion
et planté son premier poteau, aux termes de la Loi Minière, se
livra, dit la légende, à une orgie de boisson pour célébrer son
succès. L'autre « partie » profita de la prostration momentanée
des buveurs pour planter aussi son premier piquet et remonter
la vallée au galop. Les deux équipes se rencontrèrent en route,
se livrèrent bataille et finalement, on partagea le gâteau. C'est
ainsi que le placer Léonovski n'a que 4 verstes de longueur, au
lieu des 5 réglementaires.

La Verkné Amoursky Compagnie n'a pas eu d'ailleurs à se
plaindre de son lot, car il lui est échu le cours entier de la Djalta,
cours d'eau voisin et concentrique au Djolon, dont elle a retiré
plus de 1.000 pouds d'or.

Les uns et les autres de ces placers n'existent plus aujourd'hui
qu'à l'état de souvenir, car ils sont totalement épuisés. Ils offrent
cependant un grand intérêt, tant pour l'étude géologique qu'ils
permettent de faire, que pour celle des procédés d'abatage et de
lavage employés et des résultats obtenus.

J'ai figuré Planche XIV le plan du placer Léonovski, tel qu'il
se comporte en ce moment (Septembre 1896). J'y ai joint 9 coupes en travers, prises sur les emplacements les plus intéressants
des travaux.

On voit par le simple examen du plan que ce placer est complètement vidé et qu'il ne reste plus que des lambeaux insignifiants à glaner sur les bords. On a déjà commencé à confier ces travaux à des équipes de staratiélis.

Voici le tableau de production complet de ce magnifique placer :

**Tableau de production du placer Léonovski
de 1883 à 1896 inclusivement.**

ANNÉES	POIDS D'ALLUVION TRAITÉ (pouds).	POIDS D'OR OBTENU				TENEUR o/o pouds	
		P.	L.	Z.	D.	Z.	D.
1883	23.000	.	4	26	.	1	$24\frac{1}{4}$
1884	4.070.700	35	35	16	.	3	$56\frac{1}{2}$
1885	7.071.600	44	22	68	.	2	$50\frac{2}{3}$
1886	.	70	11	95	.	.	.
1887	.	56	30	77	.	.	.
1888	.	69	39	69	.	.	.
1889	11.522.400	153	7	59	.	4	41
1890	10.218.600	144	30	75	.	5	$42\frac{1}{2}$
1891	12.257.100	85	.	80	.	2	$57\frac{5}{8}$
1892	8.202.600	27	26	70	.	1	$28\frac{1}{4}$
1893	10.599.100	39	29	57	.	1	38
1894	8.637.000	32	30	18	.	1	$45\frac{4}{5}$
1895	6.299.600	15	.	29	24	.	$87\frac{5}{8}$
1896	2.899.800	4	50	70	51	.	$60\frac{6}{10}$
14 années.		760	19	41	75	2	10

Méthode de travail. — Ce placer est incontestablement celui qui a été travaillé avec le plus de soin et le plus de méthode. Certaines portions ont été exploitées entièrement au guide-rope, tant pour le service des tailles que pour l'évacuation des déblais.

Mais tel n'est pas le cas général. On emploie surtout le guide-rope pour l'évacuation des déblais, et on a conservé les tarataïkas pour le transport des sables aurifères depuis les tailles jusqu'au lavoir.

J'ai tenu à me rendre un compte exact de cet état de choses anormal, alors surtout que la Verkné Amoursky C^y sur des placers analogues, développe de plus en plus ses moyens mécaniques, en les substituant aux chevaux. Cette Cie va même plus loin dans cette voie de progrès, car elle installe en ce moment même une traction mécanique par wagons remorqués au moyen de locomotives à vapeur sur ses nouveaux placers de la Haute-Zéya. Au Djolon, le guide-rope n'a pas été employé cette année. Les deux lavoirs qui ont fonctionné au cours de la dernière opération, ont été desservis par tarataïkas, tant pour le service des tailles que pour les déblais. Il faut dire aussi, que pour les lambeaux épars qui restent à glaner sur ce placer, il ne vaut guère la peine d'installer un guide-rope aussi primitif et exigeant autant de main-d'œuvre que celui du Djolon.

J'ai pu cependant me procurer sur le placer même, les éléments de comparaison nécessaires, vu que le guide-rope est encore tout installé sur un ancien lavoir situé en amont du village et qu'on peut se rendre compte exactement des conditions dans lesquelles il était appelé à fonctionner. On commençait à le démolir pour le transporter à Olongro, mais j'ai pu néanmoins le voir en place, extraire de la comptabilité locale les éléments nécessaires pour me rendre compte du personnel employé, examiner enfin sur les lieux mêmes, la façon dont le matériel était utilisé.

État du matériel. — A ce propos, il est de mon devoir de constater que le matériel roulant, les câbles de traction, les rails, les poulies de renvoi de mouvement sont dans un état de désordre lamentable. Les wagons et les câbles restent exposés aux intempéries de l'hiver après que la saison des travaux est finie, on ne les rentre pas en magasin. Actuellement, sur les 200 wagons que possède la Compagnie il y a :

> 70 Wagons montés sur le lavoir en démolition du placer Léonovski. Ces wagons, ainsi que leurs câbles, ont passé l'hiver dehors.
>
> 50 En magasin au Djolon.
>
> 40 En route pour Soundjari.
>
> 20 Sur un dump de déblais, à Yekaterininski, depuis plusieurs années.
>
> 20 Au Mogotte.

Total. 200

Les câbles de traction en fil de fer galvanisé flexible et âme en chanvre, sont naturellement perdus.

Pour les rails, c'est pis encore. Il y en a 3 verstes de longueur de voie, d'après l'inventaire. Tout cela est éparpillé, resté sur traverses au haut des tas de déblais, beaucoup sont tordus. On en voit échoués le long des chemins entre deux placers. Il y aura évidemment un fort déchet, le jour où on voudra tirer parti de ce matériel.

Emploi du guide-rope. — Je reviens à la question de l'organisation des transports mécaniques, parce que c'est là un point capital à bien étudier et à bien éclaircir.

Voici la comparaison des deux systèmes, prise sur le vif, avec des détails suffisants pour permettre de chiffrer la différence de prix de revient, et pour se rendre compte des points défectueux du système.

J'ai comparé deux chantiers situés sur Léonovski, opérant sur des matières identiques, avec une épaisseur égale de stérile, dont j'ai d'ailleurs fait abstraction, le prix du décapelage ayant été le même dans deux cas. (On n'a jamais appliqué le guide-rope pour l'évacuation du stérile, ce qui serait parfaitement possible si ce système, tel qu'on l'applique à la Zéya, ne consommait pas tant de main-d'œuvre.)

I. — CHANTIER AVEC GUIDE-ROPE DESSERVANT LES TAILLES DANS L'ALLUVION ET ÉVACUANT LES STÉRILES

(Chantiers en aval de Vassiliévski priisk — Production : 50 sagènes cubes par 10 heures environ 480^{mc}.)

Les tailles sont à 300 mètres du lavoir, en amont.

La disposition générale du chantier, est celle indiquée à la figure 5 (Pl. XIV).

Chevaux et personnel employés.

Abatage et chargement aux tailles . .	63 hommes	3 chevaux
Transport, lavage, mise au dump . .	48 —	3 —
Totaux.	111 hommes	6 chevaux

Voici le sous-détail de ce personnel :

Abatage et chargement aux tailles. — L'unité est l'artiel de 7 hommes. Pour abattre et charger 50 sagènes cubes par journée de 10 heures, former les trains, passer les wagons dans les courbes a, a, ce qui nécessite l'emploi constant de 3 chevaux, on compte 9 artiels, soit 63 hommes et 3 chevaux.

Rendement[1] : $\dfrac{9.652 \times 50}{63} = 7^{m3}.644$ par homme et par jour.

C'est un chiffre à retenir, comme terme de comparaison. Le

(1) 1 Sagène cube $= 9^{m3}.652$.

rendement est meilleur à la tarataïka, parce qu'elle est plus basse et plus facile à charger. Les hommes se plaignent beaucoup d'avoir à pelleter par-dessus bord, des wagons pourtant peu élevés ($1^m,10$ au-dessus du rail).

Transport des tailles au lavoir. — Personnel employé :

1 graisseur de wagons.	hommes	1
Réparation courante des wagons		1
Cantonnier pour l'entretien des voies		1
Manœuvres pour riper les voies aux tailles		4
	Total . . . . hommes	7

Personnel du lavoir.

Basculeurs et chargeurs à la trémie (3 sluices à 3 hommes chaque)	9 ʰ
Racleurs sur les sluices pour faire descendre les matières : 3 par sluice quand il y a de grosses pierres ; 2 en cas ordinaire $\times 3 =$	6
Ouverture des trémies de décharge du stérile ⎰ aux galkis	2
⎱ aux menus graviers	3
Chef laveur	1
Aide du chef laveur (laveur du sable gris)	1
Gardien du lavoir.	1
Cosaque.	1
Conducteur du cheval pour passer les wagons en b	1 1 ᶜʰᵉᵛ
Total.	25 ʰ 1 ᶜʰᵉᵛ

Service du Dump.

Accrocheur des trains montants en α	1 ʰ
Décrocheur — — en β	1
Accrocheur des trains descendants en γ	1
Décrocheur — — en δ	1
Culbuteurs de wagons (2 culbuteurs à 3 hommes).	6
Conducteur de chevaux dans les courbes $c\,c$.	1 2 ᶜʰᵉᵛ
Charpentiers pour riper la voie en surplomb sur le dump.	3
Total.	14 ʰ 2 ᶜʰᵉᵛ

Machine motrice.

Mécanicien. . . . . hommes   1
Chauffeur   1

                        Total. . . . . hommes   2

Résumé.

Abatage et chargement aux tailles.   63 hommes   3 chevaux
Transport des tailles au lavoir . .   7   —
Personnel du lavoir   25   —   1 cheval
Service du dump   14   —   2 chevaux
Machine à vapeur   2   —

          Total général . . .   111 hommes   6 chevaux

Production par jour : 50 sag. cub. =   481^{m3}.600

Rendement. . . . . $\Big\{$ par homme. .   3^{m3}.338
                          par cheval . . 80^{m3}.266

II. CHANTIER AVEC TARATAÏKAS

Tailles à 150 mètres en moyenne, en amont du lavoir. Dump à 60 mètres.

Personnel et chevaux employés :

Abatage, transport et lavage . . . .   80 hommes
Chevaux employés pour ces divers travaux . .   45

soit :

31 *hommes de moins* qu'avec le guide-rope.
39 *chevaux de plus*   —   —

Conclusion des agents locaux : Le guide-rope n'est avantageux que dans les centres écartés où les chevaux coûtent beaucoup plus cher à entretenir que les hommes.

15.

Il n'offre pas d'économie lorsque le prix de la journée du cheval est égal ou inférieur au prix de la journée d'ouvrier.

Voici le sous-détail des chiffres ci-dessus.

Abatage et transport au lavoir. — Avec des tarataïkas et la distance réduite de 150 mètres des tailles au lavoir, 7 bons artiels (49 hommes) ou en tout cas 8 ordinaires, font aisément les 50 sagènes par journée de 10 heures.

A cette distance du lavoir, chaque artiel exige pour son service, aux termes même du contrat de main-d'œuvre (Voir Annexe), 3 chevaux pour le transport des alluvions.

Total des chevaux nécessaires aux 8 artiels = 24 chevaux.

Pour le transport du stérile du lavoir au Dump, on compte en moins un tiers des matières chargées qui est évacué tout seul sous forme de tailings fins emportés par l'eau et par conséquent un nombre de chevaux nécessaires moindre aussi d'un tiers : total pour ce transport, 16 chevaux.

Total des chevaux : 40, auxquels il faut ajouter 10 pour 100 pour malades ou inutilités pour causes diverses : ferrure, boiterie à chaud, etc., soit un total définitif de 45 chevaux.

Au lavoir on compte 12 hommes par sluice (koulibinka) passant 22 à 25 sagènes cubes par jour, soit pour 50 sagènes cubes, base de comparaison, deux koulibinkas à 12 hommes chacune = 24 hommes. On a donc en résumé :

Hommes aux tailles	56
— aux lavoirs	24
Total	80
Chevaux employés.	45

Chiffres indiqués ci-dessus.

Observations générales. — Il n'est pas besoin d'insister pour faire ressortir les défauts que cette comparaison met en évidence.

Le guide-rope employé n'a de commun avec cet ingénieux et économique système de traction, que le nom. Les dispositions pour la pose des voies surtout, sont si mal prises, que chaque jour, par suite de cette simple malfaçon, il y a une masse de main-d'œuvre dépensée sans utilité.

Guide-rope de la Verkné Amoursky Cie. — A la Verkné Amoursky C^y, où on exploite à la fois le lit majeur et le lit mineur de l'alluvion, on arrive à supprimer complètement les chevaux dans les courbes. Ce résultat fait l'admiration du pays. (Placer Tayojnéy.)

Voici la méthode adoptée sur ce placer dont je donne un croquis Planche XV. Deux guide-rope desservent l'un les tailles, l'autre le lavoir. Le dump est en forme de fer à cheval évasé, déposé au milieu du découvert du placer. Le stérile, décapelé pendant l'hiver, est jeté à droite et à gauche, en dehors des limites du lit majeur.

Les grands dumps se succèdent régulièrement à intervalles d'environ 300 sagènes l'un de l'autre, marquant ainsi l'avancement annuel des travaux.

Le lavage s'opère de la manière suivante : les matières étant peu argileuses, avantage commun d'ailleurs à toutes les alluvions aurifères de la région, on sépare au trommel toute la partie formée de cailloux et graviers au delà de 20 mill. ronds. Les refus sont évacués directement au dump. Quant à la partie menue contenant tout l'or, elle s'écoule librement et toute seule sur un sluice ordinaire à casiers, où l'or est arrêté au passage. Point n'est besoin de racleur sur le cours du sluice et on peut se contenter d'une quantité d'eau assez faible, les gros cailloux difficiles à évacuer sans main-d'œuvre ayant été éliminés dès le début.

La Planche XV donne une idée de la disposition de ce chantier. Les tailings après ce lavage ne contiennent pas plus de 4 dolis aux 100 pouds (environ $0^{gr},25$ par mètre cube), ce qui peut être considéré, dans l'état actuel de l'industrie aurifère en Sibérie Orientale, comme un résultat extrêmement favorable.

Les seules critiques à adresser à cette installation sont : perte de l'or fin par suite du non-emploi du mercure dans la queue du sluice ; type de wagon mal choisi nécessitant trois hommes à chaque culbuteur sur le dump.

Type de wagons employés. — Les wagons employés au Djolon sont dans le même cas. Ils sont de construction robuste et simple, mais difficiles à culbuter. Au stérile par exemple, où il est si important d'arriver au minimum de main-d'œuvre possible, puisque tous les frais qu'on consacre à cette partie du travail sont une perte sèche, il faut 3 hommes par culbuteur. Ils ne sont occupés que d'une façon intermittente, et pendant tout le temps où ils attendent un wagon venant du lavoir, ils se promènent, bavardent et sont une cause de désordre.

Il est facile d'installer un des nombreux systèmes de déchargeur automatique de terrassement que nous voyons journellement fonctionner dans les chantiers de travaux publics, à la place des culbuteurs actuels. De même un bon type de basculage combiné avec une vaste trémie de chargement permettra de supprimer la majeure partie des 9 culbuteurs employés au versage dans les sluices, des wagons chargés d'alluvion venant des tailles.

Accrocheurs, décrocheurs, etc. — Autre personnel inoccupé la moitié du temps. Ce travail doit être fait par les ouvriers de trémie eux-mêmes, qui auront simplement à manier le va-et-vient de déchargement.

En résumé, en dehors des hommes employés aux tailles, on

Fig.1. Plan d'ensemble du placer Tayojney

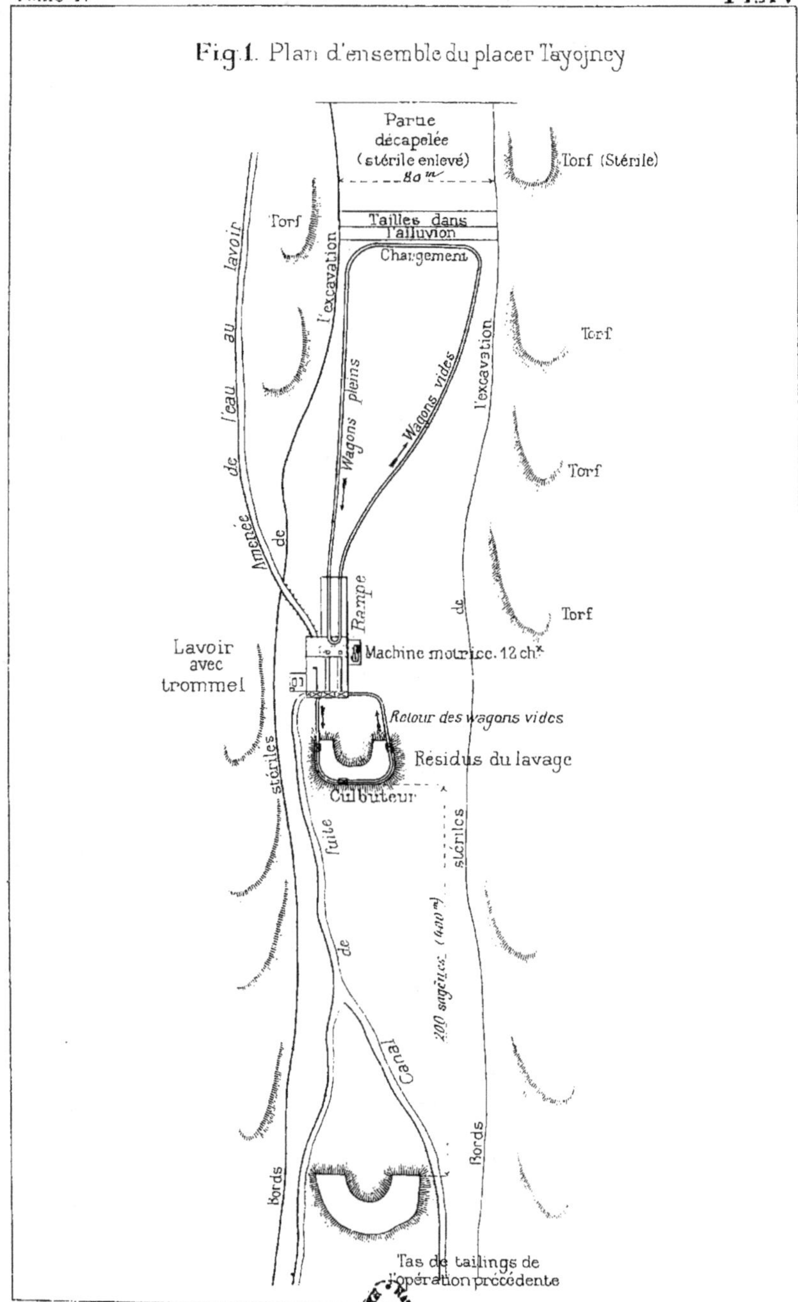

peut assurer le transport au lavoir, le lavage et la mise au dump de 50 sag. cub. par jour, avec le personnel suivant :

Ripage, entretien de la voie, graisseur	7	hommes.
1 chef laveur et son aide.	2	—
2 culbuteurs au chargement des sluices	2	—
2 hommes à la manœuvre sur le dump.. . . .	2	—
1 accrocheur des wagons basculés.	1	homme.
1 gardien, 1 mécanicien, 1 chauffeur.	5	hommes.
1 cosaque.	1	homme.
Total.	18	hommes.
Abatage aux tailles, 9 articls de 7 hommes. . .	63	—
Total général. . .	81	hommes.

Soit une économie de 50 hommes sur les cadres actuels plus 6 chevaux, rendus inutiles.

Et une économie de la totalité des chevaux (45), sur le procédé des tarataïkas.

On verra plus loin, au cours de l'étude économique, quelle somme représente une pareille suppression. On peut s'en faire une idée par un seul chiffre. En moyenne un cheval coûte par an, à la Zéya, amortissement compris, de 550 à 600 Roubles.

Cube restant à enlever. — Comme on le voit sur le plan que j'ai levé, il ne reste presque plus rien à glaner sur les bords des placers du Djolon, et n'ai pas de ce chef acquis de cube notable à présenter.

Tailings. — Les tailings sont intrinsèquement assez pauvres, et relativement riches si on considère la facilité du lavage de l'alluvion du Djolon, unique on peut le dire, dans son genre (sable granitique décomposé).

On peut compter que tout le cube lavé, après avoir séjourné

une dizaine d'années à l'air, rendra au 2e lavage 6 dolis aux 100 pouds. Ce sera une opération fructueuse, car ces déblais sont en tas énormes et pourront être hydrauliqués à peu de frais. Il va sans dire qu'un procédé de ce genre soit pompage par suçeuse, soit élévateur hydraulique sont les seuls moyens à prévoir pour un travail de ce genre. Cette opération rendra **50 pouds.**

Elle ne devra être commencée que dans quelques années, lorsque les tailings se seront encore enrichis par décomposition à l'air. On pourra la commencer en 1900.

Le placer Léonovski n'est donc pas un placer à renoncer ou à affermer en ce moment. Il y a encore, comme on le voit, des restes assez sérieux à glaner sur cet ancien champ de splendeur.

Travaux de l'opération 1895/6. — Lors de notre visite, il y avait en marche deux lavoirs : un sur le placer Léonovski; l'autre sur le placer Alexiéievski, qui n'est que la prolongation du précédent. Ces appareils traitaient les derniers lambeaux laissés sur les bords de l'ancien découvert.

Méthode : tarataïkas.

Au lavoir n° 2 sur Alexiéievski on lavait une alluvion assez fortement kaolinisée, donnant beaucoup de pelotes au sluice. Teneur de ces pelotes prises et essayées par moi, dans les tarataïkas allant au dump : 50 dolis aux 100 pouds.

Le sluice modifié par les Sibériens, dit « koulibinka », est impropre au traitement des matières de ce genre. Il faut de toute nécessité, si l'on ne veut pas modifier cet appareil, le faire précéder d'un trommel débourbeur qui éliminera tous les cailloux au delà de 15 à 20 millimètres.

Lavoir à bras des staratiélis. — La plupart des lambeaux intacts restant sur Léonovski, ayant un cubage trop faible pour mériter l'érection d'un lavoir dans leur voisinage, sont et seront enlevés par des staratiélis.

Ces derniers relavent déjà quelques tas de résidus exceptionnellement riches, quelques anciens emplacements de lavoirs où il est resté une tranche d'alluvion en place sur le bed-rock, quelques nids oubliés, etc. Il y a toujours un assez grand nombre de coins de ce genre à reprendre sur un grand placer. Ils font en un mot, le lessivage final.

Ces staratiélis emploient pour « sauver » l'or, assez fin, contenu dans les matières qu'ils traitent, un appareil dit « à losanges », fermant à clef, dont le fonctionnement mérite d'être noté.

Sluice à losanges. — Il se compose (fig. 4, Pl. XIV) d'un sluice de $2^m,50$ de longueur, formé d'une planche percée de trous de 15 millimètres de diamètre, réunis par des rainures demi-cylindriques de 10 millimètres de largeur, formant conduit pour l'écoulement de l'or fin. Ce dernier, arrivé à un trou, s'y enfile à travers le sable et gagne le double-fond E, fermé par un cadenas.

A la fin de la journée, le cosaque de garde ouvre la boîte et son contenu est lavé, en sa présence, à la batée.

Les grains d'or, d'un volume suffisant pour être distingués à l'œil, sont happés au passage par l'ouvrier racleur en B et empochés par lui.

4 ouvriers sont employés à ce lavoir : 1 à la grille A, racle les pierres sous le courant d'eau qui arrive par le distributeur D et les repousse en dehors de la grille, en F.

Un autre ouvrier les reprend à la pelle et les accumule sur le dump G.

La grille A, en tôle de 6 millimètres d'épaisseur, est percée de trous ronds de 12 millimètres de diamètre, en quinquonces.

Le 3ᵉ ouvrier racle les matières sur le sluice, qui est peu incliné (6°). C'est le principal voleur de la bande. Il jette les tailings en C, où le 4ᵉ ouvrier les reprend à la pelle et les met en tas en H.

Lorsque les deux dumps G et H deviennent envahissants, on déménage l'installation.

2 piocheurs et 1 brouetteur ou 3 piocheurs, et deux brouetteurs, suivant la nature de l'alluvion, font l'abatage et le transport des alluvions de la taille au lavoir.

Total du chantier : 7 à 9 hommes.

On lave de la sorte 10 à 12^{m3} par journée.

Ce lavoir s'emploie surtout pour les tailings. Les Chinois et les Coréens s'en servent avec une habileté consommée et sauvent ainsi de l'or très fin.

Pour le lavage des alluvions proprement dites, qui sont plus difficiles à débourber que de simples tailings, les staratiélis emploient deux sluices à losanges, étagés. Sur le premier, il y a un râcleur, puis un second râcleur en A pour éliminer les cailloux. De là, les matières s'écoulent toutes seules sur le second sluice, qui a plus de pente (10°). Cette seconde disposition, fig. 5 (Pl. XIV), est préférable à la précédente et ne consomme pas plus de main-d'œuvre. Elle exige seulement une plus grande quantité d'eau, les matières n'ayant pas, comme dans le cas des tailings, subi déjà un premier débourbage.

Les staratiélis lavent de cette manière, avec profit, car on ne manque jamais d'amateurs pour ces travaux, des tailings à 15 dolis aux 100 pouds (0^{gr},75 par mètre cube) et des alluvions à 20 dolis aux 100 pouds (1^{gr},10 par mètre cube), rendement livré au comptoir, ce qui fait ressortir leur journée à 50 kop. L'or volé leur reste comme bénéfice net.

———

Placer ALEXIÉIEVSKI (n° 2).

Ce placer, très court, réunit le placer Léonovski au cours de
l'Ilikane. Il a été épuisé dans les deux premières années d'exploitation du Système du Djolon. On y a repris cette année un assez
bon petit lambeau, qui a donné un peu plus de 4 pouds, ainsi
que le montre le tableau ci-contre :

**Tableau de production du placer Alexiéievski
de 1884 à 1896.**

ANNÉES	POIDS D'ALLUVION TRAITÉ	POIDS D'OR OBTENU				TENEUR o/o POUDS	
		P.	L.	Z.	D.	Z.	D.
1884	4.226.400	16	38	80	.	1	52
1885	2.055.600	6	26	56	.	1	23½
1896	2.315.000	4	9	76	.	.	67
3 années	8.595.000	27	35	16	.	1	3

J'ai donné, dans la description du placer Léonovski, des indications sur les travaux dans Alexiéievski ; je n'y reviendrai donc
pas une seconde fois.

Placers affluents. — Tous les affluents gauches du Djolon ont
été trouvés invariablement stériles. Il en est de même des affluents droits inférieurs. Même l'affluent Pétrovski n'est aurifère
que dans la partie voisine de son confluent.

L'affluent Fedorovski, sur le cours duquel se succèdent deux
placers et l'affluent Vassiliévski qui en contient trois, ont été
aurifères jusqu'à leurs sources. Il en est de même de l'affluent

Glébovski, dont la partie inférieure seule appartient à la Compagnie du Djolon. Son cours supérieur est déjà exploité dans les propriétés de la Verkné Amoursky Company, qui l'a d'ailleurs déjà complètement vidé.

L'ensemble de ces faits démontre jusqu'à l'évidence que, conformément aux indications géologiques détaillées ci-dessus (p. 155 et suiv.), l'enrichissement aurifère du Djolon passe à travers le cours moyen supérieur de cette vallée, traverse les affluents droits supérieurs et redescend de là dans la vallée du Djalta. Toute cette région est caractérisée par la formation de granit décomposé à réticule ferrugineux, dont j'ai déjà longuement parlé au début de ce Chapitre.

Tous ces placers latéraux n'offrent d'intérêt que par leur état de production, Je me bornerai donc, afin de ne pas tomber dans des redites fastidieuses, à donner pour chacun d'eux son tableau de production depuis l'origine jusqu'en 1896 inclusivement.

Tous sont épuisés et livrés aux staratiélis. Les tailings qui pour la plupart ont été accumulés par guide-rope devront être relavés dans l'avenir, en même temps que ceux de Léonovski.

Tableau de production des placers affluents du Djolon.

ANNÉES	POIDS D'ALLUVION TRAITÉE.	POIDS D'OR OBTENU.				TENEUR o/o POUDS.	
		P.	L.	Z.	D.	Z.	D.
Placer Pétrovski (N° 3).							
1888		3	2	1		1	10
1890	10.500		1	13	48	1	4
1896	80.800		5	25			$62\frac{1}{2}$
5 années. . .	91.300	3	8	39	48	1	06

ANNÉES	POIDS D'ALLUVION TRAITÉE.	POIDS D'OR OBTENU.				TENEUR o/o POUDS.	
		P.	L.	Z.	D.	Z.	D.

Placer Vassiliévski (N° 4).

ANNÉES	POIDS D'ALLUVION TRAITÉE.	P.	L.	Z.	D.	Z.	D.
1889	818.100	4	9	48		1	$94\frac{7}{8}$
1890	456.600	1	22	80		1	$30\frac{3}{4}$
1892	3.312.900	16	1	93		1	$82\frac{1}{2}$
1893	810.900	1	28	75			$78\frac{1}{8}$
1894	57.420	1	4	60	48		$71\frac{3}{4}$
5 années. . .	5.455.900	24	27	66	48	1	60

Placer Yégorovski (N° 8).

ANNÉES	POIDS D'ALLUVION TRAITÉE.	P.	L.	Z.	D.	Z.	D.
1890	2.245.200	7	5	69		1	$21\frac{1}{4}$
1894	167.400		15	81	66		$87\frac{1}{4}$
2 années. . .	2.412.600	7	21	54	66	1	07

Placer Goroblagadatski (N° 9).

ANNÉES	POIDS D'ALLUVION TRAITÉE.	P.	L.	Z.	D.	Z.	D.
1893	1.629.600	4	25	56		1	9
1894	100.200		8	71			$86\frac{1}{3}$
1895	92.400		5	7			$50\frac{2}{3}$
3 années. . .	1.822.200	21	1	9		1	05

Placer Mikhaïlo-Constantinovski (N° 12).

ANNÉES	POIDS D'ALLUVION TRAITÉE.	P.	L.	Z.	D.	Z.	D.
1890	314.400	1	4	68		1	35
1894	16.800		2	45		1	$35\frac{1}{2}$
2 années. . .	331.200	1	7	17		1	35

ANNÉES	POIDS D'ALLUVION TRAITÉE.	POIDS D'OR OBTENU				TENEUR o/o POUDS	
		P.	L.	Z.	D.	Z.	D.
Placer Sergiévski (Nº 7).							
1884	640.500	2	21	52		1	$50\frac{1}{4}$
1885	1.501.800	6	36			1	$73\frac{1}{2}$
1895	100.800		16	10		1	$51\frac{1}{5}$
1896	175.200		15	15	81		65
4 années. . .	2.418.300	10	6	77	81	1	50
Placer Yohanno-Damaskinski (Nº 14).							
1892	1.656.000	12	12	1		2	$81\frac{3}{4}$
1893	769.200	5	31	66		1	$85\frac{1}{2}$
1894	1.071.900	2	12	14			79
3 années. . .	3.497.100	18	15	81		1	70

On voit que ces placers ont donné des quantités d'or relativement assez considérables, avec des teneurs moyennes très élevées.
La surface occupée par les lits alluvionnaires ne couvre qu'une
faible proportion de leur aire totale. Ils s'étendent sur de vastes
espaces sur les crêtes, en vue d'assurer la propriété des gisements souterrains qu'on a, à une certaine époque, cherchés avec
grand espoir de réussite. On a été jusqu'à acheter, en 1886, un
appareil de sondage au diamant, actionné par une locomotive
routière de 4 à 5 tonnes qui, après quelques essais infructueux,
a été relégué dans un coin du magasin du Djolon. Toutes ces
dépenses extraordinaires ont pu, heureusement, être amorties
sur les bénéfices du placer Léonovski.

Somme toute, je ne vois comme valeur appréciable de tout ce

Système de la rivière du Djolon, que le relavage des résidus dans quelques années d'ici.

Quant à la Résidence Léonovski (ou Djolon), dont j'ai donné le plan sur la Planche VI, qui est importante, bien organisée et munie d'un atelier de réparation, elle peut encore être utilisée pour l'exploitation du Système de l'Ilikane, dont il me reste maintenant à parler.

(E) **PLACERS DU SYSTÈME DE L'ILIKANE**.

Les placers appartenant à ce Système ne sont pas très nombreux, mais ils sont bien groupés et peuvent facilement être augmentés par l'adjonction de nouveaux placers voisins.

Ils offrent un intérêt particulier pour cette raison que c'est sur leurs cours que sont tentés les premiers essais bien imparfaits encore, mais pourtant bien intéressants, du dragage du fond des rivières, industrie encore inconnue dans le pays et appelée, à mon avis, à un brillant avenir.

Je vois aussi dans ces dragages, très faciles, du fond des rivières aurifères, un acheminement naturel vers le dragage des bords et rives de ces cours d'eau et, par suite aussi, des alluvions ordinaires sans rivière, suivant la méthode que je préconise et qu'on trouvera exposée plus loin.

Désignation des placers. — Ce groupe comprend 5 placers ayant leurs titres de concession délivrés, 5 placers en instance (n°s 65 à 67) et des « Zaïafkis » (Indications secrètes relatives à la présence de l'or, antérieures à la prise de possession officielle) assez nombreux.

Voici le tableau des placers concédés et en instance :

| NUMÉROS | | NOMS | COMPAGNIES | PRODUCTION | | | | TENEUR | | ÉTAT |
| du Service des Mines. | du Catalogue Général. | DES PLACERS | AUXQUELLES ILS APPARTIENNENT | TOTALE D'OR | | | | MOYENNE o/o POUDS | | ACTUEL DU PLACER |
				P.	L.	Z.	D.	Z.	D.	
80	5	Yékatérininski . .	Ilikane	27	18	.	81	.	87.$\frac{6}{10}$	Épuisé. Staratiélis.
81	13	Sniéjny.	Id. . . .	1	21	47	92	.	78	Id. Id.
79	15	Tikhanovski. . .	Id. . . .	1	26	82	21	1	20	En préparation. A draguer.
78	16	Zolotoi Rog. . . .	Non attribué. . .	.	.	.	.	.	.	Intact, non sondé.
75	17	Petropavlovski . .	Placers-Réunis .	1	10	31	80	1	65	Presque intact. A draguer.
»	65	Lydinski.	Non attribué. . .	.	.	.	.	.	.	Intact, non sondé.
»	66	Sergievski. . . .	Id. . .	.	.	.	.	.	.	Id. Id.
»	67	Zachirotney.. . .	Id. . .	.	.	.	.	.	.	Id. Id.
Totaux.		8 placers.. . .	. . . .	31	56	66	82	.	.	

J'en ai donné le plan d'ensemble, avec les placers de Djolon, à la Planche XIV.

Suivant l'ordre adopté, je commencerai par l'étude des placers nos 15 et 17, de beaucoup les plus intéressants.

Orographie. — L'Ilikane est une rivière assez importante, notablement moins forte que l'Ounakha, qui lui ressemble sous tant de rapports, présentant comme celle-ci tous les caractères d'une rivière à régime torrentiel : succession de rapides, séparés par des espaces sans courant, à fond de sable dessinant de nombreux méandres. Ce sont des rivières qui n'ont pas encore atteint leur régime et leur profil normal.

Régime des eaux. — La vallée est assez encaissée entre des montagnes de granit dominant la rivière à 120 ou 150 mètres de hauteur moyenne au-dessus du thalweg. Les méandres de la rivière viennent se heurter tantôt contre une rive, tantôt contre une autre, de sorte que le bed-rock, formé de granit, plus ou moins décomposé, est visible sur un grand nombre de points.

Géologie. — Pas de micaschistes ni de gneiss, dans la partie étudiée de la rivière. Toute la formation est uniformément du granit du Djolon. Le fond de la rivière contient beaucoup de cailloux, en moyenne de la grosseur de la tête. Dans les rapides, l'eau saute de rocher en rocher, et ces pierres, polies par les eaux, atteignent des cubes considérables, allant jusqu'à plusieurs mètres. Ce sera là une des difficultés de la méthode de travail par dragage, car il faudra faire franchir à la drague ces parties de rivière en rapides sans profondeur, à courant vif. On verra plus loin comment j'ai résolu ce problème.

Débit de la rivière. — Le débit de l'Ilikane, mesuré au pas à la fin de l'été 1896, à l'étiage, est de 8 mètres cubes par seconde. C'est donc une rivière notable. Le courant dans les rapides atteint jusqu'à 5 mètres par seconde et dans les gués un peu profonds, lorsque les chevaux ont de l'eau au poitrail, ils ont de la peine à ne pas dériver.

Dans les endroits calmes, généralement plus profonds, le courant est peu sensible. Fond de sable grossier, granit décomposé et cailloux divers, sans vase. Ce sont là les endroits aurifères par excellence à exploiter tout d'abord.

Crues. — L'Ilikane participe au régime hydrologique du bassin de la Zéya dont j'ai donné une idée générale dans mon premier Chapitre. C'est une rivière sujette à des crues de peu de durée, mais considérables. Après les pluies de Mai-Juin, plutôt qu'après la fonte des neiges, dont l'effet est peu sensible, il se produit très peu de temps après les chutes d'eau, 48 heures au maximum, des crues de 2, 3 et même 4 mètres (2 sagènes), ces venues d'eau sont passagères. Leur maximum ne dure guère plus d'un jour ou deux et elles disparaissent avec la même rapidité qu'elles sont venues.

Placer TIKHANOVSKI (N° 15).

Origine. — Placer non statutaire de la Compagnie de l'Ilikane, concédé le 30 Décembre 1885. C'est le premier placer thalweg que possède la Compagnie sur l'Ilikane. En aval, le cours de la rivière est occupé d'une façon continue jusqu'au confluent avec l'Ounakha, par des placers qui pour la plupart appartiennent à la Verkné Amoursky Company. Cette dernière n'a exploité sur ce parcours que les « kassys », presqu'îles formées par les méandres, pouvant être asséchées sans trop de peine par un canal de fuite aboutissant à l'extrémité de la boucle d'aval. La Compagnie de l'Ilikane prépare en ce moment un chantier de ce genre dans Tikhanovski, comme il est expliqué plus bas. On n'a pas jusqu'à présent de méthode préférable à ces exploitations dérobées, à la merci d'une grande crue, pour travailler le thalewg des rivières importantes à fond aurifère.

Production. — Ce placer n'est exploité, en petit, que depuis deux ans. Les travaux ont porté en 1894-1895 sur le confluent de l'Ilikane et de l'affluent Sanar, sur lequel se trouve le placer Yékatérininski. On a opéré en ce point, par exploitation dérobée, par basses eaux, au moyen de puisards successifs (Yammys) et de grattages circulaires dans la couche aurifère une fois le puisard arrivé dans la couche (kamerney raboty). C'est, il faut le dire, la méthode de travail adoptée par les orpailleurs clandestins. Elle est, comme il est facile de le comprendre, imparfaite et dangereuse (fig. 7, Pl. XVI) pour les ouvriers, à ce point que l'Administration Minière a prescrit l'arrêt de ces travaux.

On avait opéré de même un peu plus en amont, dans le placer Petropavlovski. Tel a été jusqu'ici l'unique moyen employé pour tirer parti de ces placers. En 1896, on s'est décidé, comme progrès, à préparer l'exploitation par asséchement avec locomobile, comme l'a fait la Verkné Amoursky Company pour les placers thalewg de l'Ilikane, que cette Compagnie possède en aval. C'est moins barbare et moins dangereux, certainement, que les « Yammys », mais fort hasardeux aussi, parce qu'on se trouve à la merci d'une crue subite.

Voici, quoi qu'il en soit, le tableau de production de ce placer depuis son origine.

Tableau de production du placer Tikhanovski.

ANNÉES	POIDS D'ALLUVION TRAITÉS	POIDS D'OR OBTENU				TENEUR o/o pouds	
		P.	L.	Z.	D.	Z.	D.
1895	141.900	.	23	29	44	1	$51\frac{1}{4}$
1896	356.400	1	3	52	73	1	$16\frac{1}{2}$
2 années	498.300	1	26	82	21	.	20

Essais de dragage à la cuiller. — La majeure partie de la production de 1896 provient d'essais de dragage à la main, au moyen d'un appareil primitif qui mérite une description détaillée.

Les essais sur le sable du fond de la rivière ont porté sur une longueur de 5 verstes environ, d'eau calme sans rapides, qui se trouve comprise entre le confluent du Sanar et celui du Djolon, limite à laquelle commencent les placers de la Verkné Amoursky Company. Il y a là un emplacement magnifique, dont la coupe moyenne est celle que j'indique à la fig. 2 de la Pl. XVI.

On remarquera, à ce propos, la similitude complète qui existe entre cette coupe en travers et celle de la vallée aurifère de l'Ounakha (fig. 4, Pl. XVI), sauf que cette dernière est plus large et plus importante encore que celle de l'Ilikane ; mais la disposition des alluvions anciennes et récentes et celle du lit actuel du cours d'eau, est tout à fait identique.

Pour résumer ces coupes en un mot, je considère ces rivières aurifères comme coulant dans des vallées à alluvions aurifères ordinaires, avec cette particularité que le cours d'eau a emporté l'alluvion stérile superficielle, mettant ainsi à nu l'alluvion payante, qui ne demande pour être réalisée qu'un appareil approprié pour son extraction et cet appareil est sans doute aucun, une drague.

Appareil employé. — On a fait, pendant le cours de l'été de 1896, une série de tranchées sous l'eau, au moyen de l'appareil dont les figures 3, 4, 5 et 6 (Pl. XVI) donnent une idée complète. C'est un radeau, fait sur place, portant une ouverture longitudinale permettant de promener sur le fond une cuiller en fer, analogue au louchet employé dans les pays à tourbières sous-marines, à la pêche de cette matière.

Deux hommes appuient sur le manche en bois de la pelle, grâce à une barre en croix fixée à ce manche, tandis que deux autres tirent au treuil A pour labourer le fond et remplir la pelle de sable. Le treuil la remonte ensuite ; elle est vidée sur le radeau et son contenu est jeté à la pelle sur le sluice à losanges B, déjà décrit page 235, où l'or se sépare. Les tailings retombent

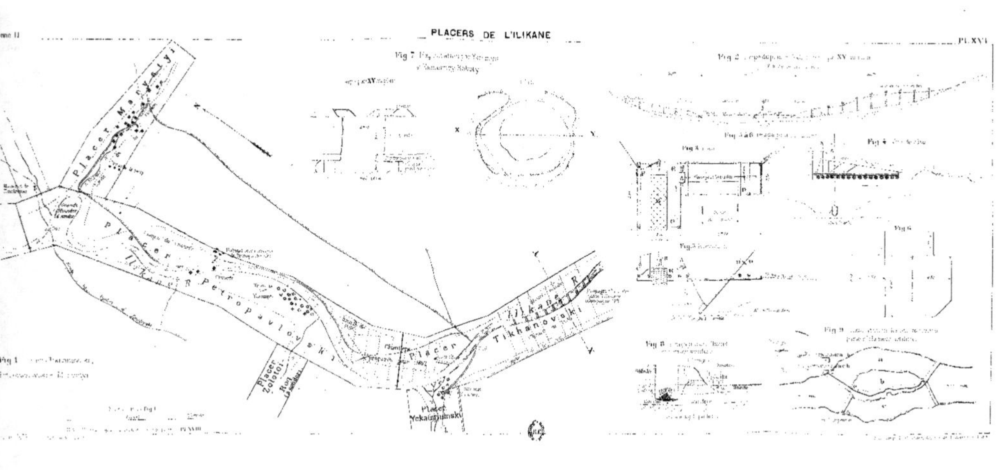
PLACERS DE L'ILIKANE
Pl. XVI
Placer Maryilyi
Placer Petropavlovski
Placer Zolotoi
Placer Yekaterinski
Ilikan R
Placer Tikhanovski

en aval où on les régale à la pelle lorsque leur volume les fait émerger et gêne la manœuvre. L'eau nécessaire au sluice, est pompée par un homme en C.

Personnel du radeau.

1 surveillant.
2 hommes pour enfoncer la pelle en D, D'.
2   —   au treuil A.
2   —   racleurs sur le sluice en B, pour faire glisser l'alluvion (très peu d'eau).
1 homme chargeur du sluice en E.
1   —   débardeur des taillings en G.
1   -   pompier en F.

Total. . . . . 10 hommes.

Production 1 sagène à 1 ¼ sagène cube par journée, soit environ 10 à 12 mètres cubes par 10 heures.

Rendement, comme on le voit, plus que médiocre et qui ne permet guère d'exploiter au-dessous de 1 zolot. par 100 pouds ($5^{gr},23$ au m. c.). D'ailleurs dans le cas actuel, c'est un appareil de recherches, de sondage et non d'exploitation, mais les voleurs d'or, qui le connaissent, l'emploient aussi pour leurs exploitations clandestines dans les rivières de la Haute-Zéya.

Il consomme, comme on le voit par le détail du personnel, une main-d'œuvre énorme. L'alluvion est remaniée trois fois, non comprise son extraction : 1 fois pour la charger sur le sluice, 1 fois pour la râcler sur ledit sluice, 1 fois pour évacuer les tailings.

Le seul avantage de cet appareil, c'est qu'on peut le construire sur place, n'importe où. Il n'y a à transporter que le louchet, la corde pour le tirer et le clapet de la pompe. Tout le reste est fourni par la forêt. C'est le dernier mot du « *Mecum omnia fero* » cher au mineur d'or sibérien.

On ne peut draguer ainsi que très imparfaitement le fond au voisinage du bed-rock, c'est-à-dire justement la zone la plus riche.

Cet appareil a produit en 1896 la presque totalité du rendement du placer (environ 18 kilog.). Teneur reconnue : 1 zol. 16 par 100 pouds (6^{gr},07 par m. c.). Mes lavages personnels, sur ce qui sortait de la pelle, le jour de ma visite, me font estimer aussi une teneur analogue, de 1 zol. aux 100 pouds (environ 5^{gr},25 par m. c.).

On a fait de la sorte une vingtaine de tranchées dans le fond de la rivière, qui démontrent amplement l'exploitabilité et même la très riche exploitabilité de ce lit aurifère.

Drague locale en construction. — Aussi se préparait-on, lors de notre visite, à recommencer un essai de dragage avec le même matériel qu'à Rojdestvenski, c'est-à-dire en mettant sur un ponton flottant l'excavateur universel construit par la maison Penguely, qui reste sur le placer Léonovski sans être aucunement employé. On faisait le démontage au moment de notre départ. Cet appareil de fortune donnera sans doute de meilleurs résultats qu'à Rojdestvenski, parce qu'on ne peut pas ne pas gagner d'argent en dragant des alluvions à un zolotnik entièrement dégelées sans stérile superposé, quelles que soient les fausses manœuvres qu'on se permette de faire. Mais cet essai, pas plus que celui de Rojdestvenski ne permettra de se rendre compte de l'avenir réservé à des dragages réellement dignes de ce nom, en Sibérie Orientale.

Les deux problèmes les plus délicats du dragage des placers sibériens, qui sont l'évacuation des déblais sur l'arrière-main de la drague et le dégelage du terrain, ne sont pas prévus dans le projet de drague de l'Ilikane. On s'en tirera par de la main-

d'œuvre inutilement gaspillée. Toutes les manœuvres de papillonnage, qui doivent essentiellement être faites par treuil à vapeur
sous le contrôle d'un seul homme, se feront à bras. Le travail
ainsi organisé n'aura avec le dragage économique et rationnel
que des rapports éloignés.

Alluvion latérale. — Indépendamment de l'alluvion existante
au fond de la rivière, il existe sous les alluvions récentes qui
forment les berges, une couche aurifère disposée comme l'indique
la coupe moyenne de la vallée (fig. 2, Pl. XVI).

Cette alluvion latérale a été assez complètement reconnue par
une série de lignes de « chourfs » sur la rive droite où elle présente un plus grand développement que sur la rive gauche. Sur
ce dernier côté, les sondages ont été arrêtés par les eaux et ce,
malgré des tentatives infructueuses au cours de plusieurs saisons
d'hiver.

Sondages arrêtés par l'eau. — Il est intéressant de se rendre
compte de la raison de ces sondages inondés, même pendant la
plus froide saison d'hiver. Ce fait se produit, non seulement
lorsque l'alluvion est au-dessous du niveau d'une rivière ne gelant
pas jusqu'au fond, comme l'Ilikane, mais aussi lorsque pour des
raisons encore mal connues mais qui pour moi doivent être attribuées au dégagement de chaleur résultant de la fermentation des
tissus végétaux qui se transforment en tourbe, il existe dans le
sous-sol des traînées, de forme et de profondeur variables, de sol
non congelé.

Examinons le cas du voisinage d'une rivière à eau constamment liquide, qui est celui qui nous intéresse le plus pour les
placers de l'Ilikane.

Si on creuse un chourf dans ces conditions, l'eau sourd immédiatement, même par les froids les plus intenses, car l'Ilikane ayant conservé de l'eau liquide sous la couche glacée qui le recouvre, cette eau tend à prendre son niveau à travers les sables perméables de son fond.

Cette eau empêche le fonçage du chourf, et même si on l'épuise par intermittence, le fonçage reste impossible parce que l'ouvrier sibérien ne fonce pas comme on pourrait le croire tout d'abord, en travaillant au pic, l'alluvion gelée : c'est trop pénible et trop lent, et le fait est qu'il faut avoir vu et exécuté soi-même ce travail en terrain gelé pour se rendre compte de la dureté, de la compacité, de la cohésion extraordinaire de toutes les parties d'une alluvion glacée. Le terrain, attaqué au pic, ne se désagrège que par parcelles ; les cailloux enchâssés dans le ciment formé par l'alluvion durcie qui les contient, sont collés à cette alluvion par des cristaux de glace enchevêtrés. On n'en vient à bout qu'en déchaussant patiemment chaque pierre jusqu'à ce qu'elle soit tout à fait libérée, ce qui est un travail minutieux, et dans ces conditions, le fonçage n'avance pas.

L'ouvrier ne creuse donc de chourf qu'en dégelant le fond au moyen du feu. Mais ce dégelage lui-même est un travail délicat lorsque l'eau liquide est proche, ce qui s'annonce par le suintement des parois. Si on fait du feu dans le chourf à ce moment du sondage, l'eau arrive en grand, inonde le travail, s'y transforme en glace et bouche définitivement l'orifice. Il ne reste plus qu'à déménager pour aller tenter le fonçage dans un endroit moins difficile.

Dès que le suintement paraît, l'ouvrier sort et va travailler dans un autre chourf, laissant le froid congeler la paroi suintante jusqu'à une épaisseur telle qu'il pourra revenir faire du feu dans le fond pour le dégeler, sans dégeler l'anneau de glace protecteur qui s'est formé sur les parois, qui le met à l'abri de l'envahissement des eaux de la couche aquifère.

La figure 8 de la Planche XVI montre la coupe d'un chourf en voie d'exécution en terrain aquifère. Pour le résumer en un mot, c'est le procédé Pœtsch, avec le climat sibérien comme appareil réfrigérant.

Ces difficultés ont arrêté les sondages sur la rive gauche de l'Ilikane, au droit des lignes de sondage avec le radeau à cuiller. Quelques chourfs plus heureux que les autres ont permis d'atteindre la partie supérieure de l'alluvion aurifère et d'en constater la richesse; mais, malgré plusieurs esssais infructueux tentés pendant plusieurs années consécutives, on n'a pas pu arriver jusqu'à présent, à traverser jusqu'au bed-rock, l'alluvion qu'on sait être riche en ce point.

Les sondages de la rive droite ont donné de très bonnes moyennes de 1 zolot. et au-dessus. Il y a là un beau cube à enlever, mais le rapport caractéristique est élevé et atteint le chiffre 4, par la raison bien simple qu'aux époques de crues, la rivière envahit les alluvions latérales, y dépose des couches de limon, qui vont chaque année en s'accroissant et qui finissent par former de véritables bourrelets sur les berges.

Ce phénomène actuel est si marqué à l'Ounakha qu'il est visible sur le plan coté de la Planche XVIII. Il y a donc à prévoir de ce chef un gros cube de stérile à déplacer pour atteindre l'alluvion payante. C'est une raison de plus pour adopter une méthode permettant de passer tout ce cube à la drague, dont le prix de revient est insignifiant et qui n'a rien à craindre des crues et variations subites de niveau, à la merci desquelles toute exploitation par asséchement naturel ou artificiel, laisse les chantiers exposés.

Il y a en outre un avantage trop évident à pouvoir employer

une seule et même méthode, un seul et même appareil pour exploiter l'alluvion sous rivière et l'alluvion sous les berges adjacentes pour qu'il soit nécessaire d'insister sur ce point.

Cubage. — Les travaux préparatoires, tant sur les berges que dans la rivière, permettent d'établir pour ce placer, un cubage acquis et un cubage probable.

Il faut distinguer en outre, le cubage de l'alluvion sous rivière et le cubage de l'alluvion sous berges.

1. *Alluvion sous rivière.* — Je commence par déduire de ce cubage, tous les rapides. La couche aurifère, si elle existe dans ces parties, ce qui n'est pas démontré, doit y être très mince, cachée sous de grosses pierres qui pavent ces rapides, et ne paiera peut-être pas les frais de déblayage. J'écarte donc du cubage ces parties.

2 verstes sur 5 sont constituées par des rapides. Il en reste 3 à cuber. Je réduis de 50 0/0 la teneur trouvée par les dragages à la cuiller et j'admets 56 dolis pour la teneur du sable du fond de la rivière.

J'obtiens ainsi les chiffres suivants :

Longueur dragable du placer . .	5 verstes.
Largeur moyenne de la rivière. .	50 sag.
Puissance de l'alluvion.	5 tchetv.
Teneur	7 zolot. par sag. cub.
Rapport caractéristique.	0
Cube de stérile à enlever	0
Cube d'alluvion à laver.	19.750 sag. cub.
Or contenu.	**36 pouds.**

Ce cubage peut être considéré comme acquis sur la moitié du parcours, sur lequel les tranchées sous l'eau ont été faites en 1896. Il n'est que probable, quoique à mon avis presque certain, sur la seconde moitié.

On a donc pour le cubage d'or acquis et probable pouvant être actuellement admis en toute sécurité sur le placer Tikhanovski (alluvion sous rivière) les chiffres suivants :

Cubage acquis. . . . .   **18 pouds.**
Cubage probable. . . . .   **18** —

              Ensemble. . . . .   **36 pouds.**

Les travaux nécessaires pour mettre ce dernier cube en évidence sont détaillés plus loin.

II. *Alluvion sous berge.* — *Cube acquis.* — Il y a un cube acquis dans le méandre situé sur la rive gauche de l'Ilikane en face du confluent avec le Sanar, préparé pour la prochaine opération. En voici les éléments :

Longueur. . . . .   150 sagènes.
Largeur moyenne   25
Puissance de l'alluvion . . . .   8 tchetv.
Teneur. . . . .   12 zolot. par sag. cub.
Rapport caractéristique . . . .   5,50.
Cube de stérile à enlever. . . . . .   8.750 sag. cub.
   — d'alluvion à laver. . . . .   2.500   —

   - total à déplacer . . . .   11.250 sag. cub.
Or contenu . . . .   **7 pouds 32 livres.**

Cube probable. — Ce cube se trouve sur la berge droite, en face des lignes de dragage à la cuiller. On a commencé à y faire quelques chourfs, mais en nombre insuffisant pour établir un cubage acquis.

Voici comment se calcule le cubage probable :

Longueur utile . . . . 700 sag.
Largeur . . . . 40 —
Puissance moyenne. . . . . 4 tchetv.
Rapport caractéristique 4
Teneur moyenne. . . . . 10 zolot. par sag. cub.
Cube de stérile à enlever. . . . . 37.333 sag. cub.
 — d'alluvion à laver . . . . 9.333 —

 —— total à déplacer . . . . 46.666 sag. cub.
Or contenu . . . . **24 pouds 12 livres.**

Résumé du cubage du placer Tikhanovski.

	SOUS RIVIÈRE	SOUS BERGES	TOTAL
Cube acquis..	18ᵖ	7ᵖ.32ⁱ	25ᵖ.32ⁱ
Cube probable	18ᵖ	24ᵖ.12ⁱ	42ᵖ.12ⁱ
Total pour ce placer.			68ᵖ,04ⁱ

Je cite pour mémoire seulement la rive gauche de la rivière, sur laquelle les sondages ont été gênés par la venue d'eau, mais qu'on sait aurifère et d'autres parties de berges encore ignorées, pour balancer le déchet possible dans le cubage probable ci-dessus établi.

Frais de sondage. — Ces frais se divisent en deux parties, ceux que nécessite l'achèvement du dragage sous rivière, et ceux sur berges.

I. *Frais de dragage à la cuiller.* — On opère par tranchées sous-marines partant de terre et allant jusqu'à mi-rivière (Schrek) et on achève en partant de l'autre rive pour exécuter un second « schrek » venant à la rencontre du premier. Chacun de ces

« schreks » coûte 100 Roubles, ce qui fait que le prix de revient de la tranchée complète, en travers de la rivière, est de 200 Roubles.

Il manque 50 de ces tranchées pour achever la reconnaissance de la partie basse de la rivière et pour sonder la deuxième partie tranquille qui se trouve en amont, près de la limite de Petropavlovski.

Dépense totale de ce chef : $50 \times 200 = 10.000$ Roubles.

II. *Frais de sondage sous les berges.* — La forme des berges était assez irrégulière, on ne peut pas en faire le compte exact par simple multiplication du nombre des lignes par le nombre des chourfs par ligne. En fait, avec 200 chourfs en plus, on aura complètement reconnu le cube probable que j'ai estimé ci-dessus. Le coût de chaque chourf dans le bassin de l'Ilikane, est plus élevé que dans les systèmes précédemment étudiés, et s'élève à R. 60 au lieu de R. 50, soit R. 10 de plus. Il faut tenir compte aussi de la difficulté plus grande que présente le fonçage des chourfs près des rivières.

Dépense totale à prévoir $60 \times 200 =$ 12.000 Roubles.
Qui ajoutés aux frais de tranchées   10.000   —
donne un total de   22.000 Roubles.

pour la dépense des sondages à exécuter sur le placer Tikhanovski.

État actuel des travaux. — Outre les travaux de dragage que j'ai détaillés plus haut, on prépare activement, sur le placer, la mise en exploitation du méandre en face du confluent du Sanar. Les travaux consistent en un canal de 50 mètres de longueur, pratiqué à travers le bourrelet littoral de la rivière, garni de rondins jointifs sur tout son parcours. A son extrémité antérieure sera placée une locomobile actionnant une pompe centrifuge d'épuisement destinée à assurer l'asséchement des tailles. Les eaux du versant seront évacuées par un canal de ceinture (voir fig. 1, Pl. XVI).

Méthode de la Verkné Amoursky Company. — Cette méthode est adoptée par la Verkné Amoursky Company non seulement pour l'exploitation des méandres, mais même pour le fond des rivières. Elle a été appliquée plusieurs fois sur le bas cours de l'Ilikane. On choisit de préférence les endroits où la rivière forme une île, pour barrer d'abord un bras, par deux batardeaux exécutés l'un en amont, l'autre en aval. On place ensuite une locomobile d'épuisement et on exploite l'alluvion aurifère formant le lit de la rivière. On n'a pas de stérile à remonter, puisque l'alluvion payante est déjà à nu. Il n'y a à transporter au dehors de l'excavation que les sables aurifères. Une fois le lit a épuisé (fig. 9, Pl. XVI), on attaque l'île b, dont on jette les stériles dans l'excavation a épuisée, et on lave l'alluvion à la même machine que a. On a soin de laisser un massif de protection suffisant pour ne pas être gêné par les infiltrations.

Enfin on rétablit le cours de la rivière en a, on isole le bras c qu'on assèche en transportant la locomobile sur l'autre berge et on loge les tailings aussi sur la berge.

Lorsqu'il n'y a pas d'île, on dérive simplement la rivière et on exploite son fond, ainsi que sa ou ses rives adjacentes, comme ci-dessus.

Ces travaux sont simples mais aléatoires, car ils sont à la merci d'une crue subite ou d'une rupture de batardeau, d'infiltrations imprévues, etc., qui noient les travaux pendant le cours de l'opération et laissent le personnel inoccupé. Ce sont des travaux dérobés, à conduire avec rapidité et qui peuvent alors laisser de très beaux bénéfices si la chance les favorise.

Placers d'aval de l'Ilikane. — La partie de l'Ilikane comprise entre le Djolon et l'Ounakha a été partiellement exploitée de cette manière. On voit par le tableau ci-dessous que ces placers n'ont été, somme toute, travaillés que très superficiellement. Voici, d'après les relevés du Service des Mines jusque et y compris l'année 1894, les quantités d'or extraites du cours inférieur de l'Ilikane (voir Carte de ces placers, fig. 1, Pl. XVII).

Production des placers du Bas-Ilikane.

N° DU PLAN DU SERVICE DES MINES	NOMS DES PLACERS	PROPRIÉTAIRES	OR RETIRÉ			
			P.	L.	Z.	D.
82	Ilikanski	Verkné Amoursky C? .	7	57	.	.
99	Outiossny.	Id.	2	»	.	.
114	Nijny-Ilikanski. . . .	Id.	.	10	.	.
115	Vassiliévski.	Accentiéff.	.	10	8	.
125	Mikhaïlo-Vassiliévski .	Zacharoff.	.	34	24	58
124	Rojdestvenski	Malik	non travaillé.			
116	Vassiliévski.	Succession Laptieff. .	.	50	89	71
Total.			12	2	26	55

Placer **PETROPAVLOVSKI** (n° 17).

Origine. — Placer thalweg faisant suite au précédent en amont, sur l'Ilikane. Appartient à la Compagnie des Placers-Réunis dont il est un des placers statutaires, concédé le 31 Octobre 1890.

Se trouve à peu près dans le même état et dans les mêmes conditions que Tikhanovski, sauf qu'il est moins bien préparé, les travaux de sondage y étaient presque nuls.

Production. — On n'a exploité sur ce placer qu'une portion de méandre sur la rive droite (voir Pl. XVI, fig. 1) au moyen des « yammys ». Depuis lors, le placer est livré aux staratiélis.

Voici son tableau de production :

Tableau de production du placer Petropavlovski.

ANNÉES	POIDS D'ALLUVION TRAITÉE Pouds.	POIDS D'OR OBTENU				TENEUR o/o pouds	
		P.	L.	Z.	D.	Z.	D.
1895	42.000	.	8	94	85	1	$95\frac{3}{4}$
1896	256.800	1	1	52	91	1	52
2 années.	298.800	1	10	51	80	1	65

On s'est borné, comme on le voit, à exploiter tant bien que mal un point exceptionnellement riche. Je rappelle que ces travaux ayant été faits par les staratiélis, la teneur déclarée au bureau d'Administration est égale à la teneur réelle, moins le vol. Ce dernier est à peu près proportionnel à la teneur, parce que, en général, à de fortes teneurs correspond de l'or gros plus facile à voir et à happer au passage, surtout lorsque la surveillance est nominale, comme c'est forcément le cas dans les travaux staratiélis.

C'est sur le parcours de ce placer que vient aboutir l'affluent Batamo sur lequel les orpailleurs clandestins sont venus récemment piller l'or avec une rare audace. Nous examinerons ce placer plus loin.

Cubage. — Cubage acquis : néant.

Cubage probable. — I. *Dans le lit de la rivière.* — Je ne puis donner aucun chiffre, en l'absence de tout dragage à la cuiller. La présence de l'or y est un fait indéniable, il y a eu même des lavages clandestins effectués, mais je manque de base pour apprécier la teneur. C'est d'autant plus fâcheux que la rivière a peu de rapides dans son parcours sur le placer Petropavlovski. On peut compter sur 4 verstes dragables.

II. *Sous berges.* — Il s'agit du cubage d'une partie de la rive gauche, en aval du confluent du Batamo, sur laquelle il a été fait l'an passé, deux lignes de chourfs qui ont donné de bonnes teneurs. Voici comment on peut en faire le cubage :

Longueur utile	300 Sag.
Largeur	25. »
Puissance.	8 tchetv.
Teneur moyenne.	12 zolot. par sag. cub.
Rapport caractéristique. . . .	3,50
Cube de stérile à enlever . . .	17.500 sag. cub.
— d'alluvion à laver	5.000 —
— total à déplacer.	22.500 sag. cub.
Or contenu.	**15 pouds 24 livres.**

Frais de sondage. — On peut les estimer exactement au double de ceux de Tikhanovski, en ce qui concerne les sondages dans la rivière proprement dite. La longueur à sonder (4 verstes) est à peu près double de celle encore intacte sur Tikhanovski et aucun dragage, même local, n'a encore été tenté. Total à prévoir : 24.000 Roubles.

On pourra attendre, pour ce qui concerne les sondages sous les berges, d'avoir reconnu par les travaux en rivière si l'alluvion aurifère se continue sur toute la surface du placer, ce qui me paraît infiniment probable. Il suffit en effet de jeter les yeux sur la carte pour voir que les affluents aurifères de l'Ilikane se prolongent bien au delà de la limite en amont de Petropavlovski.

Jusqu'en 1894, ces divers affluents avaient déjà produit les quantités suivantes :

Placers sur la rivière Soukhoullionne.	.	30 pouds	54 livres
—	— Arga	2 —	56 —
—	— Amonougui . . .	2 —	24 —
	Total.	. 56 pouds	14 livres

Tel est l'état actuel des placers thalweg de l'Ilikane. On voit qu'ils offrent un intérêt considérable et immédiat. La proximité du centre du Djolon fait de cette rivière l'endroit le plus propice pour l'établissement du premier chantier de dragage, destiné, dans mon esprit, à transformer complètement la physionomie et les conditions d'exploitation de cette région aurifère.

Matériel portatif de dragage. — Pour ces sondages en rivière on aura une économie considérable à employer un matériel léger et portatif, composé d'une chaîne à godets légers en tôle de fer, pouvant s'installer n'importe où, sur radeau ou caisson et se transporter, une fois démonté, même à dos de rennes si nécessaire. Un matériel de ce genre, appliqué aux rivières aurifères de la Haute-Zéya, rendra d'inappréciables services.

Placers affluents. — J'ai déjà cité plusieurs affluents aurifères du Haut-Ilikane. Il me reste maintenant à examiner ceux qui sont compris dans le groupe qui fait plus spécialement l'objet de mon étude. Plusieurs d'entre eux sont en exploitation ou en préparation.

___

Placer YÉKATERININSKI (n° 5).

Origine. — Placer statutaire de la Compagnie de l'Ilikane, concédé le 15 Janvier 1884.

A été l'objet d'une exploitation régulière de 1888 à 1894. On y a employé le guide-rope pour le transport des sables et des tailings. Livré depuis cette date aux staratiélis.

On trouvera à la Planche XVII un plan d'ensemble et une série de coupes en travers de ce placer, permettant de se rendre un compte exact de son état actuel.

Voici son tableau de production de 1888 à 1896. On remarquera, pour cette dernière année, la haute teneur déclarée par les staratiélis.

Tableau de production du placer Yékaterininski de 1888 à 1896.

ANNÉES	POIDS D'ALLUVION TRAITÉE (pouds)	POIDS D'OR OBTENU				TENEUR o/o POUDS	
		P.	L.	Z.	D.	Z.	D.
1888	.	8	.	27	.	.	.
1890	5.063.000	5	55	4	.	.	70 $\frac{3}{8}$
1891	2.464.800	7	59	75	.	1	23
1893	1.500.800	2	6	82	.	.	61 $\frac{1}{2}$
1894	1.555.200	2	2	63	67	.	89
1895	230.400	.	22	25	40	.	89
1896	254·800	.	51	11	70	1	18
7 années .	8.867.000	27	18	.	81	.	87 $\frac{9}{10}$

17.

Ainsi qu'on le voit par l'examen du plan, la partie basse du placer est entièrement épuisée. Il ne reste à prendre que des lambeaux sur les bords, laissés à cause des grosses pierres superficielles qu'il aurait fallu remuer, provenant de la démolition de divers escarpements de granit qui pointent à gauche de la rivière, formant un promontoire près de son embouchure.

Cubage. Sondage. — Il n'y a ni cubage ni sondage à faire sur ce placer. La couche aurifère se termine en queue de poisson dans le haut du placer, où les staratiélis pourront encore la suivre avantageusement, par leurs travaux de grattage.

Le produit de ce travail, ainsi que la reprise de certains lambeaux en aval, donnera encore pendant cinq à six ans, une vingtaine de livres par opération, soit pour ce placer, 5 pouds, au maximum **4 pouds** à réaliser encore, au moyen de staratiélis.

Nature de l'alluvion. — L'alluvion est tout à fait semblable à celle du Djolon, très facile à laver. Bed-rock de granit décomposé. Placer, somme toute, sans grand intérêt.

Placer SNIÉJNY (n° 15).

Origine. — Concédé le 29 Mai 1887. Placer non statutaire de la Compagnie de l'Ilikane. Occupe le flanc droit de l'affluent Sanar et s'étend, dans la direction du col allant au Djolon, sur un ruisseau aboutissant au Sanar.

Mêmes conditions géologiques que le précédent, dont il est une annexe sans importance.

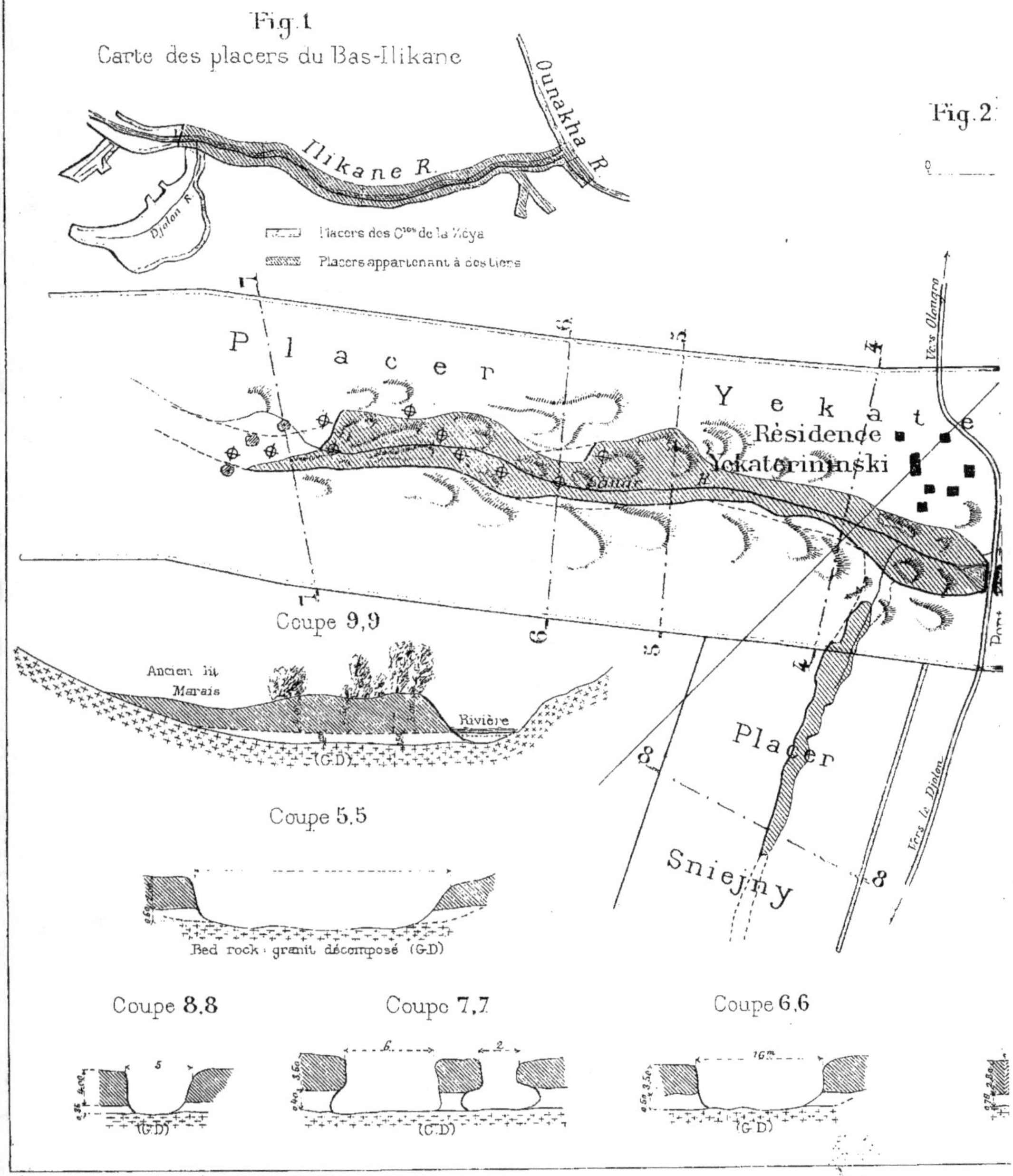

Fig. 1
Carte des placers du Bas-Ilikane
Ounakha R.
Ilikane R.
Djalon R.
Placers des Cies de la Zéya
Placers appartenant à des tiers
Fig. 2
Placer
Yekate
Résidence
Yekaterininski
Vers Olonam
Vers le Djalon
Placer
Sniejny
Coupe 9,9
Ancien lit
Marais
Rivière
(G.D)
Coupe 5,5
Bed rock granit décomposé (G.D)
Coupe 8,8
5
(G.D)
Coupe 7,7
6
2
(G.D)
Coupe 6,6
16m
(G.D)

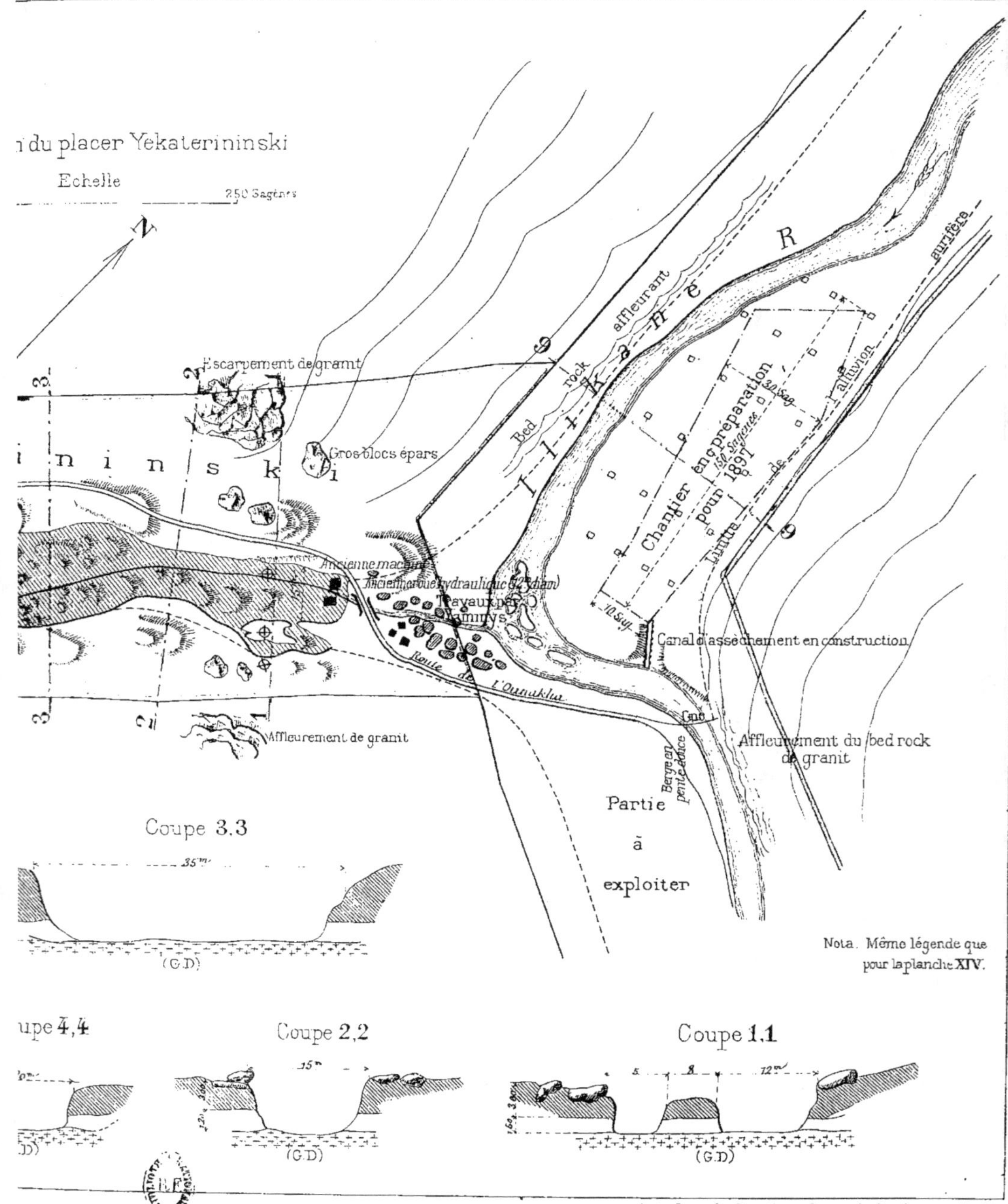
du placer Yekaterininski
Echelle
250 Sagènes
N
Escarpement de granit
Gros blocs épars
ininsk
I-l-i-k-a-n-é R
affleurant
Bed rock
l'alluvion
Chantier en préparation
pour 1891
150 Sagènes
30 Sag.
Limite de
Ancienne machine
Ancienne roue hydraulique (3,3 diam)
Travaux par
Mamuts
10 Sag.
Canal d'assèchement en construction
Route de l'Ounakta
Affleurement de granit
Affleurement du bed rock
de granit
Berge en pente douce
Partie
à
exploiter
Coupe 3.3
35 m
(G.D)
Nota. Même légende que
pour la planche XIV.
upe 4,4
Coupe 2,2
Coupe 1.1
15 m
5 8 12 m
(G.D)
(G.D)
(G.D)

Tableau de production du placer Sniéjny.

ANNÉES	POIDS D'ALLUVION TRAITÉE (pouds)	POIDS D'OR OBTENU				TENEUR o/o POUDS	
		P.	L.	Z.	D.	Z.	D.
1891	543.000	1	8	50	»	.	82 $\frac{1}{4}$
1894	54.000	.	2	49	8	.	43
1895	147.000	.	7	76	79	.	48 $\frac{5}{8}$
1896	28.800	.	2	64	5	.	85
4 annécs	772.800	1	21	47	92	.	78

Le lit aurifère exploitable est très étroit dans la partie basse du placer. Il s'élargit en éventail vers le haut où on a fait un assez grand nombre de sondages avec l'espoir de trouver un nid riche, vu la proximité du Djolon : on a partout trouvé des teneurs à 40 dolis et au-dessous.

Il n'y a pas d'eau sur le placer. Il faudrait, si on voulait tenter le lavage de ces matières, les descendre dans Iékaterininski pour en faire le lavage.

En résumé, placer sans intérêt et sans valeur actuelle, à garder cependant.

Placer ZOLOTOÏ-ROG (n° 16).

Origine. — Situé sur un affluent droit de l'Ilikane, immédiatement en amont du Sanar. Concédé le 21/23 Août 1892 et affecté à la Compagnie de l'Ilikane, dont il est un des placers non statutaires.

Même formation géologique que les précédents.

Sondages. — Les quelques sondages effectués sur ce placer, sondages dont je n'ai d'ailleurs pas vu les traces, n'ont, paraît-il, donné que des résultats négatifs au point de vue de l'exploitabilité de l'alluvion qu'il contient.

Ce résultat est étonnant et mérite d'autant plus confirmation que le placer Paskhovski, immédiatement en amont, est aurifère, et que le placer situé vis-à-vis dans la vallée de l'Ilikane, est ce fameux Batamo que la Compagnie avait négligé aussi, sur l'avis donné par les équipes de recherches qu'il était vide.

Le placer Zolotoï-Rog est à garder et à sonder, mais en deuxième ligne d'importance. Pas de propositions de frais de sondage pour le moment.

Autres placers amont. — Entre Zolotoï-Rog et la rivière Soukhoullionne, dont j'ai déjà parlé, il y a trois autres petits placers affluents.

Un seul, le placer Paskhovski, appartenant à la Compagnie Nadiège, est actuellement exploité.

Il avait déjà produit, à la fin de 1894, 1 poud 51 liv. d'or.

Je l'ai examiné en passant. Il se trouve, comme tous ses voisins, dans le granit décomposé. On se contente d'enlever le lit mineur et de laver par des procédés misérables. C'est un placer gaspillé. Longueur des travaux : environ 1 verste.

Affluents gauches. — Un seul a été déclaré indirectement par la Compagnie sur l'affluent Batamo, qui aboutit au placer Petropavlovski.

———

Placer MARYSTYI.

Origine. — Ce placer a été découvert, dénoncé et exploité, dans l'hiver 1895-1896, par une bande d'environ deux cents voleurs d'or, qui se sont installés sur les lieux, y ont construit des maisons que j'ai vues et dans l'une desquelles est maintenant installé le gardien que la Compagnie a préposé à la défense du placer.

Le tout s'est passé à une distance de 5 verstes de la Résidence Djolon, habitation du Directeur de la Compagnie, à deux pas de la route qui relie le Djolon à Olongro, où passent des convois journaliers de marchandises et de personnel.

Recherches de 1890. — Cette situation paraît moins anormale quand, après avoir vécu dans le pays, on a pu se rendre compte de la sorte d'indulgence avec laquelle sont traités les voleurs d'or dans la région de l'Amour. Tant qu'ils n'exploitent clandestinement que les biens de la Couronne, on les considère volontiers de la même façon que les habitants des zones frontières traitent les contrebandiers. Ils ne prennent, somme toute, que dans le patrimoine anonyme.

Ce qu'il y a eu de plus scandaleux et de plus inquiétant dans cette affaire du Batamo, c'est que la Compagnie avait, dès 1890, envoyé et payé pendant tout un hiver trois artiels de chercheurs, sous la direction d'un chef de partie de confiance, qu'il est inutile de nommer ici et qui d'ailleurs est décédé depuis. Ces artiels firent 5 chourfs seulement dans la vallée du Batamo, au lieu de la couper par une ligne régulière, ce qui fait qu'on manqua le lit mineur et que la vallée fut déclarée comme vide.

Cet exemple édifiant sur la manière dont les sommes affectées aux recherches sont parfois dépensées n'est malheureusement pas isolé. Cette négligence est encore plus coupable quand elle conduit, lors du sondage définitif du placer en vue de son exploitation, à donner à la Direction des plans de sondage complètement erronés, ayant comme conséquence l'organisation de chantiers qui ne concordent pas avec les teneurs réelles de l'alluvion. Nous en avons déjà vu et nous en verrons encore de nombreux exemples au cours de cet ouvrage.

En fait, je suis obligé de reconnaître, pour exposer les choses telles qu'elles sont, que, pour un grand nombre de placers, notamment pour les nouveaux groupes de l'Olongro, du Djagda-Ouliaguir et même de l'Ougane, les sondages effectués, qui ont cependant coûté beaucoup d'argent, ne sont pas dignes de confiance et ne peuvent pas guider pour l'établissement des projets d'opération, pour la direction à donner aux tailles, pour l'emplacement le plus favorable des machines, etc., toutes questions d'une importance capitale et se traduisant, quand elles sont mal résolues, par des faux frais et des pertes dont on a peine à soupçonner l'importance.

Ce fait bien net, positif, indéniable, de la perte du placer Marystyi, perte qui était certaine sans une heureuse circonstance qui a permis de remettre la main dessus, doit ouvrir les yeux des intéressés sur le vice d'organisation d'un Service des Recherches privé d'agent responsable à sa tête. Cette question sera examinée ultérieurement, en son lieu et place, avec les développements qu'elle comporte.

Il paraît, pour ne rappeler que les grandes lignes de cette affaire du placer Marystyi, qui a été des plus compliquées, que la demande du représentant des voleurs d'or était mal faite, que les limites étaient mal définies, bref, qu'il y avait un vice de forme qui a permis à un tiers, avec lequel la Compagnie a ultérieurement traité à tant par poud, d'introduire une demande concurrente de concession, contester le bien fondé de la demande antérieure et obtenir enfin gain de cause. La Compagnie payera maintenant une redevance assez élevée (500 R. par poud) pour

un placer qu'elle aurait dû posséder gratuitement depuis longtemps, si les recherches avaient été bien faites.

État du placer.—Ce placer, que j'ai visité le 5 Septembre 1896,
est maintenant gardé pour empêcher le retour des orpailleurs.
La vallée est assez large, à faible pente, peu boisée, d'accès
extrêmement facile. Elle débouche dans l'Ilikane au sommet d'un
grand méandre très pointu, marqué sur toutes les cartes du
pays. Dans son ensemble, la boucle amont de ce méandre et la
direction du Batamo ne font qu'une seule et même ligne droite,
orientée N. 30° O.

Il y a environ 150 « yammys » exécutés par les voleurs pendant
le peu de temps qu'ils ont séjourné sur les lieux. D'après les
estimations les plus modérées, ils en ont extrait au moins
1 poud d'or. On les a arrêtés à temps, car au nombre de
trois cents, au moment de leur expulsion, ils auraient nettoyé
ou gaspillé cet intéressant petit placer, dans l'espace d'une
saison.

Ces orpailleurs ne lavaient que la partie inférieure de l'alluvion, puissante de 4 tchetv. et tenant en moyenne 1 zol. 1/2 à
2 zol. La moitié supérieure à 60 dolis, est restée sur place. J'ai
fait moi-même, pendant ma visite sur les lieux, un assez grand
nombre d'essais sur ces résidus que j'ai constamment trouvé
contenir au moins cette teneur.

Les « yammys » s'étendent sur le cours du Batamo et d'un de
ses affluents gauches, comme il est indiqué à la figure 1 (Pl. XVI).

Cubage acquis. — Dès à présent ces travaux permettent de
cuber une alluvion ayant, en y comprenant la partie supérieure
à 60 dolis, une puissance de 8 tchetv. et une teneur de 1 zolot.
sur les surfaces suivantes :

Longueur utile . . . .   600 sagènes.
Largeur de l'alluvion.   20   —
Rapport caractéristique.   5
Cube de stérile à enlever . . . . .   27.000 sag. cub.
— d'alluvion à traiter. . . . . .   9.000   -

— total à déplacer . . . .   56.000 sag. cub.
Or contenu. . . . .   **28 pouds 5 livres.**

Affluent Boutoune. — Un autre affluent gauche de l'Ilikane, situé en aval du Batamo, a été toujours trouvé stérile. Plusieurs expéditions y ont été dirigées et sont toujours revenues avec des résultats négatifs.

Récapitulation du cubage des placers de l'Ilikane.

I. — Cube acquis.

NOMS DES PLACERS	STÉRILE A ENLEVER Sag. cub.	ALLUVION A LAVER Sag. cub.	CUBE TOTAL A DÉPLACER Sag. cub.	RAPPORT CARACTÉRISTIQUE	TENEUR EN ZOLOTNIKS par sag. cub.	OR CONTENU P.	OR CONTENU L.
Tikhanovski (riv.)	0	9.875	9.875	0	7	18	.
Id. (berges)	8.750	2.500	11 250	3.50	12	7	32
Yékaterininski.	Divers chantiers à reprendre.			.	.	3	.
Marystyi.	27.000	9.000	36.000	3	12	28	5
3 placers.	35.750	21.375	57.125	div.	div.	56	57

II. Cube probable.

NOMS DES PLACERS	STÉRILE A ENLEVER Sag. cub.	ALLUVION A LAVER Sag. cub.	CUBE TOTAL A DÉPLACER Sag. cub.	RAPPORT CARACTÉRISTIQUE	TENEUR EN ZOLOTNIKS par sag. cub.	OR CONTENU P.	OR CONTENU L.
Tikhanovski (riv.)	0	9.875	9.875	0	7	18	.
Id. (berges)	37.333	9.333	46.666	4	10	24	12
Petropavlovski.	17.500	5.000	22.500	3.50	12	15	24
2 placers.	54.833	24.208	79.041	div.	div.	57	36

Récapitulation des frais de sondage des placers de l'Ilikane.

| NOMS DES PLACERS | LONGUEUR TOTALE DU PLACER | LONGUEUR UTILE A SONDER | VALEUR DE LA JOURNÉE D'OUVRIER | VALEUR D'UN CHOURF | LIGNES | | CHOURFS | | NOMBRE TOTAL DES CHOURFS | DÉPENSE TOTALE (Roubles.) |
					NOMBRE	ÉQUIDISTANCE	NOMBRE	ÉQUIDISTANCE		
	V.	V.	R.	R.		S.				
Tikhanovski (riv.)	5	2	5.80	200	50	20	.	.	50	10.000
Id. (berges)	5	div.	5.80	60	div.	div.	div.	div.	200	12.000
Petropavlovski (Riv.)	5	4	5.80	200	120	.	.	.	120	24.000
2 placers.	10	6	5.80	.	.	.	.	.	370	46.000

(F) PLACERS DU SYSTÈME DE L'OUNAKHA.

J'ai déjà donné les indications géologiques générales relatives à ce groupe, à la page 150. Je me contente de rappeler que c'est sur ce groupe de l'Ounakha que les phénomènes de symétrie par contact entre formation granitique et formation de micaschistes et gneiss, m'ont apparu avec le plus d'évidence.

Rivière Ounakha. — La rivière Ounakha, sur laquelle se trouvent, ou à laquelle aboutissent les placers que la Compagnie possède dans ce groupe, est une forte rivière, de 60 à 80 mètres de largeur, guéable seulement en face des rapides. A ces endroits, les chevaux ont encore de l'eau jusqu'au poitrail.

J'estime son débit à l'étiage à 26^{m3} par seconde. La rivière a une très forte pente. D'après mes mesures moyennes, prises sur 3 verstes de longueur, on peut compter au moins $0^m,55$ par kilomètre. A un profil pareil correspond nécessairement un fond de cailloux sans sable. Il y a en effet, dans le lit du cours

270   L'OR EN SIBÉRIE ORIENTALE.

d'eau, de fort grosses pierres, surtout dans les rapides, mais c'est l'exception. La moyenne ne dépasse pas la grosseur de la tête. En résumé le fond est dragable, mais il faudra y appliquer des godets grands et robustes.

D'après les mesures que j'ai prises sur les parois verticales de rochers, en surplomb sur la rivière, cette dernière est sujette à des crues de 4 mètres au-dessus de son étiage, de sorte qu'avec un volume d'eau pareil, toute méthode d'exploitation du lit par dérivation préalable et travail de l'alluvion à sec, me paraît non seulement devoir exiger des dépenses colossales de travaux préparatoires, mais encore être constamment à la merci d'une crue subite, emportant barrages et canal de fuite.

La drague est le seul appareil qui permette de tirer parti de ces alluvions sous grandes rivières.

Il y, a dans ce Système, des placers thalweg, des placers affluents et des placers sur versants et sur crêtes. En voici la désignation.

Tableau des placers de l'Ounakha.

| NUMÉROS | | NOMS | COMPAGNIES | PRODUCTION TOTALE D'OR | | | | TENEUR MOYENNE o/o POUDS | | ÉTAT ACTUEL |
du Service des mines.	du Catalogue général.	DES PLACERS	AUXQUELLES ILS APPARTIENNENT	P.	L.	Z.	D.	Z.	D.	DES PLACERS
153	18	Atradny.	Ilikane.	.	.	.	.	.	.	Exploité, Staratiélis.
154	19	Yazonof-Klad. . .	Id. . .	6	3	4	74	.	60	Id. presque épuisé.
»	20	Lydinski.	Non affecté. . .	.	.	.	.	.	.	En préparation, dragage.
»	23	Alexandrovski. . .	Id. . .	.	.	.	.	.	.	Id. Chourfs.
152	24	Arlinoyé Gniezdo.	Ilikane.	.	.	.	.	.	.	Placer sur crête, inexploré.
150	25	Antonininski. . .	Id. . .	.	.	.	.	.	.	En recherches, dragage.
		6 placers	. . . .	6	3	4	74	.	60	

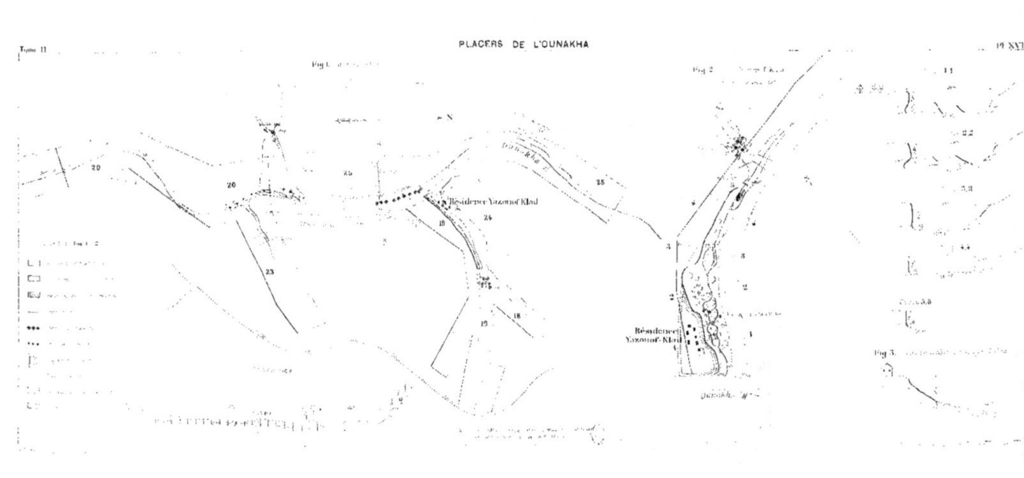

Tome II
Pl. XXIII
Fig 1.
Fig 2.
Fig 3.
N
Résidence Yazonof-Klad
Résidence Yazonof-Klad
Ounakha
20
20
25
23
24
19
19
18
25
11
22
33
44
55

Placers thalweg. — Ils sont au nombre de deux (n°s 20 et 25). L'un et l'autre sont importants et méritent d'être étudiés en détail.

Placer **LYDINSKI** (n° 20).

Origine. — Placer non affecté. Concédé, le titre n'est pas encore délivré.

En débouchant sur l'Ounakha, par le chemin muletier qui vient du Djolou, on passe, à droite, à côté d'une « Zimovié » (cabane-abri pour l'hiver) située sur le bord même de la rivière. C'est un peu en aval de ce point que commence le placer Lydinski : on voit de toutes parts, sur le bord de l'eau, des traces de travaux clandestins, surtout dans le voisinage et en aval des rapides, aux endroits où l'or s'est naturellement concentré. (Voir figure 1 (Pl. XVIII), le plan des placers de l'Ounakha). Les inondations détruisant rapidement les traces de ces fouilles, j'estime que ces déprédations ne remontent pas à plus de 3 à 4 ans. C'est peut-être à ces travaux clandestins, venus aux oreilles de qui de droit, qu'est due la prise de possession des placers en question, concession qui est toute récente. Le placer Alexandrovski date du 5 Octobre 1895. C'est d'ailleurs le bon côté de ces orpailleurs clandestins; quand on apprend qu'ils ont trouvé un gîte « payant », on tâche de leur faire évacuer les lieux par une demande de concession en due forme et ils s'en vont plus loin exercer leur petite industrie. Il faut parfois employer la force armée pour les déloger, et il n'est pas rare qu'il soit nécessaire d'en venir à des mesures de force pour faire respecter la Loi, mais aussitôt que les représentants de l'autorité ont tourné les talons, les voleurs reviennent comme mouches sur miel. Il n'y a en réalité

qu'un seul moyen de bien garder un ou plusieurs placers reconnus comme riches et bien groupés ensemble, c'est de s'y installer et de les exploiter.

Le placer Lydinski, malgré ces excellentes indications, n'a
encore été l'objet d'aucun travail sérieux de recherches. Je n'en
propose pas non plus en ce moment, vu que je suis obligé de
répartir d'une manière à peu près uniforme les travaux de sondages entre les principaux Systèmes, et que, dans celui de l'Ounakha, le placer Antonininski, situé immédiatement en amont de
Lydinski, offre des conditions encore plus avantageuses pour entreprendre des travaux préparatoires, qui sont d'ailleurs d'ores et
déjà commencés sur ce placer.

Je n'ai par conséquent ni cube acquis, ni cube probable à
mettre en avant pour le placer Lydinski, mais cette réserve n'im-
plique nullement une dépréciation de ce placer, auquel j'attribue
au contraire un réel intérêt.

***

Placer ANTONININSKI (n° 25).

Placer non affecté.

Fait suite au précédent, immédiatement en amont. La vallée
s'élargit beaucoup, la rivière coule tout à fait sur la gauche, au
pied de collines escarpées, laissant sur la droite une grande plaine
basse, d'au moins 250 mètres de large, couverte de marécages et
contenant un ancien bras ou lit fluvial, que la rivière emprunte
encore au moment des crues.

Dans la partie inférieure de ce placer, la rivière ne contient pas
de rapides et a un cours plus lent, quoique toujours très sensible.
C'est là que s'exécutent les essais de lavage avec le radeau à
cuiller déjà décrit à la page 246, à propos de recherches sem-

blables dans l'Ilikane. Seulement dans une rivière roulant un volume d'eau aussi considérable que l'Ounakha, ce simple radeau constitue un appareil trop faible pour exécuter des tranchées transversales sur toute la largeur de la rivière, et en fait, lors de notre passage, j'ai pu me rendre compte que ces tranchées faites en partant de la rive, ne s'écartent guère de plus de 12 à 15 mètres du bord. A cette distance et avec la force du courant, le travail devient difficile et incertain pour peu qu'il y ait plus de 2 mètres de profondeur d'eau.

Un lavage fait par moi, à la batée, sur les sables retirés en ma présence de la tranchée en cours d'exécution au moment de mon passage, m'a donné une teneur de 1 zolotnik aux 100 pouds.

Ce chantier de recherches, très mal surveillé (car il n'y a sur l'ensemble de ces placers qu'une seule personne pour la surveillance et encore est-ce un entrepreneur), donne lieu à un vol considérable.

Disposition de l'alluvion. — La rivière se déroule dans une vallée large, mais bordée sur ses faces par des rochers à pic, qui se renvoient les eaux qui serpentent entre elles, laissant à droite et à gauche des méandres couverts de toundra, d'arbres et de plantes marécageuses, mais au-dessous desquels passe, sans doute aucun, l'alluvion aurifère.

Pour reconnaître s'il en était ainsi, on a commencé, en 1895, par faire une grande ligne de sondages allant depuis la rivière jusqu'à la naissance du versant opposé de la montagne, traversant par conséquent toute la plaine. Ces chourfs ont constamment donné de l'alluvion payante, avec teneurs allant jusqu'à 1 zolot. 30 aux 100 pouds.

La vallée de l'Ounakha constitue donc un vaste sluice naturel, dans lequel s'est concentré l'or de la formation locale. Il n'y a pas à penser que cet or est venu de loin et que l'origine doit en être cherchée à distance, vers l'amont. D'abord l'or est gros et peu roulé. Ensuite, les affluents, Yazonof-Klad, Alexandrovski, etc., sont aurifères, avec or gros, ces affluents sont courts, 1 à 2 verstes seulement, par conséquent l'or est produit sur place.

Il s'agit donc, à l'Ounakha comme à l'Ilikane, de vider ce sluice par un procédé économique, qui ne peut être que la drague. On verra plus loin comment il faut combiner son effet avec celui de l'eau sous pression pour se débarrasser de la tourbe épaisse et des végétaux qui vivent à sa surface. Il faut envoyer tout ce fouillis de racines à la rivière, qui se chargera d'en faire des embâcles dans les courbes où on ira mettre le feu pour les détruire. Je ne vois rien de plus simple et de plus économique que ce procédé, pour laver les sables de ces rivières à gros débit.

Origine de l'alluvion fluviale. — La question de savoir si ces rivières sibériennes aurifères le sont par suite de la destruction actuelle de roches ou formations aurifères, ou bien si elles ne font que remanier et concentrer les anciennes alluvions quaternaires en affouillant leur lit, peut aisément faire verser des flots d'encre. La question n'est d'ailleurs pas oiseuse parce que si c'est la seconde hypothèse qui est la vraie, il est possible alors que l'alluvion originaire puisse être très pauvre et que la rivière n'agisse que comme un moyen mécanique d'enrichissement, permettant de draguer une alluvion déjà concentrée pour ainsi dire artificiellement.

Il s'est évidemment présenté des cas semblables et j'ai fait à ce sujet des observations intéressantes dans le lit même de la Zéya. En plusieurs endroits, on aperçoit sur les rives, les traces de l'ancien lit de la rivière à plusieurs mètres au-dessus du niveau actuel des eaux. Ce sont tantôt des graviers non cimentés,

tantôt de véritables poudingues, les uns et les autres marqués
par une couleur rouge vif caractéristique. (Poudingue de la Zéya,
en amont de Dambouki. Éch^{on} n° 11 de la Collection de l'École
des Mines. Teneur en or : 1 1/2 gramme à la tonne.) A Inaragda,
on a la coupe représentée par la figure 3 (Pl. XVIII) prise par le
travers du magasin de la Compagnie. L'ancien lit est à 6 mètres
au-dessus du niveau actuel de la rivière. Essayé directement par
moi à la batée, le gravier rouge qui le compose m'a donné une
teneur constante de 10 dolis aux 100 pouds (0 gr. 50 par m. c.).

Il n'a encore jamais été fait de sondages dans le lit de la Zéya,
du moins à ma connaissance, permettant de savoir quelle concentration la rivière a produit sur ces anciens lits aurifères. Les
renseignements que j'ai recueillis à ce sujet se bornent à la connaissance de certains remous de la rivière où les orpailleurs
clandestins viennent après les grandes crues, nettoyer les joints
des rochers qui ont agi à la façon des « riffles » d'un sluice pour
retenir l'or entraîné. Mais quoiqu'il puisse en être un jour ou
l'autre des alluvions aurifères de la Zéya elle-même, le fait du
remaniement de ses anciens lits aurifères par cette rivière, est
dès à présent un fait positif et démontré. Il faut remarquer
d'ailleurs que la Zéya a un profil en long correspondant à une
pente d'usure, et que l'abaissement du lit depuis l'époque quaternaire, comme le démontrent les traces laissées par les eaux
sur les rochers dans les passes du Guiloï, a été très considérable.
Il n'en a pas été de même dans les affluents dans lequel le volume
des eaux débitées est beaucoup moins important.

Contre cette hypothèse du simple remaniement des alluvions
quaternaires par les rivières, je vois d'abord ce fait général qu'il
n'y a aucune raison plausible dans le bassin de la Zéya où,
depuis la période quaternaire, sans doute aucun, — et même à
mon avis depuis les temps tertiaires — l'orographie générale du

pays est fixée, au moins dans ses grandes lignes, je ne vois, dis-je, aucune raison pour que les phénomènes naturels de désagrégation et d'érosion des roches et formations aurifères, ne produisent pas les mêmes effets que par le passé, sur une échelle plus restreinte, j'en conviens, puisque la surface du sol se rapproche de plus en plus de la surface d'équilibre d'une pénéplaine, mais réels cependant.

Il faut noter d'autre part ce fait que tant dans l'Ilikane que dans l'Ounakha, les sondages sous berges et sous les méandres, donnent pour l'alluvion qu'ils recouvrent, une teneur aussi bonne que celle du lit même du cours d'eau. Je tiens donc pour certain en ce qui concerne les rivières de ce genre, à ce que leurs eaux ont agi simplement comme un agent d'érosion de la couche superficielle de tourbe et de stérile, laissant à nu, dans le fond de leur lit, la couche aurifère originelle. Les remaniements des lits aurifères antérieurs sont plutôt le fait des rivières qui n'ont pas encore atteint leur profil d'équilibre. Je crois en définitive que les deux actions peuvent parfaitement ne pas s'exclure mutuellement et être, dans un grand nombre de cas, concomitantes. C'est une question de fait à résoudre dans chaque cas particulier par un examen attentif des lieux. En tout état de choses, pour en revenir au côté pratique de la description des alluvions de l'Ounakha, il reste un fait important et certain, à bien mettre en évidence, c'est qu'en dehors du lit de la rivière on est assuré de trouver une alluvion payante sous les berges et sous les méandres. Ces rivières sont, je le répète, des sluices naturels, à vider le plus économiquement et le plus promptement possible.

Frais de sondage. — Les travaux préparatoires doivent s'exécuter à la fois, par tranchées sous la rivière et par chourfs ordinaires sous les berges. Examinons l'un après l'autre ces deux éléments de dépenses.

Tranchées sous l'eau. — Il faut compter 4 verstes à sonder, à raison de 1 tranchée transversale (composée de 2 « schreks » valant 100 roubles chacun, venant des bords opposés). Equidistance de ces tranchées : 20 sagènes.

Nombre total des tranchées	100
Valeur de chaque tranchée (2 schreks) . .	200 Roubles
Dépense totale	**20.000** —

Sondages sous berges.

Longueur à sonder	5 verstes
Largeur de l'alluvion. Variable de. . . .	10 à 200 sag
Puissance — —	6 tchetv.
Nombre de lignes.	20
Nombre des chourfs par ligne (en moyenne).	15
Nombre total des chourfs.	500
Prix d'un chourf dans le Système. . . .	60 Roubles
Frais totaux de sondage	**18.000** —

Résumé :

Frais de sondage sous rivière	**20.000 Roubles**
— — sous berges.	**18.000** —
Total	**38.000 Roubles**

Cubage. — On ne peut dans l'état actuel des choses, établir ni cubage acquis ni cubage probable, mais toutes les prévisions après examen des lieux sont en faveur de l'existence dans Antcnininski, d'un cube d'or au moins égal à celui de Tikhanovski sur l'Ilikane.

18.

Placers affluents. — Ils sont au nombre de trois, tous situés sur deux affluents gauches de l'Ounakha. En voici la description par ordre ascendant, d'aval en amont.

Placer ALEXANDROVSKI (n° 25).

Origine. — Placer non attribué. Concédé le 5 Octobre 1895. Encore inexploité. On y a pratiqué dans l'hiver 1895-1896, deux lignes de 5 chourfs chacune, sur les deux côtés du ruisseau qui coule dans ce placer. On a trouvé 80 dolis de teneur moyenne, avec 20 tchetv. de stérile et 27 tchetv. d'alluvion (?). Ce serait alors une sorte de nid ou de gouffre formé par l'ancien confluent. Ce résultat est trop surprenant pour être admis sans vérification ultérieure. Les sondages sont trop peu nombreux sur chaque ligne, et on peut parfaitement avoir laissé le chenal à droite ou à gauche. Ils sont aussi trop près de l'Ounakha. A l'endroit où ils ont été pratiqués, l'enrichissement constaté pourrait à la rigueur avoir été apporté par la rivière principale et l'affluent être vide par lui-même. C'est en résumé un placer sur lequel il ne peut être porté aucun jugement en ce moment.

Placer YAZONOF-KLAD (n° 19).

Origine. — Placer statutaire de la Compagnie de l'Ilikane, concédé le 30 Janvier 1886.

A été l'objet d'une exploitation régulière pendant deux années, 1892 et 1893. Voici son tableau de production :

Tableau de production du placer Yazonof-Klad de 1892 à 1896.

ANNÉES	POIDS D'ALLUVION TRAITÉE (pouds)	POIDS D'OR OBTENU				TENEUR o/o POUDS	
		P.	L.	Z.	D.	Z.	D.
1892	2.102.400	5	30	58	.	.	66
1893	1.133.700	1	18	53	.	.	47 $\frac{2}{5}$
1894	178.800	.	12	1	53	.	62
1895	186.600	.	12	16	72	.	60 $\frac{4}{8}$
1896	128.400	.	9	87	45	.	69
5 années	5.729.900	6	5	4	74	.	60

La partie basse seule a été exploitée sur une longueur d'environ 500 mètres. Au delà, l'épaisseur de l'alluvion aurifère se réduit à peine à 15 ou 20 centimètres, ainsi que le démontrent les coupes jointes au plan de ce placer (Pl. XVIII). Dans ces conditions, bien que l'épaisseur du stérile ne fût pas forte (1 m. 30 à 1 m. 50), le travail ne payait plus et le placer a été abandonné à un entrepreneur, ancien employé de la Compagnie, qui l'exploite avec une équipe de Coréens, variant de 20 à 50 hommes, 2 surveillants européens et 2 cosaques.

Le tableau de production ci-dessus donné comprend, depuis le commencement de la location, la production du petit placer Atradny, affluent de Yazonof-Klad et celle des dragueurs à la cuiller dans Antonininski. En fait, dans le placer Yazonof-Klad proprement dit, la production obtenue, à la date du 3 Septembre 1896, époque de ma visite sur les lieux, huit jours avant la clôture des travaux, n'était que de 4 livres 35. 81, avec une teneur moyenne de 60 dolis aux 100 pouds.

Il ressort de ces explications, les conclusions suivantes :

1) L'alluvion aurifère dans le placer Yazonof-Klad, diminue très rapidement d'épaisseur au fur et à mesure qu'on s'éloigne du confluent avec l'Ounakha. A l'endroit où les travaux réguliers ont été arrêtés, la couche n'avait plus que 0^m,25 de puissance, et divers sondages en amont ont donné moins encore. L'or n'a pas disparu, il donne même une bonne teneur, notamment dans les premiers centimètres du bed-rock, mais l'épaisseur est insuffisante pour y installer des chantiers réguliers.

2) La couche plonge notablement au Nord, dans la partie basse du placer et passe sous la maison d'Administration où on l'a reconnue par un sondage fait dans la cour même de la Résidence. Il reste là un lambeau de 1.500^{m2} de surface, à enlever lorsqu'on déménagera les constructions.

3) Le bed-rock, visible sur un grand nombre de points, est formé d'alternances de granit, de feldspath et de micaschistes. Les phénomènes de pénétration sont ici plus notables qu'en aucun autre point de la formation du bassin. On voit distinctement les injections de roche éruptive traversant comme par les mailles d'un filet, les roches feuilletées adjacentes. L'ensemble de la formation a un caractère bien net de contact avec la masse granitique qu'on suit sans interruption en venant du Djolon à l'Ounakha (25 verstes).

Placer ATRADNY (n° 18).

Placer statutaire de la Compagnie de l'Ilikane. Concédé le 1er Février 1886. Placer affluent du précédent. On y trouve la continuation de la mince couche d'alluvion riche ci-dessus décrite.

Il n'y a que très peu d'eau sur le placer, et les Coréens qui le travaillent ont un assez long transport à bras, dans la batée, à faire pour aller de leur « yammys » au réservoir boueux alimenté par un petit captage latéral. Aussi se plaignent-ils des conditions locales. Ils lavent surtout le bed-rock qui est granitique. cassé, mais non décomposé, dans lequel ils trouvent beaucoup d'or gros (Ech. n° 24 de la Collection de l'École des Mines), facile à laver, même avec l'eau très sale dont ils sont obligés de se servir.

L'alluvion de Atradny est plus argileuse que celle de Yazonof-Klad. Il faut dire aussi que dans ce dernier placer, les Coréens relavent beaucoup d'anciens résidus déjà débourbés. Ils les passent au sluice à losanges, mais ils emploient avec autant de succès une large batée en bois, ovale, très plate et fort commode. On apprend à s'en servir en quelques instants et on constate de suite qu'elle retient mieux l'or fin que le « pan » américain en fer battu. On lave un poud à la fois, on le débourbe rapidement à la bêche en tenant la batée entre les jambes et on panne. Durée de l'opération pour un ouvrier expert : 2 minutes.

Conclusions. — On peut considérer ces deux placers comme pratiquement épuisés et de valeur nulle.

Placers sur versants et sur crête. — Ces placers n'offrent aussi aucun intérêt. Il n'y a aucune indication d'enrichissement quelconque de la formation sur tout leur parcours. Aucune trace de quartz ou de roche plus spécialement aurifère. Ces placers contiennent, comme l'ensemble de la formation du pays, des alternances de granit, de feldspath cristallisé et de micaschistes compénétré par ces roches éruptives dont les échantillons N°s 26 à 50 donnent une idée très exacte. Le granit passe fréquemment à des pegmatites et, dans ce cas, on trouve des échantillons de quartz assez volumineux comme le Numéro 25 qui provient du puits de recherche (Chourf) exécuté dans la cour de la Résidence.

Ces placers sur crêtes, si on ne tient pas à les garder pour empêcher des voisinages dangereux, peuvent sans inconvénient être renoncés.

(G) Placers du système de l'Olongro-Bourgali.

Situation. — Ce Système, dans lequel la Compagnie a l'avantage de n'avoir jusqu'à présent aucun voisin gênant, est situé à 65 verstes au Nord du Djolon. J'ai donné, page 92, des détails sur l'itinéraire à suivre pour s'y rendre et sur l'état des voies de communication.

Il comprend 8 placers ayant leurs titres de propriété délivrés ou en cours de délivrance et de nombreux « Zayafkis » dans le voisinage. C'est un groupe naissant. Il n'est réellement entré en exploitation qu'en 1896 et sur un placer seulement. Voici les noms des placers qui le composent :

Tableau des placers de l'Olongro-Bourgali.

NUMÉROS		NOMS DES PLACERS.	CONPAGNIES auxquelles ils appartiennent.	PRODUCTION totale d'or.				TENEUR moyenne o/o poids.		ÉTAT ACTUEL DU PLACER.	
du Service des Mines.	du Catalogue Général			P.	L.	Z.	D.	Z.	D.		
»	21	Ouspienski . .	Non attribué.	.	.	.	.	.	.	Placer affluent.	Inexploré.
»	22	Constantinovski.	id.	.	.	.	.	.	.	Id.	Id.
146	26	Dajdlivouï . . .	Ilikane.	2	9	16	59	.	69	En exploitation.	
147	27	Yassny . . .	id.	.	.	.	.	.	.	Placer thalweg.	Inexploré.
148	28	Youlski. . . .	Non attribué.	.	.	.	.	.	.	Id.	Id.
149	29	Innokentiévski .	Placers réunis.	.	.	.	.	.	.	Id.	Id.
158	30	Mitrophanovski .	Placers réunis.	.	.	.	.	.	.	Id.	Id.
»	68	Ouvalny. . . .	Non attribué.	.	.	.	.	.	.	Non exploré.	
Totaux		8 placers		2	9	16	59	.	69		

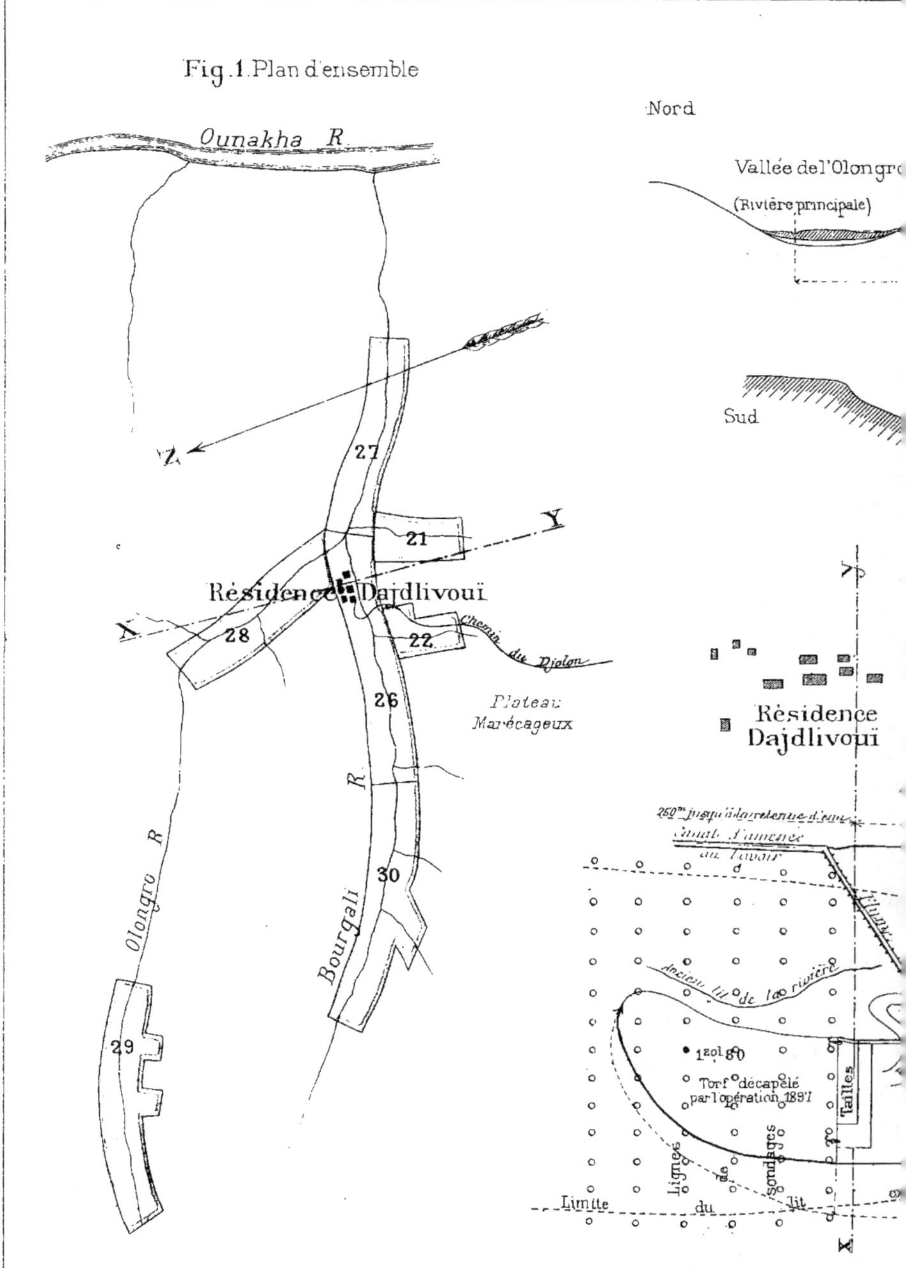

Fig.1.Plan d'ensemble
Ounakha R.
Nord
Vallée de l'Olongro
(Rivière principale)
Sud
Z
27
Y
21
Résidence Dajdlivouï
X
28
22
chemin du Djolon
26
Plateau Marécageux
Résidence Dajdlivouï
R.
Olongro R.
Bourgali R.
30
29
250ᵐ jusqu'à la retenue d'eau
Canal d'amenée au lavoir
ancien lit de la rivière
1ᶻᵒˡ 80
Torf décapé par l'opération 1897
Tailles
Lignes de sondages
Limite du lit
Y
X

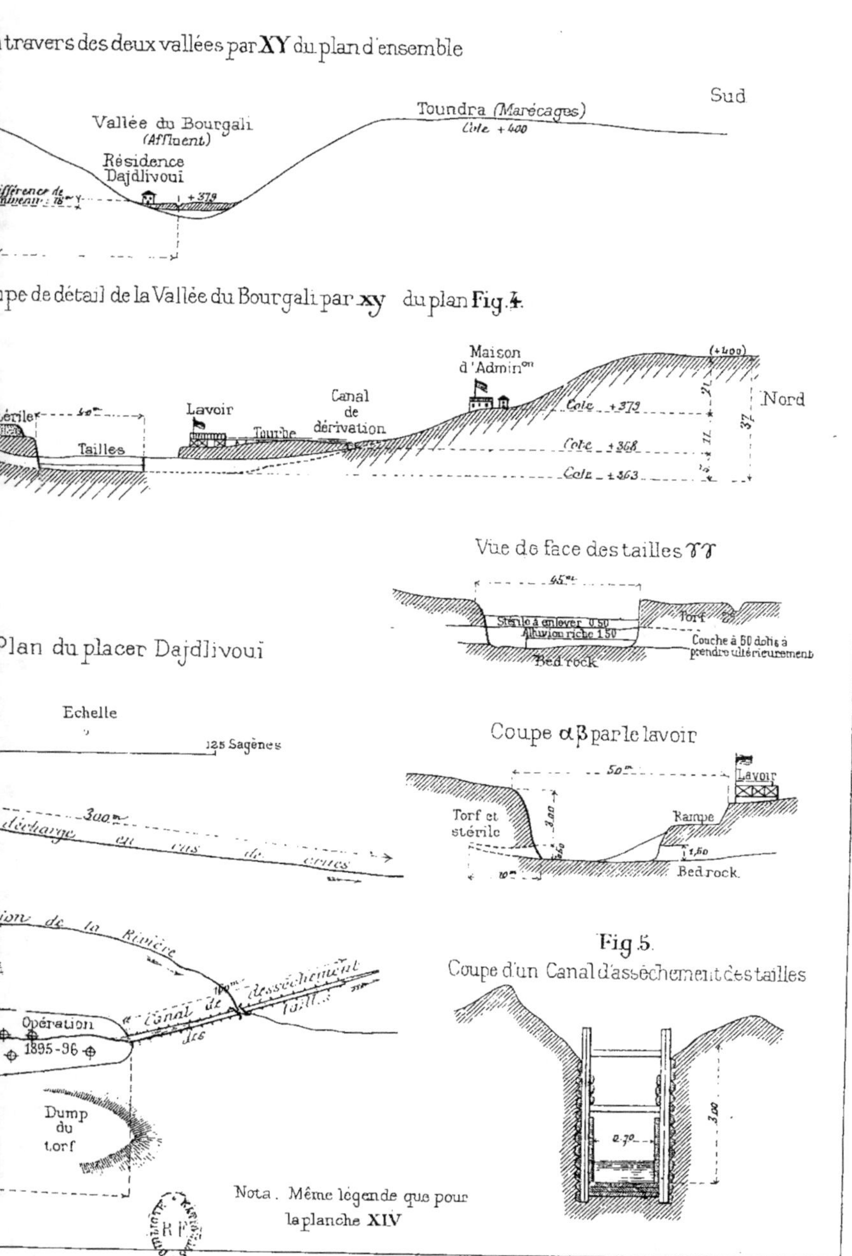
travers des deux vallées par XY du plan d'ensemble
Sud
Vallée du Bourgali
(Affluent)
Toundra (Marécages)
Cote +400
Résidence
Dajdlivoui
+379
ifférence de
niveau 18
pe de détail de la Vallée du Bourgali par xy du plan Fig. 4.
Maison
d'Admin
(+400)
Nord
Lavoir
Canal
de
dérivation
Cote +379
Cote +368
Cote +363
érile
Tourbe
Tailles
Plan du placer Dajdlivoui
Echelle
125 Sagènes
décharge en cas de crues
300
ion de la Rivière
Opération
1895-96
Canal de dessèchement des tailles
Dump
du
torf
Nota. Même légende que pour
la planche XIV
Vue de face des tailles γγ
45
Stérile à enlever 0.50
Alluvion riche 1.50
Bed rock
Torf
Couche à 50 doit à
prendre ultérieurement
Coupe αβ par le lavoir
50
Lavoir
Torf et
stérile
Rampe
1.50
Bed rock
Fig 5.
Coupe d'un Canal d'assèchement des tailles
3.00
0.70

La figure 1 (Pl. XIX) donne une idée de la position relative de ces divers placers.

Orographie. — L'Olongro, affluent droit de l'Ounakha, forme une vallée assez large, au milieu de plateaux marécageux. Direction générale de la vallée : O.-S.-O.; E.-N.-E. Les flancs de cette dépression sont assez abrupts. Quant à la largeur de la vallée de l'Olongro et de son affluent le Bourgali, elle est de 500 mètres environ au droit de la Résidence. La figure 2 (Pl. XIX) en donne une idée et reproduit la coupe N.-S. passant par la maison d'Administration.

La profondeur de ces vallées au-dessous des plateaux voisins est de 35 à 40 mètres en moyenne, comme le montre la coupe détaillée de la vallée du Bourgali (fig. 3, Pl. XIX).

Géologie. — L'étude géologique de ce Système et de ses environs est, on le comprend, entièrement à faire. Le terrain est partout recouvert d'une épaisse « toundra » qui empêche de voir le sol et les tailles dans le placer Dajdlivouï le seul qui ait été l'objet d'un commencement d'exploitation n'ont pas plus de 250 mètres de longueur, de sorte que la reconnaissance du bed-rock sur cette faible distance, ne peut donner que des indications locales.

L'examen de la nature des cailloux des rivières du Système montre une prédominance de granit, avec ses dérivés ordinaires, aplite, feldspath en masses roses, etc. D'autre part, on constate, en venant du Djolon, sur toute la longueur de la route d'Olongro, une grande formation continue de granit du Djolon stérile ou décomposé, mais toujours très net, de sorte qu'on peut, sans cependant pouvoir fixer la limite de contact, se considérer à Olongro, comme à l'Ounakha et au Koudatchi, sur la zone frontière, entre le massif granitique du Djolon et les micaschistes ou gneiss.

Dans ma visite au placer Youlski, j'ai trouvé un échantillon (N° 31 de la Collection de l'École des Mines) de syénite très chargée de pyrite de fer.

Teneur de cette roche en masse.. . . . . . . $1^{gr},50$ d'or à la tonne.

Teneur de la pyrite de fer contenue. . . . . $\Big\{$ or $2^{gr},50$ —
                                                     argent 178^{gr} —

On trouve aussi de nombreux échantillons de roches vertes à péridot, chargées de pyrite de fer.

Je conclus de ces indications, de l'absence presque complète de quartz dans les résidus du lavage et dans les cailloux des rivières, à la formation suivante :

1. Absence de gisements filoniens aurifères.

2. Formation d'alluvions aurifères par la destruction de la roche composant tout ou partie du bed-rock. L'or paraît ici avoir été primitivement associé à la pyrite dans des roches vertes basiques.

Comme conséquence de cette origine, à l'Olongro comme au Djolon, on ne trouve qu'exceptionnellement des pépites d'un poids même médiocre. L'or est uniformément petit, de 1 à 2 millimètres, en grains peu roulés, assez clairs de couleur.

Placer DAJDLIVOUÏ (n° 26).

Origine. — Placer non statutaire de la Compagnie de l'Ilikane. Concédé le 30 Janvier 1888.

Il a, comme tous les autres placers thalweg de ce Système, la longueur réglementaire de 5 verstes.

Mis en exploitation en 1895, la première année a été presque entièrement consacrée à l'exécution des travaux préparatoires, canaux, construction du lavoir, etc., de sorte que la production de l'opération a été faible.

Voici le tableau complet de production :

Tableau de production du placer Dajdlivouï, de 1895 à 1896

ANNÉES.	POIDS D'ALLUVION TRAITÉE. (pouds).	POIDS D'OR OBTENU.				TENEUR o/o POUDS.	
		P.	L.	Z.	D.	Z.	D.
1895.	78.000	.	4	48	59	1	54
1896.	118.000	2	4	64	.	.	64
2 années . . .	196.000	2	9	16	59	.	69

Nature de l'alluvion : Voici le profil moyen de ce placer.

Épaisseur moyenne du stérile. . . . . 18 à 20   tchetv.
   — de l'alluvion aurifère. . . . 8   —
Rapport caractéristique. . . . . 2 1/2 —

Parfaitement exploitable avec bénéfice à la teneur de 60 dolis, pour peu qu'on se trouve dans des conditions moins anormales pour le prix de revient des vivres sur le placer.

Dans le stérile est comprise une très forte épaisseur de tourbe : au moins 1 mètre à 1 m. 25. C'est ici qu'un moyen économique de dérasement de cette couverture légère, gênante et encombrante, sera précieux.

Le prix normal pour l'enlèvement et le transport au dump de cette matière est de 2ᴿ par sagène cube; mais de l'aveu même des agents locaux, il faut tripler ce prix et le porter à 6ᴿ (environ 1 fr. 50 par mètre cube) pour avoir le coût réel de ce décapelage. La cause de cet état de choses est due aux énormes frais de transport causés par l'état de la route.

Encore faut-il, pour atteindre ce prix, que le sol soit dégelé, ce qui n'est pas toujours le cas, surtout dans le début de la campagne, en Mai et Juin. Si l'on rencontre le sol gelé, le rendement, par homme et par jour, baisse considérablement.

Calcul de la teneur moyenne. — Voici alors comment on s'y prend pour éviter toute difficulté avec les ouvriers avec lesquels, comme je l'ai déjà fait entendre, on est obligé, somme toute, d'arriver à composition et d'autre part pour ne pas troubler l'ordre prévu par le budget préventif (Smieta). On majore sur les carnets d'attachement, les quantités de terrassement réellement effectuées, d'une proportion suffisante (en général 55 pour 100 en sus) pour que la journée de l'ouvrier ressorte au taux que ce dernier considère comme acceptable.

On agit de même pour l'excavation des sables aurifères. Mais tandis que pour le stérile cette majoration est impossible à découvrir, à moins de se rendre comme nous sur les lieux et de la voir fonctionner; pour les sables aurifères, on a une vérification, qui est le produit du cube passé au lavoir, par la teneur moyenne de l'alluvion. Cette vérification n'a jamais lieu. On trouve toujours moins, ce qui est naturel, puisque le cube annoncé au lavoir est déjà notablement majoré. On s'en tire alors en déclarant une teneur moyenne de l'alluvion moindre que la réalité. C'est cette teneur qui se trouve inscrite dans la colonne de droite de tous les tableaux que j'ai reproduits dans ces Monographies.

La nature de l'alluvion est ici essentiellement différente de celle du Djolon et de celle du Mogotte. Elle est beaucoup plus argileuse, de couleur gris blanc due à la décomposition du bed-rock formé presque exclusivement, sur les tailles actuelles, de feldspath gris, plus ou moins micacé (Échantillon N° 8 de la Collection de l'École des Mines).

Cette alluvion se lave très mal au sluice (Voir étude critique du lavoir du placer Dajdlivouï, Chap. III, p. 369).

Alluvions gelées. — Un autre inconvénient de cette nature argileuse c'est que le dégel de l'alluvion est très lent. Les tailles ne dégèlent sur 2 tchetv. (0 m. 35) de hauteur qu'en Juin, parfois même en Juillet, et même à cette époque le dégel n'atteint cette profondeur qu'après 4 jours d'exposition au soleil. Ce sont là des inconvénients très sérieux, communs à toutes les alluvions argileuses, et qu'il convient de ne pas perdre de vue dans l'étude des procédés nouveaux d'abattage et de lavage des sables auri-fères en Sibérie Orientale.

Partie supérieure pauvre de l'alluvion. — Comme dans les autres placers, on comprend dans le « torf » ou stérile et on jette directement au « dump » toute la partie supérieure de l'alluvion, tenant 10 dolis, qualifiée de « znaki » (traces) ou « poustoy » (vide) par les mineurs sibériens.

Pente des canaux. — Pour les canaux d'amenée de l'eau au lavoir, afin d'éviter une trop large section, on donne une forte pente, généralement 2 tchetv. par sagène, soit environ 16.66 pour 100 ou 1/6.

Inondations. — Pour ces canaux, étant donné surtout qu'on a de la marge, vu qu'on dispose librement du choix de leur point d'origine, il convient d'être large pour la pente à donner, car ils sont appelés au moment des pluies de Mai et Juin à faire face à un fort débit. C'est le seul moyen d'éviter une inondation en grand des chantiers et les désordres qui en résultent.

Ces inondations, comme j'ai pu m'en rendre compte sur place, ne sont généralement pas redoutables dans les vallées où circulent de petits cours d'eau, ce qui est de beaucoup le cas le plus général, car on commence à peine à envisager la possibilité de travailler dans les vallées à cours d'eau moyens. En voici la raison : d'abord dans les vallées à bassin restreint, les crues sont de très courte durée ; ensuite le personnel en exagère volontiers la portée, parce qu'elles servent — c'est de tradition — à demander à l'Administration Centrale des crédits supplémentaires dits de « déblayage ».

Il faut avoir seulement soin de mettre le lavoir ainsi que son arrivée d'eau, au-dessus du niveau des crues. Dans les placers exploités par tarataïkas, comme Dajdlivouï, cette précaution est rarement observée, parce qu'il est encore plus important de mettre le lavoir en contre-bas des tailles pour n'avoir pas une trop forte contre-pente à faire grimper aux attelages chargés.

Pour les canaux d'assèchement des tailles, qui n'ont à donner passage, en temps normal, qu'à des suintements et à de l'eau provenant du dégelage du sol, on leur donne en général la section et la forme indiquée à la fig. 5 (Pl. XIX). L'armature en planches et en rondins permet de ne pas faire de trop forts déblais qui ne laissent pas que d'être très coûteux.

Pente de ces canaux : 1/4 de tchetvert par sagène (environ 2 pour 100). Au placer Dajdlivouï, ce canal a ses 70 premières sagènes garnies en rondins. Il y en a de beaucoup plus longs dans les alluvions ayant peu de pente et c'est là un élément de dépense de premier établissement considérable, dans la mise en valeur d'un placer bas.

Il est bon de remarquer que cette dépense est complètement
supprimée dans les chantiers établis sur le principe du dragage,
soit montant, soit descendant.

Organisation du travail. — Il est intéressant de se rendre
compte, sur un placer éloigné de tout centre comme Dajdlivouï,
obligé par conséquent de se suffire à lui-même, de la manière
dont se répartissent les hommes et les chevaux sur les divers travaux, quelle est la proportion des ouvriers employés aux chantiers
non productifs, etc.

Voici cet état :

Il y avait sur le placer, à l'époque de ma visite, 65 ouvriers
engagés par contrat, dont je donne le détail ci-dessous.

Briqueterie. — 10 Coréens faisant des briques nécessaires pour
les poêles russes à construire l'hiver prochain dans les maisons
neuves dont l'installation est devenue indispensable. Ces briques
faites à la main, reviennent, toutes cuites, prêtes à être employées, à 16 Roubles le mille.

12 staratiélis relavant déjà les déblais.

Je laisse de côté ces ouvriers à la tâche ou rémunérés par
contrat spécial, à tant le zolotnik, pour m'occuper de ceux employés directement par la Compagnie.

Personnel employé aux tailles. — On emploie à ces tailles,
qui sont à 80 mètres du lavoir (il y a une petite contre-pente
pour aboutir à la plate-forme), 9 chevaux et 21 hommes, soit
3 artiels de 7 hommes chaque, pour l'abattage, le chargement et
le transport au lavoir (à raison de 3 chevaux par artiel, vu la distance, aux termes du contrat de main-d'œuvre reproduit aux
Annexes de ce volume).

Il y a en outre :

> 1 surveillant des tailles ;
> 1 surveillant du chargement et du déchargement au dump.
> Total : 23 hommes et 9 chevaux aux tailles.

Personnel du lavoir. — Ce lavoir passe 18 sagènes cubes par jour avec le personnel suivant :

	2 chargeurs à la pelle (1 par trémie) des sluices.
	8 râcleurs (4 par sluice) pour faire glisser la lavée.
7 chevaux.	7 conducteurs des stériles au dump (60 m. de distance sans pente).
	1 homme pour le réglage du dump.
	1 — à l'ouverture et à la fermeture des trémies de chargement des stériles.
	1 chef laveur.
	1 aide du chef-laveur (servant aussi de gardien).
	1 pointeur, chef d'artiel, surveillant.
	1 cosaque.

7 chevaux. 23 hommes pour le service du lavoir.

Personnel non occupé sur le chantier.

	2 palefreniers.
	1 cuisinier pour le gruau.
	1 gardien de camp.
	1 cosaque pour la garde de l'or.
	5 charpentiers.
	5 manœuvres à tout faire, indisponibles, malades, domestiques.
Total.	15 hommes.
	6 femmes cuisinières, ravaudeuses, etc.
	19 personnes non occupées aux travaux.

7 chevaux.	23	—	au lavoir.
9 —	23	—	aux tailles
26 —	65	personnes occupées sur le placer.	

Personnel administratif. — Le personnel administratif du placer comprend :

1 chef d'exploitation ;
1 comptable-caissier ;
1 magasinier ;
2 domestiques ;
1 cuisinière.

Total   6 personnes, plus 10 chevaux pour le service du personnel, des cosaques, transport de l'or, etc.

Cubages. — Le seul placer qui ait été l'objet de quelques travaux de sondage, est le placer Dajdlivouï, sur lequel il a été fait 15 lignes de chourfs (fig. 4, Pl. XIX).

Cubage acquis. — Elles ont mis en évidence le cube suivant :

Longueur découpée par sondages. . .	250 sagènes
Largeur moyenne de l'alluvion . . .	80 —
Puissance — —	8 tchetverts
Teneur — —	10 zol. par sag. cub.
Rapport caractéristique.	2 ½
Cube de stérile à enlever.	53.250 sag. cub.
— d'alluvion à laver	13.300 — —
— total à déplacer.	46.550 sag. cub.
Or contenu.	**34 pouds 25 livres**

Cube probable. — Il reste deux portions à sonder dans le placer, une à l'aval et l'autre en amont des chantiers actuels. Voici comment on peut établir le calcul pour l'une et pour l'autre de ces parties :

Longueur utile de l'alluvion.	1.250 sag.	250 sag.
Largeur moyenne —	25 —	20 —
Puissance (en tchetverts)	8 —	6 —
Teneur (en zolotniks par sagène cube). .	9 —	6 —
Rapport caractéristique.	$2\frac{1}{2}$	$2\frac{1}{2}$
Cube de stérile à enlever (en sag. cub.). .	52.500 —	9.375 —
— d'alluvion à laver — . .	21.000 —	5.750 —
— total à déplacer — . .	75.500 sag.	13.125 sag.
Or contenu	**49ᵖ.8ᶻ**	**5ᵖ.55ᶻ**
Or total contenu	**55 pouds 3 livres**	

Frais de sondage pour la mise en évidence de ce cubage.

Longueur utile à sonder.	2 verstes
Nombre des lignes.	25
Équidistance.	40 sagènes
Nombre des chourfs par ligne.	10
Nombre total des chourfs.	250
Prix d'un chourf.	65 Roubles
Dépense totale.	**16.000** —

Placers {
MITROPHANOVSKI (nᵒ 50).
YOULSKI (nᵒ 28).
YASSNY (nᵒ 27).
}

Ces 3 placers thalweg dans l'ordre où je viens de les énumérer, qui représente dans mon esprit leur degré d'importance future, sont tous trois complètement inexplorés.

Je vais donner l'état des frais de sondage à consacrer aux uns et aux autres, quitte, lorsque j'examinerai la récapitulation générale de tous les frais de sondage des Compagnies de la Zéya, à faire passer en deuxième ligne les dépenses qui les concernent et présentent un caractère d'urgence moins marqué.

Il est évident d'autre part que c'est dans les groupes nouveaux, complètement intacts et offrant de belles espérances comme le système de l'Olongro, le système de l'Outandja-Ouliaguir, dont il me reste encore à parler, que les travaux de sondage ont à la fois le plus de raisons d'être et le plus de chances d'être généreusement récompensés.

Je ne ferai au contraire aucune proposition en faveur du sondage du placer thalweg Innokentiévski, d'abord parce que je ne l'ai pas visité, vu son éloignement et son isolement, — personne n'y étant plus allé depuis l'époque où on y a exécuté les chourfs réglementaires — et ensuite parce qu'il faut, avant de commencer une exploitation dans le Haut-Olongro, avoir déjà mis en train le cours moyen qui servira de point d'appui pour rayonner plus avant dans le Système.

Je reproduis dans un tableau d'ensemble les sondages ci-dessus détaillés y compris celui du placer Dajdlivouï, de manière à présenter un état complet pour le Système de l'Olongro.

Récapitulation des frais de sondage des placers de l'Olongro.

NOMS DES PLACERS	Longueur totale du placer. V.	Longueur utile à sonder. V.	Valeur de la journée d'ouvrier. R.	Valeur d'un chourf. R.	LIGNES		CHOURFS		Nombre total des chourfs.	DÉPENSE TOTALE (Roubles).
					Nombre.	Équidistance. s.	Nombre.	Équidistance.		
Dajdlivouï. . . .	5	2	4.25	60	25	40	10	5 à 10	250	16.000
Mitrophanovsk. .	5	5	4.25	60	40	60	10	.	400	24.000
Youlski.	5	5	4.25	60	20	120	10		200	12.000
Yassny. . . .	5	5	4.25	60	40	60	20	.	800	48.000
4 placers. . .	20	17	4.25	60	125	div.	.	.	1650	100.000

II. — HAUTE-ZÉYA

(H) PLACER DU SYSTÈME DE LA RIVIÈRE TOK

Groupe de l'Outandja-Ouliaguir.

La Résidence est au placer Vozdvijenski, dont j'ai donné l'itinéraire page 95. Il y a 55 verstes à franchir depuis la Résidence Soundjari Sklad, sur la Zéya, pour atteindre les placers. Route médiocre, praticable à cheval seulement.

Disposition des placers. — Les placers s'étendent sur le cours de la rivière Outandja-Ouliaguir, affluent droit du Sivakane, affluent lui-même de la rivière Tok. Cette dernière se jette dans la Zéya à 20 verstes environ en amont de Soundjari Sklad. Au-dessus de ce confluent, la Zéya cesse d'être navigable. (Voir la carte d'ensemble, Pl. II.)

Il y a actuellement dans cette région, une quinzaine de placers pris ou demandés par la Compagnie. Sur ce nombre, 7 seulement ont leurs titres de propriété délivrés ou en cours de délivrance. C'est un groupe entièrement nouveau, puisque les premières installations y datent de deux ans à peine, mais il offre déjà, malgré le faible développement des travaux préparatoires, des espérances brillantes d'avenir. On a pu déjà y mettre en évidence un cube d'or visible supérieur à 100 pouds, avec des teneurs réalisées dépassant un zolotnik.

Voici le tableau des placers actuellement déclarés ou concédés dans ce Système :

Tableau des placers de l'Outandja-Ouliaguir.

NUMÉROS		NOMS DES PLACERS	COMPAGNIES AUXQUELLES ILS APPARTIENNENT	PRODUCTION TOTALE D'OR				TENEUR MOYENNE 0/0 POUDS		ÉTAT ACTUEL DES PLACERS
du Service des Mines.	du Catalogue général.			P.	L.	Z.	D.	Z.	D.	
»	62	Appolinariyévski.	Placers-Réunis. .	.	.		.	.	.	Pl. thalweg intact. Pas de sondages.
»	61	Vozdvijenski.	Id. . .	4	37	70	51	1	17	En exploitation.
»	60	Iohanno-Bogos-lovski.	Id. . .	.		.		.	.	Pl. thalweg intact. Pas de sondages.
»	64	Archanghelski.	Id. . .	.	.	.			.	Pl. affluent. Id. Id
»	63	Pakrovski.	Id. . .	11	18	95	.	1	54	Partiellem'. épuisé.
»	71	Blagoviestchensk.	Non attribué .	.	.	.	.		.	Pl. affl. intéressant, quelq. sondag. bonnes espéranc.
»	70	Ouspienski.	Id. .	.	.	.			.	Inexploré.
Totaux..		7 placers. .	. . . . . .	16	16	69	51	1	28	

Il a été pris aussi tout récemment, pendant l'été de 1896, divers placers dans le Système du Tok, mais leur degré d'avancement en tant que formation de centre nouveau d'exploitation, n'est pas encore assez avancé pour me permettre de les citer ici.

Nature des alluvions aurifères. — Les alluvions déjà exploitées dans Vozdvijenski et dans Pakrovski, les deux seuls placers qui aient été l'objet d'un commencement d'exploitation dans le Système, montrent que leur composition est tout à fait identique à celle des placers du cours moyen de la Zéya et notamment des Systèmes de l'Ougane et du Mogotte.

Elles sont essentiellement formées de micaschistes verts, se décomposant en sables amphiboliques, lourds, vert foncé, sans argile, entrecoupés par des bancs nombreux, ayant jusqu'à plusieurs mètres de puissance, d'aplite et de feldspath interstratifiés.

C'est une alluvion excessivement facile à débourber et à laver.

Placer VOZDVIJENSKI (n° 61)

C'est le seul placer thalweg sur lequel il ait été fait quelques travaux de sondage et d'exploitation. Cette dernière a débuté tout récemment, en 1895.

En voici le tableau :

Tableau de production du placer Vozdvijenski (Tok).

ANNÉES	POIDS D'ALLUVION TRAITÉE	POIDS D'OR OBTENU				TENEUR o/o POUDS	
		P.	L.	Z.	D.	Z.	D.
1895..	1.294.800	3	52	75	.	1	12
1896 (1er Septembre). . .	552.800	1	4	93	51	1	51
2 années.	1.647.600	4	57	70	51	1	17

Comme on le voit par l'examen du plan de ce placer (fig. 2, Pl. XX), on a commencé l'exploitation sur le lit mineur de l'alluvion, un peu en aval de la Résidence. On est tombé en ce point sur un bed-rock de granit avec ses conséquences ordinaires : réduction dans la largeur du lit riche, disposition de l'alluvion en nids séparés par des parties stériles, etc. Je passe rapidement sur ces considérations qui sont maintenant familières au lecteur et qui permettent à première vue, en arrivant sur un placer à bed-rock de nature variable, granit et roches feuilletées,

Tome II

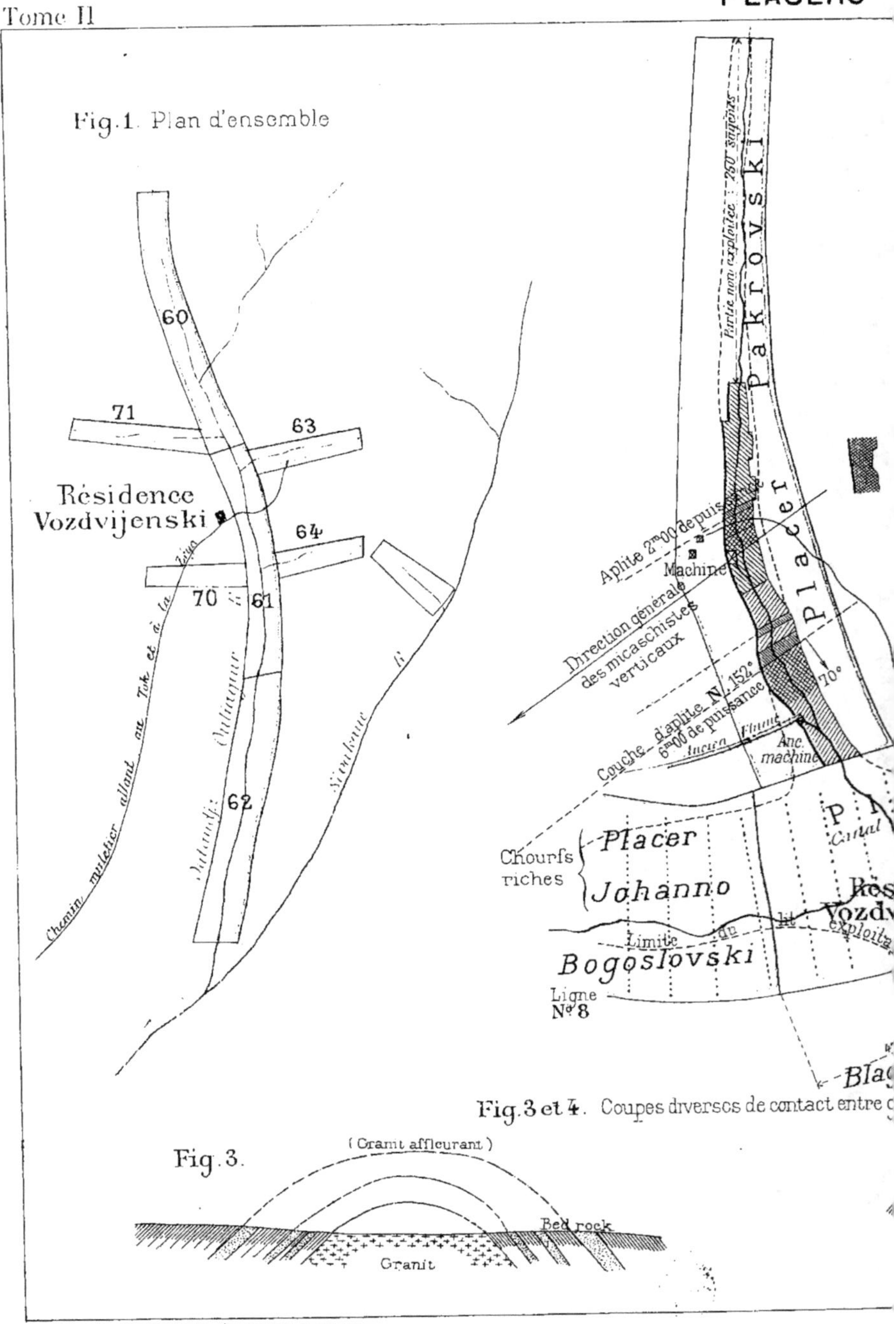

Fig.3 et 4. Coupes diverses de contact entre g

Fig.3.

2. Plan des placers Pakrovski
et Vozdvijenski

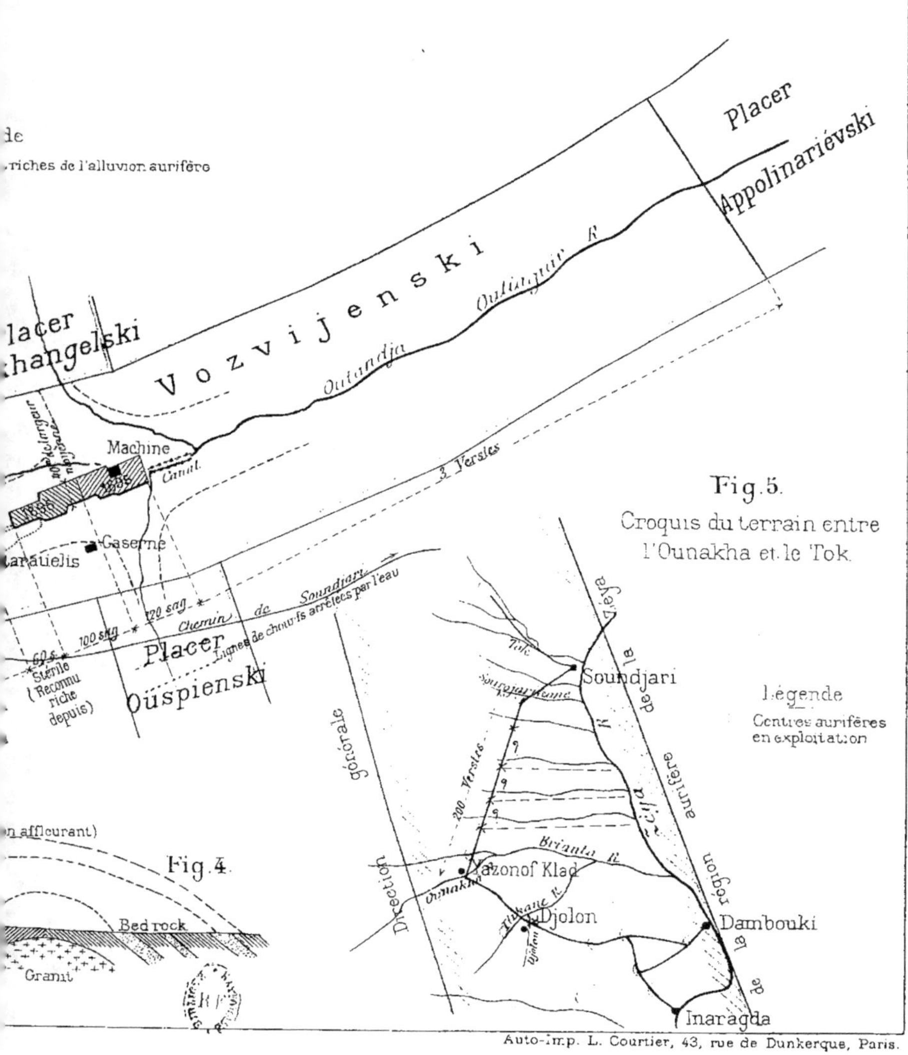

Fig. 5.

Croquis du terrain entre
l'Ounakha et le Tok.

Légende

Centres aurifères
en exploitation

Fig. 4.

de prédire à coup sûr les points où l'alluvion se présentera avec son maximum de régularité et de richesse.

On voit par le tableau qui précède que, malgré ces conditions défavorables, la teneur trouvée depuis l'ouverture de ce placer est excellente et permet de concevoir des espérances sérieuses sur son avenir et sur celui du Système dont il fait partie.

Méthode de travail. — Tarataïkas dans les chantiers dirigés par l'Administration, brouettes dans le chantier de staratiélis qui a été installé, par suite d'une erreur dans les sondages, sur une partie de l'alluvion qu'on croyait stérile et qui s'est au contraire révélée comme excellente.

Sondage du placer. — L'ensemble du Système a été en effet sondé de telle façon, qu'on croit rêver en comparant le plan de sondage avec les résultats donnés par l'exploitation.

D'après les indications données par ce travail préparatoire, le placer Pakrovski aurait dû donner un rendement moyen inférieur à 50 dolis. Nous verrons tout à l'heure, en parlant de ce placer affluent, que sa moyenne de rendement a été de 1 zol. 55 par 100 pouds !

De même, les tailles actuelles du placer Vozdvijenski sont marquées sur le plan de sondage comme à peu près vides. Elles rendent plus de 1 zol. en moyenne, de sorte qu'il n'y a aucune confiance à accorder à des sondages exécutés dans de pareilles conditions. C'est un travail à refaire en entier.

Le chef d'exploitation local, homme jeune, actif et intelligent, s'est empressé dans la limite de ses moyens, de s'éclairer par de nouveaux chourfs, faits à la hâte chaque hiver, dans la région la plus voisine, de manière à se renseigner sur le projet d'opération future, et c'est à ces petits travaux qu'on doit, somme toute, le succès relatif des opérations en cours. Mais nulle autre part n'éclatent avec plus d'évidence que dans le placer Vozdvijenski les embarras, les difficultés, le tort énorme que portent à une exploitation, des travaux de sondage erronés. On a loué à des staratiélis qui la gaspillent, une partie très riche, portée comme stérile sur le plan. On a fait, d'autre part, un projet d'opération pour 1897, en vue d'exploiter une portion riche située en amont de la zone dite pauvre. Pendant qu'on faisait la saignée destinée à l'assèchement des tailles futures, on a trouvé dans ce canal même, une alluvion très riche. Il fallait dès lors changer complètement le projet, modifier la position présumée du lavoir, sous peine de laisser à son aval et de perdre définitivement la partie riche du lit mineur. Ensuite les décapelages, c'est-à-dire l'enlèvement du stérile à l'avance, sur les places où on sait que l'alluvion est bien « payante » ne coïncidaient plus avec la direction réelle du lit mineur. On serait alors arrivé au printemps, à l'époque où il faut commencer l'exploitation des alluvions, sans les avoir préalablement mises à nu. C'est dans ces conditions que le dégel ne se produisant pas, l'opération, même sur une alluvion riche, donne des résultats négatifs ou médiocres. Tel est le résultat de la faute initiale, faute qui est d'autant plus impardonnable que les travaux de traçage sont infiniment plus faciles à contrôler que les chourfs de recherches proprement dits et qu'il suffit d'avoir un personnel organisé de manière à créer une responsabilité dans ces travaux, pour en assurer l'exécution consciencieuse.

Les sondages exécutés au cours de deux opérations par le chef local des travaux ont mis en évidence un cube qui sera chiffré ci-dessous et qui a paru d'ores et déjà suffisant à la Direction, pour décider le transport et la mise en place du « guide-rope », mais pour l'évacuation des stériles seulement. Ce matériel est actuellement en route et sera mis en place, très probablement seulement en 1898, car il y a eu quelques accidents dans le transport qui retarderont le montage jusqu'à l'opération suivante. Il est d'autant plus probable qu'il en sera ainsi, que la route, telle qu'elle se comporte en ce moment, rend bien difficile le transport d'un matériel un peu encombrant et qu'il faudra commencer par créer une voie carrossable, route qui est d'ailleurs indispensable à tous les points de vue, et qu'il aurait fallu établir dès que les premiers sondages ont eu démontré la valeur du Système. Malheureusement les travaux de sondage, erronés, ont eu pour résultat, même au point de vue de la construction de la route, de faire différer ce travail indispensable de communication dont le besoin se fait cruellement sentir.

Cubage du placer. — Le placer Vozdvijenski a reçu dans le grand épanouissement sur le bed-rock de micaschiste, formé par la réunion de cette rivière avec son riche affluent Pakrovski, environ 10 lignes de sondages récents, sur lesquels on peut compter pour établir le cubage acquis suivant :

I. — *Cubage acquis.*

Longueur utile	600 sagènes
Largeur moyenne de l'alluvion. . .	80 —
Puissance — — . . .	8 tchetverts
Teneur — . . .	12 zol. par sag. cub.
Rapport caractéristique.	$2\frac{1}{2}$
Cube de stérile à enlever	80.000 sag. cub.
— d'alluvion à laver.	32.000 — —
— total à déplacer.	112.000 sag. cub.
Or contenu..	**100 pouds**

II. *Cubage probable.*

II. *Cube probable.* — Le cube s'applique à la partie en aval des tailles dans laquelle aucun sondage n'a été effectué. Par prudence, je n'admets qu'une teneur très réduite de 5 zolotniks, par sagène cube.

Longueur à exploiter	2 verstes
Largeur moyenne de l'alluvion. . . .	50 sagènes
Puissance – —	5 tchetverts
Teneur — —	5 zol. par sag. cub.
Cube de stérile à enlever	37.500 sag. cub.
— d'alluvion à laver	15.000 — —
— total à déplacer.	52.500 sag. cub.
Rapport caractéristique	$2\frac{1}{7}$
Or contenu.	**19 pouds 21 livres**

Frais de sondage pour mettre ce cube en évidence.

Longueur à sonder	2 verstes
Nombre des lignes	49
Équidistance —	25 sagènes
Nombre des chourfs par ligne. . . .	15
Équidistance —	5 à 10 sag.
Nombre total des chourfs.	600
Prix d'un chourf.	70 Roubles
Dépense totale du sondage. . . .	**42.000** —

Personnel du placer. — Il y avait au placer Vozdvijenski, à l'époque de ma visite, le personnel suivant :

1 Chef d'exploitation.

1 Comptable.

1 Aide-comptable.

1 Magasinier.

4 Surveillants des chantiers et lavoirs.

4 Cosaques.

62 Ouvriers sur les chantiers et lavoirs,

17   id.   spéciaux, charpentiers, forge, etc.

20 Staratiélis travaillant à la Boutarka (lavoir primitif sibérien), sans chevaux.

14 Femmes.

10 Coréens briquetiers à façon.

Total : 125 personnes présentes sur le placer.

L'opération 1896-1897, qui est basée sur une production de
10 pouds, comprendra un personnel ouvrier de 200 personnes.

Une fois le guide-rope établi, surtout si on se décide à l'appliquer non seulement au transport des déblais, mais aussi à celui
du sable des tailles au lavoir, on pourra porter la production à
15 pouds par opération.

Chevaux. — C'est une cause considérable de dépense en ce
moment, car le foin et l'avoine doivent être apportés de Lounguine en hiver, par chameaux. Le foin recueilli sur place par
les aurotchones est en très petite quantité, presque insignifiante,
et coûte 50 kopeks le poud pris sur place. Il ne pousse que dans
quelques rares endroits relativement secs, au milieu des forêts.

Il y a actuellement 40 chevaux sur le placer.

Canaux. — Le chantier à ouvrir en 1897 demande la construction d'un canal de 400 sag. de longueur. Ce travail se donne à
l'entreprise en hiver, au prix de 2R.50 le sag. cube. L'or trouvé
dans les déblais est payé en sus au prix des staratiélis (2R.75 le
zolotnik). Le boisage de la fouille, quand il est nécessaire, se
paie aussi en sus. Tous ces prix finissent par augmenter beaucoup la dépense pour ces travaux préparatoires.

Transport. — Les transports s'effectuent de deux façons :
1° par rennes; 2° par chameaux.

1° *Rennes*. — La Compagnie possède plusieurs troupeaux de ces animaux (environ 150 têtes), qui sont conduits et soignés par des indigènes aurotchones. On fait avec eux des transports à dos en été, par traîneaux légers en hiver.

A dos, un renne adulte porte, au maximum, 4 pouds. Par traîneaux, un couple de ces animaux peut traîner 9 à 10 pouds au maximum, sur la neige, sans chemins tracés.

Les rennes chargés font environ 5 verstes par heure en terrain plat ou peu accidenté. Il faut 1 aurotchone conducteur pour chaque cinq attelages,

Le grand avantage des transports par rennes est de ne nécessiter aucun approvisionnement pour ces animaux, qui trouvent leur nourriture sur place, en creusant la neige du sabot. Cette dernière n'est pas épaisse — une demi-archine en général (0^m55) —. Le renne recherche avec avidité l'herbe sèche, sorte de graminée rugueuse, qui abonde sur les endroits secs des plateaux, et la mousse blanche ou lichen, qui constitue une des parties intégrantes de la toundra. Il mange aussi les lichens qui pendent aux branches des conifères.

Les aurotchones ont aussi des troupeaux de rennes leur appartenant personnellement, qu'ils louent pour les transports ; mais il est prudent d'avoir un fonds de ces animaux pour limiter les exigences des propriétaires de troupeaux. Les rennes sont indispensables pour le ravitaillement des expéditions de recherches, et pour leurs transports de vivres dans les régions dépourvues de chemins, même primitifs.

Tarif de transport par rennes, de Soundjari Sklad au placer Vozdvijenski (55 verstes).

Tarif d'été : 50 kop. par poud ($82^{fr},55$ la tonne).
Tarif d'hiver: 40 kop. par poud ($65^{fr},88$ id.).

2° *Transport par chameaux.* — Ce mode de transport est maintenant universellement employé par les Compagnies aurifères de la Zéya pour leurs grands transports d'hiver, et leur rend d'inappréciables services. Plus économique que la traction par chevaux, l'emploi des chameaux permet de faire du trafic même sur des chemins à peine frayés dans la toundra, pourvu que le sol soit durci par la gelée et recouvert d'une couche suffisante de neige.

Voici comment ce service est organisé.

Pendant la saison de la navigation, on accumule le plus possible de marchandises et de vivres dans les Résidences à l'entrée des passes du Toukouringa.

Dès que le chemin d'hiver est établi, en général à la fin de Novembre, les chameaux arrivent des steppes de la Transbaïkalie et de la Mandchourie où ils ont passé l'été. Ils appartiennent à de gros et riches entrepreneurs bouriates, qui viennent en personne ou qui envoient un fondé de pouvoirs pour traiter avec la Compagnie aurifère. Le marché est fait par contrat, signé par les deux parties, rédigé en russe, comportant des pénalités pour le cas de non exécution, etc.

Ration des chameaux. — Ces animaux arrivent, au nombre de 5.000 à 5.500, pour faire les transports d'hiver depuis les Résidences jusqu'aux mines. Ils descendent l'Amour sur la glace du fleuve, apportant une provision de terre salée (Goujyr) pour leur ration. Cette terre, saturée de chlorure de sodium, légèrement magnésienne et sulfatée, est ajoutée à la ration journalière des chameaux dans les proportions suivantes :

Foin	15 livres russes	$= 6^{kg},$ »	environ.
Avoine	6	$= 2^{kg},400$	id.
Goujyr	1	$= 0^{kg},400$	id.
Total . . .	22	$= 8^{kg},800$ environ.	

par 24 heures. C'est moins de la moitié du poids d'une ration modérée de cheval.

Depuis quelques années, les chameliers se rendant de plus en plus compte de la valeur de leurs services, leurs exigences croissent constamment et sont une cause de difficultés grandissantes. Ils émettent la prétention d'envoyer depuis la Transbaïkalie, leurs chameaux chargés de viande abattue pour la consommation des placers et d'exiger des exploitants qu'ils l'achètent à l'arrivée. Il y a, de ce côté-là, des complications à craindre à brève échéance. Le meilleur moyen, pour les combattre, est de réduire le nombre des convois d'hiver, en améliorant les transports par eau pendant la période de navigation. Le nombre des chameaux disponibles dépassera alors la demande et les prix normaux se rétabliront d'eux-mêmes.

Prix des transports. — Les prix de transport par ces procédés, sont les suivants :

Par navigation :

1° De Blagoviestchensk à Lounguine : 40 kop. par poud (environ 66 francs la tonne), tarif de la Compagnie, accepté d'ailleurs par les bateaux particuliers qui remontent à présent en assez grand nombre la Zéya, pour ravitailler Zeyskaya-Pristane, Sakhalin et autres endroits qui se peuplent rapidement sur les bords de la rivière.

Par routes de terre :

2° De Lounguine, les chameaux remontent la Zéya sur la glace, bifurquent à Inaragda, et distribuent les marchandises aux divers centres miniers échelonnés le long des routes décrites dans l'itinéraire (pages 85 à 96).

Ceux à destination du système du Tok, remontent la rivière jusqu'à Soundjari Sklad et prennent ensuite la route de terre.

Voici les tarifs payés de Lounguine (Résidence centrale) à ces divers points :

Aux placers du Système de l'Ougane. . . $0^R.40^k$ le poud $=$ 66^{fr} la tonne
—   ---   Mogotte. . .   0 .50   — $=$ 85^{fr} —
—   —   Djolon. . . .   0 60   -- $=$100^{fr} .
—   --   Ounakha. . .   0 .80   — $=$152^{fr} —
—   —   Olongro. . .   1 .60   — $=$264^{fr} —
- —   du Tok (Placer Vozdvijenski). 1^k à 1^k25 - - $=$160 à 210^{fr} ---

Placer YOHANNO-BOGOSLOVSKI (n° 60).

Origine. — Placer statutaire de la Compagnie des Placers-Réunis. Concédé en 1895. Fait suite immédiatement en amont au précédent. C'est un placer thalweg qui offre de l'importance à cause de sa position par rapport aux couches aurifères qui traversent le placer affluent Pakrovski (voir plus loin la Monographie de ce placer).

Pour le moment il n'y a aucun cubage fait. Une ligne de chourfs n° 8, exécutée en vue du cubage de l'épanouissement de Vozdvijenski, se trouve sur la limite des deux placers, ce qui donne l'assurance qu'au moins dans sa partie basse, le placer Yohanno-Bogoslovski contient des alluvions payantes.

Frais de sondage de ce placer. — Afin de ne pas forcer démesurément le chiffre des travaux de sondages déjà élevé, auquel je suis arrivé, je propose de borner les sondages sur ce placer aux 2 verstes inférieures, quitte, si les teneurs trouvées sont encourageantes, à reporter sur sa partie haute tout ou partie du crédit que je prévois pour le sondage d'une partie du placer thalweg Appolinariévski, sur lequel j'envisage un sondage de 5 verstes de longueur.

Somme toute, je considère qu'il y a au minimum 5 verstes à sonder sur les placers autres que Vozdvijenski dans le thalweg de l'Outandja-Ouliaguir et je propose de les répartir de la manière suivante :

2 sur Yohanno-Bogoslovski;
5 sur Appolinariévski.

Voici comment s'établissent les frais de sondage sur Yohanno-Bogoslovski.

Longueur de l'alluvion à sonder. . .	2 verstes
Nombre des lignes	20
Équidistance.	50 sagènes
Nombre des chourfs par ligne. . . .	10
Équidistance.	5 à 10 sag.
Nombre total des chourfs.	200
Prix d'un chourf.	70 Roubles
Dépense totale du sondage	**14.000** —

Placer **APPOLINARIÉVSKI** (n° 62).

Origine. — Placer statutaire de la Compagnie des Placers-Réunis.

Placer thalweg faisant immédiatement suite en aval au placer Vozdvijenski.

La vallée s'élargit beaucoup dans cet endroit et il y a à espérer un dépôt d'or par épanouissement succédant à la partie étranglée, sur bed-rock granitique, qui marque l'emplacement des tailles actuelles dans Vozdvijenski. Ce serait la répétition du profil en long qui a enrichi les deux extrémités du placer Nikolaïevski dans la Bézimianka (voir la Monographie de ce Système, page 186).

Voici comment peut se calculer le coût de cet important son-

dage, sur 5 verstes seulement de longueur dans le placer Appolinariévski :

Longueur utile à sonder.	5 verstes
Nombre des lignes.	50
Équidistance.	50 sagènes
Nombre des chourfs par ligne. . . .	20
Équidistance.	5 à 10 sag.
Nombre total des chourfs.	600
Prix d'un chourf.	70 Roubles
Dépense totale.	**42.000** —

Placers affluents. — Ils sont au nombre de quatre (N°s 63, 64,
70 et 73) dont un seul Pakrovski (n° 63) a été l'objet d'une
certaine exploitation. J'en donnerai d'abord la description.

Placer PAKROVSKI (n° 63).

Origine. — Placer statutaire de la Compagnie des Placers-
Réunis. C'est par ce placer, affluent gauche de l'Outandja-Ouliaguir,
que l'exploitation a débuté dans le Système. Il est court et n'a
guère plus de 1 verste 1/4 de longueur.

Voici son tableau de production :

Tableau de production du placer Pakrovski.

ANNÉES	POIDS D'ALLUVION TRAITÉE (pouds)	POIDS D'OR OBTENU				TENEUR 0/0 POUDS	
		P.	L.	Z.	D.	Z.	D.
1895	1.440.000	5	12	12	.	1	39
1896	1.788.000	6	6	85	.	1	51
2 années	3.228.000	11	18	95	.	1	54

On voit que ce placer a donné jusqu'ici une teneur moyenne, réalisée, des plus satisfaisantes.

État du placer. — On a exploité le lit mineur depuis l'origine du placer, en aval, jusqu'à 250 sagènes de distance, soit près de la moitié de ce placer, qui est court (1 v. 1/4). A l'époque de notre visite, on avait arrêté les travaux, le projet d'opération n'ayant pas prévu une production supérieure à 5 pouds, chiffre qui était déjà notablement dépassé, et on avait transporté hommes et maisons sur le placer Vozdvijenski.

La largeur moyenne des tailles dans ce placer ne dépasse pas 25 à 30 mètres.

Épaisseur du stérile (torf). 16	tchetv.
— de l'alluvion payante . . . . 6 à 7	id
Rapport caractéristique. . . . . . . 2 1/4 à 2 1/2	

Cette dernière proportion peut, sans erreur, être appliquée à la totalité de la formation de la partie haute du Système. Elle est très satisfaisante, vu, d'une part, la haute teneur de l'alluvion, et d'autre part ce fait qu'on comprend, comme toujours dans le stérile, la partie supérieure de l'alluvion, tenant 10 à 15 dolis aux 100 pouds.

Cubage. — Pas de cubage acquis, les chourfs en amont des tailles arrêtées cet été, faisant complètement défaut.

Cubage probable. — On peut compter encore sur une alluvion finissant en queue de poisson, sur 250 sag. de longueur, soit, *grosso modo*, sur une autre moitié moindre que celle déjà enlevée de ce placer.

Or contenu dans ce cube, **6 pouds**.

Frais de sondage pour mettre ce cube en évidence :

Longueur à sonder.	250 sagènes
Nombre des lignes.	10
Nombre des chourfs par ligne.	5
Nombre total des chourfs.	50
Valeur d'un chourf.	70 Roubles
Prix du sondage.	**3.500** —

Géologie. — Ce placer est intéressant parce qu'il montre dans la partie où son bed-rock est visible, le mode indubitable de gisement de l'or dans ces terrains. J'en donne à la fig. 2 (Pl. XX) le plan détaillé. On constate tout d'abord que le bed-rock est formé de micaschistes fortement redressés, presque verticaux, ayant leur direction à peu près perpendiculaire à celle de la vallée, entremêlés de zones de micaschistes vert foncé, très chargés d'amphibole.

Entre les feuillets de ces micaschistes, passent de très nombreuses bandes interstratifiées de feldspath rose, blanc ou rose clair, mélangé de quartz formant une véritable aplite à gros éléments. Ces bancs sont innombrables. Il y en a de très épais, j'en ai notamment relevé deux, notés sur le plan avec leurs éléments direction et pendage, qui sont tout à fait nets. (Échantillons n° 40 et de la Collection de l'École des Mines.)

L'aval de ces couches particulières a donné des parties très riches de l'alluvion, qu'on a soigneusement exploitées. La grande couche (6 mètres de puissance) traverse Yohanno-Bogoslovski, ce qui donne une grande importance à la partie basse et moyenne de ce placer. Effectivement la ligne de chourfs n° 8, dans le bas de ce placer, a donné sur le flanc gauche de très bonnes teneurs.

Je conclus de cet ensemble de faits que la caractéristique de ces gisements est : érosion de couches plissées de micaschistes contenant de nombreux lits d'aplite interstratifiée, le tout au con-

20.

tact de granit qui forme la base de la formation. Ce granit peut affleurer ou reste caché sous les couches de micaschiste superficiel, comme l'indiquent les figures 3 et 4 de la Planche XX.

Il importe donc de bien relever la direction et le pendage des couches, de manière à vérifier tout d'abord, à prévoir ensuite, les phénomènes de symétric des placers par rapport aux axes de plissement qui sont d'une si grande importance pour la recherche des placers nouveaux. A ce point de vue, l'étude du Système de l'Outandja-Ouliaguir présentera un intérêt majeur. Au fur et à mesure que les travaux se développeront et permettront de faire la stratigraphie exacte du terrain, grâce aux couches remarquables qu'il renferme, on aura une école fertile en renseignements très importants et d'une utilité pratique immédiate.

Placer **ARKHANGELSKI** (n° 64).

Placer affluent, sur la rive gauche de l'Outandja-Ouliaguir, à 2 verstes en aval du précédent. Placer statutaire de la Compagnie des Placers-Réunis.

Aucune exploration n'y a été faite. Le système est trop important pour y laisser des placers affluents, aussi rapprochés d'un placer thalweg ayant des teneurs supérieures à 1 zolot. sans y faire au moins un sondage préliminaire.

Sondages à exécuter. — Je propose d'y faire 10 lignes de 5 chourfs chacune, soit 50 chourfs valant **3.500 R**.

Placer BLAGOVIESTCHENSK (n° 71).

Placer affluent droit. Encore à l'état de demande de concession.

Mérite qu'on y fasse une prospection soignée, le placer aboutit en face du grand enrichissement cubé dans Vozdvijenski. De plus les quelques chourfs qui y ont été exécutés, ont donné des teneurs s'élevant jusqu'à 5 et 6 zolotniks aux 100 pouds.

Voici comment doit s'exécuter le sondage méthodique de ce placer.

Longueur à sonder	1 verste
Nombre des lignes	20
Équidistance.	25 sagènes
Nombre des chourfs par ligne.	10
Équidistance.	5 sagènes
Prix d'un chourf.	70 Roubles
Nombre total des chourfs à exécuter . .	200
Prix du sondage	**14.000 Roubles**

Cubage acquis. — Cette dépense est d'autant plus justifiée qu'on peut d'ores et déjà, sans risquer de se tromper, considérer qu'il y a sur le placer un certain cube acquis. On ne peut pas le définir par opérations arithmétiques, les dimensions en longueur manquant encore, mais il n'y a aucun doute, grâce à la ligne de chourfs dont la principale a donné une teneur de 6 zolotniks aux 100 pouds, que cet affluent contient une quantité importante d'or.

À mon avis on peut considérer comme acquis, un cube donnant **5 pouds** d'or et comme probable un cube rendant **15 pouds,** ce dernier chiffre, avec plus de réserves que le premier, et comprenant en tout cas le premier.

En résumé :

Cube acquis.	**5 pouds**
Cube probable.	**10** —
Cube total à espérer.	**15 pouds**

dans le placer affluent Blagoviestchensk.

II. — GROUPE DU SOUNDJARIKANE

Le Soundjarikane est un affluent direct de la Zéya, dont le confluent se trouve en aval du Soundjari, rivière sur laquelle se trouvent les très bons placers occupés et activement exploités depuis deux ans, par la Verkné Amoursky C^y.

Il n'y a malheureusement pas de route pour se rendre à ces placers. On ne peut les aborder qu'en hiver après la chute des neiges, au moyen de rennes. Il n'y a cependant que 55 verstes à franchir depuis la résidence Soundjari Sklad.

Les placers de la Verkné Amourskyby sont dans de bien meilleures conditions de viabilité. Ils possèdent déjà une route carrossable qui les relie à la rivière, et par laquelle cette Compagnie transporte pendant l'hiver actuel (1896-97) un matériel complet de chemin de fer pour terrassement, comprenant locomotive, rails, wagons à plate-forme versoir. On voit que cette Société a compris que c'est justement dans les parages les plus éloignés, les plus sauvages, où la main-d'œuvre et les chevaux coûtent le plus cher, qu'il faut appliquer tout d'abord les moyens les plus puissants et les plus perfectionnés. Les résultats de cette intelligente initiative ne se font pas attendre. Dès cette année ces placers ont produit 18 pouds, leur première opération ne date pourtant que de 1894. On compte en faire 25 par an avec la ligne de chemin de fer comme moyen de transport supprimant radicalement les chevaux. Cette activité remarquable tient, comme j'ai eu l'occasion de l'expliquer à propos de la navigation sur la Zéya, au bon matériel flottant, bien approprié aux conditions locales, que possède la Verkné Amoursky C^y et qui lui permet, en faisant sans relâche ses principaux transports en été, de prendre sur tous les concurrents dans le haut fleuve, une avance considérable, due, il faut le dire, aux efforts persévérants de cette Société. C'est à cette politique de mise constante en valeur de propriétés nouvelles, c'est en étant chaque jour sur la brèche, pour employer l'expression courante, que cette Société arrive à maintenir, même aux époques actuelles de crise, de raréfaction de main-d'œuvre, qui pèsent cependant sur elle comme sur les autres, sa production aux environs du chiffre considérable de 140 pouds par an. (Valeur en francs : environ 7 millions.)

Tableau des placers situés sur le Soundjarikane.

| NUMÉROS | | NOMS | COMPAGNIES | PRODUCTION | | | | TENEUR | | ÉTAT ACTUEL |
| du Service des Mines. | du Catalogue Général. | DES PLACERS | AUXQUELLES ILS APPARTIENNENT | TOTALE D'OR | | | | MOYENNE 0.0 POUNDS | | DES PLACERS |
				P.	L.	Z.	D.	Z.	D.	
218	57	Lydinski.	Non attribué.		.	.	.	. .	.	Intact, non exploré.
220	58	Fédorovski. . . .	Id.		.	.	.	.	.	Id.
219	59	Alphonsovski. . .	Id.	.	.	.	.	. .	.	Quelques sondages favorables.

En outre de ces placers ayant leur titres expédiés, il y a de nombreuses demandes de concession en cours d'instruction, au profit de la Compagnie, car les sondages ont été jusqu'à présent très heureux. C'est un groupe intéressant en formation.

D'après les indications qui m'ont été données par la Direction locale et sous sa responsabilité, je donne ci-dessous les dépenses à prévoir pour le sondage des deux placers encore inexplorés de ce groupe, à savoir le n° 57 et le n° 58.

Frais de sondage de chacun de ces placers. 1° Fedorovski.

Longueur à sonder	5 verstes
Nombre des lignes	20
Équidistance.	125 sagènes
Nombre des chourfs par ligne.	10
Équidistance.	5 à 10 sag.
Nombre total des chourfs	200
Prix d'un chourf.	70 Roubles
Valeur du sondage	**14.000** —

Même dépense pour le placer Lydinski : **14.000**.

Frais totaux pour le sondage du groupe Soundjarikane : **28.000**.

Cube acquis ou probable. — Néant.

Absence de route. — La première chose à faire, en même temps que ces sondages, c'est la route reliant ces placers à la Zéya. Il s'agit, somme toute, d'une faible somme, comprise dans le devis général des routes établi au Chapitre III. On pourra alors se rendre en tout temps sur les placers et en surveiller le sondage, ce qui, on vient de le voir, n'est pas une précaution inutile. Actuellement le voyage est presque une expédition, le Directeur local n'a pas encore pu le faire et il en sera ainsi, tant que la viabilité restera dans l'état où elle se trouve en ce moment.

Route par terre vers l'Ounakha. — Il est à remarquer que ces placers de la Haute-Zéya, n'ont pas été découverts en partant

de la rivière, mais au contraire par des « parties » de recherches
rayonnant depuis la Résidence Yazonof-Klad sur l'Ounakha. C'est
de là en effet, que sont parties pendant longtemps les expéditions
vers le Nord, et à cette époque, le groupe de l'Ounakha était
même relié au Djolon par le téléphone afin d'être mieux sous la
main de la Direction Centrale.

Il y a là une indication précieuse, non pas au point de vue des
transports de vivres et de matériel, qui se feront toujours plus
économiquement par la voie naturelle de la rivière, mais comme
voie de pénétration et de prospection de toute la zone Ounakha-
Tok. Il existe sur ce parcours une étendue de terrain de près de
200 verstes de longueur, tout à fait inconnue comme gisements
aurifères, dans laquelle les aurotchones circulent aisément,
preuve que la région est praticable.

Cette zone est admirablement située au point de vue de la formation aurifère. Elle prend en enfilade la direction générale de
la bande aurifère de la Zéya que j'ai signalée dès le début de cet
ouvrage. Cette route, qui servira en même temps pour la pose
du téléphone qu'il faudra installer un jour ou l'autre pour relier
la Haute-Zéya aux exploitations groupées autour du Djolon, sera
un admirable moyen de prospection de toute la région située au
Nord de la Brianta, région sur laquelle, par les considérations
de symétrie que j'ai développées déjà plusieurs fois, j'ai une
grande confiance.

Dépense à prévoir. — Le coût de cette route sera de
40.000 Roubles environ, à raison de 200 Roubles par verste
(simple piste, sans contre-fossés, mais avec rondins sur les
marais).

Elle devra se tenir à une distance suffisante de la Zéya (60 à
80 verstes), pour ne pas quitter la partie des thalwegs d'érosion

descendant des Monts Stanovoï, correspondant à la zone des gros graviers, ce qui rendra plus probable la rencontre de l'or gros. Une fois un premier placer trouvé, on pourra s'étendre en amont et en aval et préparer sa communication avec la rivière, base naturelle pour ses approvisionnements.

C'est évidemment là une grosse dépense, ne reposant que sur des espérances, ou des considérations d'ordre général. Elle est cependant beaucoup plus sûre et plus efficace que des recherches faites en prenant pour base, le cours du fleuve. Les transports des vivres et des hommes sont il est vrai plus faciles et moins coûteux au premier abord, mais s'il faut ensuite remonter chaque rivière pendant 60 ou 80 verstes pour faire les sondages dans des conditions propices, puis en cas d'insuccès, redescendre à la Zéya pour recommencer au système suivant, l'avantage de la ligne directe devient évident. Il suffit de jeter les yeux sur le schéma de la fig. 5 (Pl. XX) pour se rendre compte de l'avantage que présente le point de départ de l'Ounakha pour les recherches vers le Nord, comparé à la rivière Zéya prise comme base d'opération.

(I) SYSTÈME DES RIVIÈRES NON VISITÉES

I. — Système de l'Arga.

Deux Systèmes, d'ailleurs d'importance très secondaire, n'ont pas été compris dans ma visite du bassin de la Zéya pendant l'année 1896. Dans le premier de ces Systèmes, celui de l'Arga, la Compagnie des Placers-Réunis possède 5 placers dont les noms suivent.

Placers du Système de l'Arga.

NUMÉROS		NOMS	COMPAGNIES	PRODUCTION				TENEUR		ÉTAT ACTUEL
du Service des Mines.	du Catalogue Général.	DES PLACERS	auxquelles ils appartiennent.	TOTALE D'OR				moyenne % pouds.		DU PLACER
				P.	L.	Z.	D.	Z.	D.	
250	54	Lydinski	Placers Réunis.	.	.	.	.	.	.	Intact. Inexploré.
226	55	Alfonsovski. . .	Id.	.	.	.	.	.	.	Id. Id.
229	56	Pavlovski (Roud.)	Id.	.	.	.	.	.	.	Id. Id.

Ces placers sont situés à 200 verstes de la Zéya, sur la rive gauche de cette rivière. Je n'ai pu trouver personne dans le personnel des diverses Compagnies, qui y ait jamais été et qui fut en mesure de me donner des indications sur leur emplacement, qui n'est connu que par la carte du Service des Mines.

Il y a dans ce district un certain nombre de placers exploités par la Verkné Amounsky Cᵧ et par la Société « Lointaine Taïga ». En général ces placers ont donné d'assez médiocres teneurs.

La Direction locale des Compagnies de la Zéya est d'avis de vendre ou de rendre au Gouvernement ces placers, situés tout à fait en dehors du rayon d'action et englobés dans d'autres placers appartenant à des tiers, ce qui enlève toute espérance d'en faire la base d'un groupe compact en vue d'une exploitation future.

II. — Système des Ouliaguirs.

Ces placers sont situés dans une région tout à fait différente du Système précédent. Ils dépendent du cours moyen de la Zéya, sur deux petites rivières, affluents directs de la Zéya, ayant leurs confluents entre Inaragda et Dambouki Sklad.

Le plan des lieux est représenté figure 1 (Pl. VIII).

Voici les noms des 3 placers qui composent ce groupe.

Tableau des placers du Kangamout et du Djagda-Ouliaguir.

NUMÉROS		NOMS	COMPAGNIES	PRODUCTION				TENEUR		ÉTAT DU PLACER
du Service des Mines.	du Catalogue Général.	DES PLACERS	AUXQUELLES ILS APPARTIENNENT	TOTALE D'OR				MOYENNE º/₀ pouds.		
				P.	L.	Z.	D.	Z.	D.	
196	36	Troïtzki.	Cie de la Zéya.	6	26	21	20	.	65	Lit majeur épuisé.
198	37	Sérafimovski. . .	Id.	7	26	75	52	1	5	Loué pour 5 ans.
199	38	Ivanovski. . . .	Id.	58	.	46	77	.	76	
Totaux.		3 placers.		72	13	45	55	.	78	

Tous ces placers statutaires de la Compagnie de la Zéya ont leur lit mineur épuisé. Ils sont loués pour une période de cinq années à un entrepreneur, de sorte que leur visite n'offrait aucun intérêt immédiat. Voici quelques renseignements complémentaires sur chacun d'eux.

Placer TROÏTZKI (nº 36).

Origine. — Concédé le 26 Mai 1876, exploité à deux reprises différentes : en 1883 par la Compagnie et par entrepreneur depuis 1894. Voici son tableau de production.

ANNÉES	POIDS D'ALLUVION TRAITÉE (pouds)	POIDS D'OR OBTENU				TENEUR º/₀ POUDS	
		P.	L.	Z.	D.	Z.	D.
1883	3.096.200	5	36	21	.	.	70 $\frac{1}{3}$
1894	559.400	.	20	68	53	.	59 $\frac{1}{8}$
1895	201.300	.	7	49	.	.	34 $\frac{1}{8}$
1896	32.400	.	1	74	85	.	50
4 années	5.689.300	6	26	21	20	.	65

On voit que la production de ce placer est devenue presque insignifiante.

Le placer en aval, primitivement concédé sous le nom de Andréyevski, sur la vallée du Kangamout-Ouliaguir, immédiatement en aval du placer Troïtzki, a été « renoncé » récemment, le 21 Septembre 1895.

Placer SÉRAFIMOVSKI (n° 37).

Origine. — Placer thalweg amont, du Djagda-Ouliaguir. Concédé le 26 Mai 1876, affecté à la Compagnie de la Zéya dont il est un des placers statutaires.

Tableau de production du placer Sérafimovski.

ANNÉES	POIDS D'ALLUVION TRAITÉE (pouds)	POIDS D'OR OBTENU				TENEUR o/o POUDS	
		P.	L.	Z.	D.	Z.	D.
1878	606.000	3	25	22	.	2	25 $\frac{3}{4}$
1892	379.800	1	14	94	.	1	57
1893	1.088.400	1	58	35	.	.	66 $\frac{1}{3}$
1894	505.200	.	25	35	59	.	76 $\frac{1}{4}$
1895	87.400	.	4	78	89	.	51
5 années	2.466.800	7	26	75	52	1	5

L'histoire de ce placer se lit facilement dans son tableau de production. C'est un placer de zone d'érosion à or gros et nids riches, faible largeur du lit mineur, épuisement et chute rapide de la production.

Il n'a été en 1896 l'objet d'aucune exploitation.

Placer **IVANOVSKI** (n° 38).

Origine. — Placer thalweg du Djagda-Ouliaguir, faisant immé-·
diatement suite, en aval, au précédent. Concédé le 26 Mai 1876,
affecté aussi à la Compagnie de la Zéya dont il est un des placers
statutaires.

Tableau de production du placer Ivanovski.

ANNÉES	POIDS D'ALLUVION TRAITÉE.	POIDS D'OR OBTENU.				TENEUR o/o POUDS.	
		P.	L.	Z.	D.	Z.	D.
1878	2.909.300	5	51	18		.	$75\frac{1}{4}$
1879	5.813.100	13	26	70		.	$79\frac{1}{4}$
1880	8.202.000	19	2	62		.	$85\frac{2}{3}$
1881	6.524.700	12	52	70		.	$72\frac{1}{2}$
1892	146.100		8	46		.	$53\frac{1}{4}$
1894	5.063.500	4	27	9	91	.	$56\frac{1}{4}$
1895	284.100		23	7	42	.	75
1896 (1er Sept.)	582.000	1	8	51	40	.	65
8 années.	27.524.800	58	.	46	77	.	76

L'examen du tableau montre que ce placer était situé dans la
zone à graviers, moins inclinée que la zone à dalles et blocs du
placer Sérafimovski. Teneur plus faible et plus régulière aussi.
C'est un bon exemple à méditer comme valeur comparée des
placers à haute teneur, toujours limités comme dimensions,
avec les placers plus pauvres, mais infiniment plus étendus.
Tandis que du premier on a retiré 7 pouds 28 livres, le second a
donné 58 pouds. En étendant cette proportion aux placers du
bassin en général, on voit quel avenir est réservé au rendement

en or des placers dits pauvres qui vont entrer, d'ici à peu de
temps, en ligne de compte et dont l'exploitation par moyens
mécaniques est assurée d'un succès certain.

Placer TIKHANOVSKI

La Compagnie Zéya possédait un troisième placer thalweg sur
le Djagda-Ouliaguir, nommé Tikhanovski, qui lui avait été concédé le 15 Juin 1876. Il a été renoncé et rendu au gouvernement le 26 Mai 1895.

Résumé et conclusions.

Tel est le tableau des différents Systèmes de rivières contenant
les 71 placers des Compagnies de la Zéya. En les passant successivement en revue, j'ai dû forcément tomber dans quelques
redites, mais au moins ai-je cherché à mettre en évidence les
caractères distinctifs de chacun d'eux et à donner une évaluation
aussi approchée que possible de leur cubage acquis et de leur
cubage probable en or. Nous verrons dans le Chapitre consacré à
l'étude économique des placers, quelles sont les conséquences
qu'on en peut tirer relativement à l'évaluation de leur valeur ;
mais, avant de passer à cet ordre d'idées, il est nécessaire d'examiner le programme des travaux à exécuter et des améliorations
à apporter dans les procédés actuels de traitement. Ces deux
questions sont connexes, car de l'adoption de ces méthodes économiques dépend l'estimation à faire des placers pauvres, qui sont
de beaucoup les plus nombreux et pour lesquels l'emploi de
procédés nouveaux est une question primordiale, dont dépend
essentiellement leur valeur.

Avant d'aborder ce nouveau sujet, je résume, en deux tableaux, les cubages acquis et probables et les frais de sondage des Systèmes de rivières de la Compagnie de la Zéya.

**Récapitulation générale des cubages d'or,
acquis et probables, de la production d'or des placers
et des frais de sondage qu'ils nécessitent
(Années 1876 à 1896).**

NOMS DES SYSTÈMES DE RIVIÈRES	NOMBRE DES PLACERS PAR SYSTÈME	CUBAGE						PRODUCTION TOTALE D'OR depuis 1876.				FRAIS DE SONDAGES (Roubles).
		ACQUIS		PROBABLE		TOTAL						
		P.	L.	P.	L.	P.	L.	P.	L.	Z.	D.	
Ougane.	6	9	15	164	2	173	17	61	34	6	32	125.000
Mogotte.	9	206	8	123	27	329	35	238	17	68	93	180.250
Koudatchi.	4	15	25	39	2	54	27	21	11	13	87	18.000
Djolon	13	.	.	50	.	50	.	874	25	19	50	»
Ilikane.	9	56	37	57	36	114	33	51	56	66	82	46.000
Ounakha	6	.	.	.	.	.	.	6	5	4	74	38.000
Olongro.	8	34	25	55	3	89	28	2	9	16	59	100.000
Tok { Outandja-Ouliaguir.	7	105	.	35	24	140	24	16	16	69	51	119.000
Tok { Soundjarikane. . .	5	.	.	.	.	.	.	.	.	.	.	28.000
Arga.	5	.	.	.	.	.	.	.	.	.	.	»
Ouliaguirs.	3	.	.	.	.	.	.	.	.	.	.	»
Total général. . . .	71	427	30	525	11	953	1	1524	32	25	85	682.250

On trouvera au début du Chapitre suivant page 351, la répartition de ces mêmes cubages et de ces frais de sondage, non plus par Systèmes de rivières, mais par Compagnies, ce qui permettra de reconnaître celles qui sont le plus grevées et celles qui présentent les cubages acquis et probables les plus importants.

CHAPITRE III

PROGRAMME DES TRAVAUX ET AMÉLIORATIONS A EXÉCUTER

J'ai insisté, dès le début de ce Volume, sur la connexion étroite qui existe entre la forme, l'organisation des Sociétés aurifères « par Compagnons » et l'état arriéré de cette industrie en Sibérie Orientale. Il résulte de cet état de choses que tout programme raisonné d'amélioration entraîne comme première conséquence le changement de forme et d'organisation des Sociétés exploitantes.

Je ne puis indiquer ici que le principe de ce changement. Son application variera en effet dans chaque cas particulier, suivant qu'il s'agira de la création d'affaires nouvelles ou de réorganisation de Compagnies déjà existantes. Pour ces dernières, il faudra de toute nécessité procéder à une évaluation de l'actif social, estimation que rendra souvent difficile l'absence ou l'exécution incomplète ou erronée des travaux de sondage les plus indispensables. On peut dire qu'en thèse générale, les Compagnies actuelles sont mal préparées à cette transformation inéluctable, que la plupart d'entre elles n'ont pas prévue ou à laquelle elles n'ont pas cru. Les difficultés du voyage à travers la Sibérie, l'absentéisme presque absolu des principaux intéressés, voire même dans bien des cas, des « Compagnons Administrateurs » eux-mêmes, ont eu pour résultat, que ces intéressés ne se sont pas doutés de la transformation qui s'est produite dans les conditions du pays, et qu'ils se trouvent aujourd'hui surpris et débordés par le mouvement.

Il est à remarquer en effet que dans la plupart des affaires aurifères sibériennes, pour ne pas dire dans la totalité, l'évaluation des parts se base uniquement sur le revenu et non sur la valeur intrinsèque de l'affaire. Or, tout le monde sait qu'en fait de compagnies industrielles — et l'exploitation de l'or en Sibérie Orientale, malgré les difficultés parfois un peu trop complaisamment exagérées qu'elle présente, est une opération de ce genre, qui doit obéir aux règles communes à ces sortes d'affaires — tout le monde sait, disons-nous, que si on a l'espérance légitime d'en retirer des bénéfices supérieurs au taux courant des valeurs mobilières, on est exposé par contre à des périodes de « non dividende », sans que le capital social et la valeur intrinsèque de l'affaire soient pour cela réduits à zéro. Cela tient à ce que les associés ou actionnaires, renseignés par les Rapports de leur Conseil d'Administration, tant sur les causes de l'absence de dividende que sur les moyens de revenir à la période des bénéfices, peuvent évaluer eux-mêmes ces chances et les discuter en connaissance de cause avec les acheteurs éventuels de leurs parts, par le libre jeu de l'offre et de la demande.

Rien de pareil ne se produit dans les Sociétés par « Compagnons ». J'en connais une dans laquelle chaque part était évaluée à 32.000 Roubles il y a quatre ou cinq ans, en l'estimant d'après un taux de capitalisation de 20 pour 100, soit cinq fois le revenu moyen des années précédentes. Aujourd'hui ces parts n'ont plus aucune valeur, les placers de cette Société étant épuisés et aucune nouvelle exploitation n'étant venue combler le déficit laissé par l'épuisement des placers statutaires. Liés par des statuts dont l'analsye rapide que j'ai faite dans le Chapitre I donne une idée, aucun des intéressés n'a pu réaliser sa part au moment propice. Il faut ajouter d'ailleurs, qu'ils n'ont appris leur désastre que lorsqu'il était consommé.

Dans de pareilles conditions il y aura évidemment des difficultés sérieuses pour passer de l'ancienne forme à la nouvelle, sans sacrifier les intérêts des parties et surtout sans faire courir, aux unes et aux autres, des aléas trop grands, résultant de la préparation insuffisante des placers.

L'étude des mesures à prendre dans chaque cas particulier, comporte l'examen de questions purement financières qui sortiraient du cadre de cet ouvrage, auquel il convient de conserver sa forme d'étude et de critique générale par laquelle il revêt une autorité plus grande que si je m'étais attaché, dès le début, à l'examen de cas particuliers.

Je me bornerai donc, dans le présent Chapitre, à exposer le programme technique des travaux à exécuter, à donner mon opinion sur la méthode la plus économique de travail à adopter, à en expliquer le fonctionnement et les avantages comparés aux procédés actuels, mais sans m'occuper de la forme sociale des Compagnies qui mettront ces procédés en œuvre.

Distinction à établir dans l'emploi des capitaux. — Il y a une distinction primordiale, essentielle à établir dans le programme que je me propose d'exposer ici. Les capitaux destinés à son exécution correspondent à deux ordres de dépenses bien distinctes, également indispensables d'ailleurs pour assurer la marche des affaires, mais ayant les unes et les autres un caractère essentiellement différent et une origine différente aussi.

Capitaux de liquidation. — Les capitaux affectés à la première partie du programme, constituent la liquidation d'un arriéré, d'une dette, disons le mot, dont les Sociétés sont responsables vis-à-vis de leurs placers respectifs. C'est un « trop perçu » sur les bénéfices antérieurs, qui doit retourner maintenant à sa destination rationnelle.

Capitaux de transformation. — Ceux destinés à la seconde partie du programme sont, en fait, les seuls qui puissent être considérés comme destinés aux améliorations et aux transformations des anciens procédés de travail.

Ces améliorations auront un double résultat :

1° Elles rendront possible l'exploitation, avec bénéfice, des placers pauvres qui sont actuellement sans valeur pour les exploitants employant les anciens procédés;

2° Elles permettront de réaliser, avec des profits à peu près doubles de ceux qu'on retire aujourd'hui, les placers qui ont encore une teneur suffisante pour donner des bénéfices par les procédés dits : « à Tarataïkas ».

Roulement de ces capitaux. — Ces deux ordres de dépenses ont d'ailleurs un trait commun. A l'inverse des capitaux employés annuellement par les « Compagnons » qui doivent, par définition, leur faire retour dans l'année même, les capitaux de liquidation et surtout de transformation sont destinés à une immobilisation temporaire. Ils ne commenceront à rentrer en caisse, en tant que mouvement de fonds, que trois à quatre ans après leur dépense; mais leurs effets bienfaisants se feront sentir beaucoup plus tôt, pour la plupart d'entre eux dès la première campagne qui suivra leur emploi. C'est, en un mot, une *avance de capitaux*, un *fonds de roulement* à créer comme je l'ai dit plusieurs fois, correspondant à environ *trois années de préparation* à l'avance, des placers.

Au fur et à mesure de la rentrée de ces fonds, au moment de l'exploitation des placers auxquels ils auront été débités, ces frais seront employés à des traçages nouveaux, de façon que, dans cette organisation, la seule rationnelle et la seule assurant l'avenir, cette portion des rentrées, provenant de l'exploitation des placers, ne doive jamais être distribuée sous forme de dividendes. Elle rentre dans le fonds de roulement social pour être constamment appliquée à des traçages nouveaux. En agissant de toute autre façon, l'Administration peut se trouver à un moment donné, démunie de fonds, obligée de restreindre ses travaux préparatoires et exposée à retomber dans la position sans issue, dans l'impasse, où se trouvent en ce moment la plupart des Sociétés aurifères sibériennes, comme je l'ai clairement fait voir. Certaines, qui se sont rendues compte du cercle vicieux, essaient de s'en tirer par le moyen dangereux des avances en Banque, pour assurer un fonds de roulement suffisant, sans le demander à la poche récalcitrante des « Compagnons ». Cette méthode est dangereuse : elle met les Compagnies qui y recourrent, à la merci des crises financières auxquelles elles peuvent d'ailleurs être tout à fait étrangères, mais qui coupant court à leurs crédits, les laissent sans ressources au moment critique.

De la période de transition. — Un autre point, à mon avis, tout à fait capital à mettre en lumière dans un programme comme celui que j'ai à tracer, c'est la nécessité, en Sibérie plus que partout ailleurs, d'observer dans l'introduction de procédés nouveaux une *période de transition*, permettant de passer, sans secousse brusque, sans désorganisation surtout, de l'état de choses actuel, à des méthodes meilleures.

Je considère comme offrant les plus graves périls, tout système, tout projet comportant, d'un exercice à l'autre, un changement radical et complet dans les méthodes de travail. D'ailleurs, à ne considérer que les conditions actuelles de l'industrie de l'or en Sibérie Orientale, une pareille transformation subite est pour ainsi dire impossible. Les approvisionnements de nourriture se font si longtemps à l'avance, par marché de longue haleine, que dans la plupart des cas, une campagne nouvelle est déjà virtuellement engagée sous forme de contrat d'achats et de transports de vivres, avant que l'opération précédente soit terminée ; mais ce n'est là qu'un côté secondaire de la question. La vérité, c'est qu'aucune société aurifère ne dispose actuellement d'un personnel capable de combiner et d'appliquer une méthode nouvelle, apportant de sérieuses améliorations dans l'exploitation et le lavage des sables ; il est, comme je l'ai souvent répété, inapte à tout travail de ce genre, tant par son origine que par ses habitudes et que par son intérêt immédiat le plus évident.

Aucune Société ne possède aussi de cadres inférieurs de contremaîtres et surveillants, assez instruits pour se plier en peu de temps à des occupations nouvelles. Il faut donc de toute nécessité que les procédés nouveaux soient d'abord appliqués sur un ou plusieurs points favorablement choisis, avec des cadres connaissant de longue date le maniement des appareils et susceptibles de former des élèves sur place, avant d'en généraliser l'emploi sur tous les placers. On fera ainsi ses écoles à bas bruit, on évitera tout échec retentissant et on aura l'avantage, avant de procéder en grand, d'avoir *fait la preuve*, ce qui, étant donné l'état d'esprit des Sibériens, incroyablement satisfaits d'eux-mêmes et de l'état actuel des choses, est le seul moyen de conviction à employer dans ces pays-là. Le reste ne sera plus qu'une question de temps, de patience et de personnel à créer au fur et à mesure des besoins.

On pourra à cet effet faire un triage dans le personnel actuel des Compagnies aurifères, qui renferme de bons éléments qu'il s'agit de coordonner et de réunir sous une main ferme. La première conséquence des procédés mécaniques étant d'amener une diminution considérable dans la main-d'œuvre, le personnel déjà surabondant d'employés émargeant aux frais généraux, sera réduit dans une proportion au moins égale, ce qui permettra de faire un choix et de ne conserver que les meilleurs éléments.

I. CAPITAUX DE LIQUIDATION
EXÉCUTION DES TRAVAUX EN SOUFFRANCE SUR LES PLACERS DES COMPAGNIES DE LA ZÉYA

(A) Sondages.

J'ai déjà exposé dans le Chapitre II, avec tous les détails nécessaires pour se rendre compte de leur importance, quels sont les sondages les plus indispensables à exécuter sur les placers. Je résume leur ensemble dans les tableaux suivants, en les groupant différemment, c'est-à-dire en revenant à leur distribution par Compagnies et non par Systèmes de rivières, afin de voir comment se répartissent les frais à prévoir et quelles sont les Sociétés les plus lourdement grevées. Je mets en face le cubage d'or acquis et probable des placers sociaux, de façon à mettre en regard l'actif et le passif, les dépenses à faire et le poids d'or acquis et probable de chacune des Sociétés (voir page 351).

On remarquera que j'ai réparti le montant total des frais de sondage, s'élevant à la somme de R. 682.250 en deux colonnes : l'une, celle des sondages les plus urgents qui doivent être exécutés dans une période de quatre années au maximum; l'autre, dont l'exécution peut être différée jusqu'après cette première période de quatre années.

Il tombe en effet sous le sens, que la totalité de ces frais de sondage ne peut pas être dépensée en un ou même deux exercices. Il y aurait impossibilité matérielle à réunir et à entretenir, sans faire des préparatifs exceptionnels, le nombre d'hommes que nécessiterait ce travail ainsi que la cavalerie exigée pour le ravitaillement d'hiver, unique saison dans laquelle peuvent s'exécuter les sondages. Ce serait apporter une perturbation et un trouble profond dans tout l'organisme. Il faudrait créer de nouveaux cadres de surveillants et de chefs de chantiers pour un travail n'ayant qu'une durée limitée, car une fois le retard actuel des sondages regagné, ces travaux seront effectués par le personnel normal, hivernant sur les lieux.

Il faut donc de toute nécessité, affecter à ces travaux de sondages arriérés, une période suffisamment longue pour que leur exécution n'entraîne pas l'obligation de créer une organisation temporaire nouvelle pour la surveillance, les cadres, le service des chevaux, les transports par chameaux, en un mot, pour que ces travaux restent dans la proportion raisonnable de ce qu'on peut demander à l'organisation et au personnel actuel, sans fausser ou forcer ses rouages.

Après examen avec les agents locaux, des ressources disponibles et des limites dans lesquelles on peut fixer cette durée, je me suis arrêté au chiffre de 4 exercices, comme celui qu'il convient d'adopter pour la répartition de ces travaux de sondage de première urgence et 2 exercices pour ceux de deuxième nécessité. Aller plus loin dans cette voie, et répartir ces travaux sur une période de dix années, comme on l'a proposé, serait renvoyer à une trop longue échéance des sondages qui, en bonne règle, devraient déjà être faits. Je crois avoir suffisamment démontré leur urgence pour qu'il soit facile de comprendre, sans insister davantage sur ce point, que retarder encore leur exécution serait compromettre gravement et définitivement l'avenir des Compagnies.

Voici les tableaux résumant ces chiffres.

Tableaux donnant, pour chacune des Compagnies de la Zéya et par placer, le cube acquis et probable d'or, et les frais de sondages à exécuter dans une période de six années.

NOMS DES PLACERS	POIDS D'OR CONTENU						FRAIS DE SONDAGE A EXÉCUTER	
	ACQUIS		PROBABLE		TOTAL		Pendant les 4 premières années	Pendant la 5ᵉ et la 6ᵉ année
	P.	L.	P.	L.	P.	L.		
I. — Compagnie de la Zéya.								
Lydinski (Ougane)	.	.	.	.	.	.	.	.
Vassiliévski	.	.	23	17	23	17	20.000	.
Troïtzi	.	.	.	.	.	.	.	.
Séraphimovski	.	.	.	.	.	.	.	.
Ivanovski	.	.	.	.	.	.	.	.
Innokentiévski (Ougane)	.	.	70	12	70	12	55.000	.
6 placers	.	.	93	29	93	29	75.000	.
II. — Compagnie de la Haute-Zéya.								
Nikolaïevski	10	.	.	.	10	.	.	.
Appolinariévski (Bézimanka)	21	35	11	29	33	24	20.000	.
Anninski	17	23	13	.	30	23	20.000	.
Klioutchevskoy	.	.	.	.	.	.	30.000	.
4 placers	49	'8	24	29	74	7	70.000	.
III. — Compagnie du Mogotte.								
Alfonsovski (Mogotte)	32	22	.	.	32	22	40.000	.
Novo-Léonovski	9	15	39	15	48	30	30.000	.
Mikhaïlovski	124	8	46	35	171	3	45.000	.
Mariynski	.	.	52	3	52	3	20.000	30.000
Eleninski	.	.	.	.	.	.	.	.
5 placers	165	30	138	28	304	18	135.000	30.000

| NOMS DES PLACERS | POIDS D'OR CONTENU | | | | | | FRAIS DE SONDAGE A EXÉCUTER | |
| | ACQUIS | | PROBABLE | | TOTAL | | Pendant les 4 premières années. | Pendant la 5ᵉ et la 6ᵉ année. |
	P.	L.	P.	L.	P.	L.		
IV. — Compagnie du Djolon.								
Léonovski	.	.	50	.	50	.	.	.
Alexiéievski	.	.	.	.	.	.	.	.
Pétrovski (Djolon)	.	.	.	.	.	.	.	.
Rojdestvenski	15	25	.	.	15	25	.	.
Vassiliévski	.	.	.	.	.	.	.	.
5 placers	15	25	50	.	65	25	.	.
V. — Compagnie de l'Ilikane.								
Bespaliézny	.	.	.	.	.	.	3.250	.
Pétrovski (Koudatchi)	.	.	.	.	.	.	.	6.000
Spasso-Préobrajenski	.	.	39	2	39	2	12.000	.
Dajdlivouï	34	25	55	3	89	28	.	16.000
Antonininski	.	.	.	.	.	.	.	38.000
Yassny	.	.	.	.	.	.	.	48.000
Atradny	.	.	.	.	.	.	.	.
Yazonof-Klad	.	.	.	.	.	.	.	.
Sergiévski (Djolon)	.	.	.	.	.	.	.	.
Yégorovski	.	.	.	.	.	.	.	.
Goroblagadatski	.	.	.	.	.	.	.	.
Yévguénievski	.	.	.	.	.	.	.	.
Mikhaïlo-Constantinovski	.	.	.	.	.	.	.	.
Sniéjny	.	.	.	.	.	.	.	.
Yohanno-Damaskinski	.	.	.	.	.	.	.	.
Tikhanovski	25	32	42	12	68	4	22.000	.
Arlinoyé-Gniezdo	.	.	.	.	.	.	.	.
Vozdvijenski (Ougane)	.	.	50	38	30	38	20.000	.
Préobrajenski	.	.	.	.	.	.	.	.
Yékaterininski (Sanar)	3	.	.	.	3	.	.	.
20 placers	63	17	167	15	230	32	57.250	108.000

NOMS DES PLACERS	POIDS D'OR CONTENU						FRAIS DE SONDAGE A EXÉCUTER	
	ACQUIS		PROBABLE		TOTAL		Pendant les 4 premières années.	Pendant la 5ᵉ et la 6ᵉ année.
	P.	L.	P.	L.	P.	L.		
VI. — Compagnie des Placers-Réunis.								
Innokentiévski (Olongro)								
Petropavlovski			15	24	15	24	24.000	
Mitrofanovski								24.000
Lydinski (Ounia)								
Alphonsovski (Ounia)								
Pavélovski (Roudnik)								
Johanno-Bogoslovski								14.000
Vozdvijenski (Out-Ouliaguir)	100		19	21	119	21	42.000	
Appolinariévski (Out-Ouliaguir)								42.000
Pakrovski			6		6			3.500
Arkhanghelski								3.500
VII. — Placers non attribués.								
(Destinés à la Compagnie des Placers-Réunis.)								
Outiossny								
Lydinski (Soundjarikane)								14.000
Fédorovski (Soundjarikane)								14.000
Alphonsovski (Soundjarikane)								
Lydinski (Ounakha)								
Ouspienski (Olongro)			30	38			20.000	
Constantinovski								
Alexandrovski								
Youlski								12.000
Blagoviestchensk	5		10		15			
Marystyi	28	5			28	5		14.000
Sergievski (Ilikane)								
Zachirotney (id.)								
Ouvalny (Olongro)								
Papoutny (Soundjari)								
Ouspienski (Out-Ouliaguir)								
Zolotoï Rog								
Voskressenski								
Nagorny								
Paloudeny								
51 placers	133	5	51	5	184	10	66.000	141.000

Récapitulation générale des sept tableaux.

NOMS DES PLACERS	POIDS D'OR CONTENU						FRAIS DE SONDAGE A EXÉCUTER	
	ACQUIS		PROBABLE		TOTAL.			
	P.	L.	P.	L.	P.	L.	EN 4 ANNÉES	DANS 5 A 6 ANS
Compagnie de la Zéya. . . .	.	.	93	29	93	29	75.000	.
— Haute-Zéya . .	49	18	24	29	74	7	70.000	.
— Mogotte. . . .	165	30	138	28	304	18	135.000	30.000
— Djolon	15	25	50	.	65	25	.	.
— Ilikane	63	17	167	15	230	32	57.000	108.000
— Placers-Réunis / Placers non attribués. . .	133	5	51	5	184	10	66.000	141.000
Total pour les 7 groupes.	427	15	525	26	953	1	403.250	279.000
							682.250	

C'est une dépense annuelle, extraordinaire, d'environ
100.000 Roubles à effectuer pendant les 4 premiers exercices. Les
trois quarts de cette somme sont à prélever sur le fonds de roulement, le reste sera remboursé au fur et à mesure de la mise en
exploitation des placers qui auront nécessité ces immobilisations.
Il faut, en un mot, compter avoir toujours une avance de
500.000 Roubles, faite sous forme de travaux préparatoires de
sondage, aux placers sociaux.

(B) Routes.

La dépense pour la construction des routes d'accès aux placers
déjà reconnus, sondés et mis en exploitation, est tout à fait com-
parable à la précédente. Lorsqu'elle n'a pas été effectuée en temps

utile, elle constitue une dette, une dette pressante et criarde, que les exploitants finissent par payer bien cher. On n'est pas difficile en Sibérie en fait de voirie et une simple piste à travers forêts et vallées, obtenue en coupant les arbres et en franchissant les endroits tourbeux sur des rondins jointifs, constitue un moyen de communication que tout le monde considère comme très satisfaisant. Le fait est que ces simples pistes, quelque imparfaites qu'elles soient, rendent déjà d'inappréciables services.

Inutile de dire que l'art de ménager les pentes, d'éviter les contre-pentes et les montées sans paliers pour le repos des attelages, est totalement inconnu. Le pays est formé, comme je l'ai expliqué, d'une série de plateaux et collines faiblement vallonnés, à travers lesquels le chemin suit sa direction rectiligne, sans se préoccuper du relief du sol.

Le prix de revient de ces chemins est d'environ 200 Roubles par verste. On y joint, toutes les 20 à 25 verstes, une cabane d'hiver dite « Zimovié » pour s'abriter la nuit pendant les grands froids. On les construit d'habitude près d'un petit cours d'eau, dans un endroit abrité et on abat les arbres tout à l'entour pour mettre la maison à l'abri du feu, dans le cas, fréquent, de grands incendies forestiers.

On peut dire, en thèse générale, qu'un placer, même riche, *a fortiori* lorsqu'il n'a qu'une teneur moyenne ou médiocre, ce qui devient de plus en plus le cas à envisager, n'est réellement exploitable que lorsqu'il a reçu : 1° son traçage méthodique ; 2° sa route, assurant sa communication avec la base de ravitaillement.

Projet de routes. — Il y a 4 routes urgentes à construire. J'en ai déjà parlé et montré l'indispensabilité dans les Chapitres précédents. Ce sont les suivantes, par ordre d'importance :

1° Route de Soundjari Sklad, sur la Haute-Zéya, aux placers

de l'Outandja-Ouliaguir : 53 verstes. Il y a déjà une piste assez bonne sur plus de la moitié du parcours, de sorte que l'installation de la route, y compris le bac sur le Tok, ne dépassera pas le prix de 10.000 Roubles. Elle emploiera 60 hommes pendant une saison d'hiver.

2° Route du Djolon à Olongro : 65 verstes, dont la première moitié située en terrain sec, sera très facile à rendre carrossable à peu de frais.

La seconde moitié, dans les marécages, exigera une plate-forme de rondins presque continue et le bois étant rare dans ces marais, il y aura des transports de bois à prévoir. J'estime :

30 verstes à 100 Roubles. . . .	3.000 Roubles.
35 verstes à 500 Roubles. . . .	17.500 —
Ensemble	20.500 Roubles.

3° Route du Djolon à Ounakha : 25 verstes. On a créé sur ce parcours, une assez bonne piste, la toundra n'est pas très épaisse, il sera facile d'établir la route au prix moyen de 200 Roubles la verste. Dépense à prévoir : $200 \times 25 = 5000$ Roubles.

4° Route de Soundjari Sklad (Zéya) aux placers du Soundjarikane : 35 verstes.

D'après les renseignements recueillis sur place, il y a beaucoup d'abatage d'arbres à prévoir, il convient de prévoir 300 Roubles par verste, soit 10.000 Roubles en chiffres ronds, pour cette route.

Récapitulation des frais de route.

1° Route des placers de l'Outandja-Ouliaguir : 53 verstes.	10.000 Roubles
2° — — de l'Olongro	20.500 —
3° — — de l'Ounakha	5.000 —
4° — — du Soundjarikane.	10.000 —
Total des frais prévus pour ces 4 routes. . . .	45.000 Roubles

La route parallèle à la Zéya, destinée à relier le Système du Tok à l'Ounakha et au Djolon ne doit pas être portée au compte ci-dessus établi. Elle doit figurer aux frais de premier établissement pour la pose du téléphone qui l'accompagne, et aux frais de recherches pour sa construction.

Exécution de ces routes. — Ces 4 routes peuvent s'exécuter aisément au cours de deux campagnes d'hiver. Dans la première on peut faire les n°s 1 et 5 entièrement et la première moitié du n° 2, et dans la seconde, achever la route d'Olongro (n° 2) en même temps qu'on fera celle du Soundjarikane. Une fois que cette dernière aura été achevée, on exécutera facilement et économiquement les sondages prévus sur ce dernier Système.

Amortissement des dépenses de routes. — Ces travaux peuvent à la rigueur, n'être remboursés et amortis que pendant la durée de l'exploitation des Systèmes pour le service desquels les routes auront été construites, c'est-à-dire au bas mot, pour une durée de six à huit ans. Mais il sera plus sage et plus prudent de prendre pour règle leur amortissement en cinq années à raison de 20 pour 100 par an de leur coût initial de construction.

Il va sans dire que leurs frais d'entretien doivent être entièrement supportés par les exercices en cours.

**Récapitulation des dépenses à imputer
à la liquidation des travaux arriérés et en souffrances
des Compagnies de la Zéya.**

Travaux de traçage et de sondage.. . **682.250** Roubles.
Construction de routes.. . . . . . **45.500** —

727.750 Roubles.

sur lesquels **403.250** sont à dépenser dans le courant des quatre premières années, à raison de **100.000 Roubles** par campagne, **45.500** pour les routes au cours des deux premières campagnes d'hiver, également par moitié, et enfin le solde, dans le cours de la cinquième et de la sixième année.

Avant d'examiner les résultats à attendre de ces travaux et de les traduire en chiffres de production annuelle d'or, il convient d'examiner les procédés d'exploitation à appliquer aux gisements ainsi mis en évidence. Ceci nous conduit à l'étude du dragage des placers, qui fait l'objet du titre suivant.

II. CAPITAUX A IMMOBILISER
TRANSFORMATION DES PROCÉDÉS D'EXPLOITATION DES PLACERS

(A) Dragage des alluvions.

Si, en principe, l'emploi d'appareils mécaniques pour remplacer la main de l'homme, présente un avantage économique incontestable, cette vérité est d'autant plus évidente lorsque les conditions locales conduisent à un prix élevé de la main-d'œuvre. Or, on sait déjà par ce qui précède et nous établirons par des chiffres dans la suite de ce Volume, que le prix de la journée effective du travail sur les placers du bassin de la Zéya, ce que les Russes désignent sous le nom de « Padionchina » obtenu en divisant les frais totaux, de tout ordre, occasionnés par le placer, par le nombre de journées effectives, est excessivement élevé. Ce chiffre dépasse de beaucoup les salaires ouvriers d'Europe et il faut aller dans les camps miniers de l'Ouest des États-Unis, ou dans ceux de l'Australie et de la Nouvelle-Zélande pour trouver des chiffres de prix de revient de journée comparables. Mais

à l'inverse de ces pays anglo-saxons, où les frais généraux sont
réduits à un minimum que les vieux pays devraient bien tâcher
d'imiter, les dépenses autres que les salaires prédominent de
beaucoup, dans le prix de revient sibérien. Tandis que dans
les pays précités, l'ouvrier touche effectivement la majeure
partie de la somme représentant le prix de revient de la journée, l'ouvrier sibérien ne reçoit réellement que le tiers ou le
quart de la « Padionchina ». On verra plus loin, au cours de
l'étude que j'ai faite des divers éléments constitutifs de la « Padionchina » que les frais accessoires qui viennent gonfler démesurément le chiffre de cette unité d'appréciation, sont une conséquence directe de la méthode de travail adoptée.

Il est indubitable que les conditions climatériques si exceptionnelles auxquelles sont soumis les placers de la Sibérie Orientale, la courte durée de la période des travaux, les difficultés de
transport et de ravitaillement doivent se répercuter sur les prix
de revient; mais, néanmoins, en examinant les choses de près, on
voit qu'elles n'y jouent pas le rôle principal. La grande réforme
doit porter sur la méthode de travail elle-même, en substituant des
appareils mécaniques à la main de l'homme. Tous les autres points
sont secondaires et se régleront aisément d'eux-mêmes, par la suite.

La question de l'utilité de cette substitution ne fait d'ailleurs
doute pour personne. Même les esprits les plus opposés par tempérament ou par prudence aux idées de changement, ne la
contestent pas sérieusement.

Leurs objections portent sur d'autres points :

Quels appareils choisir : excavateurs ou dragues?

Quels moyens employer pour exploiter mécaniquement les
terrains gelés?

Insuccès des excavateurs et des dragues employés jusqu'à présent.

Si ce sont des dragues qu'on choisit, la question se complique encore de l'évacuation hors du lit de l'excavation, des tailings provenant du lavage sur la drague, de manière à laisser toujours cette dernière à flot et libre de ses mouvements.

Enfin comment draguer les alluvions sur un bed-rock dur, sans casser les godets, surtout s'il y a de grosses pierres sur le fond, comme le fait se produit, nous le savons, sur la zone amont d'un grand nombre de placers?

Examinons séparément ces diverses objections qui ont toutes une portée réelle.

Choix de l'appareil. — Les raisons pour lesquelles la drague est un appareil incomparablement mieux adapté que tout autre aux conditions d'exploitation des placers aurifères de la Sibérie Orientale, ont déjà été exposées longuement dans mon Volume sur la Transbaïkalie. Je me contente, pour ne pas y renvoyer le lecteur, d'en résumer les conclusions.

Les avantages principaux de la drague appliqués aux alluvions sibériennes aurifères, peuvent se résumer comme suit :

1° Absence complète de travaux préparatoires. Il n'y a ni canal d'assèchement à creuser ni « flumes » d'adduction d'eau, parfois si coûteux à construire. Il suffit de creuser la place suffisante pour faire flotter la drague, cette dernière se charge elle-même de tailler son chantier définitif.

2° Plus grande facilité en adoptant le dispositif qui sera décrit plus loin, de travailler les alluvions gelées.

3° Mobilité parfaite de la drague qui, une fois fixée sur ses ancres et convenablement outillée par des treuils à vapeur placés sous la main du chef dragueur, se déplace au gré de ce dernier, sans nécessiter d'hommes pour la manœuvre.

4° Suppression de tout transport des sables aurifères qui sont lavés sur le sluice que porte la drague, ainsi que de tout transport des stériles qui sont évacués mécaniquement sur l'arrière, absence en un mot de fausses manœuvres dans le travail.

5° Suppression du danger d'inondation des tailles par suite des crues.

6° L'emploi de la drague permet de considérer comme alluvion payante, une partie des matières fermant la couche supérieure de l'alluvion aurifère, partie qui est actuellement jetée au stérile. Il y a donc avantage à faire passer dans le sluice *toutes les matières draguées contenant jusqu'à des traces d'or*. Le métal précieux qu'elles abandonnent au passage, vient en déduction des frais de décapelage.

7° L'emploi de la drague diminue considérablement le vol des pépites. Il n'y a à bord du ponton qu'un personnel restreint, facile à faire surveiller par une seule personne de confiance.

8° Enfin l'avantage primordial qui suffirait à justifier à lui seul l'emploi du système, c'est l'économie de main-d'œuvre qu'il procure. Je l'avais chiffré dès l'année passée, à 57 pour 100 des prix anciens et mes études de 1896 me portent à penser que ce chiffre est plutôt modéré.

Nous verrons ci-dessous, en examinant les types de drague à employer, le personnel et les frais qu'ils comportent, quelle différence existe entre ces dépenses et les frais actuels. Il faut remarquer à ce propos qu'à l'inverse de beaucoup de procédés perfectionnés introduits dans des pays neufs, le prix de revient du dragage est constant quel que soit le pays du monde où on l'emploie. Le prix de la main-d'œuvre n'y figure que pour quelques centimes par mètre cube, le combustible — qui est d'ailleurs très bon marché sur les placers, — l'entretien et les réparations forment le solde de ce prix. C'est donc un des procédés qui peut être recommandé dans un pays neuf, avec le plus de sécurité dans le résultat final.

22.

Une drague faisant 50 m³ à l'heure, soit 50 sag. cubes par journée de 10 heures, avec un personnel ne dépassant pas 8 à 10 hommes, est un appareil de dimensions modestes.

On voit, en se rapportant aux indications données pages 227 et suivantes qu'il exécute un travail équivalent à celui de :

        111 hommes et 6 chevaux par la méthode du guide-rope,
        80   »   45   »   par le procédé des tarataïkas.

Ces chiffres seront doublés si la drague travaille jour et nuit pendant la durée de l'opération.

De pareils chiffres se passent de commentaires.

Emploi d'élévateurs en queue. — J'ajoute, à ce résumé de mes précédentes études, que depuis l'époque de leur publication, la Nouvelle-Zélande, le pays désormais classique du dragage de l'or, a été le théâtre d'une innovation, qui a demandé beaucoup de tâtonnements avant d'être réalisée d'une manière tout à fait satisfaisante, mais qui est devenue maintenant d'un emploi courant et exclusif. Elle consiste dans l'adjonction à l'appareil de dragage et de lavage proprement dit, que j'ai déjà décrit en détail, d'un autre appareil d'égale capacité, reprenant les tailings lavés et les rejetant à l'arrière de la drague, après les avoir préalablement élevés assez haut, pour les entasser sous forme de cavalier. Cette simple adjonction a changé la face des choses, et permis le dragage des rivières à courant lent ou nul, tout à fait comparables aux alluvions des vallées sans rivières de la Sibérie Orientale. Nous verrons en effet plus loin, en examinant la question capitale de l'évacuation des tailings, les conséquences heureuses que produit l'emploi de l'élévateur ajouté à la drague, au sortir du sluice de lavage.

De l'exploitation par procédés mécaniques, des alluvions gelées.
— Ce point est celui qui offre les difficultés majeures dans
l'adaptation du dragage aux alluvions sibériennes. Le phénomène
du gel profond du terrain n'est d'ailleurs pas un obstacle uniquement pour le travail à la drague ou à l'excavateur, mais bien
aussi pour tous les procédés d'abattage du terrain sans exception, y compris l'emploi de la main-d'œuvre directe, piocheurs
et terrassiers. C'est uniquement parce que le sol est gelé qu'on
est obligé d'enlever le stérile et l'alluvion par petites tranches de
1 à 2 tchetv. de hauteur (0 m. 18 à 0 m. 55) rarement 5 tchetv.
(0 m. 55), ce qui élève considérablement le coût de l'abattage,
obligeant à déplacer sans cesse le chantier; et si on se sert de
wagons pour le transport des terres, il faut constamment aussi
riper les voies ce qui consomme beaucoup de main-d'œuvre et
de temps, en occasionnant l'arrêt des trains. C'est là une des
causes qui enlèvent aux terrassements par wagons en Sibérie
Orientale, la majeure partie de leur utilité, comparée au système
des tarataïkas.

C'est donc un problème qui mérite la plus sérieuse attention.
Il m'avait préoccupé dès le début de mes études minières en
Sibérie et j'ai réuni dans mon premier Volume, sur la Transbaïkalie, une première série de documents sur le gel profond du sol,
sur sa cause, sur ses effets, sur les moyens employés jusqu'ici
pour le combattre, etc. J'ai continué cette année cette étude intéressante en allant plus avant dans la question. Je me suis livré
en outre à une série d'observations météorologiques relative à la
température comparée de l'air, des eaux courantes et stagnantes
et des eaux de la toundra pendant l'été et l'automne de
l'année 1896, qui sont de nature à éclairer la question si importante du dégel des terrains. Les résultats de ces observations
ont été réunis dans un tableau que j'ai inséré dans la Mono-

graphie des placers du Koudatchi, page 215, à laquelle je renvoie.

Insuccès des premiers essais de dragage. — Il est intéressant à ce propos de se rendre compte des raisons qui ont amené l'échec, au moins partiel, des deux tentatives de dragage qui ont été faites dans le bassin de la Zéya. A propos de procédés nouveaux, surtout dans des pays éloignés, il importe avant de juger ou de condamner un procédé de travail, de se bien rendre compte des conditions dans lesquelles il a été essayé. Les premiers échecs peuvent tenir à des causes très diverses, souvent totalement étrangères au côté technique de la question. Quelle que soit cette raison, il est intéressant de la connaître : en fait d'introduction dans une industrie de méthodes ou de procédés nouveaux, il est parfois plus instructif pour ceux qui ont à les appliquer, de connaître les échecs du début que la réussite définitive.

Essais de la Compagnie de Djolon au placer Rojdestvenski. — J'ai donné précédemment, à propos de ce placer, une description détaillée de l'essai informe de dragage qui y a été tenté il y a déjà une dizaine d'années.

En tant que dragage de l'alluvion, l'essai ne pouvait aboutir à aucune conclusion, étant donnée la manière dont il était combiné. La drague ne portait aucun appareil de lavage, déversait dans un ponton qui devait être vidé mécaniquement sur des wagons, ceux-ci transportaient l'alluvion au lavoir; il fallait enfin reprendre encore une fois les résidus pour les porter au dump. C'était un système condamné d'avance.

Sens du dragage. — Le seul côté intéressant, comme je l'ai expliqué en détail, de cette première tentative, a été de démontrer que le dégelage du fond, sous une couche épaisse d'eau, est nul ou à peu près. On peut donc dire que malgré son issue fâcheuse, cet essai a établi un résultat pratique, à savoir que l'abattage doit se faire par chantier montant, de manière à n'avoir à draguer que sous une profondeur d'eau toujours très faible, au lieu d'opérer par chantier descendant, comme il était naturel *a priori* de le tenter, ce qui conduisait à draguer dans la partie où l'eau a le plus de profondeur, où le dégelage est nul.

D'autre part, cet essai ne comportant ni treuils à vapeur pour le papillonnage qui s'effectuait à bras, ni moyen d'évacuation mécanique des tailings, n'a pu donner aucune indication économique sur le coût réel du dragage appliqué aux alluvions. A ce point de vue-là, l'essai de Rojdestvenski a été tout à fait négatif; et il en sera de même de toute tentative du même genre qu'on peut se proposer d'effectuer à l'Ilikane ou autre part. Pour juger un outil, ou un procédé nouveau, il faut employer l'outil lui-même et non des appareils de fortune, fait de pièces et de morceaux, construits par des personnes totalement ignorantes de l'art du constructeur et du constructeur de dragues en particulier, appareils qui, il faut le dire, n'ont de dragues que le nom.

Essais de la Verkné-Amoursky Company. — On ne peut pas adresser le même reproche à la Verkné-Amoursky Company, qui a fait venir une drague entièrement métallique, machinerie et coque, pour l'appliquer à l'exploitation des sables aurifères d'une rivière coulant dans les placers lui appartenant dans le Système de l'Amour. On était donc dans d'excellentes conditions au point de vue de l'outil lui-même. Malheureusement, le choix a porté sur un système de drague qui fait merveille dans certains cas, assez spéciaux d'ailleurs, en Nouvelle-Zélande et qui a complètement échoué en Sibérie. Je veux parler des dragues à aspiration, dites dragues suçeuses. J'ai déjà décrit dans le Volume I de cet ouvrage les résultats obtenus par l'importation de cette drague appliquée aux alluvions non exclusivement sableuses, remplies de cailloux de dimensions, parfois considérables, comme celles de la Sibérie Orientale. La crépine de la pompe d'aspiration empêche ces cailloux, qui d'ailleurs briseraient les ailettes des pompes centrifuges s'ils pouvaient pénétrer dans le mécanisme, de passer dans les tuyaux d'aspiration. Ils forment bientôt un véritable filtre autour de la crépine et la pompe ne monte plus que de l'eau claire.

On a essayé de remédier à cet état de choses en faisant précéder la crépine aspirante d'une sorte de patouillet actionné par une chaîne de Galles, labourant le fond à proximité de la crépine, de manière à mettre l'alluvion en suspension ; ces palliatifs n'ont que mieux réussi à mettre en évidence l'erreur de principe de cette drague qui a été transformée, en 1896, en drague à godets.

Dès le début de l'opération, l'appareil a été victime d'un accident qui a fait perdre la campagne. Les chaînes d'amarrage de la drague ont été rompues pendant une crue subite, la drague emportée à la dérive a subi de grosses avaries, qui l'ont mise hors de service pour la saison. La Direction locale de la Compagnie avec laquelle je me suis entretenu de la cause de cet accident, qui a, je n'ai pas besoin de le dire, été exploité amplement par les partisans du *statu quo* et des tarataïkas, ne lui attribue qu'une importance secondaire. On compte faire, en 1897, une première campagne sérieuse avec cet appareil.

Je n'ai pas pu visiter personnellement cette drague, qui se trouvait très loin de mon itinéraire de 1896 ; mais, d'après les indications qui m'ont été fournies, elle n'est pas munie de l'élévateur de queue, dont elle pourra à la rigueur se passer, si elle est destinée à travailler les sables d'une rivière à courant rapide qui peut se charger d'opérer elle-même le déblayage des tailings sortant du sluice, et encore ne peut-on pas compter d'une façon certaine sur cet effet. Il en serait tout autrement si cette drague devait travailler dans une rivière à faible débit, à courant lent, ou dans un bassin artificiel sans aucun courant. Dans ce cas, l'élévateur faisant suite au sluice est indispensable. Je suis d'autant plus porté à penser qu'il en est ainsi et que ce point important n'a pas été envisagé, que dans le livre publié par M. l'ingénieur Perré sur l'industrie de l'or en Australie et en Nouvelle-Zélande (Saint-Pétersbourg, 1895), le rôle capital des élévateurs en queue dans les dragages des alluvions n'est pas indiqué.

On voit, comme je l'ai dit au début, que ces diverses tentatives de dragage, examinées de près, ont chacune dans leur sphère un réel intérêt pratique. Elles montrent les écueils à éviter et la voie à suivre pour l'application de la méthode aux alluvions aurifères sibériennes.

Organisation d'un chantier de dragage. — Pour résumer ce qui précède, on peut dire qu'un chantier de dragage d'alluvions aurifères gelées, établi d'après les principes qui paraissent logiques au premier abord, c'est-à-dire dans le sens descendant, d'amont en aval, se trouve dans les conditions les plus défavorables pour un prompt dégelage. L'alluvion glacée reste constamment en contact avec les couches d'eau les plus froides, et dans ces conditions le dégelage est nul ou très lent.

Si, au contraire, on opère par chantier montant comme l'indique la figure 1 et 2 (Pl. XXI), l'alluvion à enlever se trouve recouverte d'une très mince couche d'eau, sa partie supérieure reste même exposée à l'air libre, c'est-à-dire dans des conditions tout à fait identiques à celles où s'opère actuellement le dégelage. L'eau froide provenant du dégelage des tailles sous-marines tend à gagner le fond et à être remplacée par des eaux chaudes superficielles du bassin, il y a donc un courant constant, un cycle continu d'échange.

Emploi de l'élévateur. — Cette méthode exige qu'on puisse surélever à volonté le niveau du bassin dans lequel flotte la drague, de manière à lui permettre d'atteindre les diverses parties de l'alluvion dégelée, sans cesser de rester à flot. C'est ici que l'emploi de l'élévateur en queue de la drague vient compléter l'ensemble et donner à la fois une solution pour l'évacuation automatique des tailings et un moyen de faire varier à volonté le niveau du bassin dans lequel flotte la drague. On voit sur la figure 2 (Pl. XXI) comment ce résultat s'obtient. L'élévateur rejette les déblais dans le lit de l'excavation, formant ainsi une digue plus élevée même que le terrain primitif, grâce au foisonnement, qui détermine la création du bassin de dragage. Le porte-à-faux du déversoir des stériles, — qui va en Nouvelle-Zélande jusqu'à 20 mètres — assure la liberté entière des mouvements de la drague, qui peut reculer à volonté pour venir reprendre des parties laissées en retard.

Au travers des déblais stériles, on a pratiqué en temps utile un déversoir formé par un couloir en rondins jointifs, qui permet, en y noyant des solives, de faire varier à volonté le niveau du bassin de dragage et de le faire ainsi remonter vers l'amont au fur et à mesure de l'avancement du front de taille.

Lorsque le déversoir dépasse le niveau du couloir, on en construit un autre en amont, dans les déblais fraîchement accumulés, on le prend pour base de régulation nouvelle du niveau et ainsi de suite.

Dragage à fleur d'eau. — On n'est limité dans cette voie que par le tirant d'eau de la drague et on comprend immédiatement

DRAGUE A SLUICE AVEC TRANSPORTEUR DES STÉRILES, POUR L'EXPLOITATION DES PLACERS SIBÉRIENS

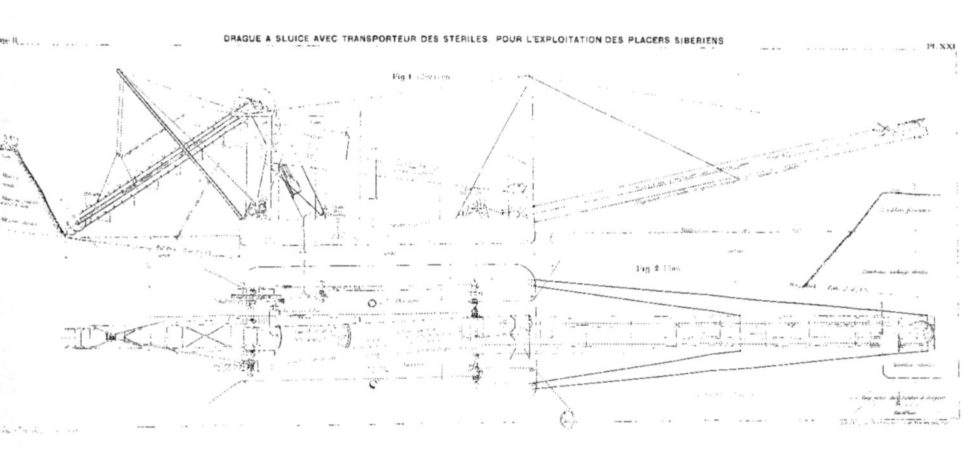

que, grâce à ce dispositif du chantier, on peut alléger énormément l'appareil, puisqu'il n'y a plus à envisager comme par le passé, le dragage sous une épaisseur de plusieurs mètres d'eau, ce qui entraîne un poids considérable d'élinde et de chaîne à godet, mais une drague travaillant à fleur d'eau et même *au-dessus* du niveau de l'eau. On reste constamment maître de la profondeur de dragage par une simple manœuvre du déversoir et c'est là ce qui constitue l'originalité du système.

Je dois me borner ici à indiquer le principe de la méthode que je préconise et dont je viens d'esquisser les traits principaux. Le plan de cet ouvrage ne me permet pas d'entrer dans les détails de construction que m'ont suggérés mes études faites tant sur place que chez les constructeurs, pour adapter les dragues à ces conditions spéciales. J'ai, notamment, examiné les moyens d'alléger beaucoup le mécanisme, en le combinant avec des formes de ponton en bois, fait sur place, permettant d'arriver à des tirants d'eau inférieurs à 1 pied $\frac{1}{2}$ ($0^m,50$). L'évacuation des tailings peut se faire aussi, notamment dans les types de drague de petit modèle destinés au dragage des placers affluents, par va-et-vient de wagonnets en porte-à-faux, système essentiellement léger et simple et suffisant pour des cubes modérés de 15 à 20 mètres cubes par heure. Je laisse de côté ces détails de construction, qui ont pourtant leur intérêt, pour achever d'exposer mes idées sur l'ensemble d'un chantier de dragage dans les alluvions gelées.

Nécessité de provoquer le dégel. — Tel que je viens de l'exposer, le chantier de dragage se trouve, au point de vue de la rapidité du dégel et par conséquent au point de vue du profil d'attaque du chantier, dans des conditions égales, ou peu supérieures à celles des chantiers à ciel ouvert actuels. Les tailles ne peuvent donc guère avoir plus de 0 m. 35 (2 tchetverts) de hauteur et 6 mètres de largeur dans l'alluvion aurifère. Si donc on veut en avoir 3 en train à la fois, ce qui est un maximum à ne pas dépasser sous peine de laisser la dernière taille, la dernière marche de cet escalier sous-marin, sous une épaisseur d'eau telle que son dégel serait nul, — et c'est justement la plus riche et la plus importante à bien enlever, — un calcul très simple montre quel est le cube journalier disponible. Supposons, en effet, une alluvion de 80 mètres de large, ce qui représente à peu près la largeur moyenne du lit total, majeur et mineur cumulés, d'une alluvion de dimensions courantes, sachant qu'il faut 5 jours pour dégeler 2 tchetverts (0 m. 35) d'alluvion, on n'a qu'un seul gradin dégelé disponible chaque jour, soit un cube de

$$0 \text{ m. } 35 \times 6 \times 80 = 168 \text{ m}^3.$$

ce qui est totalement insuffisant pour un appareil de dragage, même réduit à des dimensions minimes.

Voici comment je dispose les choses, de façon à tourner la difficulté et à faire travailler constamment la drague dans une alluvion préalablement désagrégée, dégelée, enlevable aisément par les godets, par suite d'un premier travail d'affouillement.

Emploi de l'eau sous pression. — J'emploie, à cet effet, le procédé qui se répand de plus en plus de l'autre côté de l'Atlantique et qui consiste à utiliser l'action puissamment désagrégeante et destructrice de l'eau mise artificiellement sous pression par une pompe à vapeur, pour l'abattage des terrains.

C'est, pour employer une comparaison courante, la menue monnaie du procédé hydraulique classique dont tout le monde connaît la puissance, au moyen duquel on abat, avec des frais de main-d'œuvre presque nuls, des cubes énormes de terrain, mais exigeant, à cet effet, des travaux colossaux de dérivations de véritables rivières, des entretiens coûteux des canaux d'adduction et de distribution exigeant enfin, ce qui manque absolument en Sibérie, une forte pente disponible, afin de réserver une place suffisante pour l'évacuation et l'entassement des résidus de ces gigantesques lavages.

Travail des pompes de pression. — Les pompes de pression débitent naturellement infiniment moins que les canaux dérivés qui circulent à flanc de côteau, sur les placers hydrauliques de la Californie. Le but poursuivi n'est pas le même, pas plus d'ailleurs que les cubes de terrain à traiter dans l'un et l'autre cas. Ce qu'il faut retenir, c'est qu'on peut mettre artificiellement l'eau sous des pressions comparables à celles que débitent les « géants » californiens et ce avec un débit suffisant pour produire des effets puissants. Or, en fait de destruction de terrains, c'est déjà un très grand facteur que de disposer d'une pression d'eau, qu'on est d'ailleurs toujours maître de régler, suivant la dureté et la résistance des terrains à démolir.

Emploi de ce procédé. — A ma connaissance, ces pompes de pression alimentant des « géants » destinés à la désagrégation du sol, sont appliquées, industriellement et sur une large échelle aux États-Unis, dans des cas très variés. Pour ne citer que ceux qui me sont plus particulièrement connus, je rappellerai l'emploi de ce moyen de démolition des alluvions phosphatées de la Floride dont j'ai donné autre part une description[1], dans des conditions particulièrement difficiles, au milieu de marais couverts d'une épaisse végétation, dont l'eau lancée sous pression finit par avoir raison en la sous-cavant par le pied. Un

____

(1) E. D. Levat, Phosphates, Superphosphates, Scories basiques, in-8° avec Planches. Paris, Dunod, Éditeur, 1894.

autre exemple se référant encore plus directement au sujet qui m'occupe est l'emploi de l'eau sous pression artificielle pour exploiter les alluvions aurifères, de dimensions limitées, situées au-dessous du niveau des rivières, dans la Géorgie. On trouvera une bonne description du système employé, dans les *Transactions of the American Institute of mining Engineers*[1].

Action de l'eau sous pression sur les terrains gelés. — Quant à l'efficacité de l'eau sous pression pour l'attaque des alluvions gelées, on en serait réduit encore aux conjectures et aux suppositions, si elle n'avait été démontrée par l'emploi qui a été fait de ce moyen, pour essayer de traiter sur une grande échelle, les alluvions du Vitim (bassin de la Lena), par le procédé hydraulique proprement dit. On se proposait de relever toutes les alluvions désagrégées par les « géants », au moyen d'élévateurs hydrauliques permettant de réserver une place suffisante pour les tailings. Cet essai n'a pas été couronné de succès et tout porte à penser qu'il a été prématuré. Depuis l'époque où il a été tenté (1890), l'emploi des « lifts » hydrauliques s'est beaucoup généralisé et perfectionné.

Il a paru de cet essai d' « hydraulic process » dans la région du Vitim, une intéressante description due à la plume de M. l'Ingénieur des Mines Chostak[2]. L'affaire, qui avait été montée à un capital assez sérieux, n'a pas réussi à cause de la difficulté qu'on rencontrait à loger la masse des déblais et l'impuissance des « hydraulics lifts » à faire face au cube à remonter. Il est certain que, dans un pays aussi plat que la Sibérie Orientale et surtout avec la position invariable des alluvions aurifères, tou-

---

(1) Transactions, etc. Pittsburg's Meeting, February, 1896.
(2) Tomsk. Librairie Makouchine, 1891.

jours situées au point le plus bas des thalweg, un pareil essai
était bien risqué.

J'ai trouvé dans le mémoire de M. Chostak des indications
précises sur la facilité avec laquelle le terrain gelé était coupé
par les « géants »; sur le temps nécessaire pour sous-caver l'alluvion et produire son éboulement, etc. Ce qu'il faut retenir de
ces explications, c'est que l'eau agit sur le terrain gelé par un
double effet, à savoir :

1° Comme un corps relativement chaud, à chaleur spéci-
fique élevée, cédant au terrain qu'elle frappe avec force,
les calories nécessaires pour opérer le dégelage. Cette action,
incessamment renouvelée sur le point où le jet est dirigé, achève
la sous-cave; d'autant plus facilement que ces alluvions aurifères, dès qu'elles commencent à dégeler, n'offrent aucune résistance à l'eau et s'y délitent sans effort.

2° Par la force vive du jet venant frapper le terrain. Cette
action, dont on connaît la puissance, est de beaucoup supérieure,
comme effet utile, à la précédente. L'une et l'autre concourent
à provoquer rapidement l'éboulement de l'alluvion sous-cavée, et,
aussitôt l'éboulis obtenu, le dégelage s'opère avec une rapidité
autrement grande que si l'alluvion était restée en place. Les surfaces exposées au réchauffement diurne, aux rayons du soleil et
au contact de l'eau, sont multipliées à l'infini par le fait même
de l'éboulement, au lieu d'être réduites aux deux faces superficielles de la taille, dans laquelle la propagation du dégelage ne
peut s'opérer que lentement et de proche en proche.

Mode d'action des « géants ». — Les « géants » peuvent être
placés, soit sur la drague elle-même, ce qui est le plus simple,
soit sur un ou plusieurs pontons spéciaux manœuvrant indépendamment de la drague, selon les cas. En tout cas, ils doivent

être disposés par couples, de manière à pouvoir opérer par « cross-fire », pour me servir du terme imagé adopté par les Américains. Les « géants » attaquent l'alluvion en arrière du chantier de dragage et suivent constamment ce dernier, de manière que les godets n'aient à travailler que dans une alluvion déjà désagrégée depuis le plus longtemps possible et, par conséquent, complètement dégelée. S'il reste encore quelques mottes non dégelées, elles achèvent de se briser et de se fondre dans le trommel débourbeur (voir Article *Lavage*) et dans le torrent circulatoire du sluice que porte la drague.

Application de la méthode. — Tel est le dispositif d'ensemble de la méthode de travail que je propose d'installer pour le dragage rapide des alluvions gelées. On voit que, fidèle aux principes que j'ai établis au début de cet ouvrage, j'ai combiné un ensemble de procédés, connus et éprouvés, en les adaptant, les uns et les autres, aux conditions climatériques spéciales de la Sibérie.

Au dragage ordinaire j'emprunte son extrême simplicité, son prix de revient réduit et indépendant des circonstances locales, la mobilité parfaite de l'instrument évitant toute perte de temps dans le déplacement du chantier, enfin le lavage sur l'appareil de dragage lui-même, évitant toute fausse manœuvre et le vol des pépites.

Au système de l'élévateur en queue, je dois la possibilité d'exploiter l'alluvion en montant d'aval en amont, sous une couche d'eau aussi mince que possible, n'étant limité que par le tirant d'eau de la drague, avec la facilité, grâce au déversoir établi dans les remblais stériles, de faire varier, au gré du dragueur, le niveau du bassin de dragage.

Cette faculté est, en particulier, précieuse pour faire franchir à la drague, dans les rivières aurifères, les parties en rapides, encombrées de grosses pierres, sans avoir à frayer péniblement la voie de la drague à travers ces obstacles.

A la méthode hydraulique, je suis redevable de l'action puissante de désagrégation de l'eau lancée sous forte pression contre l'alluvion gelée à abattre au moyen de laquelle j'obtiens d'abord la sous-cave, puis l'éboulement et finalement le dégelage rapide de l'alluvion, permettant son enlèvement par les godets.

Dragage du stérile. — Enfin, je drague indistinctement le stérile et l'alluvion aurifère. En opérant ainsi, je supprime les décapelages d'hiver et je n'ai qu'une seule et même méthode de travail pour tous les terrassements, que ce soit dans le stérile ou que ce soit dans l'alluvion. Je recueille en outre tout l'or contenu dans la partie supérieure de la couche aurifère, qui est actuellement perdu et jeté au dump.

Teneur globale des alluvions. — Comme conséquence, je suis amené à considérer la teneur moyenne des placers, non plus en la rapportant uniquement à la partie payante de l'alluvion, mais, au contraire, en la rapportant au cube total de matières à déplacer, stérile et alluvion. C'est ce que je désigne sous le nom de *teneur globale d'un placer*.

Par exemple, une alluvion tenant, lit majeur et lit mineur compris, 60 dolis aux 100 pouds, et ayant un rapport caractéristique de 2 1/2, ce qui est un cas extrêmement répandu dans le bassin de la Zéya, revient à considérer une teneur globale, stérile et alluvion comprise, de

$$\frac{60}{3,5} = 17 \text{ dolis aux 100 pouds}$$

de terrassement, correspondant à une teneur de $0^{gr},920$ par mètre cube d'alluvion en place, calculée au poids moyen de 2.000 kilogrammes par mètre cube.

Je ramène ainsi le problème à la forme simple de l'estimation de prix de revient du dragage d'un volume déterminé de terrain, sans avoir à me préoccuper de la séparation du stérile et de l'alluvion payante, pas plus que de la limite du lit majeur et du lit mineur, employant un seul et même appareil pour l'abattage et le déplacement, le lavage et l'évacuation de l'un et de l'autre, simplifiant ainsi la méthode jusqu'à son extrême limite.

J'ai dressé à cet effet la table suivante, à double entrée, qui donne la teneur globale d'une alluvion par rapport :

1° A l'épaisseur relative de la couche aurifère et du stérile qui la recouvre (Rapport caractéristique);

2° A la teneur moyenne du lit aurifère, reconnue par les sondages préalables;

Table à double entrée.

TENEUR DE L'ALLUVION		RAPPORT CARACTÉRISTIQUE						
en dolis % pouds (1658ᵏᵍ)	en grammes au m. cub. (2000ᵏᵍ)	1	1 ½	2	2 ½	3	3 ½	4
	gr.	gr.	gr.	gr.	gr.	gr.	gr.	gr.
10	0.542	0.271	0.226	0.180	0.158	0.135	0.121	0.108
20	1.084	0.542	0.451	0.361	0.516	0.271	0.243	0.216
30	1.626	0.813	0.677	0.542	0.474	0.406	0.365	0.325
40	2.168	1.084	0.903	0.723	0.632	0.542	0.487	0.433
50	2.710	1.355	1.129	0.903	0.790	0.677	0.609	0.542
60	3.252	1.626	1.355	1.084	0.948	0.813	0.731	0.650
70	3.794	1.897	1.580	1.264	1.106	0.998	0.853	0.758
80	4.336	2.168	1.806	1.445	1.264	1.084	0.975	0.867
90	4.878	2.439	2.035	1.626	1.422	1.219	1.097	0.975
96 = 1 ᵖᵒⁱ·	5.202	2.601	2.184	1.767	1.536	1.300	1.170	1.040

On peut, au moyen de cette table, se rendre immédiatement
compte de la teneur moyenne globale d'une alluvion et calculer
par conséquent, connaissant le prix de revient du dragage dans la
région, le bénéfice que laissera l'exploitation de cette alluvion.

La même table montre aussi comment varie la limite d'exploitabilité par rapport aux deux variables : épaisseur du stérile et
teneur de l'alluvion. Si l'on se fixe par exemple comme limite
une teneur globale d'or correspondant à une valeur de 2 francs
par mètre cube en place (environ $0^{gr},67$ de teneur globale ou
15 dolis par 100 pouds), on voit immédiatement que des alluvions non recouvertes, ou des tailings à 17 dolis, laissent le
même bénéfice que des matières à 70 dolis, mais ayant une caractéristique égale à 4.

On peut calculer du même coup la durée de l'exploitation d'une
alluvion donnée, suivant qu'on l'attaque en un ou plusieurs
points, ce qui est facile, étant donné que le dragage ne demande
pour ainsi dire aucun travail préparatoire autre que la construction du ponton destiné à porter l'appareil. On a en un mot tous
les éléments en main pour calculer avec précision le rendement en
or, le prix de revient exact et le nombre des chantiers nécessaires
sur une vallée aurifère déterminée pour en retirer le poids d'or
qu'on désire pendant la durée d'une ou plusieurs campagnes.

Diminution des frais de sondages. — En envisageant le problème
de cette manière, les sondages détaillés des placers, qui représentent des sommes considérables, deviennent beaucoup moins
indispensables que dans la méthode actuelle. Avec des procédés
permettant d'envisager avec sécurité l'exploitation de teneurs
aussi basses que celles que j'ai citées plus haut, la nécessité de
déterminer exactement les limites du lit majeur disparaît complètement. Les sondages peuvent être plus éloignés les uns des

autres, les lignes espacées sur des distances doubles. La question
à résoudre se borne à la constatation de la présence de l'alluvion
payante et de la largeur du lit exploitable. On voit tout de suite,
en rapprochant cette manière de voir des chiffres que j'ai établis
plus haut pour le montant des frais de sondage en souffrance,
toute l'importance et toute la portée de ce changement de méthode, au point de vue des avances d'argent à faire aux placers
en cours de préparation.

Période de transition. — Telle est, dans ses grandes lignes,
l'organisation nouvelle que je prévois pour l'exploitation mécanique des alluvions gelées sibériennes; mais, conformément au
principe, que j'ai posé plus haut, d'opérer graduellement et de
procéder du simple au composé, j'en propose l'application immédiate, non pas sur une alluvion ordinaire, mais sur une alluvion
formant le fond d'une rivière, alluvion qui, on le sait, n'est
pas recouverte de stérile et qui n'est pas gelée non plus.
Je vois, d'ores et déjà, deux rivières prêtes pour cette application : l'Ilikane et l'Ounakha. Dans ces deux rivières, on a
dès à présent la certitude, démontrée par les sondages à la
cuiller, de l'existence d'un poids d'or important (36 pouds dans
le lit de l'Ilikane seul, entre les limites du placer Tikhanovski),
ce qui permet, à la rigueur, si on le désire, de rembourser les
frais d'installation des appareils de dragage sur les bénéfices de
cette première opération. Il n'y a donc pas à hésiter à faire cette
installation et à la faire sérieusement, au moyen d'appareils construits en vue du dragage dans les conditions que j'ai établies et
non avec un appareil de fortune, qu'on va pour la seconde fois
essayer de monter sur les lieux.

Je ne saurais m'élever avec trop d'énergie contre ce système
d'essais incohérents, exécutés avec des moyens insuffisants, avec

un personnel complètement étranger à l'art du dragage, qui est
un travail tout à fait spécial et qui demande, au moins pendant
la période d'initiation, à être effectué par des hommes du métier.
On est déjà tombé une fois, au placer Rojdestvenski, dans cette
erreur, et l'on va recommencer, d'après ce que j'ai vu sur place,
presque exactement de la même façon. C'est ainsi que, dans la
drague qu'on se proposait de construire lors de mon passage sur
les lieux, on voulait utiliser de nouveau la machinerie du même
excavateur essayé une première fois. On se proposait de manœu-
vrer le ponton de la drague à bras avec des treuils ordinaires,
ce que le courant de la rivière, surtout aux époques des crues,
empêchera de faire d'une façon régulière. Les stériles seront
enlevés soit par des pontons sur lesquels on se propose de placer
des caissons mobiles, manœuvrés et déchargés par une grue à
terre, soit par des wagonnets; la Direction locale n'était pas bien
fixée elle-même sur ce point, pourtant absolument essentiel, de
l'opération. Des essais faits dans de pareilles conditions sont
fatalement appelés à un échec ou, ce qui est pire encore, à une
demi-réussite, équivalant à une défaite, en ce sens qu'on démon-
trera, chiffres en main, que le dragage offre tellement peu d'avantage sur les procédés à la main, qu'il est inutile et désavantageux
de se lancer dans la dépense d'achat d'un véritable matériel de
dragage pour réaliser un soi-disant progrès, qui n'en est pas un.

On n'agirait pas autrement si l'on voulait, de propos délibéré,
ruiner à l'avance toute tentative de progrès. Le premier soin,
quand on veut faire une installation nouvelle, est de faire présenter par la Direction locale un projet accompagné de plans,
sur lequel on discute avec les constructeurs les divers points en
suspens, avant de procéder à son exécution; puis, une fois les
bases fixées, on se met d'accord sur les points de détail et l'on
procède à l'exécution du plan ainsi arrêté. Tel n'est jamais le cas

en Sibérie, au moins dans les nombreuses exploitations que j'ai visitées. On cherche constamment à arriver au but en employant les petits moyens locaux, à se passer de tout concours d'hommes spéciaux, à construire sans plans, simplement par tradition ou par copie servile d'installations existantes; on n'arrive ainsi à rien de bon et l'on en conclut aussitôt qu'il n'y a rien de mieux à tenter ou à faire !

Dragage des berges. — Le dragage du lit des rivières aurifères entraînera directement, et pour ainsi dire sans qu'on s'en aperçoive, l'exploitation, à la drague aussi, des berges aurifères qui encaissent le cours d'eau. On y fera la première application de l'eau sous pression comme moyen d'attaque et de désagrégation de l'alluvion gelée, avant le passage de la drague. Ce travail servira de transition naturelle entre le dragage du lit de la rivière, travail déjà connu et de réussite certaine, et le dragage des placers ordinaires, desservis par un cours d'eau insignifiant, exigeant la création d'un bassin artificiel pour faire flotter la drague, ce qui est, j'ai pu m'en convaincre, une grande nouveauté pour tous les esprits dans la région. Il n'y a cependant là aucune innovation exceptionnelle, comme on a pu s'en convaincre par l'exposé qui précède, mais seulement une combinaison de moyens connus et éprouvés, en vue de supprimer les difficultés créées par le climat, à l'exploitation des placers sibériens.

Conclusions.

Mes conclusions sont les suivantes :

1° L'exploitation des placers sibériens doit se faire par des moyens mécaniques, remplaçant les procédés actuels, pelles, pioches, tarataïkas;

2° L'appareil le plus convenable à tous les points de vue est la drague à godets ordinaire, montée sur un ponton en bois construit sur place, portant avec elle son sluice de lavage et, point essentiel, un élévateur mécanique des tailings permettant d'évacuer ces derniers sur l'arrière, aussi loin que possible, de façon à laisser toujours la drague à flot et libre de ses mouvements;

3° Le chantier doit être ascendant, avec rejet en aval des tailings formant digue dans le lit même de l'excavation, de manière à draguer constamment sous une profondeur faible, ce qui permet d'alléger beaucoup la drague. Le niveau du bassin sera contrôlé par un déversoir établi et ménagé à travers les déblais;

4° En terrain gelé, le dragage sera précédé d'un abattage de la couche aurifère et du stérile par des « géants » hydrauliques, actionnés par une pompe de pression à vapeur, provoquant à l'avance l'éboulement et le dégelage du terrain à draguer.

5° La drague devant enlever à la fois le stérile et l'alluvion payante, le lit majeur et le lit mineur, il en résulte que, dans l'avenir, la seule teneur intéressante à connaître sera la *teneur moyenne globale*, alluvion et stérile compris, de la vallée à exploiter. Comme conséquence de ce fait : nécessité moins grande de sondages détaillés, et économie de moitié au moins dans ces frais préparatoires ;

6° Les autres travaux préparatoires, tels que dérivation des eaux en amont, canal d'assèchement des tailles en aval, sont entièrement supprimés;

Supprimé aussi le danger d'inondation des chantiers par les crues.

7° Le dragage devra être appliqué en premier lieu au lit des rivières aurifères Ilikane et Ounakha, puis aux berges aurifères de ces rivières sur lesquelles on effectuera l'abattage des parties

glacées au moyen des « géants », et enfin aux alluvions sans
cours d'eau ;

8° Les appareils employés pour ce travail devront être construits et mis en marche par des constructeurs de ce genre
d'outils, d'après des plans et dessins étudiés et arrêtés d'avance,
et non construits sur place, avec des moyens et un personnel
insuffisants, comme on a déjà tenté de le faire, sans succès.

Dragage sur blocs. — Telle est la méthode que m'a suggéré
l'examen attentif des lieux et des conditions locales, ainsi que
l'étude, très instructive, de l'insuccès des tentatives antérieures.
Elle résout par l'emploi de moyens nouveaux le double problème de l'abattage des alluvions gelées et de l'évacuation des
résidus. La faculté de pouvoir faire varier, à volonté, le niveau
du bassin dans lequel flotte la drague, est une ressource précieuse pour le passage des rapides dans les rivières ainsi que des
fonds garnis de grosses pierres dans les vallées sans cours d'eau.
Ce dernier cas est heureusement l'exception ; il suffit pourtant
de se reporter à la description que j'ai donnée, page 156, de la
genèse des placers, pour voir que sur un certain nombre de placers on est exposé à rencontrer, dans l'alluvion, des gros blocs,
non dragables. Il faut reconnaître d'ailleurs que ces régions
garnies de gros blocs sont complètement sacrifiées actuellement,
par l'impossibilité où l'on se trouve de déplacer les dalles pour
recueillir l'alluvion qu'elles recouvrent. On a fait quelquefois,
dans les nids riches, sauter quelques-unes de ces pierres avec la
dynamite pour les débiter en morceaux maniables, mais ces cas
exceptionnels ne constituent pas une méthode régulière de travail.
En général, on se contente de gratter ce qu'on peut entre les
interstices, en laissant les blocs en place. Avec le dragage précédé par les « géants », ces derniers laveront mieux qu'aucun

autre système les interstices des pierres, déplaçant les blocs les moins lourds par le simple choc de l'eau.

Il ne faut cependant pas se dissimuler que ce sera là le travail le plus délicat du dragage, qu'il ne faudra aborder que lorsqu'on aura un personnel de chefs drageurs déjà bien formé, sachant manier concurremment et habilement leur élinde et leurs treuils d'amarrage. En règle générale, on peut dire que le dragage est surtout apte au traitement des alluvions larges et pauvres, de la zone des graviers ou de la zone des cailloux, qui sont, comme je l'ai dit souvent déjà, celles qui, comme quantité d'or contenue, sont beaucoup plus importantes que les têtes des alluvions, avec or gros (région des blocs), but des recherches ardentes des prospecteurs actuels. Ce n'est pas là qu'est l'avenir; il se trouve dans le traitement économique des alluvions pauvres, permettant un lavage annuel d'un cube considérable, seul moyen de tempérer les frais généraux obligatoirement élevés des affaires sibériennes.

(B) Lavages des alluvions.

Le procédé de lavage employé par les compagnies de la Zéya demande une prompte réforme. Les appareils primitivement perfectionnés qui avaient été introduits au Djolon et qui avaient marqué un réel progrès dans l'industrie locale ont été peu à peu tronqués, dénaturés, transformés en lavoirs hybrides qui n'ont aucune des qualités des sluices américains proprement dits, et qui par contre conservent la plupart des défauts de l'ancien lavoir sibérien.

On prend aussi sur le vif, à propos de cette question de lavage, un des vices les plus fréquents dans l'organisation du personnel local, je veux parler de l'antagonisme — d'ailleurs non déguisé

— qui existe à l'état permanent entre les Directeurs locaux, résidant en général à Blagoviestchensk, et les chefs de service qui vivent sur les mines. Toute proposition de modification ou d'amélioration émanant de l'un ou l'autre de ces pouvoirs, est *a priori* combattue par celui qui n'en est pas l'auteur, de façon que l'administration supérieure résidant en Russie, ne sachant à qui se fier, attend une occasion propice, ou un voyage en personne sur les lieux, pour résoudre la question. On reste, en attendant, dans le « statu quo ».

Je vais montrer comment, en ce qui concerne le lavage en particulier, ces diverses considérations ont eu peu à peu pour résultat d'amener la disparition d'un perfectionnement très réel, que j'ai signalé déjà, avec des développements complets, dans mon Volume sur la Transbaïkalie. Je veux parler de l'adoption du sluice américain au lieu et place de l'antique lavoir sibérien pour le traitement des alluvions.

Disparition graduelle du sluice-type. — On lave maintenant avec un appareil qu'on a débaptisé pour la circonstance, à juste titre d'ailleurs, car il ne fonctionne nullement comme un sluice, qu'on nomme « koulibinka », et qui participe à la fois des deux appareils originaires, sluice et lavoir sibérien, réunissant les défauts du dernier à l'absence des qualités du premier. On va en juger par la description de l'un d'entre eux; et il ne faut pas croire que ce soit un exemple choisi pour les besoins de la cause. Les compagnies de la Zéya ont, depuis déjà bien des années, adopté un type absolument uniforme, comme longueur, pente, section, disposition des under-currents, etc., pour les lavoirs qu'elles installent sur les placers qu'elles exploitent, de sorte qu'en en décrivant un, pris au hasard, on les a tous passés en revue sans aucune exception.

Cette uniformité absolue est déjà, *a priori*, une indication des plus fâcheuses sur l'esprit qui règne dans la conduite de ces affaires. Toute personne un peu versée dans la connaissance des lavages d'or connaît cet axiome que chaque alluvion aurifère exige sa pente de sluice, son volume d'eau déterminé, et que l'art consiste justement à prendre la peine d'étudier le *tempérament* de chaque alluvion en faisant varier entre certaines limites les deux éléments, pente et volume d'eau, de manière à obtenir le maximum de rendement avec le minimum de main-d'œuvre et le minimum de perte dans les tailings. Les livres les plus élémentaires relatifs à la construction des sluices enseignent aux novices que le corps de l'appareil ne doit être fixé définitivement sur la charpente qui le soutient qu'après que les tâtonnements pour déterminer la meilleure pente ont été pratiquement effectués, et que pendant cette première période des travaux le sluice doit pouvoir, selon les cas, être élevé ou abaissé au moyen de chevilles volantes.

Il est d'autant plus nécessaire d'opérer ainsi dans le bassin de la Zéya, qu'il ressort des Monographies du Chapitre II, que les alluvions présentent, d'un placer à l'autre, des différences considérables, comme nature et comme composition.

On peut dire en effet, en thèse générale, que les alluvions de cette région de la Sibérie Orientale sont caractérisées par une très grande facilité de lavage, une faible proportion d'argile, un débourbage facile, et un or plutôt gros ou moyen que fin ; il y a néanmoins une différence considérable entre la manière dont se lavent les sables granitiques du Djolon, qui ne contiennent ni cailloux, ni argile, ni sables lourds, et celle dont se comportent les alluvions du district de l'Ougane et du Mogotte, qui ne contiennent pas ou peu d'argile, mais dans lesquelles les sables lourds atteignent une proportion élevée, et enfin celles du Système

de l'Olongro, qui contiennent à la fois des gros cailloux anguleux, de l'argile et des sables lourds.

Pour bien se rendre compte de l'état de choses actuel, il convient de suivre, chronologiquement, les modifications apportées
dans la méthode de lavage des Compagnies de la Zéya. On aura
ainsi la clef de l'énigme, et le remède à apporter aux défauts
constatés apparaîtra clairement.

C'est par les alluvions exceptionnellement faciles à laver
fournies par le Djolon que l'introduction du sluice américain a
été effectuée, et l'adoption de cet appareil a, sans doute aucun,
facilité considérablement la réalisation rapide de l'or contenu
dans ce magnifique placer. Tout concourait à rendre cette innovation profitable : facilité extrême du lavage des matières qui ne
demandaient aucun débourbage pour livrer l'or qu'elles contenaient; faculté de laver des quantités pour ainsi dire illimitées
d'alluvion dans des sluices de très petite section et avec une
quantité d'eau très faible, ne dépassant pas 6 à 7 fois le volume
traité : alluvion ne contenant pour ainsi dire que du sable granitique à grains réguliers, sans cailloux, ce qui permettait de
faire couler le tout, sans peine et sans main-d'œuvre de râcleurs,
dans le sluice, malgré le faible volume d'eau ajouté.

On a cru que toutes ces rares qualités étaient dues au sluice,
alors qu'on en était uniquement redevable à la nature tout à fait
exceptionnelle des alluvions du Djolon.

Grand a été l'étonnement quand ce merveilleux appareil du
Djolon, transporté ou copié identiquement sur les placers des
autres systèmes, y a donné des résultats tout différents. On a eu,
en effet, à faire passer dans l'appareil des matières, en vérité faiblement argileuses, mais contenant des cailloux anguleux, de
dimensions assez importantes, pour l'enlèvement desquels il
fallait augmenter le volume d'eau. Au lieu de résoudre le pro-

blème par un dispositif approprié, on s'est contenté de mettre des hommes à poste fixe sur le sluice, pour y faire descendre les pierres avec des raclettes. Du coup, le sluice a perdu son avantage primordial d'appareil ne demandant aucune main-d'œuvre pour le lavage et la séparation de l'or des alluvions qui lui sont confiées.

L'unique under-current établi sur le parcours du sluice est installé de telle façon que le courant principal, saigné à blanc par la dérivation, est dans l'impossibilité de pousser devant lui les refus de la grille. Il faut un ou deux racleurs à cette besogne, à peine de voir le sluice s'engorger, déborder et finalement s'arrêter. Ce sont là des erreurs de bon sens, qui ne font pas l'éloge du personnel qui assiste journellement aux conséquences qu'elles entraînent et au gaspillage de main-d'œuvre qui en est la résultante immédiate.

Tel est, à peu près, le fonctionnement d'une « koulibinka » dans les Compagnies de la Zéya.

Sauvetage de l'or fin. — Quant à la question de l'arrêt, du « sauvetage », pour employer l'expression pittoresque des Américains, de l'or fin contenu dans les alluvions, elle n'a pas fait un pas en avant depuis le début des exploitations en Sibérie Orientale. On continue à le perdre avec une parfaite tranquillité. Les exploitants ont d'ailleurs un moyen commode de mettre leur conscience en repos et de déclarer dans leurs rapports officiels que leurs pertes de lavage sont nulles ou insignifiantes. Ils essaient de temps à autre les résidus qui sont mis en tas et qui sont constitués de cailloux et graviers de différentes grosseurs : les « galki » dépassant la grosseur du poing; les « efféli » descendant jusqu'à la grosseur d'une noisette.

On ne trouve dans les uns et dans les autres que des quantités d'or assez médiocres ; et, en fait, dans des matières pareilles, il ne peut rester de l'or que dans les pelotes argileuses non délitées ou dans des anfractuositées mal nettoyées des cailloux. On trouve cependant de 4 à 8 dolis par 100 pouds (0 gr. 20 à 0 gr. 40 par mètre cube) dans ces matières, dès les premiers temps de la mise en tas, et cette teneur s'élève au fur et à mesure que le tas vieillit, par le phénomène bien connu de la décomposition et de la désagrégation des agrégations aurifères qu'il contient.

Quant aux tailings fins, qui ne restent pas dans les trémies et que les eaux de lavage emportent, ils ne sont l'objet d'aucune analyse suivie. C'est cependant par là que se font les pertes majeures, et c'est en faisant fréquemment l'analyse de ces matières avec du mercure qu'on tâte le pouls de la méthode. Dès 1895, j'ai montré, aux placers de Malamalski, que les matières fines, retenues par le passage des eaux de lavage à travers un sac de toile grossière, tenaient jusqu'à 1 gramme d'or par mètre cube, et encore ce procédé de collection laisse échapper une partie notable de l'or fin et flottant.

L'emploi du mercure pour sauver, au moins en partie, l'or fin dans la queue du sluice, continue à rester à l'état de lettre morte sur les placers de la Sibérie orientale.

Ce qu'il y a de plus curieux et de plus typique dans cet état de choses, c'est qu'il n'est nullement inconnu des exploitants eux-mêmes. Les anciennes publications relatives à l'industrie de l'or dans le bassin de l'Yénisséï, sont tout à fait intéressantes à consulter à ce sujet. Les exploitants de cette région ont pour devise que « si l'or paie bien, ces améliorations sont sans influence sur le bénéfice, et si l'alluvion n'est pas payante, ce n'est pas cette misère qui la rendra meilleure ». Ainsi raisonnait-on en 1868 ; les choses n'ont pas changé depuis.

Pour en revenir à la question des lavoirs actuels des Compagnies de la Zéya, voici la description détaillée du lavoir employé dans le système de l'Olongro, au placer Dajdlivouï.

Lavoir du placer Dajdlivouï. — L'appareil est disposé comme l'indiquent les figures 1 et 2 de la Planche XXII qui donnent le plan et l'élévation de ce lavoir.

Il se compose de deux sluices a, a, de 9 mètres de longueur totale, avec chacun un under-current b, b qui séparent, après 2 m. 50 de course, une partie des fines au-dessous de 15 millimètres. Entre les deux sluices se trouve une table dormante c pour le lavage à la main des schlichs gris retirés des casiers. Le tout est à ciel ouvert, innovation fâcheuse, qui prête au vol. Cette disposition est d'ailleurs spéciale à Dajdlivouï; en général la partie haute des sluices est enfermée dans une cage fermant à clef. Cette mesure de précaution est, il faut le dire, purement illusoire, vu qu'on est obligé de laisser à poste fixe, dans la cage, les ouvriers racleurs nécessaires pour que le sluice ne s'engorge pas et que ces hommes sont mis ainsi au bon endroit pour empocher les pépites restées dans les casiers de tête.

Le surveillant se tient en général dans la baraque s du pointeur et a ainsi tout son chantier sous les yeux.

Pente des sluices. — La pente du sluice et de son under-current est uniformément de 8 degrés. On lave avec un volume d'eau, égal à 5 fois celui du sable, soit moitié de ce qu'il faudrait au minimum pour débourber l'argile blanche, grasse, qui empâte l'alluvion. De plus, on n'a pas eu la précaution de faire aboutir des jets d'eau supplémentaires dans le sluice après les under-currents, ni de rétrécir sa section au droit de ces saignées, de sorte que le courant principal, affaibli par la perte que lui cause l'under-current, n'a plus la force de rien entraîner; les pierres restent à sec sur la grille et il faut 4 hommes à chaque sluice pour raboter constamment les matières et éviter l'engorgement du sluice.

Dimensions du sluice. — Ce dernier a 1 archine (0 m. 71) de largeur entre montants latéraux, mesure sacramentelle qui n'a jamais été dépassée par les Compagnies. Quand on veut passer beaucoup de matières, on construit des lavoirs avec deux, trois « koulibinkas » de 1 archine chacune. L'idée ne vient pas qu'on pourrait en construire une plus large, susceptible à elle seule de passer tout le cube nécessaire.

On remédie à l'inconvénient de la saignée produite par les deux under-currents, en n'en faisant fonctionner qu'un seul. Remède pire que le mal parce que les fines engorgent alors les trous des plaques et les casiers du sluice principal, qui est déjà trop court pour bien arrêter l'or et on a alors une perte considérable d'or moyen qui ne trouve pas à se loger commodément.

Voici maintenant, figures 3 et 4 (Pl. XXII), le dispositif adopté pour l'arrêt de l'or. Il est à noter que, au point de vue des obstacles à opposer au courant qui entraîne le métal précieux, les Sibériens sont inventifs et adroits. Ils sont là sur leur terrain traditionnel, car le lavoir sibérien, à la fois si primitif et si simple, est un remarquable instrument d'arrêt de l'or, sur un parcours extrêmement réduit.

A, A′, A″. Casiers en fer plat, posé de champ, de 40 millimètres de hauteur et de 8 millimètres d'épaisseur. Construits sur place au moyen de fer plat de cet échantillon, plié à chaud, sous forme de demi-grecque et réuni à la demi-grecque suivante par un simple rivet, au milieu du grand côté.

B. Même dispositif garnissant le fond de l'under-current, seules les dimensions des casiers, et l'échantillonage du fer qui les compose est moindre que dans A.

LAVOIR DU

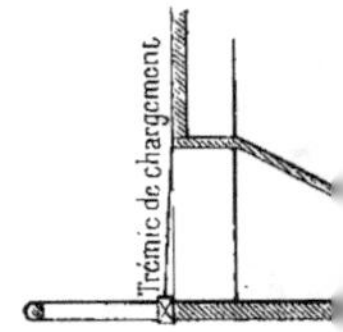
Trémie de chargement

Fig.1. Plan d'ensemble

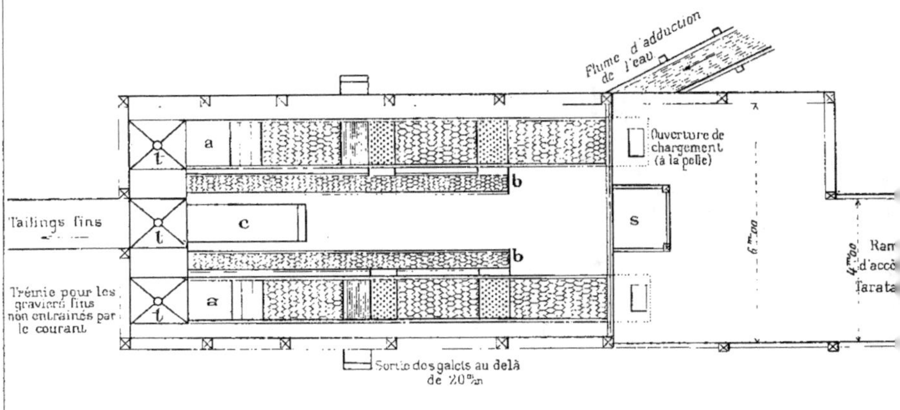
Flume d'adduction de l'eau
Ouverture de chargement (à la pelle)
a
b
c
b
a
t
t
t
s
6m00
4m00
Ram
d'accè
Tarata
Tailings fins
Trémie pour les graviers fins non entraînés par le courant
Sortie des galets au delà de 20%m

Fig.2. Élévation latérale

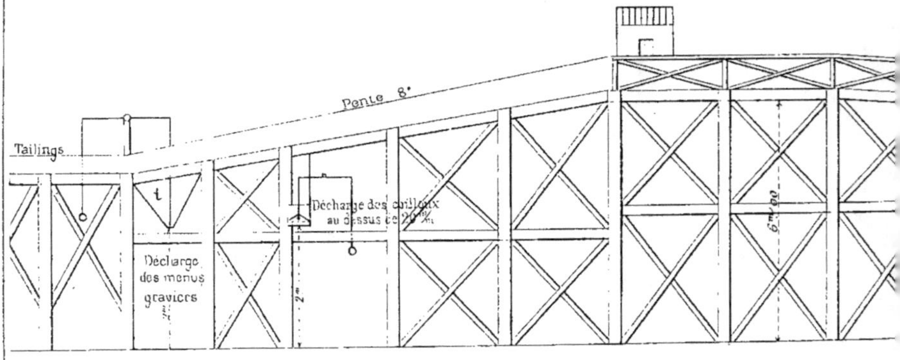
Pente 8°
Tailings
t
Décharge des cailloux au dessus de 20%m
Décharge des menus graviers
2m
6m00

ÉDOUARD ROUVEYRE, ÉDITEUR A PARIS

Plan, Coupe et Détails divers du Sluice .

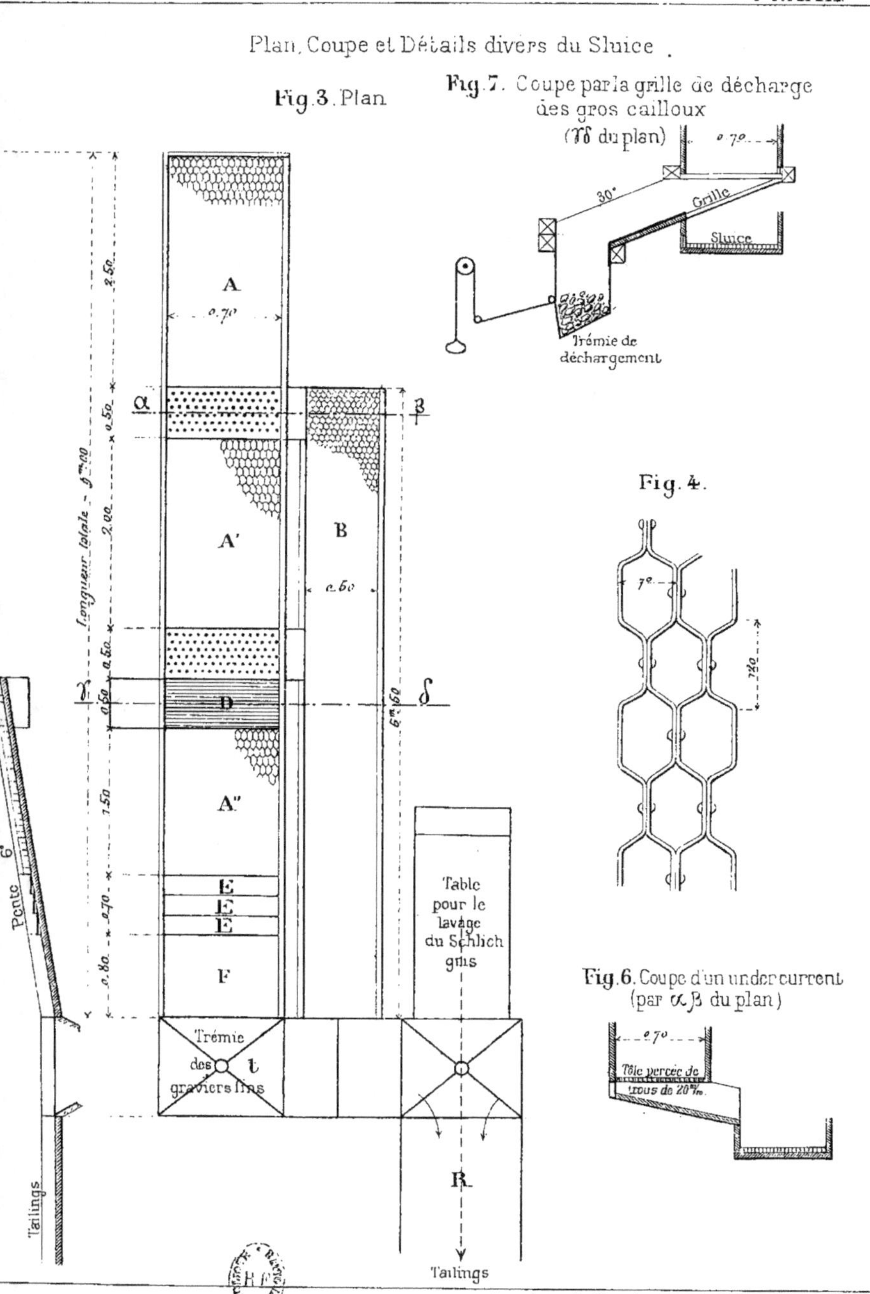

Un drap de laine brute, sorte de feutre épais, est placé au-dessous des casiers de B, ainsi que sous A″.

C, C′. Plaques de tôle de 5 millimètres d'épaisseur, percées de trous en quinconce de 15 millimètres de diamètre, aboutissant à l'under-current B.

D. Grille séparant les au delà de 20 millimètres et les envoyant directement par une culotte en tôle à la trémie de chargement des tarataïkas.

E, E, E. 5 escaliers en bois garnis de drap, sans mercure.

F. Sluice garni de drap pour retenir l'or fin, aussi sans mercure.

t. t. Trémies des « effélis ».

R. Couloir d'évacuation de l'eau et des fines non déposées dans les trémies. C'est dans ce couloir, aménagé *ad hoc*, que devrait s'opérer l'addition du mercure destiné à retenir l'or fin.

Personnel. — J'ai donné, page 290, le détail du personnel de ce lavoir. Il comprend 23 hommes, tant pour le lavage que pour le transport des stériles au dump, plus 7 chevaux.

Cube passé par jour : 28 sagènes cubes = environ 270 mètres cubes.

On n'est pas arrivé d'emblée à cette dénaturation complète du sluice primitivement employé au Djolon. Les lavoirs des divers placers exécutés dans l'intervalle des 6 à 7 dernières années sont instructifs à consulter à ce sujet. On voit tout d'abord une tendance très marquée à diminuer la longueur, pourtant bien réduite déjà, du sluice principal. Cette longueur qui était primitivement de 6 sagènes tombe à 5, et même à 4 sagènes dans les dernières créations, pour le corps principal. La quantité d'eau employée pour le lavage diminue et, conséquence directe, d'un ouvrier raboteur primitivement employé à la surveillance du sluice, faisant sauter de temps à autre une grosse pierre qui pouvait créer un obstacle, le nombre des racleurs va constamment en croissant, jusqu'à 4 par sluice.

Actuellement, aussitôt que ces 4 ouvriers suspendent, pendant un instant, leur besogne, le sluice s'engorge immédiatement et on est obligé de hâter sa vidange à peine de le voir s'engorger à fond et ce, pour une quantité de matière lavée représentant un cube journalier tout à fait médiocre. J'en ai fait faire fréquemment l'expérience sous mes yeux.

Les causes de cet état de choses sont simples. On ne prend pas la précaution de restreindre la section des sluices aux passages des under-currents pour donner de la vitesse à l'eau restante et lui permettre de balayer les déblais. Mais la faute capitale est de prétendre laver avec un faible cube de 5 à 6 fois le volume de la matière à traiter. C'est le double au moins de cette quantité dont il faudrait disposer pour obtenir un bon lavage.

Les sluices sont aussi beaucoup trop courts pour obtenir un débourbage complet à une séparation satisfaisante de l'or, surtout dès que la proportion d'argile devient tant soit peu notable. Mais on sait que c'est là une des conséquences de la position topographique des alluvions sibériennes, au fond de vallées sans pente. Pour avoir une longueur suffisante de sluice, il faut surélever les matières à charger à une hauteur considérable, ce qui fatigue les chevaux, diminue notablement leur effet utile, exige de grands chevalements en bois pour la rampe d'accès, etc. On est évidemment limité de ce côté-là par les conditions locales.

Il n'y a qu'un moyen de sortir de la difficulté : c'est de réduire considérablement le cube à laver au sluice, en éliminant à l'entrée la totalité des cailloux, « boulders » et gros graviers par le passage de l'alluvion tout entière à travers un trommel débourbeur. On n'enverra alors sur le sluice que des matières fines, homogènes comme grosseur, qui, même avec la quantité réduite d'eau dont on dispose, donneront une séparation satisfaisante de l'or. On rentrera ainsi, artificiellement, dans le cas du Djolon. Les alluvions, peu argileuses en général, de la Zéya sont tout à fait aptes à être bien classées par trommel; on n'a pas à craindre la formation de pelotes argileuses, cause de perte sérieuse d'or et on élimine d'un seul coup toutes les matières qui sont d'un passage difficile au sluice. Ce perfectionnement est d'ailleurs déjà couramment employé dans les lavoirs de la Verkné Amoursky C^y.

Aux Compagnies de la Zéya, cette réforme si simple et si urgente est déjà demandée depuis plusieurs années par la Direction et remise toujours à plus tard, d'opération en opération, à cause de compétitions de personnes entre les agents locaux. Ces difficultés dans le personnel coûtent cher, indépendamment de la fâcheuse impression qui résulte pour les tiers de la vue d'une situation pareille, qui n'a que trop duré.

Les sluices d'une archine de largeur sont aussi beaucoup trop étroits, même pour le service réduit qu'on leur demande. Au lieu de doubler l'installation, quand on a à passer plus de 10 sagènes cubes par jour, ce qui conduit à doubler le personnel des racleurs, il suffit d'augmenter d'autant la dimension en travers du sluice pour passer le cube demandé, avec le même personnel. Interrogés sur la cause qui les avait amenés à limiter à une archine la largeur des deux sluices de Dajdlivouï, les agents locaux n'ont pu me donner qu'une seule raison, c'est que cela s'était toujours fait ainsi et que c'était le type adopté par la Compagnie.

Afin de bien fixer les idées, je donne, dans un tableau à deux colonnes, les divers points de comparaison à établir entre un sluice normal et une « koulibinka » des Compagnies de la Zéya.

24.

Tableau comparatif.

SLUICE NORMAL.	KOULIBINKA.
I. Arrivée des matières. Vidange par les conducteurs des vagons sur la vaste trémie du sluice. Pas de chargeurs spéciaux.	I. Arrivée des matières par tarataïkas. Vidange sur la plate-forme. Pas de trémie servant de volant aux charges successives. Chargement du sluice à la pelle (1 à 2 hommes par sluice).
II. Cube d'eau employé, 10 fois le volume de l'alluvion traité.	II. Cube employé, 5 à 6 fois le volume de l'alluvion traité.
III. Pas d'ouvriers racleurs sur le sluice, qui s'entretient seul.	III. 4 ouvriers racleurs pour faire descendre les matières sur le sluice.
IV. Plusieurs under-currents pour séparer les gros cailloux et les graviers et les éliminer sans main-d'œuvre. Diminution de section au droit de ces under-currents pour les faire franchir par les pierres.	IV. Under-currents en tôle perforée de 15 à 20 millimètres, section uniforme du sluice, produisant l'arrêt des pierres aussitôt après l'under-current et obligeant à les racler pour éviter l'engorgement définitif de l'appareil.
V. Mercure dans les boîtes de queue pour retenir l'or fin.	V. Pas de mercure. L'or fin s'en va aux tailings.
VI. Longueur minima, 100 pieds = 30 mètres.	VI. Longueur, 14 archines = 9^m,80.
VII. Débourbage parfait des matières, grâce au parcours prolongé sur les riffles.	VII. Débourbage imparfait. Perte par les pelotes argileuses qui n'ont pas eu le temps de se déliter.
VIII. Section à débit illimité, calculé proportionnellement au cube qu'on se propose de laver.	VIII. Section maxima, 0^m,70 de largeur. Débit maximum, 100 mètres cubes par jour.

Règles à adopter pour la réforme des lavoirs existants. —
Il ressort de ces considérations, que le système des lavoirs des
Compagnies de la Zéya appelle une prompte réforme, qui n'offre
d'ailleurs aucune difficulté, dont le coût est insignifiant et dont
les résultats sont absolument sûrs. Elle rentre dans la catégorie
des améliorations déjà essayées, prouvées et surabondamment

démontrées par les voisins; on ne peut donc y faire aucune objection. En voici le programme :

1° Pour les alluvions non argileuses, ne contenant pas de gros cailloux, genre Djolon :

Chargement automatique par grandes trémies servant de régulateur aux charges successives supprimant les chargeurs à la pelle.

Doubler la quantité d'eau employée pour le lavage.

Diminuer la section au passage des under-currents. Ces deux modifications auront pour résultat de supprimer les racleurs sur sluice.

Augmenter la section du sluice de manière à passer tout le cube prévu, dans un seul et même appareil.

Ajouter du mercure dans la partie inférieure du sluice et dans le canal de fuite des tailings.

2° Pour les alluvions argilo-sableuses et argileuses des placers Mogotte, Ougane, Olongro, etc., contenant des cailloux anguleux, plus ou moins gros, enchâssés dans l'alluvion :

Installer un trommel débourbeur, abondamment irrigué, à la tête du sluice, pour débourber énergiquement et éliminer d'un seul coup toutes les matières au delà de 20 à 25 mill.

Laver les matières ayant traversé le trommel avec au moins 10 fois leur volume d'eau.

Les autres éléments comme ci-dessus.

Ces modifications deviennent d'autant plus indispensables que si on a pu jusqu'à présent laver tant bien que mal, les alluvions riches à or gros, avec des pertes acceptables, ces dernières deviendront non seulement proportionnellement plus fortes par le fait de l'abaissement de la teneur moyenne des alluvions traitées, mais aussi parce que ces alluvions plus pauvres contiennent et contiendront de plus en plus de l'or fin, qu'il est indispensable de recueillir au moins partiellement. Il faut donc apporter un prompt remède, si on ne veut pas voir fondre à vue d'œil la récolte d'or au moment du lavage.

Il est évident en effet que des tailings à 8 dolis, provenant du lavage d'une alluvion contenant 1 zolotnik de teneur moyenne par 100 pouds, représente une perte de $\frac{8}{96}$ ou 8 pour 100 environ. Cette même perte sur une alluvion à 17 dolis de teneur globale, que j'ai été amené à examiner, représenterait $\frac{8}{17}$, soit 50 pour 100 environ de la totalité de l'or contenu dans l'alluvion traitée. On voit qu'il est indispensable de prendre des mesures pour améliorer cet état de choses.

Sluice sur drague. — Avant de quitter cette question du lavage, je tiens à faire remarquer que les règles, que j'ai posées ci-dessus pour la construction des sluices, s'appliquent aussi bien à ceux à construire sur les dragues, qu'à ceux qui existent actuellement dans les installations fixes. Cela ne change rien d'ailleurs à l'ensemble de l'organisation que j'ai prévue pour le chantier de dragage et à son principe fondamental, qui est de *rendre l'appareil de lavage mobile*, et *laissant sur place*, au fur et à mesure de l'avancement du chantier, *les tailings produits*, au lieu d'avoir, comme dans la méthode actuelle de lavage, *un appareil de traitement fixe*, dont il faut *éloigner constamment les tailings*, pour ne pas être enterré dans les remblais, résidus du lavage. Ce travail absolument stérile, du transport des tailings au « dump », représente une part importante des frais de traitement. Si, en effet, on se reporte aux pages 228 et 230, on voit que, en prenant pour unité un chantier faisant 50 sagènes cubes par jour, on a les rendements suivants : dans le procédé du guide-rope : pour une consommation journalière de 111 hommes et 6 chevaux, 14 hommes et 2 chevaux sont employés au dump, soit une proportion de 12,60 pour 100 pour les hommes et de 55 pour 100 pour les chevaux et, dans le travail avec tarataikas (80 hommes et 45 chevaux), ces chiffres sont respectivement 20 pour 100 pour les hommes (16) et 55 pour 100 pour les chevaux (16).

(C) Recherche des placers nouveaux.

Il me reste, pour terminer ce Chapitre, à traiter la question capitale de la recherche des placers nouveaux, destinés à remplacer ceux qui s'épuisent et à assurer ainsi l'avenir des exploitations. C'est sur ces travaux d'exploration, sur les résultats positifs ou négatifs qu'ils donnent, que repose en majeure partie la valeur des affaires aurifères sibériennes. On ne saurait donc leur accorder trop d'attention.

Voyons tout d'abord comment les recherches sont organisées dans l'ensemble de la région, ce qu'elles coûtent, ce qu'elles rapportent et quels résultats, somme toute, elles produisent pour ceux qui en payent les frais.

Il convient de reconnaître *a priori*, pour être impartial, que ces travaux d'exploration sont par leur nature même, par la saison et les lieux où ils s'exécutent, d'une surveillance et d'un contrôle très difficile et qu'il faut disposer, pour les exécuter dans de bonnes conditions, d'un personnel réunissant des qualités multiples. Les chefs de « parties » doivent posséder tout d'abord une grande énergie et une bonne santé, être jeunes, vigoureux et connaître à fond les habitudes du pays. Il est indispensable qu'ils soient Russes pour pouvoir commander leurs hommes et vivre avec eux de la vie de « taïga ». Ils doivent posséder au moins quelques notions pratiques sur les gisements alluvionnaires d'or, sur la nature des roches accompagnant habituellement l'or, etc., et enfin une grande honnêteté, car ces agents, auxquels on donne des pouvoirs suffisants pour déclarer des placers au nom de leurs mandants, sont exposés à la facile tentation de profiter personnellement et plus ou moins directement des découvertes heureuses qu'ils peuvent faire, en les déclarant au nom d'un compère. Ces diverses qualités, déjà rares par elles-mêmes, se trouvent encore plus rarement réunies sur une même tête et c'est par là que la réussite des recherches se trouve le plus souvent compromise.

On sait la façon dont s'opèrent ces travaux. Les recherches qui sont faites avec soin, pendant le cours de l'hiver, seule époque où il soit possible de creuser les « chourfs » à l'abri de l'eau, sont précédées d'une tournée exécutée en été, par le chef de « parties », accompagné d'un ou deux sous-ordres. Il étudie le pays, profitant du beau temps pour séjourner en forêt, couchant à la belle étoile par les chaudes températures d'été et déterminant à l'avance la distribution de ses hommes sur le terrain. Il en profite aussi pour construire une ou deux « zimoviés » de ralliement dans ses centres futurs d'action.

Cette tournée d'été est une excellente préparation, mais elle n'est pas toujours exécutée, et c'est un tort réel, car elle est d'une utilité incontestable.

Lorsque le chemin d'hiver est établi, après la chute des neiges, généralement vers la deuxième quinzaine de Novembre, le chef de « partie » se met en route avec ses ouvriers et ses approvisionnements pour aller commencer ses sondages. Il y a alors deux cas à distinguer, suivant qu'il opère dans une région où la Compagnie qui l'emploie a déjà une installation faite, ou qu'il se rend dans une région entièrement nouvelle, éloignée de tout centre existant déjà.

I. — Recherches à **proximité d'exploitations existantes**.

C'est le cas le plus facile et, disons-le tout de suite, le plus sûrement fructueux pour la découverte des placers nouveaux. On dispose, en effet, de toute l'organisation déjà créée en vue de l'exploitation des placers, d'une Résidence tout d'abord, où sont amassés les vivres et qui sert de base de ravitaillement, puis d'une installation sur les placers eux-mêmes, sorte de sentinelle avancée qui sert de centre de ralliement aux « parties » opérant dans un rayon de 100 à 200 verstes des placers.

Importance majeure des Résidences. — C'est là, il faut le reconnaître, que l'importance, la valeur indéniable des Résidences apparaît clairement. Seules les Sociétés qui les possèdent et qui ont su emmagasiner pendant la saison de la navigation des approvisionnements suffisants sont en mesure de se livrer à des recherches sérieuses de placers. Les « parties » qui ne disposent pas de cet avantage pourront, par hasard, faire une découverte heureuse, elles ne seront pas en mesure d'assurer, d'une manière régulière, le rajeunissement du matériel de placers d'une Société importante.

Par le fait du voisinage d'un centre d'exploitation, sentinelle avancée, reliée par une route à la Résidence Centrale, les « parties » qui évoluent dans son rayon d'action profitent de ses voies de communication, les hommes, se sentant rapprochés d'un centre de surveillance, sont moins portés à s'adonner, pendant la durée des recherches, à des travaux autres que ceux pour lesquels ils sont payés, notamment à la chasse des bêtes à fourrures, qui est une industrie lucrative quand on a la vie matérielle assurée. C'est un cas qui se présente souvent et qui se caractérise par ce fait que les « parties » à leur retour, au printemps, reviennent découragées, n'ayant trouvé dans les sondages auxquels elles se sont livrées (?) que des traces inexploitables d'or, etc. Il est trop facile, si le théâtre des soi-disant travaux est proche, d'aller vérifier le fait et de confondre les délinquants, qui, dans ces conditions, n'osent pas risquer ce jeu.

D'autre part, si les recherches dans le rayon voisin des placers existants sont couronnés de succès, on a plus facilement accès au nouveau placer, grâce aux voies déjà existantes sur l'arrière, et ces voies elles-mêmes, déjà payées par l'exploitation des placers qui en ont fait décider l'exécution, sont mises gratuitement au service du nouveau centre. Bien plus, on peut, dans ces conditions, envisager l'exploitation de placers dits pauvres, qui n'auraient aucune valeur s'il fallait leur faire supporter tous les frais de premier établissement d'une Résidence Centrale, de dépôts secondaires, de routes reliant ces divers points, etc., avant d'en commencer l'exploitation.

En un mot, c'est le système de la *tache d'huile*, qui est le plus fructueux et le plus sûr. Il suffit de se reporter à l'historique des Sociétés de la Zéya pour se rendre compte des résultats qu'il a donnés. Du Système d'importance presque nulle des Ouliaguirs riverains de la Zéya, on est passé dans l'Ougane, puis de là au Mogotte, auquel a succédé la découverte du Djolon. De ce dernier centre on rayonne maintenant sur l'Ilikane, l'Olongro, l'Ounakha et même sur la Haute-Zéya, sur le Système du Tok qui a été découvert en prenant pour base des expéditions la Résidence Yazonof-Klad sur l'Ounakha.

Il ne faut pas croire cependant que ce procédé soit infaillible et que grâce à son emploi on soit assuré de la possession de tous les placers exploitables pouvant exister à proximité des centres mis déjà en exploitation. On en a eu malheureusement la preuve, cette année même, par la découverte du placer « Million » exploité clandestinement par les orpailleurs de Sakhalin et dont ils ont retiré, en très peu de temps, des quantités d'or très considérables, plusieurs centaines de pouds, d'après les constatations officielles. La région où ce magnifique placer est situé avait été, pendant deux saisons consécutives, le but désigné aux parties de recherches des Compagnies de la Zéya. Ces parties étaient toutes revenues avec des résultats négatifs. Or, le placer en question est situé seulement à une quarantaine de verstes du centre de Nikolaïersk ; personne n'alla sur les lieux vérifier les prétendus travaux des « parties » expédiées dans la région, et on a perdu ainsi définitivement un de ces placers qui font époque dans les annales d'une Compagnie.

Un autre fait, plus caractéristique encore, a été celui relatif à l'exploitation clandestine du riche placer situé sur le Batamo, à cinq verstes du Djolon, travaillé et déclaré par les voleurs d'or après que les « parties » envoyées par les Compagnies de la Zéya avaient déclaré ce placer comme vide, en plein territoire des Sociétés Djolon et Ilikane. J'ai donné le plan et des détails complets au sujet de ce placer, page 265; je n'y insisterai donc pas de nouveau ici.

II. — Recherches dans les régions entièrement nouvelles.

Si on se propose d'opérer dans une région entièrement nouvelle, les difficultés sont accrues par la nécessité d'assurer d'abord, avant de commencer n'importe quels travaux de recherches, sa base de communication et de ravitaillement. On construit à cet effet une Résidence Centrale au point où s'arrête la navigation fluviale, puis une série de relais d'hiver (zimoviés) sur le parcours entre la Résidence et la région qu'on se propose d'exploiter et enfin une installation centrale au milieu du Système en question, d'où l'on peut rayonner sur le pays.

En général, de semblables campagnes se préparent deux ans à l'avance. La première année est consacrée à une prospection générale du pays, qui se fait mieux en été qu'en hiver, et à la construction des habitations. On y apporte ensuite, dans le courant de l'hiver suivant, les approvisionnements et les vivres, après quoi on peut procéder, pendant la saison propice, aux recherches proprement dites.

On ne s'attache dans ces recherches nouvelles, dans ces pointes hardies vers des Systèmes non connus encore, qu'à la recherche des placers riches à 1 zolotnik et au delà. Les autres ne sont pas considérés comme méritant la peine de faire pour eux les frais de premier établissement considérables que nécessitent les méthodes actuelles : achat et entretien d'une nombreuse cavalerie, personnel ouvrier à faire venir de loin, cadres à créer, etc.

Telle est, dans l'un et l'autre des cas envisagés, la manière dont on résout la première question relative aux recherches, à savoir assurer l'approvisionnement régulier, la vie, somme toute, des hommes envoyés en expédition.

Organisation du service des recherches. — Reste à organiser le service proprement dit des recherches, à assurer la surveillance aussi effective que possible de ces travaux spéciaux, à diriger leurs pas au moyen de données plus scientifiques, plus rationnelles que celles employées jusqu'ici; enfin et surtout avoir à leur tête un agent responsable de l'exécution des ordres reçus. C'est là que gît le défaut des expéditions actuelles. On ne sait à qui s'en prendre, quand on constate sur le terrain la fausseté des sondages opérés par des parties de recherches ou de traçage. L'employé qui les a faites est parti, ou congédié, ou mort, aucune trace ne reste de son travail, aucune tradition de ses connaissances ne lui survit; il ne reste que le résultat erroné ou négatif dont les conséquences fâcheuses, parfois même désastreuses, ne sont pas longues à se faire sentir.

La solution à cet état de choses est facile à voir : elle consiste à avoir, à la tête de ces travaux, un chef de service ayant autorité sur le personnel des recherches et responsable, vis-à-vis de la Direction locale, de l'exécution des travaux dont il est chargé.

Mais, en examinant les choses de près, on voit que ce service des recherches se trouve si intimement lié à l'exécution, non seulement des « chourfs » préalables réglementaires pour obtenir la concession, mais aussi à celle des sondages définitifs, précédant l'exploitation, que l'idée vient tout naturellement de confier ces deux genres de travaux à un seul et même chef.

D'ailleurs, en considérant les choses dans leur ensemble, on peut dire que les sondages sont le complément, la confirmation obligatoire des premières recherches. Celles-ci ont démontré la présence de l'or, mais sans permettre de dire, dans la majeure partie des cas, sauf de brillantes et rares exceptions, si la découverte a une valeur réelle et marchande : ceux-là viennent corroborer et préciser les premiers travaux et permettent de chiffrer nettement la valeur de la découverte. Le placer n'est réellement arrivé à son état normal de préparation, que lorsque ces deux opérations préliminaires ont été successivement effectuées. Personne n'est évidemment mieux à même de mener à bien le sondage définitif, que ceux qui ont les premiers fouillé le sol du placer nouveau et recueilli déjà, par suite de ce premier travail, des indications précieuses, facilitant les recherches ultérieures.

Création d'un service spécial. — Je joins à cette double fonction, des recherches et des sondages, la construction des routes nou-

velles et l'entretien des chemins existants, pour compléter les
éléments d'un service important, que j'appellerai le Service
des Travaux Extérieurs, méritant d'avoir à sa tête un homme
jeune, actif, énergique, bien payé, et intéressé directement dans
la découverte des placers nouveaux. Ce n'est que justice car c'est
sur ce service que repose l'avenir de l'affaire. On devra même le
doubler d'un second, qui pourra être le meilleur des chefs de
« parties » placé sous ses ordres, de manière à parer à une
vacance, que la vie un peu hasardeuse et même dangereuse en
« taïga » oblige à prévoir.

Il est d'autant plus nécessaire d'organiser ainsi les choses, que
le manque de responsabilité se fait encore plus cruellement
sentir dans l'exécution des travaux de sondage préparatoires que
dans les recherches proprement dites. Dans ces dernières, en
effet, on ne risque de perdre, sur la foi de renseignements
erronés, volontaires ou non, que les frais de l'expédition. Sur
un placer déjà concédé et sur lequel on a décidé l'exécution du
sondage définitif, les erreurs en plus ou en moins sont autrement
redoutables. Elles conduisent à faire des plans de campagne
faux, à mal calculer le nombre des chevaux et des hommes
nécessaires et par suite celui des approvisionnements à apporter
sur place. Nombreux sont les cas positifs que je connais, où les
pertes occasionnées par cette simple malfaçon se chiffrent par
des sommes considérables et amènent les propriétaires à abandonner un placer parfaitement exploitable, mais dont le sondage
inexact les a conduits à une grosse perte, et finalement dégoûtés
d'une affaire pourtant bonne par elle-même.

D'autres fois les sondages inexacts ou incomplets conduisent
les propriétaires à cette conclusion que le placer est épuisé complètement, qu'il ne reste que des lambeaux insignifiants du lit
mineur à enlever et qu'on peut sans inconvénient le vendre ou le

louer pour un morceau de pain à un tiers, souvent un employé
de la mine, qui mieux avisé, ou informé secrètement de la vérité,
fait le coup, traite à bas prix et s'enrichit sous les yeux du
propriétaire consterné.

L'exemple le plus scandaleux de ce genre d'opération, exemple
d'autant plus frappant qu'il existe encore à l'heure présente, est
la location, moyennant une faible redevance par poud, des placers
du système de la Djilinda, appartenant à la Compagnie Verkné-
Amoursky. Cette Société considérait ces placers, dont elle avait
retiré depuis 1867 des quantités colossales d'or, comme complètement épuisés et, en fait, leur production se traînait dans des
chiffres infimes lorsqu'elle céda par un contrat de longue haleine,
à certains de ses employés, ces placers en location.

Ces placers dits épuisés reprirent aussitôt une vigueur éton-
nante. Leur production a été, pendant plusieurs exercices, comprise
entre 30 et 40 pouds; elle est encore, en ce moment même, peu
inférieure à 20 pouds par opération.

Cet exemple retentissant n'est malheureusement pas isolé en
Sibérie Orientale.

De la participation des inventeurs. — J'ai déjà dit plus haut,
que le chef du Service des Travaux Extérieurs, dont je viens
de tracer les principaux traits, doit être intéressé dans le résultat
des recherches, et intéressé de manière à lui créer un droit sur
l'or mis ainsi, par lui, en évidence. Ce mode de rémunération
est déjà employé en faveur des chefs de « parties » qui font une
découverte, si la Compagnie la juge suffisamment avantageuse
pour demander la concession. Ces participations sont équitables
et la forme même qu'on leur donne: une somme fixe variant entre
200 et 300 Roubles par poud d'or brut extrait, présente cet avantage pour le bénéficiaire qu'elle le fait participer d'une façon cer-

taine aux profits de l'exploitation du placer par lui trouvé, sans l'exposer à prendre sa part aux pertes. La perception de cette redevance ne peut donner lieu à aucune inquisition fâcheuse, les chiffres de production de chaque placer étant officiellement publiés chaque année par l'Administration des Mines d'Irkoutsk.

Pérennité des cadres. — Une autre particularité importante de ce service des recherches, c'est la nécessité de lui conserver des cadres toute l'année. Actuellement, les « parties » de recherches se créent seulement après la fin de la saison des travaux d'exploitation proprement dite, pendant l'été, sur les placers. On recherche. il va sans dire, pour les constituer, les hommes connaissant déjà ce genre spécial de travail et autant que possible, toujours les mêmes. Il serait mieux encore de conserver un ou deux hommes de chaque « partie », constamment au Service des recherches. C'est en été, en effet, qu'on peut le mieux examiner les régions sur lesquelles on a des vues pour l'hiver suivant et il est indispensable que les chefs de « parties » fassent au moins une tournée préalable sur les lieux qu'ils sont appelés à fouiller en hiver. Actuellement, j'ai été à même de constater que ces prescriptions, pourtant toutes naturelles, n'étaient nullement observées. Les chefs de « parties » restent tranquillement tout l'été dans les Résidences, où je les ai rencontrés dans l'oisiveté la plus complète.

Budget du service des recherches. — Le budget du Service des recherches proprement dit, à l'inverse de ce que j'ai dit à propos des frais de sondage et des frais de construction des routes, qui sont amortissables pendant la période d'exploitation du ou des placers qui les ont occasionnés, doivent être intégralement supportés et soldés par l'exercice en cours. Il est évident en effet que

ces dépenses ne pourraient trouver une contre-partie sérieuse,
que lorsque la valeur du placer qu'elles auraient contribué à
découvrir serait établie par les sondages définitifs. Or ces derniers
ne peuvent être exécutés qu'après la délivrance du titre, c'est-à-
dire deux ans environ après la date de la demande en concession.
C'est là un délai trop éloigné, et dont la réalisation est entourée
de trop nombreux aléas, pour qu'il puisse être mis en balance
avec les frais exposés, et il est plus sage et plus conforme à la
réalité des choses, de passer annuellement par profits et pertes
la totalité des frais de recherches proprement dits.

C'est d'ailleurs ce que font les Compagnies de la Zéya, qui,
à ce point de vue, sont conduites avec une prudence et une
sincérité dignes d'éloges.

Des orpailleurs clandestins. — Le service des recherches aura
souvent maille à partir avec les orpailleurs clandestins (khis-
chniki) dont j'ai déjà esquissé les exploits et le danger grandis-
sant dans l'Introduction de ce volume.

Ces exploitants irréguliers ont cependant leurs bons côtés : ils
se chargent de faire gratuitement des recherches en forêt et,
intelligemment surveillés, ils peuvent donner des indications
précieuses dont saura profiter un bon chef du Service des
Travaux Extérieurs. On peut en effet, en étant renseigné sur les
agissements de ces chercheurs, soit leur acheter au moment
propice, leur découverte, s'ils ont déposé une demande régulière
de concession, soit en prenant leur lieu de place par une
demande faite dans les formes légales s'ils se contentent, comme
c'est le cas général, d'exploiter les placers non attribués, en
rapinant à droite et à gauche. En un mot, ce sont d'excellents indicateurs pour une personne au courant des mœurs du
pays, qui saurait surveiller et prendre le moment opportun

pour utiliser cette population d'aventuriers. On peut, en sachant opérer avec un peu d'habileté, tirer un excellent parti de cette population généralement peu recommandable des chercheurs de placers.

A ce dernier point de vue, le chef du Service des Travaux Extérieurs devra pouvoir disposer d'une certaine indépendance, d'une certaine latitude dans son budget, résultant de la nature même de ses fonctions d'avant-garde, bien entendu cependant, sous l'autorité, le contrôle et en définitive la responsabilité suprême de la Direction locale.

CHAPITRE IV

ÉTUDE ÉCONOMIQUE DES PLACERS

Il est nécessaire, pour compléter l'étude d'ensemble que j'ai entreprise sur les Sociétés aurifères du bassin de la Zéya, de terminer par un examen du côté économique de ces affaires. Il est intéressant, en effet, de voir comment se traduisent, en chiffres, les conditions dans lesquelles se trouvent actuellement les placers exploités dans ce bassin, et de se rendre compte de la répercussion, sur les prix de revient, des méthodes employées jusqu'ici pour l'abatage et le lavage des alluvions aurifères.

Pour faire cette étude avec fruit et notamment pour bien comprendre les raisons qui ont conduit à adopter dans l'établissement des comptes, une manière d'opérer tout à fait exceptionnelle, il est nécessaire de remonter encore à la période de création des affaires aurifères dans la contrée.

On remarquera que c'est cette méthode, pour ainsi dire historique, qui m'a permis de mettre en lumière d'une façon claire non seulement la raison d'être des formes de sociétés par « Compagnons », mais aussi la genèse des procédés d'exploitation et de lavage des sables aurifères. Cela revient à dire que pour le côté économique, comme pour les autres faces de la question, on n'a fait aucun progrès, on n'a cherché à introduire aucun changement, aucun perfectionnement depuis la période héroïque, celle qui a vu éclore les exploitations des hardis pionniers, il y a vingt à vingt-cinq ans de cela. Or, à cette époque même, on n'a pas fait du neuf, on s'est contenté d'importer les procédés de comptabilité en usage dans les bassins aurifères de la Sibérie Centrale, de l'autre côté du Baïkal, ceux notamment, de la « taïga » d'Iénisséï ; de sorte qu'en définitive, l'organisation économique actuelle des placers de la Sibérie Orientale, est exactement pareille à celle qui était en usage en Sibérie Centrale et même dans l'Oural, il y a cinquante ans.

Une telle constance de forme répond évidemment à un besoin, à une nécessité impérieuse. On devine laquelle : elle cadre admirablement, elle s'identifie avec l'organisation des affaires par « Compagnons » et par opérations indépendantes. On voit encore une fois ici, se confirmer l'idée maîtresse que j'ai développée dès les premières lignes de ce Volume, à savoir que c'est de ce principe essentiel que découlent toutes les conséquences que j'ai examinées une à une dans le présent ouvrage.

Du budget préventif. — Rendons-nous compte, en effet, du problème en face duquel se trouvent placés les « Compagnons » vivant en Russie, très éloignés par conséquent du théâtre des travaux, à l'ouverture de chaque campagne. On se propose d'exploiter un placer déterminé, dans lequel je suppose qu'on ait exécuté des travaux de sondage suffisants pour qu'on soit bien fixé sur le rapport caractéristique, sur la teneur moyenne de l'alluvion et sur la position du lit mineur.

Je laisse de côté le cas, pourtant trop fréquent, où ces sondages ont été insuffisants ou erronés, ce qui conduit fatalement à des déceptions ou à des fausses manœuvres. Le cas le plus fréquent est : mauvais emplacement du lavoir, ayant pour résultat de laisser une partie de l'alluvion riche en aval des tailles, et perte de ces bonnes parties; ou dépôt des stériles sur une portion du lit majeur mal reconnu, aboutissant aussi à l'abandon d'un certain cube d'alluvion payante. Je néglige ces cas négatifs, qui doivent cependant être pris en considération, car ce sont les bons placers qui doivent payer ces erreurs et rembourser, avant de donner des profits, les dépenses qu'elles occasionnent, avant de donner un bénéfice aux exploitants.

Je me place dans le cas le plus favorable, d'une exploitation convenablement préparée.

On se trouve donc en présence d'un ensemble de données permettant de déterminer avec sécurité et exactitude:

1° La quantité de stérile à enlever dans le placer.

2° Le cube d'alluvion aurifère à exploiter.

3° Le poids d'or que produira le lavage de ces alluvions.

Ce sont là les trois données primordiales, essentielles, caractéristiques d'un placer. Ce dernier n'acquiert une valeur établie, marchande, que lorsqu'on est arrivé à la connaissance de ces éléments. Aussi ai-je cherché à les fixer de la manière la plus exacte possible, dans tous les cas où j'ai été en mesure de le faire, pour la majeure partie des placers dont j'ai donné la description détaillée au Chapitre II.

Comment peut-on arriver, en partant de ces données, à déterminer le nombre d'hommes nécessaires pour l'exploitation, les dépenses qui leur correspondent, et finalement le bénéfice à attendre de l'opération, sur le placer en question?

Des appels de fonds. — Remarquons d'abord que le « Compagnon Administrateur » de la Société, doit prévoir avec beaucoup de largeur les frais auxquels il est amené à faire face pendant toute la durée de l'opération. Il doit en effet appeler les fonds des « Compagnons » intéressés, en même temps qu'il leur remet le projet d'opération pour l'année future. C'est à cette époque, généralement en Septembre ou Octobre, après la clôture de l'exercice précédent (11 Septembre, style russe, dans tout le bassin de la Zéya), qu'il fixe le budget préventif des recettes et des dépenses (Smietta), ainsi que les époques des principaux paiements à assurer. Une fois ces grandes lignes arrêtées il en déduit la part, que chacun aura à verser, ainsi que les dates auxquelles ces versements devront avoir été effectués à la caisse sociale, pour faire face aux échéances.

Budgets supplémentaires. — Tout appel de fonds ultérieur (Budget supplémentaire) offre des difficultés et des dangers. Il faut en expliquer la raison à des « Compagnons » déjà fâcheusement impressionnés par cette contribution inattendue, qui sème toujours un peu d'inquiétude. Beaucoup d'entre eux ne sont pas préparés à ce versement inopiné. L'Administration tâche donc d'éviter la possibilité de ces appels extraordinaires de fonds, en prévoyant très largement tous les frais dans son premier budget. On verra plus loin que cette prudence, toute naturelle, a pour conséquence une absence complète de contrôle sur les dépenses effectives et la perennité des abus. Tant en effet que le budget préventif n'est pas dépassé et que le rendement en or reste bien celui prévu par les plans de traçage, il y a bénéfice certain et dès lors, les détails importent peu.

Néanmoins, dans plusieurs Sociétés, les budgets supplémentaires deviennent de plus en plus fréquents et même, pour certaines d'entre elles, une règle. Ce cas se produit surtout lorsque l'Administration supérieure en Europe, voyant constamment les bénéfices annuels diminuer, s'émeut et se décide à rogner à tout prix, sur les prévisions budgétaires présentées par la Direction locale des mines. Ce sont toujours, en effet, les agents sur les mines qui préparent en premier lieu la « Smietta », mais l'Administration supérieure se réserve naturellement le droit de la reviser avant de la faire sienne et de la communiquer aux intéressés. Ce droit de revision, ne s'exerce guère dans les périodes prospères, au cours desquelles on clôt d'autant plus aisément les yeux, que les résultats obtenus, ferment d'avance la bouche à toute velléité d'économie ou de contrôle.

Il est d'autant plus difficile de remonter le courant dans les périodes d'appauvrissement, de détruire les habitudes prises, que les budgets ont alors moins d'élasticité par le fait même de la diminution de la production d'or.

C'est ainsi que dans la période de dépression dans laquelle les Compagnies de la Zéya sont entrées depuis quelques années, les budgets présentés par les agents locaux, leur sont retournés après avoir été élagués, écourtés, réduits parfois même dans une proportion telle que si on les suivait à la lettre, le fonctionnement normal des affaires serait rendu impossible. Ce fait se produit d'autant plus facilement que dans la plupart des Sociétés sibériennes d'exploitation d'or, le « Compagnon Administrateur » ne se rend jamais sur les lieux et ne connaît ni le personnel qu'il dirige, ni même bien souvent, la position des placers. Il n'est renseigné que par la correspondance et il faut avoir vu de près en quoi elle consiste pour se rendre compte des indications qu'elle donne. En fait, vu les distances et le temps que mettent les courriers à arriver à destination, toutes les affaires courantes se traitent par télégraphe et ce moyen commode et concis de communication, dispensant de tout commentaire, est employé, presque exclusivement, pour les relations avec l'Administration Centrale. J'ai vu, par exemple, commander par télégraphe un bateau à vapeur, ou plutôt la machinerie d'un bateau à vapeur, la coque

devant être construite en Sibérie, sans qu'il y ait eu le moindre
projet dressé à l'avance pour savoir quelles seraient les formes
adoptées pour la coque et par conséquent quelle force il serait
nécessaire de prévoir pour la machine afin que le bateau puisse
franchir les rapides par hautes eaux. On copie plus ou moins
servilement, un modèle déjà en service et on s'en remet à la
chance pour que tout marche à souhait.

Absentéisme des chefs des Compagnies aurifères. — D'ailleurs,
au point de vue de l'absentéisme des personnes chargées de la
direction des affaires sibériennes d'exploitation d'or, les faits sont
plus éloquents que les paroles. Pendant la durée des deux campagnes d'été que j'ai passées, en 1895 et en 1896 sur les placers
de la Sibérie Orientale, en Transbaïkalie et dans la vallée de
l'Amour, je n'ai rencontré qu'un seul « Compagnon Administrateur » de Société aurifère importante, dans cette dernière région.
Toutes les autres Compagnies sont conduites à distance par des
chefs qui ne vont jamais sur les lieux et qui en arrivent à ne pas
même connaître le personnel qu'ils sont appelés à diriger.

Quant au contrôle même des intéressés, un autre fait en donne
la mesure. On a vu pour la première fois cette année, en 1896,
dans le bassin de la Zéya, deux Compagnons de Sociétés aurifères
puissantes, venir sur les lieux dans un autre but que celui que
peut avoir un simple touriste; l'un était une dame intéressée
dans le capital de la Verkné-Amoursky Cⁱ, l'autre mon honorable
collègue de voyage, M. Théodore Sabachnikoff, à la courageuse
initiative duquel sera dû en grande partie le résultat des travaux
que nous avons entrepris ensemble sur les placers de la Sibérie
Orientale, depuis le commencement de 1895.

Les budgets écourtés appellent, de la part des agents locaux,
une riposte aussi naturelle qu'infaillible; c'est le budget supplé-

mentaire, qu'ils ne manquent pas de présenter au moment
opportun. Ils laissent, à cet effet, la campagne s'engager d'après
les prévisions du budget approuvé par l'Administration Centrale;
puis ils profitent, pour présenter la carte à payer, d'une circonstance exceptionnelle, telle qu'une inondation des chantiers,
l'échouage d'un bateau à vapeur, etc. Par une coïncidence
curieuse, ces accidents se présentent principalement lorsque le
budget préventif est écourté. — C'est, on le comprend, la carte
forcée et les « Compagnons » n'ont qu'à s'exécuter.

Établissement du budget. — Tel est l'esprit général qui préside
à la fixation du budget préventif de l'opération. Entrons maintenant dans son détail et examinons comment il s'établit et comment se fait la balance.

Pour en bien saisir le mécanisme, il est indispensable de
savoir que dans toutes les exploitations aurifères sibériennes,
le prix de revient de l'or n'est pas établi, comme on serait naturellement porté à le croire, par un chiffre déterminé de Roubles
et kopeks pour chaque zolotnik obtenu. On peut arriver, à la
rigueur, à ce chiffre final, en se livrant à une série de calculs. Il
est possible aussi d'établir le prix de revient de la sagène cube
d'alluvion traitée; mais ce ne sont pas là les chiffres qui importent à l'exploitant sibérien. Il ne leur attache qu'une médiocre
importance et ils ne disent rien à son esprit.

Le chiffre culminant, lumineux, indispensable pour fixer ses
idées, le chiffre qui revient constamment sur ses lèvres, c'est
ce qu'il appelle la « Padionchina », mot qui ne peut être
traduit en français que par sa définition même. L'expression de
« prix de la journée » qui en est la traduction littérale, ne rend
nullement compte exact, ainsi qu'on va le voir, de ce que représente la « Padionchina ».

Définition de la « Padionchina ». — Voici cette définition.

On appelle « Padionchina » un chiffre, une valeur en Roubles et kopeks, variable d'un placer à un autre, mais assez constante dans chaque Système de rivières pour pouvoir être appliquée à l'ensemble des placers du groupe.

Cette valeur s'obtient en divisant :

La somme totale des frais de toute nature occasionnée par le placer pendant la durée de l'opération dont il est le théâtre ;

Augmentée de la part des frais généraux, *dépensés en Sibérie*, incombant au placer en question ;

Y compris aussi tous les achats de matériel nécessaire au placer et devant être amorti dans l'année ;

Par le nombre total des journées effectivement faites sur le placer pendant la durée de l'opération.

Le quotient, c'est la « Padionchina ».

Padionchina des divers systèmes. — Voici les « padionchinas » des principaux Systèmes des Compagnies de la Zéya.

Système de l'Ougane	3 R.	50
id. du Mogotte	3	50
id. du Koudatchi	3	80
id. du Djolon (hiver 3 R. 60) été	4	»
id. llikane id.	4	»
id. de l'Ounakha	4	»
id. de l'Olongro	4	25
id. de l'Outandja-Ouliaguir	4	50

Ces différences s'expliquent soit par les dépenses plus grandes de transport, tenant aux distances plus fortes à franchir, au mauvais état des chemins, etc., soit par les conditions locales du gisement. Ainsi par exemple le Système du Koudatchi, quoique

plus rapproché de la Zéya que celui du Mogotte, a une padionchina plus élevée, à cause de sa caractéristique plus forte de
stérile (3 au lieu de 2,5).

On voit, somme toute, que la « padionchina » contient implicitement le Rapport Caractéristique du placer, ce qui permet de ne
pas s'appliquer à tenir compte du stérile et à ne raisonner que
sur l'alluvion payante. Il faut pour que cette manière de voir
soit exacte, que le rapport en question soit constant dans tout le
système considéré, ce qui est vrai jusqu'à présent parce qu'on
s'est toujours tenu dans la zone moyenne (zone à graviers) des
placers. Si on envisageait aussi l'exploitation des parties en aval,
il n'en serait pas de même, parce que le Rapport Caractéristique
augmente depuis la tête des vallées d'érosion jusqu'à leur base,
circonstance dont ne tient pas compte la formule ci-dessus établie.

Emploi de la padionchina. — Cet emploi est basé sur ce fait,
que pour la majorité des cas, correspondant à un rapport caractéristique de 2,5, *il faut 4 « padionchinas » pour abattre, laver et
porter aux déblais 1 sagène cube d'alluvion aurifère.*

Dès lors, la solution de tous les problèmes touchant à la question si importante de prévision des dépenses des exercices futurs,
devient d'une simplicité extrême. Il faut, pour s'en bien rendre
compte, avoir vu avec quelle facilité les personnes résidant sur
les mines vous font, mentalement, en quelques instants, sur le
placer même qu'il s'agit de mettre en valeur, le compte exact du
nombre d'hommes nécessaire pour l'opération. Ils vous calculent
aussi avec la même aisance le nombre des chevaux à employer,
les prix de revient, et finalement le bénéfice.

On est émerveillé tout d'abord, mais quand on entre plus à
fond dans le sujet et qu'on se rend compte de la valeur réelle de
cette méthode, on est cruellement désappointé.

Ainsi, par exemple, parle-t-on d'une alluvion (lit majeur d'un placer écrémé) contenant 45.000 sagènes cubes de sables aurifères ayant une teneur moyenne de 17 dolis aux 100 pouds (soit 2 zolotniks par sagène cube)?

Cette alluvion est-elle exploitable par la méthode des Tarataïkas, la padionchina étant sur ce placer, de 3 R. 66?

Réponse : 45.000 sagènes cubes $\times 4 = 180.000$ padionchinas nécessaires pour exécuter le travail.

Soit une dépense de 180.000×3 R. $66 =$ 658.000 Roubles.
Recette $45.000 \times 2 = 90.000$ zolotniks $= 25$ pouds d'or, valant, à raison de 18.000 Roubles le poud . . . . 414.000   —

Perte à réaliser 244.800 Roubles.

L'alluvion est inexploitable.

Si au contraire un calcul analogue pour une alluvion plus riche, donne une prévision de bénéfice suffisante, 50 pour 100 par exemple de la dépense prévue, l'opération est décidée.

Discussion de la méthode. — On touche du doigt l'inconvénient de cette méthode, simple et commode, qui dispense de faire une analyse complète et détaillée de chaque cas particulier; mais elle est aussi la cause que beaucoup de placers qui pourraient être exploités avec profit, simplement en améliorant légèrement les conditions locales, sans même changer rien aux méthodes employées, restent abandonnés ou inexploités. Elle rend aussi le contrôle très difficile.

Deux exemples, qui m'ont beaucoup frappé, montrent l'impuissance de cette méthode, non seulement à donner l'impression exacte de la vérité, mais surtout parce qu'ils font toucher du

doigt l'impossibilité où l'on se trouve, en se basant sur la padionchina, de faire ressortir les économies à réaliser et d'indiquer la
voie des économies les plus simples et les plus évidentes à effectuer. Les voici en quelques mots :

Placers sans route. — Dans deux Systèmes de rivières que
j'ai visités, les padionchinas sont très élevées, respectivement
4 R. 35 et 4 R. 50. Cela tient uniquement à la difficulté des
transports par rennes ou par chameaux, causée par l'absence de
route carrossable reliant ces placers au réseau navigable. Les
deux routes en question coûteraient ensemble une somme ne
dépassant pas 50 à 55.000 Roubles.

Le rapport caractéristique de ces placers n'atteint pas 2, 5 ;
ce n'est donc pas aux difficultés locales que sont dues les dépenses
élevées qui font hausser la padionchina.

Avec des prix pareils, il ne peut naturellement être question
que d'écrémer le lit riche et même la partie la plus favorable du
lit riche. Dans ces conditions, le petit calcul type cité ci-dessus,
démontre qu'on peut opérer sans danger et même réaliser un
assez joli bénéfice. On décide donc l'opération et on condamne
du même coup des gisements étendus, ayant un vaste lit majeur
parfaitement exploitable, à périr misérablement par écrémage
suivi de staratiélis. Quant aux économies qu'on pourrait réaliser
par la construction d'une route, la padionchina ne donne aucune
espèce d'indication sur leur possibilité et sur leur importance.
C'est un chiffre brutal, à prendre ou à laisser. En réalité, ces
placers qui vont recevoir en 1897 environ 200 hommes pour leur
exploitation, auraient payé leur route en une seule opération
uniquement par les économies dans les transports, sans parler de
la facilité qui serait ainsi donnée à l'arrivée sur place du matériel, par la création d'une viabilité passable.

Il en est tellement ainsi qu'on a été paraît-il sur le point, cette année même, d'abandonner un des Systèmes précités à un entrepreneur et que ce n'est que sur les instances des agents locaux que cette mesure a été heureusement rapportée. Le calcul au moyen de la padionchina, ne laissait pas une marge suffisante!

Placers demandant des travaux préparatoires importants. — Dans un autre groupe de placers, qu'il s'agit de mettre en valeur dans un délai rapproché, dont la teneur en or a été assez bien établie par des sondages et dont je tairai aussi le nom pour ne froisser aucune susceptibilité, les travaux préparatoires pour la mise en exploitation, s'élèveront à un chiffre considérable que je n'estime pas à moins de 120.000 à 150.000 Roubles. La vallée dans laquelle se trouve le gisement est large et peu inclinée; il y aura à faire un barrage sous forme de digue transversale de 300 à 400 mètres de longueur ayant 6 mètres de hauteur à la clé, puis à dériver la rivière, qui est importante et sujette à des crues, enfin à creuser un canal d'asséchement, fortifié avec des rondins sur plus de 600 mètres de longueur. Dans l'estimation des frais d'exploitation de ce placer, je m'attendais à voir ces divers éléments entrer en ligne de compte, en répartissant l'amortissement de ces frais de premier établissement sur une période raisonnable. Erreur : dans le calcul au moyen de la padionchina, tous ces frais sont implicitement contenus et n'ont par conséquent pas à être comptés deux fois.

On comprend qu'un pareil moyen d'évaluation des frais, qui permet de passer sous silence des dépenses de l'ordre et de l'importance de celles que je viens de chiffrer, ne peut pas constituer une base pour un contrôle sérieux des prix de revient.

Padionchina des systèmes nouveaux. — L'estimation des frais et bénéfices probables au moyen de la padionchina est encore exposée à plus d'aléas lorsqu'il s'agit d'opérer pour la première fois sur un Système éloigné des centres d'exploitation et sur lequel on manque de précédents pour en fixer le montant. On opère alors par estimation, en comparant les prix des vivres et des transports, avec un exemple connu : mais comme on s'expose ainsi à des mécomptes, on s'entoure d'un coefficient de sécurité plus grand, en gonflant, en majorant dans une forte proportion, le chiffre de la padionchina à adopter. Dès lors, le mal est fait, on aura beaucoup de peine à revenir en arrière et les agents locaux auront toujours beau jeu à maintenir le chiffre élevé primitivement concédé. Le pire qu'il puisse arriver c'est que le placer, ainsi grevé de frais exagérés, ne paie pas sa balance préventive, auquel cas on s'abstient d'y tenter des opérations. On perd ainsi un gisement qui serait parfaitement et largement exploitable avec bénéfice si on prenait la peine d'aller au fond des choses.

Analyse de la padionchina. Salaires. — Examinons maintenant de quoi se compose ce chiffre. Il comprend d'abord les frais de salaires et les frais de nourriture des hommes. Les uns et les autres sont fixés par un contrat, dont je donne une traduction résumée à la fin du présent Volume, contrat qui a reçu la sanction administrative et qui forme la loi des parties.

Il n'y a aucune diminution à attendre sur ces prix. Bien au contraire, on verra plus loin, quand je traiterai la question de main-d'œuvre sur les mines, que non seulement la tendance générale, en Sibérie comme partout ailleurs, est à l'accroissement du taux des salaires et des services manuels, mais qu'on est obligé, dès à présent, de majorer considérablement les prix du contrat, pour contenter et conserver les ouvriers.

Les salaires sibériens sont comparativement plus élevés que

ceux de l'Europe, non seulement en valeur absolue, mais surtout comme valeur relative. Les mineurs ou, pour mieux dire, les terrasssiers sibériens sont loin de représenter l'élite de la population ouvrière de ce pays. Le Russe considère tout travail autre que celui de la terre, toute occupation autre que l'agriculture, comme un moyen d'existence exceptionnel, temporaire, inférieur, presque méprisable. Son idéal, conforme à sa psychologie et à ses traditions, est de cultiver son champ de ses mains et d'y récolter tout ce qui est nécessaire à sa subsistance et à celle de sa famille.

Frais accessoires. — Ensuite viennent, et c'est là le gros chiffre, tous les frais dits accessoires que comporte l'affaire. Ils sont très nombreux et d'ordres les plus divers. On peut dire qu'ils sont constitués par toutes les dépenses sans exception, faites en Sibérie, en vue de l'exploitation des placers sociaux. On y trouve les dépenses les plus disparates : des frais de transports de vivres et le traitement d'un avocat à Blagoviestchensk, les dépenses de la cavalerie sur les mines et des frais de recrutement des ouvriers dans leurs pays d'origine. On trouve plus loin un essai de classification de ces dépenses.

Formule de la padionchina. — Si on appelle :

N, le nombre des journées faites sur le placer.

S, le salaire moyen, nourriture comprise, des ouvriers employés sur le placer.

A, les frais accessoires, composées de :

> *a.* Frais généraux proprement dits;
> *b.* Frais de cavalerie;
> *c.* Frais des Résidences;
> *d.* Amortissement du matériel;
> *e.* Frais extraordinaires;

et enfin :

β. La padionchina ;

On a :
$$\beta = S + \frac{A}{N}$$

et :
$$A = a + b + c + d + e$$

On voit immédiatement que si les frais accessoires A étaient faibles et le nombre de journées faites N, élevé, on aurait pour β une valeur très voisine du salaire effectivement payé.

Or, on constate que le coût effectif de l'ouvrier nourriture comprise, ne dépasse pas, dans le bassin de la Zéya $1^R,80$ à $1^R,90$ par journée réelle de travail.

Cependant, des padionchinas de 4 Roubles à $4^R,50$, même 5 Roubles ne sont pas rares dans le bassin.

On voit donc l'importance du facteur A, facteur dont l'analyse est longue et compliquée, car il comporte des dépenses d'ordres très divers et des frais de nature variée. Un seul et même article, par exemple les chevaux, se trouvera porté au compte Cavalerie pour les dépenses occasionnées par les chevaux sur les mines pendant la saison d'été, à l'article Résidence Lounguine, pour leur entretien et leur nourriture d'hiver, les harnais et attelages figurent à un autre chapitre, le vétérinaire au compte du Personnel, l'amortissement du capital représenté par ces animaux, au chapitre Amortissement, les chevaux de la Direction de Blagoviestchensk aux Frais Généraux, de sorte que si on veut faire une ventilation complète des dépenses, il y a à visiter presque tous les chapitres du Journal.

Il faut remarquer aussi que le chiffre A dépend dans une certaine mesure du nombre N des journées. Il est évident, en effet, que l'Administration, la Direction technique et la surveillance d'un grand nombre d'ouvriers, les cadres qu'ils exigent pour les faire travailler, l'importance des Résidences et entrepôts, sont en raison à peu près directe du nombre des ouvriers. Le chiffre global de la padionchina ne donne aucune indication précise sur ces divers éléments d'appréciation.

Variations de la padionchina. — Mais il y a plus encore : la valeur de la padionchina peut s'élever au-dessus des taux actuels, ce qui aux yeux de tous les exploitants, constitue un signe extrêmement défavorable, et cependant le prix de revient effectif de l'or obtenu peut avoir diminué considérablement. Supposons en effet, pour pousser les choses à l'extrême, en reprenant la formule de tout à l'heure, que grâce à un appareil mécanique, une drague par exemple, un seul mécanicien puisse faire à lui seul le travail de tous les ouvriers occupés pendant N journées ; la valeur β de la padionchina deviendrait justement égale au salaire du mécanicien unique, plus tous les frais accessoires, que viendraient encore augmenter les dépenses de combustible, huile, graisse nécessaires pour l'appareil. On voit à quelle absurdité on serait ainsi amené. Alors qu'on aurait réalisé une économie énorme dans le prix de revient réel, on verrait la « padionchina » atteindre des chiffres fantastiques.

Je n'ai donné cet exemple, poussé à l'extrême, que pour bien faire sentir que cet élément spécial d'appréciation, la « padionchina », qui a eu son utilité dans le temps, comme guide dans l'établissement des projets d'opération, ne peut plus être pris comme base d'appréciation dès que des procédés d'exploitation exigeant peu de personnel et possédant une grande capacité de travail, entreront en ligne de compte.

. Somme toute quand on examine ces affaires aurifères Sibériennes sous leurs divers aspects, on revient toujours au

même point de départ. Elles ont conservé, tant pour la « padionchina » que pour leurs autres éléments constitutifs, leur ancienne
forme dictée par les conditions originelles, par l'incertitude du
lendemain, qui caractérisaient la première époque, l'époque
héroïque, de cette industrie. Ces formes surannées, qui craquent
de toutes parts, ont fait leur temps. Elles ne doivent leur lon-
gévité exceptionnelle qu'à la richesse des placers Sibériens qui
ont enrichi le petit nombre d'heureux propriétaires qui les
possédaient et qui les ont dispensés de songer au progrès.

Bilans des placers. — Une fois le principe de la « Padionchina » admis le bilan de chaque placer devient d'une simplicité
admirable. On débite en bloc toute la main-d'œuvre en mul-
tipliant le nombre de journées faites sur le placer par la
« Padionchina » correspondante. On se trouve ainsi du même
coup avoir débité le placer, non seulement du salaire et de la
nourriture des ouvriers, mais encore de sa part de frais généraux,
de Résidences, de Cavalerie, etc., en un mot de tous les frais sans
exception payés en Sibérie par la Compagnie, même s'ils n'ont
aucun rapport direct avec l'exploitation des placers, comme le
cas se présente souvent. Tous ces frais se trouvent noyés, con-
fondus, dans un seul gros chiffre, qui forme le pivot du compte.

D'autre part, on a la production d'or des placers, de sorte que
le solde s'établit en deux lignes. C'est la simplicité et la clarté
même.

Reste à voir de quoi se compose le gros chiffre. C'est ici que
commencent les difficultés, non pas que j'aie eu à constater une
irrégularité quelconque ou une absence des pièces probantes, loin
de moi cette pensée, mais l'organisation des écritures, le mode
d'ouverture des comptes, surtout en ce qui concerne la répartition
des salaires et des frais de nourriture du personnel éparpillés

dans des comptes très différents les uns des autres rend déjà très difficile l'établissement d'un prix de revient divisé suivant ses éléments normaux : Salaires, Nourriture, Chevaux, Résidences. Frais d'entretien, Amortissement et Frais généraux.

De plus, chacune des 6 Compagnies de la Zéya a non seulement une comptabilité à part, source de complications et d'écritures inutiles, mais encore dans chaque Compagnie, chaque placer a son compte distinct, obligation rendue indispensable par le fait que tous les intéressés dans une même Société n'ont pas des intérêts identiques dans tous les placers qui la composent. Quand on réfléchit que dans certains Systèmes comme celui de l'Ougane, par exemple, on compte côte à côte des placers appartenant à 5 Compagnies différentes, que les hommes et les chevaux peuvent à tout instant, pour des raisons purement techniques, passer des uns aux autres, ce qui oblige à en prévenir immédiatement la comptabilité pour débiter les comptes correspondants, on voit à quelles complications inextricables on est forément amené. Le nombre vraiment excessif d'employés occupés aux écritures du Bureau Central de Lounguine n'a pas d'autre raison d'être que cette anomalie de comptabilité qui peut d'ailleurs être facilement supprimée si on le désire.

Du nombre réel des journées faites sur les placers. — La présence des staratiélis vient compliquer encore l'établissement du prix de revient et du rendement réel par ouvrier employé aux travaux en régie. Ces ouvriers, orpailleurs volontaires, sorte de tâcherons payés au poids d'or rapporté au bureau, ne sont pas nourris, ce qui fait déjà une différence considérable.

Si on ajoute les journées faites par eux, nombre toujours un peu incertain et sur lequel il y a maintes réserves à faire, à celles exécutées en régie par la Compagnie, on diminue de beaucoup la

« padionchina » du placer, ce qui passe en Sibérie pour être un
signe favorable, précurseur d'économie et d'abaissement du prix
de revient, ce qui n'est nullement démontré comme je l'ai fait
comprendre plus haut. Il faut en effet, pour se prononcer sur ce
point, bien distinguer les raisons qui amènent la diminution
de la padionchina. La seule qui ait une valeur certaine, est
celle qui correspond à un accroissement du nombre des ouvriers
en régie, parce qu'elle correspond, sans doute aucun, à un accroissement du cube lavé et par conséquent à un diviseur plus grand
des frais fixes, qui constituent la majorité des dépenses.

Tandis qu'avec l'addition des journées de staratiélis, on gonfle
beaucoup le nombre des journées faites, sans que l'or obtenu
augmente proportionnellement, par la raison bien simple et que
j'ai expliquée bien souvent, au cours de ce Volume, que le rendement de ces orpailleurs volontaires est presque négligeable.

On se trouve alors dans cette situation curieuse, de pouvoir
présenter d'année en année une « padionchina » décroissante,
avec des bénéfices annuels décroissant aussi d'une manière
constante, phénomène paradoxal qui finira un jour ou l'autre
par attirer l'attention des intéressés et dont la découverte les
amènera sans doute à adopter des errements plus conformes à
leurs véritables intérêts.

On peut néanmoins, avec un peu d'attention, éliminer cette
cause d'erreur, ainsi que je l'ai fait dans la suite de ce Chapitre,
à propos de l'établissement du prix de revient détaillé de la
journée d'ouvrier, sur les placers de la Zéya.

Du cube réel d'alluvions extraites. — Je dois signaler aussi
une cause d'erreur plus grave que la précédente, en ce sens que
l'examen des comptes ne permet pas de la découvrir, par la
bonne raison que les chiffres du cube d'alluvion lavé sur chaque

placer, qui figurent dans les comptabilités, ne sont pas conformes à la réalité.

Comme il s'agit là d'un fait que nul n'ignore dans le pays, qui est pratiqué par toutes les Compagnies minières sans exception, au vu et au su de l'Aministration des mines et de l'Administration des Compagnies minières, je ne suis exposé, en le faisant connaître, à aucun soupçon d'avoir voulu introduire des personnalités dans le corps d'un ouvrage qui poursuit le but plus élevé d'apporter, dans l'intérêt des exploitants aussi bien que dans l'intérêt général du pays, un remède à l'état de choses actuel.

Ce fait se rattachant directement à la grave question de la main-d'œuvre sur les mines, je vais en dire ici quelques mots, en faisant ressortir les conséquences techniques et économiques de cette pratique. Voici en quoi elle consiste :

Majoration du cube extrait. — Le contrat de main-d'œuvre, dont les principaux passages sont traduits dans une Annexe de ce volume, prévoit des salaires journaliers déterminés pour les diverses catégories d'ouvriers. On peut donc penser, au premier abord, que ce contrat, qui a reçu l'approbation Administrative, est bien réellement l'expression des rapports économiques entre patron et ouvriers, qu'il lie également les deux parties et qu'il suffit par exemple de savoir le nombre de jours de travail faits par un ouvrier dont on connaît la catégorie, pour avoir, par une simple multiplication, le salaire par lui gagné.

On est vite détrompé, si on examine, d'après les livres de comptabilité et d'après les livrets individuels des ouvriers, le salaire réellement payé en argent, réellement touché en numéraire par le porteur du livret.

On constate que les sommes ainsi mandatées et touchées sont

égales aux salaires dus d'après les termes du contrat, *plus une majoration qui varie en général entre 30 et 50 pour 100 du salaire réellement dû.*

Quelle est la raison de cet état de choses et comment, en pratique, se trouve-t-elle justifiée, au point de vue de la comptabilité, dans les livres de la Compagnie?

La raison en est simple. Dans tous les pays et surtout dans les pays neufs, sans population ouvrière préexistante, la découverte et la mise en exploitation des mines, industrie qui, même avec les procédés les plus perfectionnés, exige une grande quantité d'ouvriers, amène une crise de main-d'œuvre. Il suffit d'avoir entre les mains un journal venant des pays miniers et surtout des pays aurifères comme la Californie, l'Australie, la Nouvelle-Zélande, le Transwaal, etc., pour constater que c'est dans cette question de main-d'œuvre que réside le grand problème du développement industriel du pays. Son importance majeure est surabondamment démontrée par la gravité des conflits qu'elle provoque, conflits qui sont d'autant plus redoutables qu'ils présentent d'habitude un côté politique, qui amène l'Administration ou le Gouvernement à le réglementer et à le surveiller, aussi bien dans l'intérêt de l'ordre et de la sécurité, que pour sauvegarder les droits des ouvriers engagés sur les travaux miniers.

La Sibérie ne fait pas exception à la règle, et si cette question de main-d'œuvre y a été résolue d'une façon assez différente des autres pays, cela tient à des considérations d'ordre général, à la tendance historique et naturelle de la race à s'associer en artiels, enfin au caractère spécial que présente l'origine de la population sibérienne.

Cette organisation est donc tout à fait intéressante à étudier parce qu'elle reflète avec fidélité les habitudes des ouvriers russes, les méthodes de travail employées sur les placers, et qu'elle donne des notions positives sur l'hygiène ainsi que sur la nourriture des travailleurs sibériens.

Mais quelle que soit cette organisation, elle est dominée par un fait majeur, inéluctable. La durée de la période des travaux sur les mines ne dépasse pas 100 à 110 ; au maximum 120 jours par an. Il faut, de toute nécessité, pendant ce court laps de temps, travailler sans relâche pour assurer le bénéfice. Dans ces conditions, tout arrêt, toute suspension dans les travaux, ne fût-ce que pendant une journée, ne fût-ce que pendant quelques heures, est une perte et une perte irréparable, car l'hiver s'avance à grands pas, arrêtant subitement tous les travaux dès les premiers jours de Septembre.

Or, la sanction pour l'exécution réciproque des engagements pris en vertu du contrat de main-d'œuvre n'existe pas en faveur des patrons quand on examine les choses au point de vue pratique. L'ouvrier récalcitrant, ou qui refuse de travailler au prix du contrat, est bien passible, sur le papier, de peines sévères, emprisonnement de plusieurs mois, dans certains cas même transportation dans l'île de Sakhaline, lieu de relégation pénale où sont maintenant dirigés les condamnés de droit commun de la Russie. La nature même de ces peines s'oppose à ce qu'elles soient applicables autrement qu'à des cas isolés ou à des hommes notoirement connus pour leur insubordination ou leur esprit de révolte. Elles sont absolument et radicalement inapplicables, ne fût-ce même que par l'absence de moyens de coercition, au fond de forêts isolées, avec une police composée uniquement de 3 à 4 cosaques sur chaque groupe de placers. Il n'y a donc qu'un moyen de retenir les ouvriers au travail, c'est de composer avec eux. C'est ce qui se fait de la manière suivante :

La feuille d'attachement journalière de chaque placer, indiquant le cube excavé par chaque artiel (association ouvrière de 7 hommes représentée par son délégué ou staroste), est augmentée dans la proportion nécessaire pour que le salaire qui en résulte pour les hommes soit porté, comme je l'ai dit plus haut, à un taux préalablement débattu avec eux et qui soit de nature à les contenter.

Ces feuilles passent ensuite à la comptabilité, qui les enregistre et qui crédite le compte individuel de chaque ouvrier de son salaire majoré, qu'il touche à la fin de la campagne. Les choses se passent donc, au point de vue des écritures, d'une façon parfaitement claire et régulière. L'erreur ne porte que sur un chiffre, c'est celui de la teneur en or des alluvions tel qu'il ressort des comptes sociaux. Il est évident, en effet, que la quantité d'or recueillie par le lavage n'est pas affectée par cette combinaison, et par conséquent que la teneur moyenne obtenue en divisant ce poids d'or par un cube majoré artificiellement donne un chiffre inférieur et notablement inférieur à la teneur réelle qu'on obtiendrait en divisant ce même poids d'or retiré du lavage, par le cube non majoré, réellement extrait du placer.

Il ne faut pas songer, vu les distances à franchir et la nécessité inéluctable de travailler sans perdre un seul jour, à épurer successivement son personnel ouvrier, à renvoyer les mauvaises têtes pour embaucher des hommes nouveaux; c'est absolument impossible. La plupart d'entre eux ont reçu des avances assez importantes, avant d'être acheminés vers les travaux, avances dans lesquelles il faut rentrer tout d'abord. Une fois les hommes rendus sur les placers et la campagne commencée, il faut tâcher de marcher avec les éléments qu'on possède, en leur appliquant les termes et conditions du contrat, termes que tous les ouvriers connaissent à merveille et dont ils savent parfaitement exiger l'accomplissement, même jusque dans les plus petits détails, quand ils sont en leur faveur. En un mot ce contrat engage, théori-

quement, les deux parties, mais en réalité, il n'oblige réellement
et sérieusement que les Compagnies minières.

On est, pour parler franc, entièrement à la merci des ouvriers
et d'ouvriers appartenant aux pires classes de la société. Le travail sur les mines d'or, peut-être à cause de cette tournure particulière de l'esprit du paysan russe, qui se sent invinciblement
attiré vers les travaux agricoles, les seuls nobles dans son appréciation, peut-être aussi parce que dans les débuts, travaux de
mines et travaux forcés étaient équivalents, est resté suspect,
mal vu, en Sibérie. Si on jette un coup d'œil sur les appréciations faites à l'étranger sur ces mêmes travaux, c'est encore bien
pis. Les bruits les plus invraisemblables courent sur les exactions
sans nombre dont seraient victimes ces ouvriers engagés par
contrat, véritables esclaves courbés sous le knout. On décrit avec
insistance les mauvaises conditions hygiéniques dans lesquelles
ils seraient astreints à travailler, leur régime alimentaire déplo-
rable et insuffisant, etc. J'ai déjà détruit dans mon Volume sur
la Transbaïkalie, ces légendes sans fondement, et les détails que
je donne ici même sont de nature à calmer les esprits les plus
prévenus. Non seulement les ouvriers ne sont pas exploités,
mais ils sont les maîtres de la situation, et on peut se convaincre
en lisant le texte du contrat de main-d'œuvre, qu'il est animé
d'un esprit d'humanité et de sollicitude pour l'ouvrier, qui est
la caractéristique dans la seconde moitié de ce siècle de tous les
documents de ce genre, en quelques pays qu'ils soient rédigés.

Il s'est glissé aussi, il faut le dire, dans cette question des
travaux sur les mines d'or de la Sibérie Orientale, une sorte de
parti pris politique, résidu des anciens temps de la déportation.
On ne peut que déplorer de sentir sa répercussion dans des
livres qui, comme la *Géographie Universelle* de E. Reclus,
devraient être au-dessus de ces appréciations sans fondement.

Crise de main-d'œuvre. — On voit, par cet exposé, que l'introduction de procédés d'abatage et de lavage mécanique des alluvions sibériennes sera, au point de vue de la main-d'œuvre, un soulagement considérable pour les Compagnies minières qui ne seront plus exposées, comme en ce moment, à se voir faire la loi par leur personnel ouvrier.

Raréfaction de la main-d'œuvre. — Il se produit en outre depuis deux ans, et ce phénomène se prolongera encore pendant plusieurs années, tant que durera la construction du Chemin de fer transsibérien, une raréfaction très sensible dans la main-d'œuvre disponible en Sibérie et en Sibérie Orientale en particulier; elle se traduit naturellement par un accroissement général du taux des salaires, qui rendra plus précieux encore l'emploi des moyens mécaniques à grande capacité de travail.

La construction de la ligne transsibérienne présente un intérêt politique et militaire si évident et si urgent, que tout dans le pays est subordonné à son achèvement aussi prompt que possible. De grands efforts sont faits pour y diriger les bras nécessaires, les règlements de police relatifs à l'obligation du passe-port pour les ouvriers employés aux travaux sont appliqués avec le plus de douceur possible; les salaires payés sont élevés, presque doubles du prix normal de la main-d'œuvre dans le pays. Le travail est aussi moins pénible que sur les mines, les époques de paye plus fréquentes, ce qui permet à l'ouvrier de s'amuser plus souvent, enfin les travaux de la voie sont généralement à portée des villes et villages, lieux de plaisirs relatifs, pour les ouvriers. Toutes ces raisons concourent à éloigner en ce moment des mines, les bras disponibles.

Recrutement des ouvriers. — La plupart des ouvriers sont Sibériens et viennent des gouvernements de Tobolsk, de Tomsk et de l'Yénisséi. 1/10ᵉ à peine vient de Russie d'Europe, principalement des plaines du Volga et de la Grande-Russie.

État sanitaire. — Il est intéressant de donner quelques détails sur le service hospitalier et sur l'état sanitaire des ouvriers employés sur les mines. Il y a là une étude très intéressante à faire. J'ai eu l'heureuse chance de pouvoir utiliser à cet effet les conclusions d'un Mémoire original très complet que M. le docteur Klokoff, de l'Université de Moscou, qui nous a accompagnés pendant toute la durée de notre voyage sur les placers en 1896, a rédigé pendant notre séjour sur les lieux. C'est, à ma connaissance, le premier document de ce genre qui ait été rédigé sur la question, et je suis reconnaissant à M. le Docteur Klokoff de m'avoir mis à même de publier les conclusions de son étude et d'en faire profiter ainsi un cercle plus grand de lecteurs.

Il est seulement fâcheux que les livres d'entrée dans les Hôpitaux des Compagnies sur les mines ne portent pas mention de la profession des malades. C'est une lacune d'autant plus regrettable qu'elle est comblée depuis longtemps dans tous les hôpitaux bien tenus où la profession du malade est toujours un des premiers renseignements demandés. Cette simple statistique aurait permis de se rendre immédiatement compte du genre d'occupation donnant la plus forte proportion de malades, et par conséquent d'apporter un remède aux conditions du travail le plus dangereux. D'après mes observations personnelles, les lavoirs tels qu'ils sont organisés, avec leurs racleurs sur le sluice, exposés toute la journée aux éclaboussures d'eau froide, sont les endroits les plus malsains et qui donnent la plus forte proportion de maladies rhumatismales et arthritiques. Malheureusement, je le répète, je ne puis pas fixer de chiffres à ce sujet.

L'examen a porté sur les 3 hôpitaux situés au Djolon (55 lits) à Nikolaïevsk (10 lits) et à Vozevijdinski (9 lits); total 54 lits disponibles.

Il a été traité, pendant l'année 1895 : 614 cas d'hôpital, à savoir :

Au Djolon............	316 cas d'hôpital.
A Nikolaïevski..........	298 —
Total	614 cas d'hôpital.

A Vozevijidnski, on a traité tous les malades à domicile. Il y a eu, en effet, en outre des 614 cas d'hôpital proprement dits, 345 cas traités hors de l'hôpital, de sorte que le nombre total des cas de maladie s'est élevé en tout à 959, pour les ouvriers seulement. Le personnel a presque toujours été traité à domicile, notamment les femmes et les enfants qui entrent dans le total général, en sus des 959 cas ci-dessus détaillés pour 466 cas (286 pour les femmes et 180 pour les enfants).

Le nombre total des cas traités dans le personnel ouvrier et dans le personnel d'employés s'est donc élevé à 959 + 466 = 1.425 cas de maladie.

Les hôpitaux ont été largement suffisants pour le nombre des malades à traiter. Il est rare que plus de la moitié des lits ait été occupée. Le cube d'air disponible pour chaque malade, l'aérage, le service d'infirmerie ne laissent rien à désirer.

Les maladies les plus fréquentes sont les suivantes :

Rhumatisme (fréquence).....	20,52 %	des cas traités.
Fièvres intermittentes......	17,70	—
Catarrhe intestinal........	15,31	—
Abcès, phlegmon, etc.......	16,40	—
Scorbut..., ...	6,65	—
Bronchite.............	5,50	—
Lombago	5,20	—
Etc., etc.		

Décès. Mortalité. — La mortalité parmi les ouvriers est extrêmement faible. Elle porte surtout sur les femmes et les enfants.

Pendant les deux années 1894 et 1895 il n'y a eu sur les mines aucun décès d'ouvriers pendant la période des travaux.

Pendant cette même période, les décès de femmes et enfants se sont élevés à 8, sur une population ouvrière, soumise à la statistique, de 900 personnes, soit un peu moins de 1 pour 100.

Accidents. — Pendant l'année 1895, le nombre des ouvriers et employés blessés en cours de travail a été de 30, dont aucun mortellement. Deux cas seulement ont eu des conséquences graves. Les autres ont tous été bénins.

Les deux cas graves ont été fracture de l'humérus droit d'un palefrenier, entraînant l'immobilité articulaire du membre, et la perte des quatre doigts de la main gauche pour un accrocheur de wagons, pris entre deux tampons.

Tableau des blessures légères.

BLESSURES DIVERSES	NOMBRE
Chute de pierre pendant le transport des alluvions.	5
Blessures par barres d'abatage	3
Blessures de pic d'abatage	3
Choc de wagons pour tailings	4
Éboulement dans les tailles.	1
Chute dans les chourfs.	1
Accidents causés par des chevaux.	4
Accidents dans la construction des lavoirs.	3
Accidents de bûcherons.	4
Total	28

La durée de la cure de ces accidents n'a pas dépassé 15 jours.

On voit, somme toute, que le risque professionnel sur les mines d'or de la Zéya est très faible.

Prix de revient de la journée d'hôpital. — Pour l'année 1895, voici comment peut s'établir ce chiffre.

J'ai réuni le chiffre des appointements du personnel, médecin, infirmiers, etc., avec les frais de nourriture qui sont bonifiés aux malades, de manière à simplifier le compte.

Traitement et entretien du docteur.	3.500 Roubles.
Quatre infirmiers.	4.600 —
Médicaments.	2.500 —
Nourriture des malades (0 R. 51) par journée). .	2.570 —
Quatre gardiens d'hôpital à 500 R. par an. . . .	2.000 —
	15.170 Roubles.

Nombre des journées d'hôpital. . . . . 3.041 journées
Prix de la journée d'hôpital :

$$\frac{15,170}{3,041} = 5 \text{ R. } 00$$

Ce prix est excessif. Si on le rapporte au nombre des ouvriers présents en moyenne sur les travaux, on trouve le chiffre suivant :

Maximum du personnel ouvrier (été).	900 hommes.
Minimum — (hiver)	600 —
Moyenne pour 1895.	794 —

Soit, par tête d'ouvrier, une dépense, pour les frais d'hôpital seulement, de :

$$\frac{15.170}{794} = 12 \text{ R. } 10 = 32 \text{ Fr. } 266$$

chiffre réellement exagéré.

Analyse des prix de revient. Exercice 1893-1894. — Après cet aperçu sur l'importante question de la main-d'œuvre, il est nécessaire d'examiner les autres éléments de la « Padion-china ». Afin de fixer les idées je prendrai comme exemple l'Exercice 1893-1894 pour les trois principales Compagnies de la Zéya, à savoir : la Compagnie du Djolon, la Compagnie de la Zéya et la Compagnie de l'Ilikane. La raison pour laquelle j'ai fait choix de cette année-là, dont la production en or a été naturellement supérieure à celle d'à présent, c'est que les trois Sociétés en question n'étaient pas à cette époque obligées de faire face aux travaux préparatoires exigés par la mise en valeur de nouveaux placers et représentait, par conséquent, assez exactement, ce qu'on peut attendre d'une affaire non surchargée de travaux arriérés à solder.

Production. — La production totale d'or des placers des trois Compagnies a été, cette année-là, de :

	P.	L.	Z.	D.
A la Compagnie du Djolon	54	19	15	46
— Zéya	18	55	45	57
— Ilikane	5	13	92	90
	58	28	56	1

Les dépenses totales se sont élevées, en Sibérie, à la somme de. . . . .   675.482 Roubles.

La valeur de l'or produit à 962.000

Bénéfice. . . . . . .   288.518 Roubles.

soit 42 pour 100 du capital avancé pour l'opération.

Mais ce n'est là qu'un bénéfice brut, car il y a à déduire les frais d'Europe, qui ne figurent pas dans la comptabilité en Sibérie. En fait, il n'a été distribué cette année là que 225.488 Roubles soit 28.86 0/0 du capital engagé dans l'opération.

D'après les renseignements que j'ai pu me procurer voici, en chiffres ronds, quels ont été les bénéfices distribués par ces

Sociétés dans la période de cinq années, comprise entre 1890 et 1894 inclus :

Tableau des dividendes distribués de 1890 à 1894.

ANNÉES	TOTAL DES DÉPENSES DE LA COMPAGNIE	RECETTE EN OR	BÉNÉFICE RÉPARTI OU PERTE DE L'EXERCICE	BÉNÉFICE 0/0 DU CAPITAL DÉPENSÉ POUR L'OPÉRATION
Tableau pour la Compagnie du Djolon.				
1890	800.000	2.570.000	1.570.000	196.25 %
1891	604.000	1.560.000	956.000	159.55
1892	549.000	1.020.000	471.000	85.65
1895	500.000	859.000	559.000	67.80
1894	458.000	651.000	195.000	43.80
Totaux.	2.891.000	6.420.000	5.529.000	122 » 0/0
Tableau pour la Compagnie de l'Ilikane.				
1890	170.000	224.000	54.000	21.70
1891	148.000	174.000	26.000	17.50
1892	145.000	504.000	161.000	112.50
1895	158.000	255.000	77.000	48 »
1894	78.000	97.000	19.000	24.55
Totaux.	697.000	1.054.000	337.000	48.50 0/0
Tableau pour les Compagnies de la Zéya et Haute-Zéya (réunies).				
1890	18.400	.	— 18.400	.
1891	17.500	.	— 17.500	.
1892	167.600	257.500	¬ 89.700	55.50
1895	285.400	515.400	50.000	10.60
1894	515.680	525.168	11.488	5.51
Totaux.	800.580	895.868	95.288	11.90 0/0

Tableau résumé pour les trois Compagnies

(Période 1890-1894.)

ANNÉES	TOTAL DES DÉPENSES DES COMPAGNIES	RECETTE EN OR	BÉNÉFICE RÉPARTI OU PERTE DE L'EXERCICE	BÉNÉFICE 0/0 DU CAPITAL DÉPENSÉ POUR L'OPÉRATION
1890	988.000	2.594.000	1.605.600	162.45 %
1891	769.500	1.754.000	964.500	125.35
1892	859.600	1.581.500	721.700	85.85
1893	941.400	1.587.400	446.000	47.44
1894	829.680	1.055.161	223.488	28.86
Totaux.	4.588.180	8.349.861	5.961.288	90.20 %

Nombre des journées d'ouvriers. — Le nombre total des journées faites en 1894 sur les placers des trois Compagnies a été de 186.043, ce qui donne pour la « padionchina » moyenne le chiffre de :

$$\frac{673.482}{186.043} = 5^{\text{R}}.62^{\text{K}}$$

Mais, comme on va le voir, ce chiffre est inférieur à la réalité, car sur les 186.043 journées, il y a 28.282 journées de staratiélis, ce qui abaisse notablement le taux de la « padionchina » réelle des ouvriers employés par la Compagnie aux travaux d'exploitation des placers.

Sa vraie valeur est en réalité de

$$\frac{673.482}{186.043 - 28.882} = \frac{673.482}{157.761} = 4^{\text{R}}.26^{\text{K}}$$

*Décomposition du prix de revient de la « padionchina. » —
1° Main-d'œuvre et salaires.*

NOM DES COMPAGNIES.	NOMBRE DES JOURNÉES (non compris les staratiélis).	MONTANT DES SALAIRES PAYÉS.
Djolon	85.550	112.130 Roubles.
Ilikane	7.758	11.489 —
Zéya	64.473	83.477 —
	157.761	207.066 Roubles.

Prix de revient moyen :

$$\frac{157.761}{207.096} = 1^{R}.51^{K}$$

2° *Nourriture des ouvriers* :

Compagnie du Djolon . . . . 44.228 Roubles
  —   Ilikane 4.229
 — de la Zéya 52.297
          81.297 Roubles

Prix de revient moyen :

$$\frac{81.297}{157.761} = 0^{R}.51^{K}$$

3° *Chevaux.* — Ce compte est divisé en deux parties. En été,
pendant la saison des travaux, les dépenses de la cavalerie
figurent au débit des Compagnies minières. En hiver, la majeure
partie de la cavalerie descend à Lounguine, les frais d'entretien
et de nourriture font partie du compte spécial de cette Résidence,
que nous verrons plus loin. Enfin, l'amortissement de leur valeur
est porté au compte d'Amortissement annuel, en bloc avec

d'autres dépenses, de sorte que le prix de revient effectif de la journée de cheval est assez difficile à établir.

Le nombre des bêtes de trait a été considérablement diminué au moment de la mise en exploitation des grands chantiers du Djolon, par l'introduction du système du guide-rope. Il est certain que la réalisation rapide et économique de ce grand placer a été grandement favorisée par l'introduction de ce perfectionnement, quelque défectueux qu'il ait été dans son application. Les chevaux coûtaient en effet à cette époque, il y a une dizaine d'années et coûtent même encore maintenant des sommes dont on n'a aucune idée quand on n'a pas eu les chiffres sous les yeux. Plusieurs raisons concourent à ce résultat. D'abord le prix d'achat : on n'emploie dans les bassins de la Zéya que de grands et forts chevaux de race dite « de Tomsk », dont le prix d'achat varie entre 250 et 300 Roubles. On voit la différence qui existe entre cette situation et celle qui se présente en Transbaïkalie, où les chevaux du pays, employés aux tarataïkas, ne coûtent pas en moyenne plus de 50 à 55 Roubles.

Ensuite, ces grands chevaux exigent une ration journalière assez forte :

> Foin. . . . . 50 livres.
> Avoine. . . . . 12 —

C'est le double de la ration du chameau, détaillée page 505. Elle correspond à un ravitaillement annuel de 300 pouds par an et par tête de cheval (le ravitaillement d'un homme ne demande que 52 pouds), et c'est là le gros élément de dépense, surtout pour les placers éloignés des bases, car on sait qu'il faut porter sur place non seulement l'avoine, mais même le foin, qui ne pousse pas dans la toundra et dont le transport, vu le volume occupé par la matière, est extrêmement incommode.

En fait. on cherche à ne conserver sur les placers pendant la saison des froids que le minimum possible de chevaux, et on fait descendre à Lounguine tous les animaux qui ne sont pas indispensables pour l'exécution des travaux d'hiver.

Sur les 514 chevaux qui composent la cavalerie actuelle des compagnies de la Zéya, 200 descendent en hiver à Lounguine, 4 restent à Blagoviestchensk, le solde hiverne sur les placers. Voici la distribution de ces bêtes de trait sur les placers, pendant la saison des travaux :

Placer Léonovski (Djolon)	80 chevaux
Placers de la Compagnie de la Zéya. . .	75 —
— — Mogotte.	50 - -
— - - Placers-Réunis . . .	40 .
- - — Ilikane	30 - -
Résidence Lounguine (été).	55 - -
Direction de Blagoviestchensk.	4 - -
	514 chevaux

Valeur d'inventaire de chevaux. — La valeur moyenne de ces chevaux, d'après l'inventaire social, est de 146 R. 50 par tête, chiffre qui n'est pas exagéré, d'autant plus que l'amortissement annuel est employé au rajeunissement du matériel chevaux, en faisant chaque année des achats nouveaux et en se débarrassant des animaux hors de service. La direction locale entoure ce service de la Cavalerie d'une grande sollicitude, car de sa valeur et de son bon état de santé dépend en partie la réussite des opérations faites avec les tarataïkas.

Amortissement — L'amortissement sur chevaux s'opère à raison de 10 pour 100 de la valeur d'inventaire, et par an, soit environ 15 Roubles par tête.

Prix de revient de la journée de cheval. — 1° Dépenses pendant l'été, sur les placers. En 1895, il a été fait :

```
Sur les placers de la Compagnie du Djolon   40.800 journ. de cheval
        —              —      Ilikane   .    5.761        —
        —              —   Zéya. . .       52.652        ....
                                          ─────────────────────
                                           77.195 journ. de cheval
```

Les frais correspondants ont été de :

```
Compagnie du Djolon. . . . . . . .   52.411 Roubles
    —      Ilikane. . . . . . . . .    4.577    —
    —   de la Zéya. . . . . . . .     33.684    ─-
                                     ────────────────
                                      89.872 Roubles
```

Soit un prix de revient par journée effective de cheval, de :

$$\frac{89.872}{77.195} = 1^{\text{R}}.17^{\text{k}}$$

et par journée d'ouvrier :

$$\frac{89.872}{157.761} = 0^{\text{R}}.56^{\text{k}}.$$

Ce chiffre s'applique aux 110 à 120 jours de présence sur les mines, de la totalité de la cavalerie, mais il ne représente qu'une partie des frais occasionnés par les chevaux. Il faut y ajouter la majeure partie des dépenses de Lounguine, qui sont détaillées plus loin, plus l'amortissement des animaux, ainsi que l'achat et l'entretien des harnais et voitures.

On peut, sans crainte de se tromper, fixer à 600 *Roubles par an* le prix moyen de revient de chaque cheval employé actuellement dans le bassin de la Zéya, avec hivernage des 2 tiers du contingent en aval du Guiloï et amortissement en dix ans des animaux. C'est là, comme on le voit, un gros facteur du prix de revient. Les Compagnies de la Zéya ont eu, à certains moments, plus de 600 chevaux en service sur leurs placers.

L'emploi de moyens mécaniques réalisera sur ce chapitre une économie nette, absolue, facile à chiffrer. Il n'y aura plus à conserver que la cavalerie nécessaire au transport du personnel, les transports de marchandises se faisant, en hiver, plus économiquement, par chameaux.

4° *Frais d'Administration et du Personnel.* — Ces frais sont composés de deux parties distinctes : les salaires et les frais de nourriture, car, comme je l'ai dit déjà, tout le monde est nourri sur les mines, et on va voir que d'après les chiffres qui suivent, ces frais représentent en moyenne plus de 60 pour 100 du traitement. Pour le Djolon, la proportion est plus forte encore et atteint 87 pour 100 à cause des frais de représentation et de réception. Il y a là des habitudes prises qui seront difficiles à corriger.

Ce tableau ne donne d'ailleurs pas une idée exacte de la situation réelle. Il ne s'applique qu'au personnel administratif proprement dit et en particulier, ne comprend pas les surveillants, qui sont extrêmement nombreux sur les divers centres miniers et qui figurent au compte individuel de chaque mine; ils disparaissent par conséquent, noyés dans le prix de revient de la journée d'ouvrier ci-dessus calculé.

En fait, la feuille actuelle des salaires annuels payés aux employés de tout ordre des Compagnies de la Zéya, nourriture non comprise, atteint 60.00 Roubles par an.

Ceci dit, voici comment se répartissent ces frais :

Désignation.	Salaires et appointements.	Nourriture
Compagnie du Djolon	15.479	15.548
— de la Zéya	16.565	9.455
— de l'Ilikane	2.508	1.721
Administration Centrale	7.720	
Comptoir de Lounguine	5.125	11.740
— de Blagoviestchensk	5.855	--
Agent à Irkoutsk	500	---
Avocat à Blagoviestchensk	966	--
	50.516	56.442

Récapitulation : Salaires et appointements. . . 50.516

Nourriture 56.442

Ensemble. 86.958

Soit par journée d'ouvrier

$$\frac{86.958}{157.761} = 0^{\text{R}}.55^{\text{K}}.$$

5° *Résidence Lounguine*. — Les frais ci-dessous sont presque exclusivement à imputer à la coupe des foins, aux soins de la cavalerie en hiver et à l'entretien des harnais et matériel roulant. Les frais de débarquement sont chargés à la marchandise. Quant aux frais du Comptoir de la Comptabilité Centrale, qui est établi dans cette Résidence, ils sont déjà portés à l'article précédent.

Il y a aussi à tenir compte pour cette Résidence comme dans le compte précédent, des frais de nourriture des ouvriers et du personnel de la Résidence.

En voici le détail :

Salaires	15.200	Roubles
Nourriture des ouvriers et du personnel	8.480	--
Nourriture des chevaux	24.484	—
Matériel et harnais	5.599	--
Ensemble	51.565	Roubles

Soit par journée d'ouvrier

$$\frac{51.563}{157.761} = 0^{\mathrm{R}}.52^{\mathrm{K}}.$$

6° *Frais divers, transport des ouvriers, livraison de l'or*, etc. — Toute cette série de dépenses, tenant aux conditions spéciales du pays, forment un ensemble important dont il convient de dire quelques mots.

(A) *Frais de voyage et de rapatriement.* — Ces dépenses comportent les frais de recrutement, ainsi que les dépenses pour la nourriture des hommes pendant leur voyage de Blagoviestchensk aux mines et pendant leur séjour à Lounguine.

Compagnie du Djolon.	4.489	Roubles
— de la Zéya.	5.596	—
— de l'Ilikane.	—	—
Total.	8.085	Roubles

(B) *Frais de voyage des employés.*

Compagnie du Djolon.	1.900	Roubles
— de la Zéya.	1.500	—
— de l'Ilikane.	500	—
	5.700	Roubles

(C) *Frais de bureaux.*

Compagnie du Djolon.	1.500	Roubles
— de la Zéya.	1.200	—
— de l'Ilikane.	500	—
Eclairage et chauffage du Comptoir Central.	1.816	—
	4.816	Roubles

(D) *Frais d'hôpital*, non compris le traitement et la nourriture du médecin, qui figure au nombre des employés et celui des infirmiers, qui sont portés au compte spécial de chacune des mines sur lesquelles ils résident. Ces frais ne comportent guère que les frais de remèdes.

Compagnie du Djolon.	855 Roubles
— de la Zéya.	1.140 —
— de l'Ilikane.	260 —
	2.255 Roubles

(E) *Livraison de l'or.* — On compte 50 Roubles au profit du commissionnaire chargé de la livraison et de la surveillance de la fusion de l'or au laboratoire d'Irkoutsk, plus les timbres de déclarations, les frais de transport et d'assurance, en tout, 170 Roubles par poud.

Pour 59 pouds récoltés en 1894 : 10.050 Roubles.

(F) *Frais de correspondance et de télégrammes.*

Compagnie du Djolon.	2.000 Roubles
— de la Zéya.	2.000 —
— de l'Ilikane.	500 —
	4.500 Roubles

(G) *Entretien des routes.* — Chiffre global : 4.000 Roubles. Ces frais, somme toute, assez réduits, sont bien diminués depuis que la route de la Zéya au fleuve Amour par Tcherniayéva, est entretenue par le Gouvernement.

(H) *Impôts miniers.* — Chiffre total : 16.845 Roubles. Voir pour la répartition par Compagnies les tableaux détaillés de la page 151.

(I) *Frais extraordinaires.* — Ces dépenses sont réparties de la manière suivante :

Compagnie du Djolon	6.944 Roubles
— de la Zéya.	6.840 —
— de l'Ilikane	1.276 —
	15.060 Roubles

(J) *Commission aux agents; Redevances; Location de terrains.*

Compagnie du Djolon	7.000	Roubles
— de la Zéya.	5.000	—
— de l'Ilikane	1.200	—
	13.200	Roubles

Récapitulation des frais compris dans le présent article :

(A) Frais de transport des ouvriers	8.085	Roubles
(B) Frais de voyage des employés	3.700	—
(C) Frais de bureaux.	4.816	—
(D) Frais d'hôpital.	2.255	—
(E) Frais de livraison de l'or.	10.030	—
(F) Frais de correspondance et de télégrammes.	4.500	—
(G) Entretien des routes.	4.000	—
(H) Impôts miniers.	16.843	—
(I) Frais extraordinaires.	15.060	—
(J) Commissions aux agents et Redevances . .	13.200	—
	82.289	Roubles

Soit par journée d'ouvrier :

$$\frac{82.289}{157.761} = 0^{R}.52^{K}.$$

On remarquera que ces frais, de natures très diverses, sont répartis entre les Compagnies suivant une loi qui n'est pas uniforme. Si, en principe, ces sommes avaient été réparties proportionnellement à la production d'or des diverses Compagnies, ce qui *a priori* paraît la forme la plus équitable à adopter, il aurait fallu décharger la Compagnie de la Zéya, d'environ 50 pour 100 des sommes qui lui ont été débitées et augmenter d'autant le solde débiteur de la Compagnie du Djolon. On n'a pas été en mesure, sur les lieux, de m'indiquer d'une façon claire, le principe qui préside à la ventilation de ces frais.

7° *Entretien et construction des immeubles et du matériel sur les mines*. — Cet article contient, en sus de la construction et de l'entretien des immeubles sur les mines, les dépenses annuelles de matériel courant, pelle, pioches, tarataïkas, qui sont toujours amorties dans l'exercice même où elles sont faites.

$$
\begin{array}{lr}
\text{Compagnie du Djolon} \dots\dots\dots & \text{15.722 Roubles} \\
\text{—— de la Zéya} \dots\dots\dots & \text{6.948 ——} \\
\text{—— de l'Ilikane} \dots\dots\dots & \text{78 ——} \\
\hline
& \text{22.748 Roubles}
\end{array}
$$

Soit par journée d'ouvrier :

$$\frac{22.748}{157.761} = 0^{\mathrm{R}}.14^{\mathrm{K}}.$$

8° *Amortissement sur l'actif des 3 Compagnies*, porté en bloc à R. 51.659, soit par journée d'ouvrier, à

$$\frac{51.659}{157.761} = 0^{\mathrm{R}}.32^{\mathrm{K}}$$

Tel est l'aperçu qu'on peut se créer sur les conditions économiques actuelles des exploitations du bassin de la Zéya. Je me suis attaché principalement à faire ressortir les prix moyens, sans entrer dans l'examen détaillé des comptes qui sortiraient du cadre de cet ouvrage. Je pense en avoir dit assez pour avoir montré la voie à suivre pour réaliser des économies sur ces dépenses actuelles et avoir fait ressortir l'importance d'un changement dans les méthodes de travail, permettant à la fois de ne plus être à la merci de la main-d'œuvre locale et de supprimer les causes de dépense, les plus lourdes, parmi lesquelles figurent en première ligne les frais de Cavalerie.

Récapitulation des frais et dépenses
des 3 Compagnies, du Djolon, de la Zéya et de l'Ilikane, pendant l'exercice 1893-1894 (Opération 1894).

NUMÉROS D'ORDRE	DÉSIGNATION DES DÉPENSES	MONTANT DES DÉPENSES	PADIONCHINA	
			R.	K.
1	Salaires, d'après les feuilles de paie	207.096	1	515
2	Frais de nourriture des ouvriers sur les mines. .	81.297	.	515
5	Dépense de la cavalerie sur les mines	89.872	.	561
4	Frais d'administration, nourriture comprise. . .	86.958	.	551
5	Résidence Loanguine.	51.565	.	525
6	Frais généraux, impôts, livraison de l'or, etc .	82.289	.	521
7	Construction et entretien des immeubles et du matériel	22.748	.	144
8	Amortissement	51.659	.	352
	Totaux.	675.482	4	260

Nombre total des journées dans cet Exercice : 186.043, à savoir : en Régie : 157.761, Staratiélis : 28.282.

ANNEXE

ANNEXE

CONTRAT D'ENGAGEMENT DES OUVRIERS SUR LES PLACERS

Il m'a paru intéressant de donner la traduction des principaux articles du contrat de main-d'œuvre aux termes duquel les ouvriers sont engagés par les Compagnies minières pendant la saison des travaux sur les placers. En outre des conditions générales, ce contrat contient des indications précises sur les salaires des différentes catégories d'ouvriers ainsi que sur les prix par unité des travaux à la tâche les plus usuels sur les exploitations d'or. Il détermine aussi la ration obligatoire due par les patrons aux ouvriers, qui, sont comme on le sait, nourris aux frais des Compagnies.

Contrat.

L'an mil huit cent quatre-vingt.... le (date), nous, ouvriers soussignés, nous engageons volontairement par association (ou artiel) pour les travaux sur les placers (désignation des placers). Nous signons ce contrat avec le Représentant des Compagnies (Désignation de la ou des Compagnies contractantes) dont les exploitations se trouvent dans le Système de la Zéya, Province Amourienne. Nous nous engageons, de bonne foi, jusqu'au (date) 189.....

Nous nous obligeons à exécuter tous les travaux que comporte l'exploitation des placers, notamment à extraire le sable aurifère des tailles à ciel ouvert, des puits et excavations souterraines, à exécuter le lavage de ces sables, à découvrir le stérile superficiel, tant sur les placers que sur les filons, en un mot faire tous les travaux ayant un but minier, qui seront prescrits par la Direction des placers.

Nous exécuterons aussi les travaux annexes, tels que : puits de sondage (Chourfs) pour le cubage des alluvions; nous nous engagerons

dans les expéditions de recherches ou « parties » qu'il sera nécessaire
d'organiser; nous opérerons aussi le chargement et le déchargement des
steamers et chalands; nous ferons le service de la cuisine et de l'entretien et de la propreté des camps miniers; la coupe des foins; la conduite et les soins aux chevaux; ainsi que le creusement des canaux
d'adduction des eaux aux lavoirs et des canaux de dérivation et de des-
séchement des tailles.

Les lieux de travail ne sont pas nommément indiqués et leur choix
est réservé à la Direction suivant les besoins du service.

Salaires. — Les salaires dus par la ou les Compagnies seront réglés
seulement à la fin du contrat. Pendant la durée des travaux, aucun
ouvrier n'a le droit de réclamer le règlement de son compte. Il peut
être cependant donné quelques avances, dans des cas particuliers, dont
la Direction est seule juge.

Chaque ouvrier est titulaire d'un livret portant l'indication des
avances à lui consenties et des paiements qui lui sont effectués.

Aucun paiement de salaire ne peut être légalement fait en marchandises ou autres valeurs. Le paiement en espèces est seul libératoire pour
la Compagnie vis-à-vis de l'ouvrier.

Exécution des travaux. — La présence des ouvriers sur les chantiers est obligatoire tous les jours sans exception et pour tous, sauf cas
de maladie constaté. Les absences non justifiées sont passibles d'amendes
établies suivant un tarif variant de 1 à 5 Roubles par infraction. Des
peines plus graves, allant jusqu'à l'emprisonnement à temps, peuvent
être infligées pour récidive, rébellion, vol de l'or, etc.

Heures de travail. — Le travail commence à 6 heures du matin et
se termine à 6 heures du soir. Il est accordé un repos de 1 h. 1/2
depuis le 11 Septembre jusqu'au 1er Avril (période hivernale) pour le
déjeuner, le repas de midi et le thé de 4 heures et un repos de 2 h. 1/2
du 1er Avril au 11 Septembre (période estivale).

Le travail de nuit peut être ordonné par la Direction, mais seulement
une semaine sur deux, sans que sa durée effective puisse être supérieure à 10 heures coupées par un repos d'une heure.

Fêtes et jours de repos. — Les ouvriers ne peuvent être astreints à aucun travail les jours suivants : Pentecôte; Annonciation; Dimanche des Rameaux; Vendredi et Samedi saints; les trois premiers jours de la semaine de Pâques; Ascension; Trinité; Transfiguration; les deux jours après la Noël; le jour de l'Avènement au trône et le jour anniversaire du Couronnement de S. M. l'Empereur; le jour patronymique de S. M. l'Empereur; le jour patronymique de S. M. l'Impératrice et le jour patronymique de S. A. I. le Grand-Duc héritier.

Dans tous les mois au cours desquels il n'existerait aucun des jours fériés ci-dessus énumérés, la Direction devra accorder un jour de repos à chacun des ouvriers soussignés, soit ensemble, soit par escouades, selon les besoins du service. Pendant tous ces jours de repos ou de fête, les soussignés s'engagent à exécuter les travaux indispensables, à savoir : panser et soigner les chevaux, pétrir et cuire le pain, assurer le service de garde et porter l'eau nécessaire aux besoins de tout le camp.

Les soussignés s'engagent en outre à exécuter de bonne volonté, pendant les jours de repos ou fériés, sur la réquisition de la Direction des placers, les travaux présentant un caractère d'urgence absolue, tels que éteindre les incendies, combattre les inondations, renforcer les digues, nettoyer les canaux d'évacuation, épuiser l'eau dans les fouilles, etc.

Distribution des tâches journalières aux artiels. — Dans les chantiers à ciel ouvert et sur une alluvion complètement dégelée, un artiel (association de sept ouvriers commandée par l'un d'eux nommé staroste), desservi par 2 chevaux, si la distance des tailles au lavoir n'excède pas 60 sagènes, par 3 jusqu'à 150 sagènes et par 4 jusqu'à 200 sagènes de distance, devra abattre, charger et transporter par jour, que ce soit du déblai stérile ou de l'alluvion aurifère, *pas moins de 5 sagènes cubes* (environ 48 mètres cubes, soit par conséquent 7 mètres cubes par associé). Le travail sera payé, s'il y a lieu de l'exécuter un jour férié ou de repos, 7 Roubles s'il s'agit de stérile et 8 Roubl. 55 s'il s'effectue sur de l'alluvion aurifère.

Si l'artiel a transporté en temps férié plus de 5 sagènes cubes; pour chaque sagène ou fraction de sagène en sus, la Direction paiera 3 Roubl. 50 s'il s'agit de stérile ou 5 Roubles si c'est sur l'alluvion aurifère que le chantier travaille. Pour les jours ordinaires, les prix appliqués seront ceux du tarif général ci-dessous reproduit.

28.

Tarif général des salaires mensuels payés aux ouvriers engagés par contrat.

DÉSIGNATION DES MÉTIERS	SUR LES PLACERS		AUX RÉSIDENCES	
	Salaires dus par mois de 30 jours de travail effectif.			
	DU 1ᵉʳ OCTOBRE AU 1ᵉʳ MAI	DU 1ᵉʳ MAI AU 1ᵉʳ OCTOBRE	DU 1ᵉʳ OCTOBRE AU 1ᵉʳ MAI	DU 1ᵉʳ MAI AU 1ᵉʳ OCTOBRE
	Roubles.	Roubles.	Roubles.	Roubles.
Surveillants	24	36	.	.
Starostes (d'artiels et d'écurie)	24	40	.	.
Palefreniers	21	36	21	30
Pétrins	24	36	18	30
Gardiens du camp	18	24	18	24
Cuisiniers	30	30	15	20
Porteurs d'eau et de bois	18	24	15	24
Préparateurs de gruau (Kacha)	18	24	15	24
Domestiques (hommes)	18	24	15	24
id. (femmes)	10	10	10	10
Cuisinières et repasseuses-ravaudeuses	15	15	15	15
Ouvriers d'art.				
Serruriers et machinistes de 1ᵉʳ rang	30	45	.	.
id. id. 2ᵉ id.	24	36	.	.
Forgerons de 1ᵉʳ rang	36	45	24	36
id. 2ᵉ id.	24	36	.	.
Charpentiers de 1ᵉʳ rang	24	45	20	36
id. 2ᵉ id.	21	36	18	30
Ouvrier frappeur	21	30	18	24
Bourrelier	21	30	18	30
Peintre et maçon	21	30	18	30
Travaux sur les chantiers.				
Terrassiers, au stérile, aux sables auri- fères et aux tailings	21	36	.	.
Cantonniers	18	21	.	.
Culbuteurs aux lavoirs	.	45	.	.
Manœuvres à la décharge des stériles	.	24	.	.
Laveur au sluice	.	30	.	.

DÉSIGNATION DES MÉTIERS	SUR LES PLACERS		AUX RÉSIDENCES	
	Salaires dus par mois de 30 jours de travail effectif.			
	DU 1er OCTOBRE AU 1er MAI	DU 1er MAI AU 1er OCTOBRE	DU 1er OCTOBRE AU 1er MAI	DU 1er MAI AU 1er OCTOBRE
	Roubles.	Roubles.	Roubles.	Roubles.
Laveur finisseur sur table dormante . .	.	40	.	.
Essayeur à la batée.	24	36	.	.
Pelleteurs et piocheurs	.	36	.	.
Rouleurs de wagons.	.	30	.	.
Manœuvres aux freins	.	30	.	.
Chauffeurs.	21	36	.	.
Travaux divers non déterminés. . . .	18	24	.	.
Enlèvement du stérile congelé, par sagène cube.	.	2	.	.
Ouvriers employés à l'excavateur, sur stérile ou alluvion.	.	36	.	.
Ouvriers employés aux travaux souterrains	18	24	.	.
Abatage du bois, fabrication du charbon	18	24	.	.
Transport des stériles au dump	18	24	.	.
Ouvriers employés aux « parties » de recherches.	30	30	.	.

Travaux divers et prix faits.	Roubles.	Kopecs.	Roubles.	Kopecs.
Fabrication du charbon de bois (par sagène cube).	10	.	8	.
Préparation du goudron et de la résine. .	1	25	1	25
Fabriquer une roue de tarataïka (charrette de terrassier)	1	25	.	.
Montage d'une roue de tarataïka . .	.	75	.	.
Fabrication d'une caisse id. . .	.	50	.	.
Pose de ferrure à une caisse de tarataïka.	.	40	.	.
Monter les roues et essieux d'un wagon	2	.	.	.
Souder un essieu d'un wagon	3	.	.	.
Ferrure d'une caisse de wagon.	1	.	.	.
Fabrication de briques, cuisson comprise par mille.	16	.	10	.
id. non cuites. . .	10	.	.	.
Construction d'un poêle genre hollandais.	20	.	.	.

	SUR LES PLACERS		AUX RÉSIDENCES	
	Salaires dus par mois de 30 jours de travail effectif.			
DÉSIGNATION DES MÉTIERS	DU 1er OCTOBRE AU 1er MAI	DU 1er MAI AU 1er OCTOBRE	DU 1er OCTOBRE AU 1er MAI	DU 1er OCTOBRE AU 1er MAI
	Roubles.	Kopecs.	Kopecs.	Roubles.
Construct. d'un poêle russe avec couchette	25	.	.	.
Construction d'un four pour cuire le pain.	25	.	.	.
id. d'une cheminée	10	.	.	.
Planches rabotées	.	15	.	10
id. non rabotées	.	10	.	8
Solives à plancher	.	5	.	5
Coupe de bois de chauffage, par sagène carrée (sans nourriture)	1	.	1	.
Coupe de bois de chauffage, par sagène carrée (nourriture au compte de la Compagnie)	.	70	.	.
Trait de scie pour planches :				
de 4 à 5 verchoks, par sagène.	.	7	.	5
de 5 à 7 verchoks, id.	.	8	.	6
Trait de scie pour madriers :				
de 4 à 5 verchoks, par sagène.	.	5	.	4
de 5 à 7 verchoks, id.	.	6	.	5
Flaches utilisables : par pièce.	.	5	.	4
Fauchage du foin par archine cube	.	12	.	$6\frac{1}{2}$
Préparation d'un cuir, en vert.	1	.	.	.
id. tanné.	1	50	.	.
Fabrication et tournage d'une poulie à gorge de 2 à 3 verchoks	2	50	.	1
Rais pour roues de charrettes	.	$1\frac{1}{4}$	.	.
Trous de mine dans la pierre, par verchok.	.	3	.	.
Chargement et transport d'une sagène cube (9m3,650) de résidus à relaver, ou de sables aurifères exploités souterrainement, depuis la bouche du puits jusqu'au lavoir	2	.	.	.
Chargement, transport et mise en tas des tailings, depuis le lavoir jusqu'au dump.	2	.	.	.

DÉSIGNATION DES MÉTIERS	SUR LES PLACERS		AUX RÉSIDENCES	
	Salaires dus par mois de 30 jours de travail effectif.			
	DU 1er OCTOBRE AU 1er MAI	DU 1er MAI AU 1er OCTOBRE	DU 1er OCTOBRE AU 1er MAI	DU 1er MAI AU 1er OCTOBRE
	Roubles.	Kopecs.	Roubles.	Kopecs.
Abatage dans les travaux souterrains du sable aurifère, transport intérieur au puits, extraction, y compris l'emploi du feu pour le dégelage et le boisage du chantier : par sagène cube. . . .	7	20	.	.
Id. sans dégelage.	3	60	.	.
Supplément pour le boisage des travaux : Pose des cadres, par archine de longueur de bois posé	.	10	.	.
Fonçage d'un puits de 6 archines (4m,20) de côté, y compris la pose du boisage jointif; pour chaque quart d'archine de profondeur (environ 17cm,5) . . .	3	50	.	.
Fonçage des chourfs (puits) pour le cubage des placers ou pour les recherches par « parties » d'hiver : dimension du puits : 3 archines carrées. Pour chaque tchetvert (17cm,5) de profondeur, en terrain gelé exigeant l'emploi du feu.	.	25	.	.
Extraction de la glace d'un chourf de 3 archines carrées, pour chaque tchetvert (17cm,5).	.	12½	.	.

Achat de l'or trouvé. — L'or trouvé sous forme de pépites par les ouvriers, au cours des travaux et recueilli par eux (Padionné Zoloto), doit être immédiatement livré au Comptoir, qui le paiera 2 Roubl. 50 par zolotnik, en sus du salaire normal revenant à l'ouvrier.

Ration journalière. — Chaque ouvrier doit recevoir :

Farine. — 2 pouds 10 livres (36 kg. 855) de farine de seigle pour le mois de 30 jours ou, au choix de la Compagnie : 4 livres de pain de seigle (1 kg. 638) par journée de 24 heures.

Viande. — Fraîche ou salée : 1 livre 1/2 (0 kg. 614); séchée : 1 livre (0 kg. 409) par journée de 24 heures.

Gruau de seigle, de sarrasin ou d'orge : 10 livres (4 kg. 095) par mois de 30 jours.

Sel. — 5 livres (1 kg, 227).

Thé de chine, comprimé en briques (de 3/4 de livre chaque) : 2 livres (0 kg. 819) par mois de 30 jours.

Beurre. — 1 livre (0 kg. 409) par mois de 30 jours.

Graisse. — 1 livre 1/2 (0 kg. 614).   id

BARÊMES

ET TABLES DE TRANSFORMATION

POUR LE CALCUL DU CUBAGE DES PLACERS

BARÊMES

I. — Transformation des pouds en livres russes.

Pouds.	LIVRES	Pouds.	LIVRES	Pouds.	LIVRES	Pouds.	LIVRES	Pouds.	LIVRES	Pouds.	LIVRES
1	40	35	1.400	69	2.760	103	4.120	137	5.480	171	6.840
2	80	36	1.440	70	2.800	104	4.160	138	5.520	172	6.880
3	120	37	1.480	71	2.840	105	4.200	139	5.560	173	6.920
4	160	38	1.520	72	2.880	106	4.240	140	5.600	174	6.960
5	200	39	1.560	73	2.920	107	4.280	141	5.640	175	7.000
6	240	40	1.600	74	2.960	108	4.320	142	5.680	176	7.040
7	280	41	1.640	75	3.000	109	4.360	143	5.720	177	7.080
8	320	42	1.680	76	3.040	110	4.400	144	5.760	178	7.120
9	360	43	1.720	77	3.080	111	4.440	145	5.800	179	7.160
10	400	44	1.760	78	3.120	112	4.480	146	5.840	180	7.200
11	440	45	1.800	79	3.160	113	4.520	147	5.880	181	7.240
12	480	46	1.840	80	3.200	114	4.560	148	5.920	182	7.280
13	520	47	1.880	81	3.240	115	4.600	149	5.960	183	7.320
14	560	48	1.920	82	3.280	116	4.640	150	6.000	184	7.360
15	600	49	1.960	83	3.320	117	4.680	151	6.040	185	7.400
16	640	50	2.000	84	3.360	118	4.720	152	6.080	186	7.440
17	680	51	2.040	85	3.400	119	4.760	153	6.120	187	7.480
18	720	52	2.080	86	3.440	120	4.800	154	6.160	188	7.520
19	760	53	2.120	87	3.480	121	4.840	155	6.200	189	7.560
20	800	54	2.160	88	3.520	122	4.880	156	6.240	190	7.600
21	840	55	2.200	89	3.560	123	4.920	157	6.280	191	7.640
22	880	56	2.240	90	3.600	124	4.960	158	6.320	192	7.680
23	920	57	2.280	91	3.640	125	5.000	159	6.360	193	7.720
24	960	58	2.320	92	3.680	126	5.040	160	6.400	194	7.760
25	1.000	59	2.360	93	3.720	127	5.080	161	6.440	195	7.800
26	1.040	60	2.400	94	3.760	128	5.120	162	6.480	196	7.840
27	1.080	61	2.440	95	3.800	129	5.160	163	6.520	197	7.880
28	1.120	62	2.480	96	3.840	130	5.200	164	6.560	198	7.920
29	1.160	63	2.520	97	3.880	131	5.240	165	6.600	199	7.960
30	1.200	64	2.560	98	3.920	132	5.280	166	6.640	200	8.000
31	1.240	65	2.600	99	3.960	133	5.320	167	6.680	201	8.040
32	1.280	66	2.640	100	4.000	134	5.360	168	6.720	202	8.080
33	1.320	67	2.680	101	4.040	135	5.400	169	6.760	203	8.120
34	1.360	68	2.720	102	4.080	136	5.440	170	6.800	204	8.160

II. — Tableau de transformation des Pouds en Zolotniks.

POUDS		ZOLOTNIKS	POUDS		ZOLOTNIKS	POUDS		ZOLOTNIKS	POUDS		ZOLOTNIKS
P.	L.		P.	L.		P.	L.		P.	L.	
1	.	3.840	10	10	39.360	19	20	74.880	28	30	110.400
1	10	4.800	10	20	40.320	19	30	75.840	29	.	111.360
1	20	5.760	10	30	41.280	20	.	76.800	29	10	112.320
1	30	6.720	11	.	42.240	20	10	77.760	29	20	113.280
2	.	7.680	11	10	43.200	20	20	78.720	29	30	114.240
2	10	8.640	11	20	44.160	20	30	79.680	30	.	115.200
2	20	9.600	11	30	45.120	21	.	80.640	30	10	116.160
2	30	10.560	12	.	46.080	21	10	81.600	30	20	117.120
3	.	11.520	12	10	47.040	21	20	82.560	30	30	118.080
3	10	12.480	12	20	48.000	21	30	83.520	31	.	119.040
3	20	13.440	12	30	48.960	22	.	84.480	31	10	120.000
3	30	14.400	13	.	49.920	22	10	85.440	31	20	120.960
4	.	15.360	13	10	50.880	22	20	86.400	31	30	121.920
4	10	16.320	13	20	51.840	22	30	87.360	32	.	122.880
4	20	17.280	13	30	52.800	23	.	88.320	32	10	123.840
4	30	18.240	14	.	53.760	23	10	89.280	32	20	124.800
5	.	19.200	14	10	54.720	23	20	90.240	32	30	125.760
5	10	20.160	14	20	55.680	23	30	91.200	33	.	126.720
5	20	21.120	14	30	56.640	24	.	92.160	33	10	127.680
5	30	22.080	15	.	57.600	24	10	93.120	33	20	128.640
6	.	23.040	15	10	58.560	24	20	94.080	33	30	129.600
6	10	24.000	15	20	59.520	24	30	95.040	34	.	130.560
6	20	24.960	15	30	60.480	25	.	96.000	34	10	131.520
6	30	25.920	16	.	61.440	25	10	96.960	34	20	132.480
7	.	26.880	16	10	62.400	25	20	97.920	34	30	133.440
7	10	27.840	16	20	63.360	25	30	98.880	35	.	134.400
7	20	28.800	16	30	64.320	26	.	99.840	35	10	135.360
7	30	29.760	17	.	65.280	26	10	100.800	35	20	136.320
8	.	30.720	17	10	66.240	26	20	101.760	35	30	137.280
8	10	31.680	17	20	67.200	26	30	102.720	36	.	138.240
8	20	32.640	17	30	68.160	27	.	103.680	36	10	139.200
8	30	33.600	18	.	69.120	27	10	104.640	36	20	140.160
9	.	34.560	18	10	70.080	27	20	105.600	36	30	141.120
9	10	35.520	18	20	71.040	27	30	106.560	37	.	142.080
9	20	36.480	18	30	72.000	28	.	107.520	37	10	143.040
9	30	37.440	19	.	72.960	28	10	108.480	37	20	144.000
10	.	38.400	19	10	73.920	28	20	109.440	37	30	144.960

POUDS		ZOLOTNIKS	POUDS		ZOLOTNIKS	POUDS		ZOLOTNIKS	POUDS		ZOLOTNIKS
P.	L.		P.	L.		P.	L.		P.	L.	
38	.	145.920	48	20	186.240	59	.	226.560	69	20	266.880
38	10	146.880	48	30	187.200	59	10	227.520	69	30	267.840
38	20	147.840	49	.	188.160	59	20	228.480	70	.	268.800
38	30	148.800	49	10	189.120	59	30	229.440	70	10	269.760
39	.	149.760	49	20	190.080	60	.	230.400	70	20	270.720
39	10	150.720	49	30	191.040	60	10	231.360	70	30	271.680
39	20	151.680	50	.	192.000	60	20	232.320	71	.	272.640
39	30	152.640	50	10	192.960	60	30	233.280	71	10	273.600
40	.	153.600	50	20	193.920	61	.	234.240	71	20	274.560
40	10	154.560	50	30	194.880	61	10	235.200	71	30	275.520
40	20	155.520	51	.	195.840	61	20	236.160	72	.	276.480
40	30	156.480	51	10	196.800	61	30	237.120	72	10	277.440
41	.	157.440	51	20	197.760	62	.	258.080	72	20	278.400
41	10	158.400	51	30	198.720	62	10	259.040	72	30	279.360
41	20	159.360	52	.	199.680	62	20	240.000	73	.	280.320
41	30	160.320	52	10	200.640	62	30	240.960	73	10	281.280
42	.	161.280	52	20	201.600	63	.	241.920	73	20	282.240
42	10	162.240	52	30	202.560	63	10	242.880	73	30	283.200
42	20	163.200	53	.	203.520	63	20	243.840	74	.	284.160
42	30	164.160	53	10	204.480	63	30	244.800	74	10	285.120
43	.	165.120	53	20	205.440	64	.	245.760	74	20	286.080
43	10	166.080	53	30	206.400	64	10	246.720	74	50	287.040
43	20	167.040	54	.	207.360	64	20	247.680	75	.	288.000
43	30	168.000	54	10	208.320	64	50	248.640	75	10	288.960
44	.	168.960	54	20	209.280	65	.	249.600	75	20	289.920
44	10	169.920	54	50	210.240	65	10	250.560	75	50	290.880
44	20	170.880	55	.	211.200	65	20	251.520	76	.	291.840
44	50	171.840	55	10	212.160	65	30	252.480	76	10	292.800
45	.	172.800	55	20	213.120	66	.	253.440	76	20	293.760
45	10	173.760	55	30	214.080	66	10	254.400	76	50	294.720
45	20	174.720	56	.	215.040	66	20	255.360	77	.	295.680
45	50	175.680	56	10	216.000	66	50	256.320	77	10	296.640
46	.	176.640	56	20	216.960	67	.	257.280	77	20	297.600
46	10	177.600	56	30	217.920	67	10	258.240	77	50	298.560
46	20	178.560	57	.	218.880	67	20	259.200	78	.	299.520
46	30	179.520	57	10	219.840	67	50	260.160	78	10	300.480
47	.	180.480	57	20	220.800	68	.	261.120	78	20	301.440
47	10	181.440	57	50	221.760	68	10	262.080	78	50	302.400
47	20	182.400	58	.	222.720	68	20	263.040	79	.	303.360
47	50	183.360	58	10	223.680	68	30	264.000	79	10	304.320
48	.	184.320	58	20	224.640	69	.	264.960	79	20	305.280
48	10	185.280	58	30	225.600	69	10	265.920	79	50	306.240

POUDS		ZOLOTNIKS	POUDS		ZOLOTNIKS	POUDS		ZOLOTNIKS	POUDS		ZOLOTNIKS
P.	L.		P.	L.		P.	L.		P.	L.	
80	.	307.200	85	10	327.360	90	20	347.520	95	30	367.680
80	10	308.160	85	20	328.320	90	30	348.480	96	.	368.640
80	20	309.120	85	50	329.280	91		349.440	96	10	369.600
80	30	310.080	86	.	330.240	91	10	350.400	96	20	370.560
81	.	311.040	86	10	331.200	91	20	351.360	96	30	371.520
81	10	312.000	86	20	332.160	91	30	352.320	97	.	372.480
81	20	312.960	86	50	333.120	92	.	353 280	97	10	373.440
81	30	313.920	87	.	334.080	92	10	354.240	97	20	374.400
82	.	314.880	87	10	335.040	92	20	355.200	97	30	375.360
82	10	315.840	87	20	336.000	92	39	356.160	98	.	376.320
82	20	316.800	87	30	336.960	93	.	357.120	98	10	377.280
82	30	317.760	88	.	337.920	93	10	358.080	98	20	378.240
83	.	318.720	88	10	338.880	93	20	359.040	98	30	379.200
83	10	319.680	88	20	359.840	93	30	360.000	99	.	380.160
83	20	320.640	88	50	340.800	94	.	360.960	99	10	381.120
83	30	321.600	89	.	341.760	94	10	361.920	99	20	382.080
84	.	322.560	89	10	342.720	94	20	362 880	99	30	383.040
84	10	323.520	89	20	343.680	94	40	363.840	100	.	384.000
84	20	324.480	89	50	344.640	95	.	364.800	100	10	384.960
84	30	325.440	90	.	345.600	95	10	365.760	100	20	385.920
85	.	326.400	90	10	346.560	95	20	366.720	100	30	386.880

III. — Tableau de transformation des livres Russes en Zolotniks.

LIVRES	ZOLOTNIKS	LIVRES	ZOLOTNIKS	LIVRES	ZOLOTNIKS	LIVRES	ZOLOTNIKS
1	96	11	1.056	21	2.016	31	2 976
2	192	12	1.152	22	2.112	32	3.072
3	288	13	1.248	23	2.208	33	3.168
4	384	14	1.344	24	2.304	34	3.264
5	480	15	1.440	25	2.400	35	3.360
6	576	16	1.536	26	2.496	36	3.456
7	672	17	1.632	27	2.592	37	3.552
8	768	18	1.728	28	2.688	38	3.648
9	864	19	1.824	29	2.784	39	3.744
10	960	20	1.920	30	2.880	1 Poud.	3.840

IV. — Tableau de transformation des livres en dolis.

Ф	DOLIS	Ф	DOLIS	Ф	DOLIS	Ф	DOLIS
1	9.216	11	101.376	21	193.536	31	285.696
2	18.432	12	110.592	22	202.752	32	294.912
3	27.648	13	119.808	23	211.968	33	304.128
4	36.864	14	129.024	24	221.184	34	313.344
5	46.080	15	138.240	25	230.400	35	322.560
6	55.296	16	147.456	26	239.616	36	331.776
7	64.512	17	156.672	27	248.832	37	340.992
8	73.728	18	165.888	28	258.048	38	350.208
9	82.944	19	175.104	29	267.264	39	359.424
10	92.160	20	184.320	30	276.480	40 = 1 Pond.	368.640

V. — Tableau de transformation des zolotniks en dolis.

ZOLOTNIKS	DOLIS	ZOLOTNIKS	DOLIS	ZOLOTNIKS	DOLIS	ZOLOTNIKS	DOLIS
1	96	25	2.400	49	4.704	73	7.008
2	192	26	2.496	50	4.800	74	7.104
3	288	27	2.592	51	4.896	75	7.200
4	384	28	2.688	52	4.992	76	7.296
5	480	29	2.784	53	5.088	77	7.392
6	576	30	2.880	54	5.184	78	7.488
7	672	31	2.976	55	5.280	79	7.584
8	768	32	3.072	56	5.376	80	7.680
9	864	33	3.168	57	5.472	81	7.776
10	960	34	3.264	58	5.568	82	7.872
11	1.056	35	3.360	59	5.664	83	7.968
12	1.152	36	3.456	60	5.760	84	8.064
13	1.248	37	3.552	61	5.856	85	8.160
14	1.344	38	3.648	62	5.952	86	8.256
15	1.440	39	3.744	63	6.048	87	8.352
16	1.536	40	3.840	64	6.144	88	8.448
17	1.632	41	3.936	65	6.240	89	8.544
18	1.728	42	4.032	66	6.336	90	8.640
19	1.824	43	4.128	67	6.432	91	8.736
20	1.920	44	4.224	68	6.528	92	8.852
21	2.016	45	4.320	69	6.624	93	8.928
22	2.112	46	4.416	70	6.720	94	9.024
23	2.208	47	4.512	71	6.816	95	9.120
24	2.304	48	4.608	72	6.912	96 = 1Ф	9.216

VI. — Transformation des dolis en zolotniks.

ZOL.	DOL.	DOLIS	ZOL.	DOL.	DOLIS	ZOL.	DOL.	DOLIS	ZOL.	DOL.	DOLIS
1	.	96	5	60	540	10	24	984	14	84	1.428
1	12	108	5	72	552	10	36	996	15	.	1.440
1	24	120	5	84	564	10	48	1.008	15	12	1.452
1	36	132	6	.	576	10	60	1.020	15	24	1.464
1	48	144	6	12	588	10	72	1.032	15	36	1.476
1	60	156	6	24	600	10	84	1.044	15	48	1.488
1	72	168	6	36	612	11	.	1.056	15	60	1.500
1	84	180	6	48	624	11	12	1.068	15	72	1.512
2	.	192	6	60	636	11	24	1.080	15	84	1.524
2	12	204	6	72	648	11	36	1.092	16	.	1.536
2	24	216	6	84	660	11	48	1.104	16	12	1.548
2	36	228	7	.	672	11	60	1.116	16	24	1.560
2	48	240	7	12	684	11	72	1.128	16	36	1.572
2	60	252	7	24	696	11	84	1.140	16	48	1.584
2	72	264	7	36	708	12	.	1.152	16	60	1.596
2	84	276	7	48	720	12	12	1.164	16	72	1.608
3	.	288	7	60	732	12	24	1.176	16	84	1.620
3	12	300	7	72	744	12	36	1.188	17	.	1.632
3	24	312	7	84	756	12	48	1.200	17	12	1.644
3	36	324	8	.	768	12	60	1.212	17	24	1.656
3	48	336	8	12	780	12	72	1.224	17	36	1.668
3	60	348	8	24	792	12	84	1.236	17	48	1.680
3	72	360	8	36	804	13	.	1.248	17	60	1.692
3	84	372	8	48	816	13	12	1.260	17	72	1.704
4	.	384	8	60	828	13	24	1.272	17	84	1.716
4	12	396	8	72	840	13	36	1.284	18	.	1.728
4	24	408	8	84	852	13	48	1.296	18	12	1.740
4	36	420	9	.	864	13	60	1.308	18	24	1.752
4	48	432	9	12	876	13	72	1.320	18	36	1.764
4	60	444	9	24	888	13	84	1.332	18	48	1.776
4	72	456	9	36	900	14	.	1.344	18	60	1.788
4	84	468	9	48	912	14	12	1.356	18	72	1.800
5	.	480	9	60	924	14	24	1.368	18	84	1.812
5	12	492	9	72	936	14	36	1.380	19	.	1.824
5	24	504	9	84	948	14	48	1.392			
5	36	516	10	.	960	14	60	1.404			
5	48	528	10	12	972	14	72	1.416			

VII. — Tableau comparatif

du nombre de zolotniks aux 100 pouds et du nombre de zolotniks et dolis par sagène cube pour une alluvion aurifère pesant 1200 pouds par sagène cube.

TENEURS		TENEURS		TENEURS		TENEURS		TENEURS	
0/0 POUDS	PAR SAGÈNE CUBE	0/0 POUDS	PAR SAGÈNE CUBE	0/0 POUDS	PAR SAGÈNE CUBE	0/0 POUDS	PAR SAGÈNE CUBE	0/0 POUDS	PAR SAGÈNE CUBE
zol. dol.	zol. dol.	zol. dol.	zol. dol.	zol. dol.	zol. dol.	zol. dol.	zol. dol.	zol. dol.	zol. dol.
0. 1	0.12	0.33	4.12	0.65	8.12	1. 1	12.12	1.33	16.12
0. 2	0.24	0.34	4.24	0.66	8.24	1. 2	12.24	1.34	16.24
0. 3	0.36	0.35	4.36	0.67	8.36	1. 3	12.36	1.35	16.36
0. 4	0.48	0.36	4.48	0.68	8.48	1. 4	12.48	1.36	16.48
0. 5	0.60	0.37	4.60	0.69	8.60	1. 5	12.60	1.37	16.60
0. 6	0.72	0.38	4.72	0.70	8.72	1. 6	12.72	1.38	16.72
0. 7	0.84	0.39	4.84	0.71	8.84	1. 7	12.84	1.39	16.84
0. 8	1. .	0.40	5. .	0.72	9. .	1. 8	13. .	1.40	17. .
0. 9	1.12	0.41	5.12	0.73	9.12	1. 9	13.12	1.41	17.12
0.10	1.24	0.42	5.24	0.74	9.24	1.10	13.24	1.42	17.24
0.11	1.36	0.43	5.36	0.75	9.36	1.11	13.36	1.43	17.36
0.12	1.48	0.44	5.48	0 76	9.48	1.12	13.48	1.44	17.48
0.13	1.60	0.45	5.60	0.77	9.60	1.13	13.60	1.45	17.60
0.14	1.72	0.46	5.72	0.78	9.72	1.14	13.72	1.46	17.72
0.15	1.84	0.47	5.84	0.79	9.84	1.15	13.84	1.47	17.84
0.16	2. .	0.48	6. .	0.80	10. .	1.16	14. .	1.48	18. .
0.17	2.12	0.49	6.12	0.81	10.12	1.17	14.12	1.49	18.12
0.18	2.24	0.50	6.24	0.82	10.24	1.18	14.24	1.50	18.24
0.19	2.36	0.51	6.36	0.83	10.36	1.19	14.36	1.51	18.36
0.20	2.48	0.52	6.48	0.84	10.48	1.20	14.48	1.52	18.48
0.21	2.60	0.53	6.60	0.85	10.60	1.21	14.60	1.53	18.60
0.22	2.72	0.54	6.72	0.86	10.72	1.22	14.72	1.54	18.72
0.23	2.84	0.55	6.84	0.87	10.84	1.23	14.84	1.55	18.84
0.24	3. .	0.56	7. .	0.88	11. .	1 24	15. .	1 56	19. .
0.25	3.12	0.57	7.12	0.89	11.12	1.25	15.12	1.57	19.12
0.26	3.24	0.58	7.24	0.90	11.24	1.26	15.24	1.58	19.24
0.27	3.36	0.59	7.36	0.91	11.36	1.27	15.36	1.59	19.36
0.28	3.48	0.60	7.48	0.92	11.48	1.28	15.48	1.60	19 48
0.29	3.60	0.61	7.60	0.93	11.60	1.29	15.60	1.61	19.60
0.30	3.72	0.62	7.72	0.94	11.72	1.30	15.72	1.62	19.72
0.31	3.84	0.63	7.84	0.95	11 84	1.31	15.84	1.63	19.84
0.32	4. .	0.64	8. .	1 .	12. .	1.32	16. .	1.64	20. .

BIBLIOGRAPHIE

Ouvrages en langue russe

Ivan Noskoff. — *La Province Amourienne*. Saint-Pétersbourg, 1865.

Alexandre Kiriloff. — *Dictionnaire de Géographie Statistique des Provinces Amourienne et Maritime*. Blagoviestchensk, Typographie Mokine, 1894.

V. Siemevsky. — *De la condition des ouvriers sur les placers sibériens*. Articles dans le *Sibirskiy Sbornik*, Fascicules I et III de 1895, à Irkoutsk.

M. I. F. — *L'industrie minière sibérienne et le Trans-Sibérien*. Article du *Sibirskiy Sbornik*, Fascicule IV de 1896, à Irkoutsk.

N. A. Kriockoff. — *La Transbaïkalie Orientale au point de vue colonisateur*. Saint-Pétersbourg, 1895.

Ritter. — *L'Asie*. Traduction russe en 2 volumes. L'ouvrage classique de Ritter a été complété par de nombreuses annexes et monographie, notamment sur la géologie du Baïkal.

Tchersky. — *Notices manuscrites sur la Sibérie*. Nombreuses communications géographiques et géologiques du même explorateur à la Société de Géographie de Saint-Pétersbourg.

Wilde. — *Sur la temperature de l'air dans l'Empire Russe*. Saint-Pétersbourg, 1882 (Ouvrage important).

Schwartz. — *Travaux de mon expédition*, Société de Géographie Russe, 1864. (Ouvrage classique.)

Kropotkine. — *Notes manuscrites*. Communications à la Société de Géographie, *passim*. (Important pour l'Orographie du Bassin de l'Amour.)

Kramoreff. — *Comptes Rendus de la Société de Géographie* (Section Sibérienne), Tome IX. Travaux intéressants sur l'Angara et le Baïkal.

Tchekanovsky. — Même recueil, Années 1875 à 1880.

Manitoff. — *Comptes Rendus de la Société de Géographie* (Section Sibérienne, Année 1881).

M. Chostak, Ingénieur des Mines. — *Exploitation des placers sibériens par le procédé hydraulique* (Placers du Vitim). 1 vol. in-16, Tomsk, Librairie Makouchine, 1891.

A. Oumansky. — *Mémoire sur l'exploitation de l'or dans le Taïga d'Yénisseï*, Saint-Pétersbourg, Imp. Yakobleff, 1888.

Ya. A. Makeroff. — *Notice géologique sur la formation aurifère du Bassin de l'Amour.* Irkoutsk, 1889.

P. C. Bogolubsky. — *Compte Rendu de la production de l'or en Transbaïkalie, dans le bassin de l'Amour et dans le Gouvernement d'Irkoustk, jusqu'au 1er janvier 1892.* Tomsk, Makouchine, 1894.

P. C. Bogolubsky. — *Mémoire sur la Province Amourienne, le Sud de la Province Maritime et l'île Sakhaline.* Saint-Pétersbourg, Typographie V. I. Vollens, 1876 (avec une carte).

TABLE

DES PLANCHES ET DES FIGURES

TABLE DES MATIÈRES

INTRODUCTION

CHAPITRE I

Situation, Historique et Statistique des placers des Compagnies de la Zéya.

CHAPITRE II

Monographie des placers du bassin de la Zéya.

Monographie des systèmes de rivières du bassin de la Zéya.

I. — Cours moyen de la Zéya.

CHAPITRE III

Programme des travaux et améliorations à exécuter.

CHAPITRE IV

Étude économique des placers.

ANNEXE

BARÊMES ET TABLES DE TRANSFORMATION
POUR LE CALCUL DU CUBAGE DES PLACERS

BIBLIOGRAPHIE

PARIS
IMPRIMERIE GÉNÉRALE LAHURE
9, RUE DE FLEURUS,

ÉDOUARD ROUVEYRE, Éditeur

76, Rue de Seine, Paris

ADMINISTRATION — AGRICULTURE — ARCHÉOLOGIE
ARCHITECTURE — ARTS INDUSTRIELS
ARTS TEXTILES — CHIMIE ET INDUSTRIES CHIMIQUES — CONSTRUCTION
ÉCONOMIE INDUSTRIELLE — ÉLECTRICITÉ
EXPLOITATION DES MINES
GÉOLOGIE — LÉGISLATION — MACHINES — MARINE
MATHÉMATIQUE — MÉCANIQUE — MÉTALLURGIE — MINÉRALOGIE
PHYSIQUE
TÉLÉGRAPHIE — TÉLÉPHONIE — TRAVAUX PUBLICS

Publications artistiques

IMPRIMERIE L
PARIS